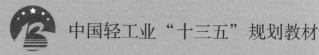

中国轻工业"十三五"规划教材

食品营养学

（第三版）

主　编　张泽生

副主编　曹小红

主　审　刘志皋

U0219860

中国轻工业出版社

图书在版编目（CIP）数据

食品营养学/张泽生主编. —3 版 . —北京：中国轻工业出版社，2024.2

中国轻工业"十三五"规划教材

ISBN 978 - 7 - 5184 - 1249 - 5

Ⅰ. ①食⋯ Ⅱ. ①张⋯ Ⅲ. ①食品营养—营养学—高等学校—教材

Ⅳ. ①TS201.4

中国版本图书馆 CIP 数据核字（2019）第 283477 号

责任编辑：马　妍

策划编辑：马　妍　　责任终审：劳国强　　封面设计：锋尚设计

版式设计：锋尚设计　　责任校对：吴大鹏　　责任监印：张　可

出版发行：中国轻工业出版社（北京鲁谷东街5号，邮编：100040）

印　　刷：三河市国英印务有限公司

经　　销：各地新华书店

版　　次：2024 年 2 月第 3 版第 6 次印刷

开　　本：787×1092　1/16　印张：21.5

字　　数：480 千字

书　　号：ISBN 978 - 7 - 5184 - 1249 - 5　定价：55.00 元

邮购电话：010-85119873

发行电话：010-85119832　　010-85119912

网　　址：http：//www.chlip.com.cn

Email：club@chlip.com.cn

本书编审委员会

前言 （第三版） | Preface

本书为原中国轻工业部于 1986 年组织编写的轻工高等学校食品专业教材，本次是继 2004 年第二版之后的再次修订，因有别于医学院校和综合大学的营养学教材，本书受到有关食品院校和社会培训机构读者欢迎。1996 年曾荣获中国轻工总会第三届全国优秀教材一等奖。本书第二版自 2004 年出版发行以来印刷 22 次，已成为食品营养学课程的精品教材。

三十余年间，营养学在许多方面有了新的发展，如人们对碳水化合物，尤其是对膳食纤维的营养生理作用的认识；对脂肪，尤其是对 $n-3$ 多不饱和脂肪酸重要性的认识；以及对膳食、营养与疾病，尤其是与一些慢性、非传染性疾病关系的认识等。在此期间，我国正经受着营养不足和营养失衡两类营养不良的双重挑战，国家对提高公众营养健康水平极为重视，已制订了一系列改善公众营养健康的计划。2014 年 2 月 10 日，国务院办公厅正式发布《中国食物与营养发展纲要（2014—2020 年）》，在这个纲要中绘制了 2014—2020 年中国食物与营养发展的新蓝图。《中国居民营养与慢性病状况报告（2015）》和《中国居民膳食指南（2016）》先后发布。这既是我国营养学事业的一大发展，也完全符合国际上发展以食物为基础的膳食指南等营养学发展的趋势。此外，功能食品（保健食品）的发展为营养学开辟了一个更新、更广阔的领域。

本书第三版主要在上一版的基础上增删修改，并尽量保持上一版的特点。为反映营养学的发展和适应教学的需要，对原有内容进行了修改和完善，对部分知识内容进行了更新增补，增加"能量平衡""营养素代谢""营养标签编制"等章节。书末附有《中国居民膳食营养素参考摄入量》《我国食品营养强化剂使用卫生标准》和《200 种食物一般营养成分》。

本书修订编写工作由上一版的主编单位长期从事营养学教学的人员承担。主编张泽生负责第一、二、三章的编写，周中凯负责第四、十二、十三章的编写，王浩负责第五、六章的编写，汪建明负责第七、八、十章的编写，李文钊负责第九、十一章的编写，全书由刘志皋主审，曹小红、陆征丽统稿。

由于编者水平所限，不妥之处敬请广大读者批评指正。

编者

2020 年 1 月

前言 （第二版） | Preface

　　本书为原中国轻工业部组织编写的轻工高等学校食品专业教材，因有别于医学院校和综合大学的营养学教材而颇受有关食品和食品加工专业方面的读者欢迎。1996 年曾荣获中国轻工总会第三届全国优秀教材一等奖。本书自 1991 年出版发行以来连续印刷 10 次，至今仍有需求。

　　十年间营养学在许多方面有了新的发展，如人们对碳水化合物（糖类），尤其是对膳食纤维的营养生理作用的认识；对脂肪，尤其是对 $n-3$ 多不饱和脂肪酸的重要性等的认识；以及对膳食、营养与疾病，尤其是与一些慢性、非传染性疾病关系的认识等。在此期间，中国营养学会根据国内外营养学研究的进展相继制订了《中国居民膳食指南及平衡膳食宝塔》和《中国居民膳食营养素参考摄入量》。这既是我国营养学事业的一大发展，也完全符合国际上以食物为基础的膳食指南等营养学发展的趋势。此外，功能食品（保健食品）的发展为营养学开辟了一个更新、更广阔的领域。

　　本书再版时主要在原书的基础上增删修改，并尽量保持原书的特点。为反映营养学的发展和适应教学的需要，补充了"水和膳食纤维""营养与膳食"等内容，增加了"食品的功能性与功能食品"章节的编写。书末附有《中国居民膳食营养素参考摄入量》《我国食品营养强化剂使用卫生标准》和《200 种食物一般营养成分》。

　　全书的修改、编写由原书的主编单位从事营养学教学的人员进行。主编刘志皋负责第一、三、四、五、六、七、八、九、十二章的编写、修改，副主编曹小红负责编写第十四章，陆征丽负责编写第二、十一、十三章，李文钊负责编写第十章，全书由刘志皋、曹小红统稿。由于编者水平所限，不妥之处敬请广大师生批评指正。

编者

前言（第一版） | Preface

本书根据轻工业部食品专业教材编审委员会 1986 年 11 月在福州召开的第二届第三次会议决定，由天津轻工业学院（主编）、无锡轻工业学院、大连轻工业学院和福州大学共同编写而成，供高等学校食品专业教学使用，亦可供有关院校及科技人员参考。

食品应注意营养，食品专业的营养学教材要区别于医学院校营养卫生专业及综合大学的营养学教材，并应有自己专业的针对性与适应性。本书在力图结合食品专业，重点论述食品加工对食品营养素的影响时，扼要介绍营养学的某些基础知识，如食品的消化与吸收、营养与能量平衡以及营养需要和营养失调等，以利于学生学习。至于各营养素的一般性质及其代谢变化等在生物化学中已有讲授，食品营养成分的检测在食品分析中讲授，故不重复。此外，本书附有我国 1988 年推荐的每日营养素供给量标准、食物成分表、营养素的功能及缺乏症，及我国的膳食指南，以供参考。

参加本书编写工作的有（按执笔先后顺序）、刘志皋（主编）、周先楷、杜雅纯、陈梅葆、高彦祥、宋世廉。

本书由中国营养学会名誉理事长、中国预防医学科学院沈治平教授主审。

在编写的过程中得到中国营养学会理事长顾景范教授的热情指导，以及轻工业部教育司、食品工业司、中国食品科学技术学会儿童食品专业学会和天津、无锡、大连、福州有关院校各级领导的支持与帮助，谨此致谢。

编者

目录 | Contents |

第一章

绪论

　　了解食品营养学发展概况和目前食品营养学研究发展方向，熟悉我国居民营养与健康状况，掌握食品营养学研究的内容和食品加工对食品成分及营养素的影响，理解食品营养学对改善人类健康的意义。

第一节　食品营养学发展概况

　　食品营养学的发展历史据说可追溯到 5000 年以前，人类从外界获取一定的食物用于维持自己的生命和从事各种活动，并进一步选取某些食物作为药方用以维护自己的身体健康。在古代，埃及长老曾把某些食物作为药物使用，后来希腊、罗马学者强调食品在维持健康中的作用。我国古代的"药食同源"之说，认为药与食在养生保健作用上是相辅相成的，2000 多年前《黄帝内经·素问》中提出的"五谷为养、五果为助、五畜为益、五菜为充"的食物和养生的记载，即以谷物为主食，配以动物性食品增进其营养价值，有益健康，再加上果品的辅助、蔬菜的充实，这与现代营养学的膳食模式很相似。这无疑是人们从长期实践中所总结的古代朴素的食品营养学说。

　　现代食品营养学据说是由 Antoine Laurent Lavoisier（1743—1794）开创的，在他之前是令人难以理解并最终被推翻的"燃素"理论。而他则开创了了解氧化过程即呼吸过程的性质和设计量热器的道路。然而，真正的现代营养学作为一门学科，主要是 20 世纪的产物。整个 19 世纪和 20 世纪初是发现和研究各种营养素的鼎盛时期。当时正值生化学科从生理学科中分离出来不久，而营养研究又是当时生化研究的重要部分（主要分析食物的组成成分）。可以说真正的现代食品营养学的创立是随着生物化学、生理学、化学、农学以及食品科学等学科的发展，并通过医学家、营养学家和食品科学家等共同努力的结果。今天的食品营养学研究，随着与之相关的其他各门学科的发展则有了更进一步的发展，特别是随着生物化学和分子生物学等的发展已经推进到了分子水平，从而把营养功能直接与物质代谢等联系起来。

现代食品营养学的发展在经历了对能量问题的研究和认识之后，继而研究并认识到碳水化合物、脂肪、蛋白质、维生素、矿物质的作用。20世纪60年代，进一步对蛋白质进行了扩大研究，并认为蛋白质缺乏是世界上最严重和普遍的营养问题。此后则从多方面研究、干预，并且突出与营养不良作斗争。近年来，人们对上述某些营养素的研究不断有更深入的认识。例如，对多不饱和脂肪酸特别是 $n-3$ 系列的 α-亚麻酸及其在体内形成的二十碳五烯酸（EPA）和二十二碳六烯酸（DHA）的研究颇受重视，而 α-亚麻酸已被认为是人体必需脂肪酸。维生素E、维生素C和 β-胡萝卜素以及微量元素硒等在体内的抗氧化作用及其作用机制的研究也十分引人注目，更重要的是对膳食纤维以及某些植物化学物质（phytochemicals）如有机硫化物、异硫氰酸盐、多酚、黄酮和异黄酮等非传统营养素进行研究，并认识到它们对人体有益，特别是对人体某些慢性和非传染性疾病，如心血管病和某些癌症等有防护和保健作用，从而将食品营养学对了解某些营养素在预防营养缺乏中所起的作用发展为既防止营养缺乏症又防护某些慢性和非传染性疾病的发生。

值得特别一提的是，由于食品科学特别是食品加工业的迅速发展，以及人们对营养、健康的日益重视，许多食品加工生产中的营养、安全问题不断涌现。例如，某些食品加工可以降低食品的营养价值，甚至加工不当还可产生某些有害物质等。然而，对于食品生产加工中的营养问题却直到20世纪80年代才开始重视，1985年在第十三届国际营养学会议上曾有报告称，"工业上对于食品加工期间如何保存和改善食品的营养价值还很少注意"。实际上，随着食品工业的迅速发展和人们生活节奏的加快，加工食品或方便食品已大量呈现在人们面前。这些食品的营养和营养价值也已成为人们十分关注的问题。但是食品加工对食品营养素和营养价值的影响究竟如何，尤其是不同的加工方法，以及加工时食品中各营养素、非营养素和所添加的食品成分（包括食品添加剂）之间，它们的分子内和分子间的反应如何？这些问题正有待研究了解，以便使食品加工在杀灭有害微生物、钝化酶和去除食品的不利因素，以及将食品加工过程中出现的安全、卫生问题减到最小的同时，对食品的有益作用（如生物利用率、食品的感官和营养质量等）最佳化，进一步改善人类健康。目前，食品营养学的发展正在由传统的研究"营养足够"向"营养最佳"方面发展，即通过食品获取足够营养的同时，正在强调食品可能具有的促进健康（包括心理和生理健康）和防病（尤其是防止慢性非传染性疾病）、保健方面发展。

第二节　食品营养学研究内容

食品营养学是研究食品和人体健康关系的一门科学。它应使人们在最经济的条件下获得最合理的营养。其主要内容如下：

（1）食品的营养成分及其检测；

（2）人体对食品的摄取、消化、吸收、代谢和排泄；

（3）营养素的作用机制和它们之间的相互关系；

（4）营养与膳食问题；

（5）营养与疾病防治；

（6）食品加工对营养素的影响。

上述最后一点即食品加工与营养的关系问题。由于食品营养学与食品科学或食品工艺学关系密切，我们可以认为，食品营养学是研究食品对人体的影响，或者是人体以最有益于健康的方式来利用食品的科学。对于从事食品科学或食品加工的人来说，则应在了解普通营养学知识的基础上更多地了解食品加工对营养的影响。在尽量发挥食品加工有益作用的同时，将食品加工、运输、保藏等过程中营养素的损失，以及在此过程中出现的安全、卫生问题减到最小，进一步改善和提高食品的营养价值，使之更有利于健康。此外，近年发展起来的旨在防病、保健的功能食品为食品营养学的发展又开辟了一个新的领域。

本书旨在介绍普通营养学的同时着重介绍食品加工与营养的关系。

第三节 我国食品营养情况

一、 我国食品生产加工概况

改革开放以来，我国工农业生产迅速发展，人民生活水平不断提高，尤其是在食品生产方面，我国不仅创造了世界上利用9%耕地养活21%人口的奇迹，而且在粮食、油料、水果、蔬菜、肉类、蛋类、水产品等方面的产量均居世界第一。在其他方面也均有大幅度增长。

食品生产发展了，随之而来的是食品加工的快速发展。就食品工业的发展而言，在1978—1998年的20年增长了12.5倍。进入20世纪90年代以后，发展更为迅速，而从1996年起，食品工业即从过去位居机电、纺织工业之后的第三位，跃居工业行业中的第一位。加入WTO后，由于出口需求的增加、宏观经济的快速增长，中国食品工业的增长迎来了更好的机遇，2002—2008年，食品工业产值就增加了3.98倍，年均增速达到30%。各种加工食品琳琅满目，不仅品种繁多、数量充足，而且还正在朝向富于营养和保健以及方便的方向发展。

农产品是食品工业的重要原料来源，农业的发展不仅为食品加工业提供重要的原料，农业和食品工业之间的比例关系也成为分析食品工业发展的重要指标之一。食品工业总产值与农业总产值之比也成为衡量一个国家（地区）食品工业发展水平的重要标志，是农业产后部门纵深发展和国民经济整体提升的重要反映。然而，就目前食品加工发展的情况来看，它还远不能满足食品生产的发展和客观需求，尤其是满足人们增加营养和保健的需求。例如，我国目前粮食加工的转化率仅约45%，水果蔬菜则更少，分别为5%和1%，肉类为3%～4%，水产品为20%，远远低于发达国家的水平。总的来说，我国主要农产品的加工转化率仅为30%，而发达国家则在80%以上。

实现农副产品的加工，即发展食品加工工业，不仅可减少生鲜食品在收获后的损失，充分利用食物资源，还会使之增值，并且还可进一步优化加工食品的结构和质量，尤其是改善食品的营养质量，以满足人们的不同需求。

二、我国营养状况

由于我国国民经济迅速发展，市场商品供应充足，人民收入不断增加，广大人民群众的营养水平不断改善和提高。这表现在对食品的消费数量和质量方面均有明显上升，例如我国人均粮食占有量已达到470kg，比1996年的414kg增长了14%，比1949年新中国成立时的209kg增长了126%；肉、蛋、奶、水产品，以及水果、蔬菜的消费量均有较大幅度上升，而且膳食结构趋于合理；营养状况显著改善；儿童身高、体重增长明显；营养不良患病率显著下降。据国家卫生健康委员会2022年7月5日发布的数据，2022年我国人均预期寿命提高到77.93岁，我国人均预期寿命已由1985年的68.92岁增加了9.01岁，主要健康指标居中国收入国家前列。

营养状况通常是决定人体素质的三大要素之一［决定人体素质的三要素是遗传、营养和训练（教育）。其中遗传是先天固有的因素，营养和教育是后天可以改变的因素，而营养状况则决定受教育者的智力、体力和发展潜能。］，并且是人们的社会、智力和身体潜力得以充分发挥的先决条件。

目前，总体上讲，我国已基本消除了蛋白质 – 热能缺乏性营养不良。从1992年以来，城市居民膳食热能摄入一直保持稳定，由国家卫生计生委编写的《中国居民营养与慢性病状况报告（2015年）》数据显示，十年间居民膳食营养状况总体改善，2012年居民每人每天平均能量摄入量为9088kJ，蛋白质摄入量为65g，脂肪摄入量为80g，碳水化合物摄入量为301g，三大营养素供能充足，能量需要得到满足。

儿童的营养状况，特别是5岁以下儿童的营养状况是人口素质的基础，也是衡量人群营养状况最敏感的指标，国际上对此也特别关注。我国5岁以下儿童的营养与体格发育状况在过去10年内有了很大改善，例如低体重率已下降41%，生长迟缓率（身高不足）下降52%，而且城乡差距缩小。至于儿童的身高、体重情况也明显增长，例如6~17岁儿童青少年身高、体重增幅更为显著。与之相关的是我国人口控制也取得了举世瞩目的成就，在短短的30年里实现了从"高出生、低死亡、高增长"到"低出生、低死亡、低增长"的历史性转变。2018年末，中国大陆总人口13.95亿人，人口出生率10.94‰，人口死亡率7.13‰，人口自然增长率3.81‰。

当前我国已基本进入小康社会，尽管人民群众的营养状况已显著改善，营养水平不断提高，但仍有不少问题有待进一步克服。我国目前各种类型的营养不良问题仍普遍存在，例如农村儿童因营养不良导致身高、体重不足的情况尚不在少数。而少数贫困地区，据调查，蛋白质 – 热能摄入未改善，其膳食中谷类的热能比例可高达85%，说明其膳食质量很低。此外，微量营养素缺乏也是影响我国人民健康的主要问题之一，钙、铁、维生素A、维生素D等部分营养素缺乏依然存在。

另一方面，营养失衡也严重威胁我国人民健康。这主要是由于人们生活改善，食品消费变化，膳食结构失衡，脂肪摄入量过多，平均膳食脂肪供能比超过30%，体力活动减少等所致。目前我国18岁及以上成人超重率为30.1%，肥胖率为11.9%，比2002年上升了7.3和4.8个百分点。儿童肥胖日益增加，6~17岁儿童青少年超重率为9.6%，肥胖率为6.4%，比2002年上升了5.1和4.3个百分点。我国高血压、冠心病、糖尿病、癌症等的患病率也在逐年上升。据报告，我国2012年全国18岁及以上成人高血压患病率为25.2%，糖尿病患病率为9.7%，与

2002 年相比，患病率呈上升趋势。吸烟、过量饮酒、身体活动不足和高盐、高脂等不健康饮食是慢性病发生、发展的主要行为危险因素。经济社会快速发展和社会转型给人们带来的工作、生活压力，对健康造成的影响也不容忽视。

总的来说，我国目前正经受着营养不足和营养失衡的双重挑战。可喜的是由于我国的"米袋子"和"菜篮子"工程的实施，粮食问题已基本解决，而在农村和城郊地区大力发展蔬菜大棚以后，人们拥有的蔬菜量大增，根据 2010—2012 年中国居民营养与健康状况监测结果，我国居民每标准人日口粮摄入量为 377g，食用植物油摄入量 37g，豆类摄入量为 11g，肉类摄入量为90g，蛋类摄入量为 24g，奶类摄入量为 25g，水产类摄入量为 24g，蔬菜类摄入量为 270g，水果摄入量为 41g。毫无疑问，这对保护健康是有益的。

此外，我国对提高公众营养健康水平极为重视，并已制订了一系列改善公众营养健康的计划。2014 年 2 月 10 日，国务院办公厅正式发布《中国食物与营养发展纲要（2014—2020 年）》（以下简称《纲要》），在这个纲要中绘制了 2014—2020 年中国食物与营养发展的蓝图，其中包含了中国居民营养与健康状况最为相关的三大发展目标，即食物摄入量目标、营养素摄入量目标和营养性疾病控制目标。

《纲要》要求每标准人日消费量为：口粮 370g、食用植物油 33g、豆类 36g、肉类 80g、蛋类 44g、奶类 99g、水产类 49g、蔬菜类 334g、水果 164g。就目前状况，人日口粮摄入量接近目标消费，食用植物油摄入量、肉类摄入量比目标消费量稍高，蔬菜类摄入量比目标消费量稍低，豆类摄入量、蛋类摄入量、奶类摄入量、水产类摄入量、水果摄入量比目标消费量明显偏低。

《纲要》营养素摄入量目标为：保障充足的能量和蛋白质摄入量，控制脂肪摄入量，保持适量的维生素和矿物质摄入量。到 2020 年，全国人均每日摄入能量 9205~9623kJ（2200~2300kcal），其中，谷类食物供能比不低于 50%；脂肪供能比不高于 30%；人均每日蛋白质摄入量 78g，其中，优质蛋白质比例占 45% 以上；维生素和矿物质等微量营养素摄入量基本达到居民健康需求。

《纲要》中营养性疾病控制目标为：基本消除营养不良现象，控制营养性疾病增长。到2020 年，全国 5 岁以下儿童生长迟缓率控制在 7% 以下；全人群贫血率控制在 10% 以下，其中，孕产妇贫血率控制在 17% 以下、老年人贫血率控制在 15% 以下、5 岁以下儿童贫血率控制在12% 以下；居民超重、肥胖和血脂异常率的增长速度明显下降。

现阶段，中国居民的营养现状与发展目标差距较大，膳食结构和饮食习惯急需改善，个人、家庭及社会应积极行动起来，以《纲要》中发展目标为蓝本，以《中国居民膳食指南》为原则，合理膳食，提高居民身体素质，为全面建设小康社会奠定坚实的人口素质基础。

第四节　食品营养与食品加工

一、 食品与营养

1. 食品

通常，食品是指经口摄入并对机体有一定营养作用的物质。它是人类获得营养素和能量的来源，以及赖以生存、繁衍的物质基础。其营养作用是指维持生命、促进生长发育、修复机体组织和供给能量与营养素等。

根据我国《食品安全法》的规定，食品是指"各种供人食用或者饮用的成品和原料，以及按照传统既是食品又是中药材的物品，但是不包括以治疗为目的的物品"。按此定义，食品既包括食物原料，也包括由原料加工后制成的成品。通常，人们将食物原料称为食物，而将经过加工后制成的成品称为食品，但也可将其统称为食物或食品。此外，食品还包括我国传统上既是食品又是中药材的物品，例如按照我国原卫生部的规定，大枣、山楂、蜂蜜，以及枸杞子、酸枣仁等既是食品又是中药材。

上述定义并未说明食品的作用。一般来说，食品的作用有两个：一是为机体提供一定的能量和营养素，满足人体需要，即食品的营养作用，这应是主要的作用。二是满足人们的感官要求，即满足人们不同的嗜好，如对食品色、香、味等的需要。此外，某些食品还可以具有第三种作用，即对身体的生理调节作用。这直接、间接与防病、保健有关。对于既具有上述营养（第一功能）和感官（第二功能）的基本要求，又具有特定调节和改善人体生理活动（第三功能）的食品通常称为功能食品（functional food）或健康食品（health food），在我国又称保健食品。

2. 强化食品

强化通常是指向食品中添加营养素（或称食品营养强化剂）以增加食品营养价值的过程。强化食品（fortified food）则指添加有营养素（食品营养强化剂）的食品。其作用最初是为了防治营养缺乏病，如向食盐中加碘防止缺碘性甲状腺肿，向牛奶和人造奶油中添加维生素 A、维生素 D，用以防治夜盲和佝偻病等。

我国规定，"食品营养强化剂是指为增强营养成分而加入食品中的天然或者人工合成的属于天然营养素范围的食品添加剂"。在我国食品营养强化剂使用卫生标准中，规定许可使用的营养强化剂品种有氨基酸及含氮化合物、维生素、矿物质和脂肪酸（不饱和脂肪酸）四类，共110多种。与此同时，还明确规定了其使用范围和使用量（见附录三）。

强化食品（或称营养强化食品）除了可以弥补天然食品中营养素不足的缺陷，如向谷类食品中添加赖氨酸以弥补其含量不足，以及补充谷类食品等在生产加工过程中某些维生素和矿物质的损失以外，在今天人们多用强化食品来满足和平衡营养需要，从而达到防病、保健的目的。在我国，强化食品发展很快，其品种数不断增加。到2000年，我国在国家水平上达到了基本消除碘缺乏病阶段目标；2010年，我国28个省（区、市）实现了消除碘缺乏病目标，西藏、青海、新疆实现了基本消除碘缺乏病目标；2015年底，根据《全国地方病防治"十二五"规划》终期考核评估结果，全国94.2%的县实现了消除碘缺乏病目标。普遍食盐加碘干预措施的实施不仅使我国基本上消除了碘缺乏病，而且极大地改善了人群碘营养不良的状况。此前，我国在多种多样的食品中已有针对性的强化了各所需的营养素，近年来强化食品更有所增加。当前，我国正以食品强化作为改善公众营养行动的切入点，并从铁强化入手。现已完成在贵州强化铁酱油的大规模实验研究，证明铁强化酱油可以在人群中预防缺铁性贫血，使贫困人群中的贫血率大大下降。在美国，目前约有25%的食品强化了铁，25%的乳制品强化了维生素 A，即食早餐谷类食品几乎全部进行了营养强化。

对于食品中具体强化的营养素品种和数量，除了应符合食品营养学原理等的基本要求以外，关键的是应遵循国家有关规定进行，防止使用不当，尤其是过量使用引起中毒等情况。例如，维生素 A 及微量元素硒极易因过量而引起中毒。通常，各国对食品的营养强化都有严格的管理，并且因受生产技术和消费的限制，强化食品可有"自我限量"，安全性高。

3. 功能食品

功能食品又称健康食品或保健食品，是指既具有一般食品的营养、感官两大功能，又具有调节人体生理节律，增强机体防御功能以及预防疾病、促进康复等的工业化食品。它是在 20 世纪 70~80 年代由于食品科学技术迅速发展（特别是食品工业迅速发展），以及人们对防病保健意识的增强而进一步研究开发出来的一类新的食品。

功能食品首先是食品而绝非药品。药品是用来治病的，有一定的剂量效应。食品则无剂量限制，可以按机体正常需要自由摄取。至于功能食品则必须具有明确的功效成分，可以作为每日膳食的一部分，并且已被科学证实具有调节人体生理功能，有助于防病、保健的功能作用，如增强免疫力，抗衰老，调节血糖、血脂、血压，减肥，美容，增强记忆，改善睡眠，改善视力，改善营养性贫血，改善骨质疏松，改善胃肠道功能，改善性功能，促进生长发育，促进乳汁分泌，促进排铅，耐缺氧，抗疲劳，抗突变，抑制肿瘤等。在我国，具有上述不同功能特点的食品也称保健食品。

开发功能食品首先应鉴别和了解食品成分与机体功能的相互关系，即了解其功效成分，并进而确证其包括人类在内的功能作用。其中还必须通过一定的安全性毒理学评价。日本早在 1984 年率先在全世界开展了功能食品的研究，1991 年法定许可某些功能食品在"特殊健康用项目"中商业化。由于其所具有的特殊功能作用，再加上管理严格、缜密，故日本的功能食品在国内外发展迅速。

我国在清理、整顿国内保健品市场的基础上，从 1996 年起相继颁发了一系列文件，使功能食品走向良性发展阶段。例如，原卫生部曾在《保健食品管理办法》中明确规定："保健食品是指表明具有特定保健功能的食品，即适宜于特定人群食用，具有调节机体功能、不以治疗疾病为目的的食品"，应有一定标准并需经过包括安全性、功能评价等的严格审批后生产应用。随后在我国《食品安全国家标准 保健食品》（GB 16740—2014）（已废止）中又规定，保健食品是声称并具有特定保健功能或者以补充维生素矿物质为目的的食品。即适用于特定人群食用，具有调节机体功能，不以治疗疾病为目的，并且对人体不产生任何急性、亚急性或慢性危害的食品。保健食品应具有类属食品应有的基本形态、色泽、气味、滋味、质地，不得有令人厌恶的气味和滋味。无疑，这对我国进一步发展功能食品具有重要意义。

从营养观点看，对于营养素的作用，我们多是阐明其在食品中对健康的影响，而今天，我们应有更多的整体观念。将功能食品也纳入营养学范围，可大大发展营养科学领域。有人预言，21 世纪将是功能食品的世纪。

4. 营养

食品应富有营养。营养摄入是人类从外界摄取食品（食物）满足自身生理需要的过程。也可以说，营养摄入是人体获得并利用其作为生命运动所必需的物质和能量的过程。据此，我们也可以认为营养学是研究人们"吃"的科学，它研究人们应该"吃什么""如何吃"才能更好地消化、吸收、代谢、利用，保证机体维持正常生长发育与良好健康相关的过程。"吃什么"即应如何选择食物；"如何吃"则与食品加工密切相关，即应如何对食品尤其是生鲜食品进行适当的加工处理。

5. 营养素

营养素是人体用以维持正常生长、发育、繁殖和健康生活所必需的物质。目前已知有 40 ～ 45 种人体必需的营养素，并存在于食品中。它们通常分为六大类，即碳水化合物、脂肪、蛋白质、维生素、矿物质和水。其中碳水化合物、脂肪和蛋白质在食品中存在和摄入的量较大，称为宏量营养素或常量营养素（macronutrients），而维生素和矿物质在平衡膳食中仅需少量，故称微量营养素（micronutrients）。人们在进食含有这些营养素的食品之后，机体可进一步利用它们，并用来制造许多为身体机能活动所必需的其他物质，如酶和激素等。从营养学和食品科学或食品加工的角度来说，应尽量保持这些营养素不受破坏。

近年来，不少学者把膳食纤维也列为营养素并称为第七类营养素。

6. 营养素密度

营养素密度是指一份食物中某种营养素占该营养素每日推荐摄入量的比例，除以该份食物所提供能量占每日推荐摄入能量的比例，所得的数值。当营养素密度 ≥1 时，代表该食物在满足能量供给的同时，必须营养素也能够满足人体需求；当营养素密度 <1 时，代表这份食物能够带给人们足够的能量，却不能满足营养素的供给。如果想要得到足够的营养素，就必定会过量摄入能量。

7. 营养价值

食品的营养价值通常是指在特定食品中的营养素及其质和量的关系。食品营养价值的高低，取决于食品中营养素是否齐全，数量多少，相互比例是否适宜，以及是否易于消化、吸收等。一般说，食品中所提供的营养素种类及其含量越接近人体需要，则该食品的营养价值就越高，如母乳对婴儿来说，其营养价值就很高。

不同食品因营养素的构成不同，其营养价值可不相同。例如，粮谷类食品，其营养价值主要体现在能提供较多的碳水化合物，而其所含蛋白质的质和量都相对较低，故营养价值相对较差；蔬菜、水果可提供丰富的维生素、矿物质和膳食纤维，但蛋白质和脂肪的含量很少，因而营养价值低。对于市场上有的饮料由一些食品添加剂如食用色素、香精和人工甜味剂加水配制而成，则几乎无营养价值可言。至于人们通常所说动物蛋白质的营养价值比植物蛋白质高，主要是就其质而言，因为动物蛋白质所含必需氨基酸的种类和数量以及相互的比例关系更适合人体的需要。因此，食品的营养价值是相对的，即使是同一种食品，由于其产地、品种、部位，以及烹调加工方法的不同，其营养价值也可有所不同。

二、 食品加工

1. 食品加工与加工食品

除少数食品（如食盐）外，绝大部分食品来自动、植物。这些食品易于腐败变质，需要进行适当的加工处理。实际上，自古以来，人们为了使食品变得味美可口，并且防止其腐败变质，以及更有利于贮藏和运输等，早就对食品进行了烧烤、烹煮、干制、腌制等加工处理。随着科学技术的不断发展，为了进一步适应人们不同的饮食习惯和嗜好，满足某些特殊需求，更进一步将不同的食品原料经过多种不同的加工处理和调配，制成形态、色泽、风味、质地以及营养价值等各不相同的加工食品。

食品除可按照原料来源不同进行分类外，也可按照加工方法的不同划分成多种不同的食品，如干制食品、腌渍食品（盐腌和糖腌，酱渍和醋渍）、熏制食品、脱水食品、焙烤食品、油炸食品、发酵食品、罐头食品、微波食品、冷冻食品、巴氏消毒和灭菌食品等。此外，即使食品原料和加工类别相同，但由于具体的配方和操作条件各异，也使产品的品种数量大增。

由于食品科学技术的迅速发展，人们生活水平的不断提高和家务劳动的社会化，以及营养知识的普及和对健康的追求，许多新的加工食品类型不断涌现，如方便食品、模拟食品、配方食品、强化食品，以及保健食品或功能食品等。这种将食品原料经过不同的加工处理和调配，制成各种食品的过程，可统称为食品加工，而由此制成的各种不同的食品则统称为加工食品。

2. 加工食品的营养情况

食品的烹调加工，除可使食品变得更加美味可口之外，还可进一步改善和提高食品的营养价值。例如，食品的热加工，可使食品变得易于消化、吸收，提高食品的营养价值。此外，加热还可杀灭有害微生物，消除和钝化某些有毒害的因素，如钝化胰蛋白酶抑制剂、消除抗营养素和抗代谢物等，从而有利于食品的营养和食品安全性。

然而，食品加工也可有其相反的一面，即也可造成食品营养素的损失，如若加工不当往往还可造成某些危害，如形成某些抗营养物质和有毒害的化合物，甚至引起致癌物的形成。这不得不使食品科学和食品营养学工作者对食品的加工方法和有关操作，尤其是它们对食品营养情况的影响进行深入研究。

通常对由于食品加工致使某种或某些营养素受到的损失，除可改进加工工艺以减少其损失外，还可对食品进行一定的营养强化，用以弥补其加工损失，甚至还可按照防病、保健的需要，对其做进一步处理。

食品加工不当，除可使食品营养素和营养价值受到损失外，还可进一步导致某些有害物质的形成。例如，加热可使食品中的糖类物质（还原糖）和蛋白质（胺类物质）产生羰氨反应（美拉德反应）降低蛋白质，尤其是降低机体对必需氨基酸赖氨酸的利用率，从而降低其营养价值。食品的油炸，特别是油炸用油在反复多次使用的情况下，除使油中的必需脂肪酸损失殆尽外，还可使其受到严重的氧化和热降解、聚合作用，造成油脂的败坏变质，甚至产生有毒物质。而油炸食品则因受到油脂氧化产物等的作用，如形成氧化脂蛋白等而使其营养价值下降。这通常采用控制油炸用油的质量和避免反复使用油炸用油来防止。

对于某些加工食品，如熏制食品，早期的加工是采用直接烟熏的方法，这不仅可使食品产生特有的风味，使其美味可口，也有利于食品的保藏。但是，后来发现在用烟熏烤的过程中，食品所含油脂、胆固醇、蛋白质、碳水化合物可经环化和聚合，形成大量的多环芳烃。其中的3，4－苯并芘具有强致癌性，可危害人体健康。目前除采取某些措施，如选择质量较好的生烟材料和操作条件，改进熏烟设备，以减少食品中的3，4－苯并芘的含量外，还可采用无烟熏制，使食品不受3，4－苯并芘的污染。例如，人们现已研制开发不含3，4－苯并芘的烟熏香味料用于熏制。

目前，由于食品加工方法多样，食品成分又很复杂，对于不同食品加工方法对食品中各营养素乃至非营养素的影响还远未搞清楚。至于如何使加工食品的感官、营养质量变得更好的同时，尽量使其对人体的危害降至最小，即使加工食品的感官、营养和安全性最佳化，尚需从多方面进行深入研究。

第五节 营养与膳食

一、 膳食与膳食指南

自从 1968 年世界上首部膳食目标在瑞典提出之后，历经膳食目标、营养目标、膳食供给量等演变，一个共识的题目"膳食指南（dietary guideline，DG）"被各国营养学家和政府所接受并广泛使用。

膳食由不同的食物组成。由于地区、民族或个人信仰与生活习惯等的不同，其膳食与膳食模式可有不同。为了指导人们合理选择食物并相互搭配进食，以利于更好地获取营养，有益于健康，世界各国大都制定了以食品为基础的膳食指南（food – based dietary guideline）。

中国营养学会于 1989 年针对我国具体情况和应注意的问题提出《我国的膳食指南》。该指南于 1989 年 10 月 24 日中国营养学会常务理事会通过，1997 年修改后制定了《中国居民膳食指南》及其说明。此外，基于特定人群对膳食营养的特殊需要，又进一步提出了《特定人群膳食指南》作为补充。与此同时尚以通俗易懂、简明扼要的宝塔图，提出进食指导方案，将油脂类、乳及乳制品类、畜禽肉、鱼虾及蛋类、蔬菜水果类及谷类食品，按其每日进食量的多少，由小到大分成五层排列，形似宝塔，即《中国居民平衡膳食宝塔》，以利于广大群众理解并参照实行。

《中国居民膳食指南》的修订是中国营养学会主要工作任务之一。2014 年 3 月，中国营养学会启动了膳食指南修订工作，组织了近百名专家，成立了指导委员会、专家委员会、秘书组和技术工作组，《中国居民膳食指南（2016）》是 2016 年 5 月 13 日由国家卫生计生委疾控局发布，为了提出符合我国居民营养健康状况和基本需求的膳食指导建议而制定的法规。《中国膳食指南（2016）》由一般人群膳食指南、特定人群膳食指南和中国居民平衡膳食实践三个部分组成。同时推出《中国居民膳食宝塔》(2016)、《中国居民平衡膳食餐盘》(2016) 和《儿童平衡膳食算盘》三个可视化图形。随后，又经过近 3 年努力，中国营养学会修订完成《中国居民膳食指南（2022）》，于 2022 年 4 月 26 日发布（参见第九章）。

对于膳食指南，各国多是以食品为基础，而并非以营养素为基础制订。这主要是因为尽管人们对食品所含常见营养素已有了解，但科学证明某些食品组分，如黄酮类和植物固醇等对人体健康有益，更何况食品中还可能存在科学上尚未鉴定，并具有一定生物活性的成分。此外，研究表明蔬菜水果丰富的膳食或膳食模式与降低某些特定的疾病如降低结肠癌等的发病率有关。如果仅仅注意了单个营养素的作用则显然不够，更何况各营养素在食品中尤其是在食品烹调加工时还可相互影响，发生变化，并影响食品的营养价值。

然而，西方发达国家，在过去相当长时间，都比较着重于营养素的摄入量，而忽视膳食模式的整体作用，其效果并不十分理想。据报告，目前西方发达国家有 50% 以上的人未按食物金字塔方式指导进食，常因缺乏蔬菜、水果致使某些营养素发生"边缘缺乏"而需要用强化食品或营养补充剂（膳食补充剂）予以补充。

膳食营养素供给量（recommended dietary allowance，RDA）是在满足机体正常需要的基础上，参照饮食习惯和食品生产供应情况而确定的，稍高于一般需要量的热能及营养素摄入量，其目的是用以指导人们进食，使人群中绝大多数个体不致因营养素缺乏而发生营养缺乏症，即预防营养缺乏症。然而，随着时间的推移，人们逐渐认识到 RDA 已不能满足用以预防慢性病、促进健康、延缓衰老、增加营养素摄入量的需求。

美国学者首先提出并在世界各国营养学者的共同努力下，提出膳食营养素参考摄入量（dietary reference intake，DRI）这个概念。这是在 RDA 的基础上发展起来的一组每日平均膳食营养素摄入量的参考值，它包括平均需要量（EAR）、推荐摄入量（RNI）、适宜摄入量（AI）和可耐受最高摄入量（UL）。其中的推荐摄入量（RNI）即相当于原来使用的 RDA。至于可耐受最高摄入量（UL）则是营养素或食物成分每日摄入量的安全上限。这是健康人群中几乎所有个体都不会发生毒副作用，即不会损害健康的最高摄入量。中国营养学会根据我国居民的营养状况和饮食特点等仔细研究了这一领域的新进展，于 2000 年发表了《中国居民膳食营养素参考摄入量》。无疑，用膳食营养素参考摄入量（DRI）代替膳食营养素供给量（RDA）是食品营养学的一大发展。另外，国家卫生健康委员会先后发布了 WS/T 578.1—2017《中国居民膳食营养素参考摄入量 第 1 部分：宏量营养素》、WST 578.2—2018《中国居民膳食营养素参考摄入量 第 2 部分：常量元素》、WS/T 578.3—2017《中国居民膳食营养素参考摄入量 第 3 部分：微量元素》、WS/T 578.4—2018《中国居民膳食营养素参考摄入量 第 4 部分：脂溶性维生素》、WS/T 578.5—2018《中国居民膳食营养素参考摄入量 第 5 部分：水溶性维生素》等卫生标准，可为管理者制定国家食物营养发展规划和营养相关标准提供科学依据，对营养食品的研发和评价也具有重要的参考价值。

膳食指南早期发展的背景是预防营养不良，随着工业化带来的体力劳动减少，脂肪摄入增多及其他膳食构成的改变，肥胖及心血管疾病等与膳食有关的慢性病不断增加。膳食指南则增加了针对此种情况对健康膳食模式提出的建议。

近年来，随着科学发展和进步，特别是社会需求增加，各国膳食指南被赋予了更加丰富的内涵和使命。膳食指南是根据营养科学原则和人体营养需要，结合当地公共卫生问题和食物生产资源，以良好科学证据为基础，提出的对食物选择和身体活动的指导意见。膳食指南是健康教育和公共政策的基础性文件，是国家推动实现食物合理消费及改善人群健康目标的一个重要组成部分。

二、 膳食营养素参考摄入量

近十几年来，国内外营养科学得到很大发展，在理论和实践的研究领域都取得了一些新的研究成果。有关国际组织和许多国家的营养学术团体先后在制定和修订"膳食营养素供给量（RDA）"的基础上，制定和发布了《膳食营养素参考摄入量（DRIs）》，为指导居民合理摄入营养，预防营养缺乏和过量提供了一个重要的参考文件。中国营养学会于 2000 年制订了《中国居民膳食营养素参考摄入量》，并于 2010 年将修订工作列为第七届理事会重点任务。为此成立了专家委员会、顾问组和秘书组，讨论确定了修订的原则和方法，组织了 80 余位营养学专家参与修订。

《中国居民膳食营养素参考摄入量》2013 修订版的内容分为三篇：概论、能量和营养素、水和其他膳食成分。第一篇说明 DRI 的概念、修订原则、方法及其应用，并简述国内外 DRI 的历史与发展；第二篇分别介绍能量、宏量营养素、维生素和矿物元素的 DRI；第三篇对水和某些膳食成分的生物学作用进行综述。本次修订的特点主要体现在以下几方面：（1）更多应用循证营养学的研究资料。（2）纳入近10年来营养学研究新成果，增加了10种营养素的EAR/RNI（平均需要量/推荐摄入量）数值，并尽可能采用了以中国居民为对象的研究资料。（3）基于非传染性慢性病（NCD）一级预防的研究资料，提出了宏量营养素的可接受范围（AMDR），以及一些微量营养素的建议摄入量（PI – NCD）。（4）增加"某些膳食成分"的结构、性质、生物学作用等内容，对科学依据充分的，提出了可耐受最高摄入量（UL）或/和特定建议值（SPL）。（5）说明DRI应用程序和方法，为其推广应用提供参考。

　　DRI的基本概念是为了保证人体合理摄入营养素而设定的每日平均膳食营养素摄入量的一组参考值。随着营养学研究的发展，DRI内容逐渐增加。2000年第一版包括四个参数：平均需要量、推荐摄入量、适宜摄入量、可耐受最高摄入量。2013年修订版增加与NCD有关的三个参数：宏量营养素可接受范围、预防非传染性慢性病的建议摄入量和某些膳食成分的特定建议值。

🔍 思考题

1. 食品营养学的发展与其他学科的关系是什么？
2. 食品营养学研究发展方向是什么？
3. 食品营养学研究内容是什么？
4. 简述RDA和DRI的概念。
5. 简述食品加工对食品营养的影响。
6. 简述中国居民营养与健康状况。

CHAPTER

2

第二章
食品的消化与吸收

[学习指导]

　　了解食物是如何通过消化、吸收来完成营养过程的，熟悉消化形式及其作用、消化液腺及其部位，掌握小肠吸收营养素的机制和糖、脂肪、蛋白质分解产物吸收后的路径。从而为营养素的代谢调控奠定基础。

第一节　消化系统概况

　　为了满足维持生命和各种生理功能的正常进行的要求，人体需要不断从外界摄取各种营养素。食品中的天然（常量）营养素如碳水化合物、脂肪、蛋白质，一般都不能直接被人体利用，必须先在消化道内分解，变成小分子物质如葡萄糖、甘油、脂肪酸、氨基酸等，才能透过消化道黏膜的上皮细胞进入血液循环，供人体组织利用。

　　食品在消化道内的分解过程称为消化；食品经过消化后，透过消化道黏膜进入血液循环的过程称为吸收。这是两个紧密联系的过程：一种是靠消化道运动把大块食物磨碎，称为物理性消化；另一种是靠消化液及其消化酶的作用，把食物中的大分子物质分解成可被吸收的小分子物质，称为化学性消化。消化道的运动将磨碎了的食物与消化液充分混合并向前推送，在这个过程中进行分解与吸收，最后把不被吸收的残渣排出体外。

一、人体消化系统的组成

　　消化系统由消化道和消化腺两部分组成。消化道既是食物通过的管道，又是食物消化、吸收的场所。根据位置、形态和功能的不同，消化道包括口腔、咽、食管、胃、小肠（十二指肠、空肠、回肠）、大肠（盲肠、阑尾、升结肠、横结肠、降结肠、乙状结肠、直肠）和肛门，全长8～

10m。消化腺是分泌消化液的器官，包括唾液腺、胃腺、胰腺、肝脏及小肠腺。这些消化腺，有的存在于消化道的管壁内，如胃腺和小肠腺，其分泌液直接进入消化道内；有的则存在于消化道外，如唾液腺、胰腺和肝，它们经专门的腺导管将消化液送入消化道内（见图2-1）。

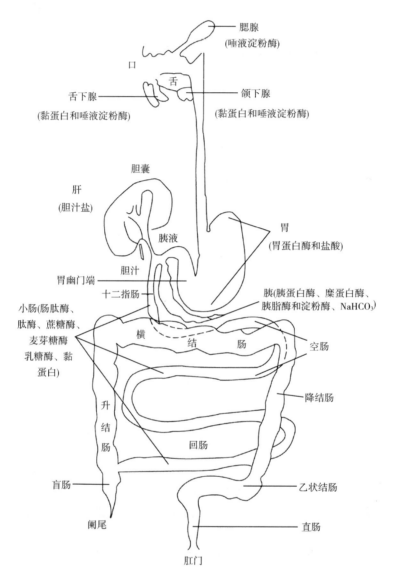

图2-1　消化系统解剖

二、　消化道活动特点

消化道的运行机能由消化道肌肉层的活动完成。消化道中除咽、食管上端和肛门的肌肉是骨骼肌外，其余均由平滑肌组成，并具有以下特点：

（1）兴奋性低、收缩缓慢。

（2）富于伸展性，最长时可为原来长度的2～3倍。消化道的特殊部位胃，通常可容纳几倍于自己初始体积的食物。

（3）有一定的紧张性。消化道的胃、肠等各部位能保持一定的形状和位置，肌肉的各种收缩均是在紧张性的基础上发生的。

（4）进行节律性运动。

（5）对化学、温度和机械牵张的刺激比较敏感，对内容物等的各种刺激引起的内容物推进或排空有重要意义。

第二节　食品的消化

食品的消化作用非常重要。过去人们比较重视营养素的供给，1981 年在罗马召开的联合国粮农组织、世界卫生组织和联合国大学（FAO/WHO/UNU）能量和蛋白质专家委员会特别强调了食品消化问题的重要性，因为食品只有通过消化以后才能被吸收、利用，才能发挥营养作用。

一、 碳水化合物的消化

食物碳水化合物含量最多的通常是谷类和薯类淀粉。存在于动物肌肉与肝脏的碳水化合物称作糖原，又称动物淀粉，为数很少。消化、水解淀粉的酶，称作淀粉酶。

淀粉的消化从口腔开始。口腔内有三对大唾液腺及无数分散存在的小唾液腺，主要分泌唾液。唾液中所含的 α-淀粉酶，仅对 $\alpha-1,4$-糖苷键具有专一性，可将淀粉水解成糊精与麦芽糖。一般情况下，食物在口腔中停留时间很短，淀粉水解的程度不是很大。当食物进入胃以后，在酸性 pH（$0.9 \sim 1.5$）环境中，唾液淀粉酶很快便失去了活性。

淀粉消化的主要场所是小肠。来自胰液的 α-淀粉酶可以将淀粉水解为带有 $1,6$-糖苷键支链的糖-α-糊精和麦芽糖。在小肠黏膜上皮的刷状缘中，含有丰富的 α-糊精酶，可将 α-糊精分子中的 $1,6$-糖苷键及 $1,4$-糖苷键水解，生成葡萄糖。麦芽糖可被麦芽糖酶水解为葡萄糖。食品中的蔗糖可被蔗糖酶分解为葡萄糖和果糖。乳糖酶可将乳糖水解为葡萄糖和半乳糖。通常食品中的糖类在小肠上部几乎全部转化成各种单糖。值得提出的是，根据近期研究发现，淀粉中尚有抗性淀粉存在，它们仅部分在小肠内被消化吸收，其余的则在结肠内经微生物发酵后吸收。

大豆及豆类制品中含有一定量的棉子糖和水苏糖。棉子糖为三碳糖，由半乳糖、葡萄糖和果糖组成；水苏糖为四碳糖，由两分子半乳糖、一分子葡萄糖和一分子果糖组成。人体内没有水解此类碳水化合物的酶，它们因此不能被消化吸收，滞留于肠道并在肠道微生物作用下发酵、产气，"胀气因素"的称呼便由此而来。大豆在加工成豆腐时，胀气因素大多已被去除。豆腐乳中的根霉可以分解并去除此类碳水化合物。

食物中含有的膳食纤维如纤维素，是由 β-葡萄糖通过 $\beta-1,4$-糖苷键连接组成的多糖。人体消化道内没有 $\beta-1,4$-糖苷键水解酶，使许多膳食纤维（水溶性、非水溶性）不能被消化吸收，如由多种高分子多糖组成的半纤维素不能被消化吸收。食品工业中使用的魔芋粉内所含的魔芋甘露聚糖（由甘露糖和葡萄糖聚合而成，二者之比例为 $2:1$ 或 $3:2$。其主链是以 $\beta-1,4$-糖苷键结合，分支中有的是以 $\beta-1,3$-糖苷键结合）分子，同样不能被消化吸收；食品工业中常用的琼脂、果胶及其他植物胶、海藻胶等同类多糖类物质，也不能被消化吸收。

二、 脂类的消化

脂类是脂肪和类脂（磷脂、糖脂、固醇和固醇脂等）的总称。脂类的消化主要在小肠中进行。小肠中存在着小肠液及由胰腺和肝脏所分泌的胰液和胆汁。胰液中含有胰脂肪酶，可将脂肪分解为甘油和脂肪酸。小肠液中也含有脂肪酶。胆汁中的胆酸盐能使不溶于水的脂肪乳化，有利于胰脂肪酶的作用。胆酸盐主要是由结合胆汁酸所形成的钠盐。胆固醇是胆汁酸的前身。胆酸盐和胆固醇等都可乳化脂肪，形成脂肪微滴，分散于水溶液中，增加与脂肪酶的接触面积，促进脂肪的分解。

脂类不溶于水，它们在食糜这种水环境中的分散程度对其消化具有重要意义。因为酶解反应，只在疏水的脂肪滴与溶解于水的酶蛋白之间的界面进行，所以乳化成分或分散的脂肪更容易被消化。脂肪形成均匀乳浊液的能力受其熔点限制。此外，食品乳化剂如卵磷脂等，对脂肪的乳化、分散起着重要的促进作用。

脂类在小肠腔中，由于肠蠕动引起的搅拌作用和胆酸盐的渗入，而分散成细小的乳胶体。食物中的三酰甘油酯〔三酰甘油酯又称甘油三酯，1967 年国际理论和应用化学联合会及国际生物化学联合会（IUPAC—IUB）的生物化学命名委员会认为甘油三酯这一名称在化学上不够明确，建议不再使用〕的水解需先经胰液和小肠液中脂肪酶的作用，生成脂肪酸和二酰甘油酯，二酰甘油酯再继续分解生成一分子脂肪酸和单酰甘油酯（单酰甘油酯有很强的乳化力），其酶解的速度视脂肪酸的长度而异。带有短链脂肪酸的三酰甘油酯如黄油较带有长链脂肪酸的三酰甘油酯易于消化。含不饱和脂肪酸的三酰甘油酯的酶解速度快于含饱和脂肪酸的三酰甘油酯。

三、 蛋白质的消化

1. 胃液的作用

蛋白质的消化从胃中开始。胃液由胃腺分泌，是无色酸性液体，pH 0.9 ~ 1.5。胃腺还分泌胃蛋白酶原，在胃酸或胃蛋白酶的作用下，活化成胃蛋白酶，能水解各种水溶性蛋白质。胃蛋白酶主要水解由苯丙氨酸或酪氨酸组成的肽键，对亮氨酸或谷氨酸组成的肽键也有一定作用。水解产物主要是脉和胨，肽和氨基酸则较少。此外，胃蛋白酶对乳中的酪蛋白还具有凝乳作用。

2. 胰液的作用

胰液由胰腺分泌进入十二指肠，是无色、无臭的碱性液体。胰液中的蛋白酶分为内肽酶与外肽酶两大类。胰蛋白酶和糜蛋白酶（胰凝乳蛋白酶）属于内肽酶，一般情况下，均以非活性的酶原形式存在于胰液中。小肠液中的肠致活酶可将无活性的胰蛋白酶原激活成具有活性的胰蛋白酶。胰蛋白酶本身和组织液也具有活化胰蛋白酶原的作用。具有活性的胰蛋白酶可以将糜蛋白酶原活化成糜蛋白酶。

胰蛋白酶、糜蛋白酶以及弹性蛋白酶都可使蛋白质肽链内的某些肽键水解，但具有各自不同的肽键专一性。例如，胰蛋白酶主要水解由赖氨酸及精氨酸等碱性氨基酸残基的羧基组成的肽键，产生羧基端为碱性氨基酸的肽；糜蛋白酶主要作用于芳香族氨基酸，如由苯丙氨酸、酪氨酸等残基的羧基组成的肽键，产生羧基端为芳香族氨基酸的肽，有时也作用于由亮氨酸、谷氨酰胺及甲硫氨酸残基的羧基组成的肽键；弹性蛋白酶则可以水解各种脂肪族氨基酸，如缬氨酸、亮氨酸、丝氨酸等残基所参与组成的肽键。

外肽酶主要是羧肽酶 A 和羧肽酶 B。前者可水解羧基末端为各种中性氨基酸残基组成的肽键，后者则主要水解羧基末端为赖氨酸、精氨酸等碱性氨基酸残基组成的肽键。因此，经糜蛋白酶及弹性蛋白酶水解而产生的肽，可被羧基肽酶 A 进一步水解，而经胰蛋白酶水解产生的肽，则可被羧基肽酶 B 进一步水解（图 2 - 2）。

图 2 - 2　十二指肠内食物蛋白质的连续水解作用

大豆、棉籽、花生、油菜籽、菜豆等，特别是豆类中含有的，能抑制胰蛋白酶、糜蛋白酶等多种蛋白酶的物质，统称为蛋白酶抑制剂，普遍存在并有代表性的是胰蛋白酶抑制剂，或称抗胰蛋白酶因素。含有这类物质的食物需经适当加工后方可食用。除去蛋白酶抑制剂有效方法是常压蒸汽加热 30min 或 98kPa 压力蒸汽加热 15 ~ 30min。

3. 肠黏膜细胞的作用

胰酶水解蛋白质所得的产物中仅 1/3 为氨基酸，其余为寡肽。肠内消化液中水解寡肽的酶较少，但在肠黏膜细胞的刷状缘及胞液中均含有寡肽酶。它们能从肽链的氨基末端或羧基末端逐步水解肽键，分别称为氨基肽酶和羧基肽酶。刷状缘含多种寡肽酶，能水解各种由 2 ~ 6 个氨基酸残基组成的寡肽。胞液寡肽酶主要水解二肽与三肽。

4. 核蛋白的消化

食物中的核蛋白可因胃酸或被胃液和胰液中的蛋白酶水解为核酸和蛋白质。关于蛋白质的消化已如前述，核酸的进一步消化如图 2 - 3 所示。在新蛋白质资源的开发中，单细胞蛋白很引人注意，其中含有较大量核蛋白，核蛋白常占蛋白质总量的 1/3 ~ 2/3。

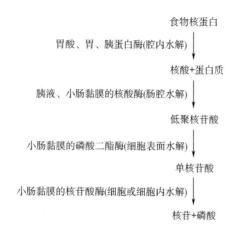

图 2 - 3　核蛋白的消化

核苷不再经过水解即可直接被吸收。许多组织（如脾、肝、肾、骨髓等）的提取液可以将核苷水解成为戊糖及嘌呤或嘧啶类化合物，可见这些组织含有核苷酶。

核酸的消化产物如单核苷酸及核苷虽都能被吸收而进入人体内，但是人体不一定需要依靠食物供给核酸，因为核苷酸在体内可以由其他物质合成。核苷酸可进一步合成核酸，也可再行分解。

四、 维生素与矿物质的消化

在人体消化道内没有分解维生素的酶。胃液的酸性、肠液的碱性等变换不定的环境条件，其他食物成分，以及氧的存在都可能对不同的维生素产生影响。水溶性维生素在动、植物性食品的细胞中以结合蛋白质的形式存在，在细胞崩解过程和蛋白质消化过程中，这些结合物被分解，从而释放出维生素。脂溶性维生素溶于脂肪，可随着脂肪的乳化与分散而同时被消化。维生素只有在一定的 pH 范围内，而且往往是在无氧的条件下才具有最大的稳定性，因此，某些易氧化的维生素，如维生素 A 在消化过程中也可能会被破坏。摄入足够量的可作为抗氧化剂的维生素 E，能减少维生素在消化过程中的氧化分解。

矿物质在食品中有些是呈离子状态存在，即溶解状态，例如多种饮料中的钾、钠、氯三种离子既不生成不溶性盐，也不生成难分解的复合物，它们可直接被机体吸收。有些矿物质则相反，它们结合在食品的有机成分上，例如乳酪蛋白中的钙结合在磷酸根上；铁多存在于血红蛋白之中；许多微量元素存在于酶内。人体胃肠道中没有能够将矿物质从这类化合物中分解出来的酶，因此，这些矿物质往往是在食物的消化过程中，慢慢从有机成分中释放出来的，其可利用的程度（可利用性）则与食品的性质，以及与其他成分的相互作用密切相关。虽然结合在蛋白质上的钙容易在消化过程中被分解释放，但是，也容易再次转变成不溶解的形式，如某些蔬菜所含的草酸，就能与钙、铁等离子生成难溶的草酸盐，某些谷类食品中所含的植酸也可与之生成难溶性盐，从而造成矿物质吸收利用率的下降。

第三节 吸收

一、 吸收概述

食品经过消化，将大分子物质变成小分子物质，其中多糖分解成单糖，蛋白质分解成氨基酸，脂肪分解成脂肪酸、单酰甘油酯等。维生素与矿物质则在消化过程中从食物的细胞中释放出来。这些小分子物质只有透过肠壁进入血液，随血液循环到达身体各部分，才能进一步被组织和细胞所利用。食物经分解后透过消化道管壁进入血液循环的过程称为吸收。

吸收情况因消化道部位的不同而不同。口腔及食管一般不吸收任何营养素；胃可以吸收乙醇和少量的水分；结肠可以吸收水分及盐类；小肠才是吸收各种营养成分的主要部位。

人的小肠长约4m，是消化道最长的一段。肠黏膜具有环状皱褶并拥有大量绒毛及微绒毛。绒毛是小肠黏膜的微小突出结构，长度（人类）0.5～1.5mm，密度 10～40 个/mm，绒毛上还有微绒毛（见图 2－4）。皱褶与大量绒毛和微绒毛结构，使小肠黏膜拥有巨大的吸收面积（总

吸收面积可达 $200 \sim 400 m^2$），加上食物在小肠内停留时间较长（$3 \sim 8h$），均为食物成分充分吸收提供了保障。

　　一般认为碳水化合物、蛋白质和脂肪的消化产物，大部分是在十二指肠和空肠吸收，当食糜到达回肠时吸收工作已基本完成。回肠被认为是吸收机能的储备库，但是它能主动吸收胆酸盐和维生素 B_{12}。在十二指肠和空肠上部，水分和电解质由血液进入肠腔和由肠腔进入血液的量很大，交流得较快，因此肠内容物的量减少得并不多，而回肠中的这种交流却较少，离开肠腔的液体也比进入的多，使得肠内容物的量大大减少。关于小肠中各种营养素的吸收位置如图 2 – 5 所示。

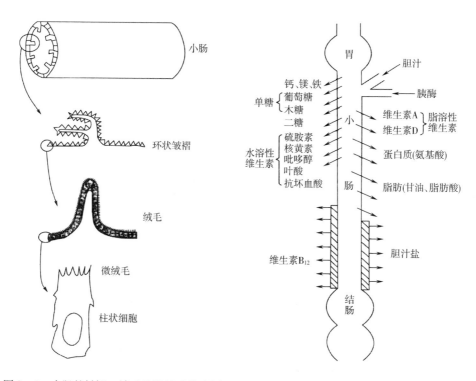

图 2 – 4　小肠的皱褶、绒毛及微绒毛模式图　　　图 2 – 5　小肠中各种营养素的吸收位置

二、 吸收的基本机制

　　不论单细胞生物还是高等动物，营养物的吸收过程都是物质分子穿过细胞膜进入细胞内，或再由细胞内穿过另一侧的细胞膜离开细胞，进入组织液或血液。随着生物的进化，对不同物质的专一性的特殊吸收机制占有更重要地位。现以哺乳动物的小肠吸收为例，说明吸收的一般机制。

　　（1）单纯扩散　一种纯物理现象，即物质的分子从浓度高的区域进入浓度低的区域。细胞膜是处于细胞内液和细胞外液之间的一层脂质膜，因此，只有能溶于脂质的物质分子，才有可能由膜的高浓度一侧向低浓度一侧扩散（也称弥散）。某物质的扩散通量不仅决定于膜两侧该物质的浓度梯度，也决定于膜对该物质通过的阻力或难易程度，后者称为通透性。单纯扩散方式的吸收过程不消耗能量，物质分子依浓度梯度或电位梯度移动。通过小肠上皮的单纯扩散受到物质分子的大小及其他物理化学因素，如电荷情况、脂溶性程度的影响。单纯扩散不是小肠吸收营养物质的重要方式。

　　（2）易化扩散　是物质分子在细胞膜内的特异性蛋白质分子（载体）协助下，通过细胞膜的扩散过程，这种易化扩散同简单扩散一样，也是从浓度高的一侧，通过膜而透向浓度低的一侧。某些非脂溶性的物质的吸收即通过这种方式。易化扩散的吸收方式有下述特点：①专一性，某种载体只促进某物质的吸收；②饱和现象，由于载体数量有限，当物质的浓度增加到一定程度时，其吸收率将达到最大限度；③竞争性抑制，两种结构相似的物质可以竞争性地与载体结合，故可发生交互抑制；易化扩散可以大大加速物质达到扩散平衡的速度，但它不能逆电化学梯度转运，它不需要消耗代谢能量。

（3）主动转运　一种需要消耗细胞代谢的能量，可以逆电化学梯度进行的物质通过膜的转运。例如，小肠内的葡萄糖和氨基酸就是以主动方式逆浓度差转运的（图2－6）。用离体小肠所做的葡萄糖吸收实验，发现通过吸收，肠浆膜侧的葡萄糖浓度可达到黏膜侧的100倍以上。在体内，小肠内的葡萄糖可以达到完全的吸收，就是依靠主动转运。在无氧情况下，这种逆浓度梯度的吸收过程便消失。主动转运也具有饱和现象和竞争性抑制现象。

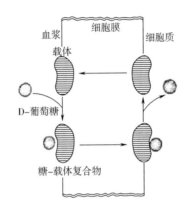

图2－6　葡萄糖借助于载体通过红细胞膜而进入细胞内示意

（4）胞饮或内吞　在这一作用下，物质吸附在细胞质膜上，质膜内陷，形成将物质包裹在内的小囊泡，并向细胞内部移动，进而被细胞吸收。小肠对一些大分子物质和物质团块，如完整的蛋白质、三酰甘油酯，可用内吞方式吸收。

三、碳水化合物消化产物的吸收

碳水化合物的吸收几乎完全在小肠，且以单糖形式被吸收。肠道内的单糖主要有葡萄糖及少量的半乳糖和果糖等。

各种单糖的吸收速度不同，己糖的吸收速度很快，而戊糖（如木糖）的吸收速度则很慢。若以葡萄糖的吸收速度为100，人体对各种单糖的吸收速度如下：D－半乳糖（110）＞D－葡萄糖（100）＞D－果糖（70）＞木糖醇（36）＞山梨醇（29）。这与在大鼠身上所观察到的吸收比例关系非常相似（半乳糖：葡萄糖：果糖：甘露糖：木糖：阿拉伯糖＝110：100：43：19：15：9）。

目前认为，葡萄糖和半乳糖的吸收是主动转运，它需要载体蛋白质，是一个逆浓度梯度进行的耗能过程，即使血液和肠腔中的葡萄糖浓度比例为200：1，吸收仍可进行，而且速度很快；戊糖和多元醇则以单纯扩散的方式吸收，即由高浓度区经细胞膜扩散和渗透到低浓度区，吸收速度相对较慢；果糖可能在微绒毛载体的帮助下使达到扩散平衡的速度加快，但并不消耗能量，此种吸收方式称为易化扩散（facilitated diffusion），吸收速度比单纯扩散要快。

蔗糖在肠黏膜刷状缘表层水解为果糖和葡萄糖，果糖可通过易化扩散吸收。葡萄糖则需进行主动转运：它先与载体及 Na^+ 结合，一起进入细胞膜的内侧，把葡萄糖和 Na^+ 释放到细胞质中，然后，Na^+ 再借助 ATP 的代谢移出细胞（见图 2 - 7）。

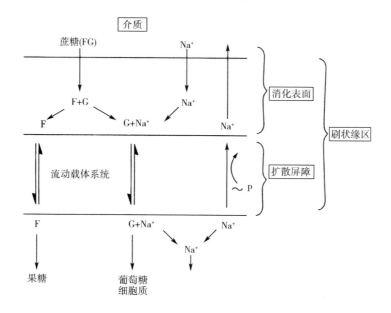

图 2 - 7　蔗糖吸收模式示意图

F—果糖　G—葡萄糖

四、 脂类消化产物的吸收

脂类的吸收主要在十二指肠的下部和空肠上部。脂肪消化后形成甘油、游离脂肪酸、单酰甘油酯以及少量二酰甘油酯和未消化的三酰甘油酯。短链和中链脂肪酸组成的三酰甘油酯容易分散和被完全水解。短链和中链脂肪酸循门静脉入肝。长链脂肪酸组成的三酰甘油酯经水解后，其长链脂肪酸在肠壁被再次酯化为三酰甘油酯，经淋巴系统进入血液循环。在此过程中胆酸盐将脂肪进行乳化分散，以利于脂肪的水解、吸收（见图 2 - 8）。

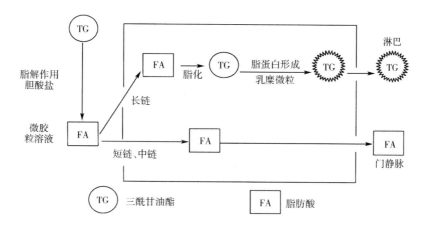

图 2 - 8　黏膜细胞吸收脂肪示意图

各种脂肪酸的极性和水溶性均不同，其吸收速率也不相同。吸收率的大小依次为：短链脂肪酸 > 中链脂肪酸 > 不饱和长链脂肪酸 > 饱和长链脂肪酸。脂肪酸水溶性越小，胆盐对其吸收的促进作用也越大。甘油水溶性大，不需要胆盐即可通过黏膜经门静脉吸收入血。

大部分食用脂肪均可被完全消化吸收、利用；如果大量摄入消化吸收慢的脂肪，很容易使人产生饱腹感，而且其中的一部分尚未被消化吸收就会随粪便排出；那些易被消化吸收的脂肪，则不易令人产生饱腹感，并很快就会被机体吸收利用。

一般脂肪的消化率为95%，奶油、椰子油、豆油、玉米油与猪油等都能全部被人体在 6 ~ 8h 内消化，并在摄入后的 2h 可吸收 24% ~ 41%，4h 可吸收 53% ~ 71%，6h 达 68% ~ 86%。婴儿与老年人对脂肪的吸收速度较慢。脂肪乳化剂不足可降低吸收率。若摄入过量的钙，会影响高熔点脂肪的吸收，但不影响多不饱和脂肪酸的吸收，这可能是钙离子与饱和脂肪酸形成难溶的钙盐所致。

人体从食物中获得的胆固醇称作外源性胆固醇（10 ~ 1000mg/d），多来自动物性食品；由肝脏合成并随胆汁进入肠腔的胆固醇，称作内源性胆固醇，为 2 ~ 3g/d。肠吸收胆固醇的能力有限，成年人胆固醇的吸收速率约为每天 10mg/kg。大量进食胆固醇时吸收量可加倍，但最多每天吸收 2g（上限）。内源性胆固醇约占胆固醇总吸收量的一半。食物中的自由胆固醇可由小肠黏膜上皮细胞吸收。胆固醇酯则经过胆胆固醇酯酶水解后吸收。肠黏膜上皮细胞将三酰甘油酯等组合成乳糜微粒时，也把胆固醇掺入在内，成为乳糜微粒的组成部分。吸收后的自由胆固醇又可再酯化为胆固醇酯。胆固醇并不是百分之百吸收，自由胆固醇的吸收率比胆固醇酯高；禽卵中的胆固醇大多数是非酯化的，较易吸收；植物固醇如 β - 谷固醇，不但不易被吸收，而且还能抑制胆固醇的吸收，可见食物胆固醇的吸收率波动较大。通常食物中的胆固醇约有 1/3 能够被吸收。

五、蛋白质消化产物的吸收

天然蛋白质被蛋白酶水解后，其水解产物大约 1/3 为氨基酸、2/3 为寡肽。这些产物在肠壁的吸收远比单纯混合氨基酸快，而且吸收后绝大部分以氨基酸形式进入门静脉。

肠黏膜细胞的刷状缘含有多种寡肽酶，能水解各种由 2 ~ 6 个氨基酸组成的寡肽。水解释放出的氨基酸可被迅速转运，透过细胞膜进入肠黏膜细胞再进入血液循环。肠黏膜细胞的胞液中也含有寡肽酶，可以水解二肽与三肽。一般认为，四肽以上的寡肽，首先被刷状缘中的寡肽酶水解成二肽或三肽，吸收进入肠黏膜细胞后，再被细胞液中的寡肽酶进一步水解成氨基酸。有些二肽，比如含有脯氨酸或羟脯氨酸的二肽，必须在胞液中才能分解成氨基酸，甚至其中少部分（约 10%）以二肽形式直接进入血液。

各种氨基酸都是通过主动转运方式吸收，吸收速度很快，它在肠内容物中的含量从不超过 7%。实验证明，肠黏膜细胞上具有载体，能与氨基酸及钠离子先形成三联结合体，再转入细胞膜内。三联结合体上的 Na^+ 在转运过程中则借助钠泵主动排出细胞，使细胞内 Na^+ 浓度保持稳定，并有利于氨基酸的不断吸收。

不同的转运系统作用于不同氨基酸的吸收：中性氨基酸转运系统对中性氨基酸有高度亲和力，可转运芳香族氨基酸（苯丙氨酸、色氨酸及酪氨酸）、脂肪族氨基酸（丙氨酸、丝氨酸、苏氨酸、缬氨酸、亮氨酸及异亮氨酸）、含硫氨基酸（甲硫氨酸及半胱氨酸），以及组氨酸、胱氨酸、谷氨酰胺等。此类载体系统转运速度最快，所吸收蛋白质的速度依次为：甲硫氨酸 > 异亮氨酸＞缬氨酸＞苯丙氨酸＞色氨酸＞苏氨酸。部分甘氨酸也可借此载体转运；碱性氨基酸转运系统可转运赖氨酸及精氨酸，转运速率较慢，仅为中性氨基酸载体转运速率的10%；酸性氨基酸转运系统主要转运天冬氨酸和谷氨酸；亚氨基酸和甘氨酸转运系统则转运脯氨酸、羟脯氨酸及甘氨酸，转运速率很慢。因含有这些氨基酸的二肽可直接被吸收，故此载体系统在氨基酸吸收上意义不大。

六、　维生素的吸收

水溶性维生素一般以简单扩散方式被充分吸收，特别是相对分子质量小的维生素更容易吸收。维生素 B_{12} 则需与内因子结合成一个大分子物质才能被吸收，此内因子是相对分子质量为53000的一种糖蛋白，由胃黏膜壁细胞合成。

脂溶性维生素因溶于脂类物质，它们的吸收与脂类相似。脂肪可促进脂溶性维生素吸收。

七、　水与矿物质的吸收

每日进入成人小肠的水分为5~10L，这些水分不仅来自食品，还来自消化液，而且主要来自消化液。成人每日尿量平均约1.5L，粪便中可排出少量（约150mL），其余大部分水分都由消化道重新吸收。

大部分水分的吸收是在小肠内进行，未被小肠吸收的剩余部分则由大肠继续吸收。小肠吸收水分的主要动力是渗透压。随着小肠对食物消化产物的吸收，肠壁渗透压会逐渐增高，形成促使水分吸收的极为重要的环境因素，尤其是钠离子的主动转运。在任何物质被吸收的同时都伴有水分的吸收。

矿物质可通过单纯扩散方式被动吸收，也可通过特殊转运途径主动吸收。食物中钠、钾、氯等的吸收主要取决于肠内容物与血液之间的渗透压差、浓度差和 pH 差。其他矿物质元素的吸收则与其化学形式，与食品中其他物质的作用，以及机体的机能作用等密切相关。

钠和氯一般以氯化钠（食盐）的形式摄入。人体每日由食物获得的氯化钠为8~10g，几乎完全被吸收。钠和氯的摄入量与排出量一般大致相当，当食物中缺乏钠和氯时，其排出量也相应减少。根据电中性原则，溶液中的正负离子电荷必须相等，因此，在钠离子被吸收的同时，必须有等量电荷的阴离子朝同一方向，或有另一种阳离子朝相反方向转运，故氯离子至少有一部分是随钠离子一同吸收的。钾离子的净吸收可能随同水的吸收被动进行。正常人每日摄入钾为2~4g，绝大部分可被吸收。

钙的吸收通过主动转运进行，并需要维生素 D。钙盐大多在可溶状态（即钙为离子状态），且在不被肠腔中任何其他物质沉淀的情况下才可吸收。钙在肠道中的吸收很不完全，有70%~80%存留在粪中，这主要是由于钙离子可与食物及肠道中存在着的植酸、草酸及脂肪酸等阴离子形成不溶性钙盐所致。机体缺钙时钙吸收率会增大。

铁的吸收与其存在形式和机体的机能状态等密切相关。植物性食品中的铁主要以 $Fe(OH)_3$ 与其他物质络合存在。它需要在胃酸作用下解离，进一步还原为亚铁离子方能被吸收。食品中的植酸盐、草酸盐、磷酸盐、碳酸盐等可与铁形成不溶性铁盐而妨碍其吸收，维生素 C 能将高铁还原为亚铁而促进其吸收。铁在酸性环境中易溶解且易于吸收。在血红蛋白、肌红蛋白中，铁与卟啉相结合形成的血红素铁可直接被肠黏膜上皮细胞吸收，这类的铁既不受植酸盐、草酸盐等抑制因素影响，也不受抗坏血酸等促进因子的影响。胃黏膜分泌的内因子对此铁的吸收有利。

　　铁的吸收部位主要在小肠上段，特别是十二指肠，铁的吸收最快。肠黏膜吸收铁的能力取决于黏膜细胞内的铁含量。经肠黏膜吸收的铁可暂时贮存于细胞内，随后慢慢转移至血浆中。当黏膜细胞刚刚吸收了铁而尚未转移至血浆中时，肠黏膜再吸收铁的能力可暂时失去。这样，积存于黏膜细胞中的铁就将成为再吸收铁的抑制因素。机体患缺铁性贫血时铁的吸收会增加。

🔍 思考题

1. 消化系统的消化道和消化腺组成及特点有哪些？
2. 消化的两种形式是什么？它们的作用如何？
3. 肝产生什么辅助物质，它起什么作用？
4. 碳水化合物、脂肪、蛋白质消化吸收的过程及特点是什么？
5. 如何通过控制食物的消化吸收来调节机体血糖稳定？
6. 叙述一下小肠吸收营养素的四个机制。

第三章

营养与能量平衡

　　了解碳水化合物、脂肪和蛋白质三大产能营养素生理能值和人体能量消耗的主要组成，熟悉能量平衡的概念，掌握不同人群对能量消耗的需求，理解能量平衡与体重控制的重要性，运用体质指数（BMI）调控体重预防肥胖和一系列代谢性疾病发生。

第一节　能量与能量单位

一、　能量的作用及意义

　　能量是人类赖以生存的基础。人们为了维持生命、生长、发育、繁衍后代和从事各种活动，每天必须从外界取得一定的物质和能量。这些通常由食物提供。唯有食物源源不断地供给，人体才能做机械功、渗透功和进行各种化学反应，如心脏搏动、血液循环、肺的呼吸、肌肉收缩、腺体分泌，以及各种生物活性物质的合成等。

　　1900 年以前，关于食品的能量问题几乎困扰着整个营养学界。其后，由于食物中蛋白质的质量，以及维生素和矿物质等问题显得突出，能量问题趋于被忽视。到 1939 年前后，人们才又重新认识到能量供应的重要。今天，由于营养（能量）过剩，引起的一系列诸如肥胖症、心血管疾病等问题，则更被人们所重视。目前认为过多的能量摄入，不管它来自哪种产能营养素，最后都会变为体脂而被储存起来。过多的体脂能引起肥胖病的发生和机体不必要的负担，并成为心血管疾病，某些癌症、糖尿病等退行性疾病的诱发因素。

　　食物能量的最终来源是太阳能，即由植物利用太阳光能，通过光合作用，把二氧化碳、水和其他无机物转变成有机物如碳水化合物、脂肪和蛋白质，以供其生命活动之所需，并将其生命过程的化学能直接或间接保持在三磷酸腺苷（ATP）的高能磷酸键中。动物和人则将植物的贮能（如淀粉）变成自己的潜能，以维持自己的生命活动。这本身又是通过动物和人的代谢活动将其转变成可利用的形式（ATP）来进行的。此外，人类尚可利用动物为食获取能量。动物通常是以其组织合成与脂肪沉积作为贮能，而人类则多选取其胴体为食，部分能量被损耗。关于人体能量的获得与自由能的去向如图 3-1 所示。

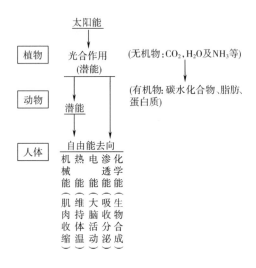

图 3-1　人体能量的获得与自由能的去向

二、　能量单位

能量有多种形式，并可有不同的表示。多年来人们对人体摄食和消耗的能量，通常都是用热量单位即以卡（calorie）或千卡（kilo calorie）表示。1cal 相当于 1g 水从 15℃升高到 16℃，即温度升高 1℃所需的热量，营养学上通常以它的 1000 倍，即千卡为常用单位。1969 年在布拉格召开的第七次国际营养学会议上推荐采用焦耳（Joule）代替卡。实际上，我们对物质世界的研究，从银河系到我们的身体，或一个简单的化学物质，其能量无论是原子能、化学能、机械能等都是一个基本的物理量，只是形式不同而已。过去所用的单位很多，既有米制单位，又有英制单位。而在国际制里则仅用焦耳作为一切能量的单位［焦耳（1818—1889）是英国啤酒酿造家和物理学家，他通过实验发现了热功当量，并发现了通过电流使物体产热的定律］。这不仅反映了过去被割裂了的几种能量之间的物理关系，而且也精简了许多换算关系。此外，营养学上所用的卡，在定义和数值上既不止一种，也有过混乱。

基于上述情况，尽管从 1880—1896 年国际上公认"卡"是热的单位，并一直沿用到 1950 年，但是 1935 年就有用焦耳取代热化学上"卡"的做法，到 1950 年焦耳便正式列为热量单位。

统一以焦耳为单位虽然可以消除以卡为单位的混乱，但是营养学上的食物成分表至今仍未普遍采用焦耳来代替卡。WHO 建议暂时在食物成分表里平行列出热化学卡和焦耳的数值以作过渡。

1 J 相当于用 1N 的力将 1 kg 物体移动 1 m 所需的能量。1000J 称为 1kJ，1000kJ 称为 1 大焦耳或 1 兆焦耳（1MJ）。

焦耳与卡的换算关系如下：

$$1 \text{千卡（kcal）} = 4.184 \text{千焦耳（kJ）}$$
$$1 \text{千焦耳（kJ）} = 0.239 \text{千卡（kcal）}$$

近似计算为：

$$1 \text{千卡} = 4.2 \text{千焦耳}$$
$$1 \text{千焦耳} = 0.24 \text{千卡}$$

粗略换算时可采用乘以 4 或除以 4 表示。

第二节 能值及其测定

一、 食物能值与生理能值

食物能值是食物彻底燃烧时所测定的能值，即"物理燃烧值"，或称"总能值"。食物中具有供能作用的物质如碳水化合物、脂肪和蛋白质称为三大产能营养素。碳水化合物和脂肪彻底燃烧时的最终产物均为二氧化碳和水。蛋白质在体外燃烧时的最终产物是二氧化碳、水和氮化物质等。它们具体的产能数值如表 3-1 和 3-2 所示。

表 3-1　　　　　　　脂肪及碳水化合物等的物理燃烧值（每克干物质）

名称	物理燃烧值		名称	物理燃烧值	
	kcal	kJ		kcal	kJ
胆固醇	9.90	41.42	纤维素	4.18	17.49
植物脂肪	9.52	39.83	糊精	4.12	17.24
动物脂肪	9.22	38.58	麦芽糖	3.95	16.53
乙醇	7.10	29.71	葡萄糖、果糖	3.75	15.69
淀粉	4.20	17.57			

表 3-2　　　　　　　含氮物质的物理燃烧值（每克干物质）

名称	物理燃烧值		名称	物理燃烧值	
	kcal	kJ		kcal	kJ
血清蛋白	5.92	24.77	丙氨酸	4.35	18.20
酪蛋白	5.78	24.18	天冬氨酸	2.90	12.13
纤维蛋白	5.58	23.35	尿酸	2.74	11.40
胶原蛋白	5.35	22.38	尿素	2.53	10.59
亮氨酸	5.07	21.28			

　　生理能值即机体可利用的能值，在体内，碳水化合物和脂肪氧化的最终产物与体外燃烧时相同，因考虑到机体对它们的消化、吸收情况（如纤维素不能被人类消化），故二者的生理能值与体外燃烧时可稍有不同。

　　蛋白质在体内的氧化并不完全，氨基酸等中的氮并未氧化成氮的氧化物或硝酸（这些物质对机体有害），而以尚有部分能量的有机物如尿素、尿酸、肌酐等形式由尿排出。这些含氮有机物的能量均可在体外燃烧时测得。此外，再考虑到消化率的影响，便可得到机体由蛋白质氧化而来的可利用的能值。现将几种主要产能营养素的食物能值与生理能值列于表3-3。不同食品中碳水化合物、脂肪和蛋白质的含量各异，若需了解某种食品所含能值，可利用食物成分表或仔细分析其样品的组成进行计算。

表3-3　　　　　　　　　　几种营养素的食物能值和生理能值

名称	食物能值		尿中损失		吸收率/%	生理能值		生理系数
	kcal/g	kJ/g	kcal/g	kJ/g		kcal/g	kJ/g	
蛋白质	5.65	23.6	1.25	5.2	92	4.0	17	4
脂肪	9.45	39.5	—		95	9.0	38	9
碳水化合物	4.1	17.2	—		98	4.0	17	4
乙醇	7.1	29.7	微量		100	7.1	30	7

二、　能值的测定

　　1. 食物能值的测定

　　食物能值通常用氧弹热量计，或称弹式热量计（bomb calorimeter）进行测定，这是一个弹式密闭的高压容器，内有一白金坩埚，其中放入待测的食物试样，并充以高压氧，使其置于已知温度和体积的水浴中。用电流引燃，食物试样便在氧气中完全燃烧，所产生的热使水和热量计的温度升高，由此计算出该食物试样产生的能（热）量。氧弹热量计见图3-2。

　　2. 人体能量消耗的测定

　　人体能量的消耗实际上就是指人体对能量的需要。较常用的测定方法有以下两种。

　　（1）直接测定法　这是直接收集并测量人体所放散的全部热能的方法。为此，让受试者进入一特殊装备的小室。该室四周被水管包围并与外界隔热。机体所散发的热量可被水吸收，并通过液体和金属的传导进行测定，此法可对受试者在小室内进行不同强度的各种类型的活动所产生和放散的热能予以测定。此法原理简单，类似于氧弹热量计，但实际建造，投资很大，且不适于复杂的现场测定，现已基本不用。

　　（2）间接测定法　此法广泛应用于人体能量的消耗。主要根据其耗氧量的多少来推算所消耗的能量。关于人体耗氧量的测定可通过收集所呼出的气量（如用 Douglas 袋等），来分析其中氧和二氧化碳的容积百分比。由于空气中含氧量一定，且可测定，故将吸入空气中的含氧量减去呼出气体中的含氧量，即可计算出一定时间内机体的耗氧量。

　　此外，还可利用自记呼吸量测定器（recording spirometer）进行测定。如用 Kofranyi - Michaelis 仪测量耗氧率，这是用一简单的气箱或气袋收集呼出的气体，在除去所产生的二氧

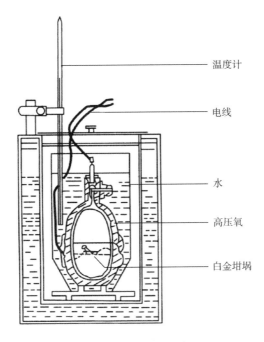

温度计

电线

水

高压氧

白金坩埚

图 3 - 2 氧弹热量计

化碳后再回到原测定器中，由所记下降的体积和时间得出耗氧速度，由耗氧量计算所消耗的能量。

食物在热量计中或在人体内氧化所消耗的氧量直接与以热释放的能量有关，葡萄糖不管如何氧化，其所需的氧量和所产生的能量可表示如下：

$$C_6H_{12}O_6 + 6O_2 \longrightarrow 6H_2O + 6CO_2 + 15.5kJ/g$$
$$180（g）\quad 6 \times 22.4 = 134.4（L）\quad 15.5 \times 180 = 2790（kJ）$$

每消耗 1L 氧产能：$\dfrac{2790}{134.4} = 20.76kJ$

同样，由淀粉或脂肪氧化时每消耗 1L 氧所产生的能量也可计算出来，此值很接近食用糖和脂肪的实验测定值。至于蛋白质，由于其结构和易变性等，它的氧化不能用简单的方程式表示。经实验测定蛋白质氧化的能量为 4.49kcal/LO₂（18.79kJ/LO₂）。混合食物的糖和脂肪并非单一的糖或单独一种脂肪。通常认为由混合食物实验测定的平均值很接近从测定氧消耗量所计算的能量消耗。不同食物氧化时每消耗 1L 氧所产生的能量如表 3 - 4 所示。

表 3 - 4 不同食物的能量

名称	能量		名称	能量	
	kcal/L O₂	kJ/L O₂		kcal/L O₂	kJ/L O₂
淀粉	5.05	21.13	蛋白质	4.49	18.79
脂肪	4.69	19.62	混合食物	4.82	20.17

最近，有一种用双标记水测定人体日常生活和工作中进行各种活动时总能量消耗的方法。其原理是让受试者摄入一定量的双标记水（$^2H_2O^{18}$）后，机体被这两种稳定的同位素所标记。当它们在体内达到平衡时^2H参加H_2O的代谢，而O^{18}参加H_2O和CO_2的代谢。通过对它们代谢速率常数的测定和一定的计算，从而测定其在一段时间内活动的能量消耗。此法虽好（精密度、准确度均很高），但对材料、技术、设备要求较高，费用昂贵，因此尚有局限性。

第三节　影响人体能量需要的因素

关于人体的能量需要，是指个体在良好健康状况下，以及与经济状况、社会所需体力活动相适应时，由食物摄取的并与所消耗相平衡的能量。对于儿童、孕妇或乳母，此能量的需要包括与组织的积存或乳汁的分泌有关的能量需要。

对于某一个体来说，一旦体重、劳动强度确定，并且生长速度一定，则能达到能量平衡的摄取量，即为该个体的能量需要。若摄取量高于或低于这种需要，除非耗能相应改变。否则贮能即有所改变。如耗能不变，当摄取量超过需要量时则能量主要以脂肪组织的形式贮存；如果摄取量低于需要量则体内脂肪减少。事实上，任何个体都有一个可接受的健康体重范围。当然，如果这种不平衡太大，或持续的时间太长，则体重和身体组成成分的变化对身体的机能和健康会带来危害。

人体能量的消耗主要由三方面组成：①维持基础代谢；②对食物的代谢反应；③从事各种活动和劳动。它们也是能量需要的所在。

一、　基础代谢

1. 基础代谢与基础代谢率

基础代谢是维持生命最基本活动所必需的能量需要。具体说，按照 FAO 的方法是在机体处于空腹 12～14h，睡醒静卧，室温保持在 26～30℃，无任何体力活动和紧张思维活动，全身肌肉松弛，消化系统安静状态下测定的能量消耗。这实际上是机体处于维持最基本的生命活动状态下，即用于维持体温、脉搏、呼吸，各器官组织和细胞基本功能等最基本的生命活动所需的能量消耗。

在上述条件下所测定的基础代谢速率称为基础代谢率（basal metabolic rate，BMR）。它是指单位时间内人体所消耗的基础代谢能量。过去常用单位时间内人体每平方米体表面积所消耗的基础代谢能量表示 $[kJ/(m^2 \cdot h)]$，现在则多用单位时间内每千克体重所消耗的基础代谢能量表示 $[kJ/(kg \cdot h)]$ 或每天所消耗的能量表示（MJ/d）。

一般说，成年男子每平方米体表面积每小时的基础代谢平均为 167.36kJ（40kcal）。若按体重计则每千克体重每小时平均耗能 1 kcal，一个体重65kg的男子，24h 的基础代谢为 $1 \times 65 \times 24 = 1560$kcal（6527.04kJ）。通常女性的基础代谢比男性约低 5%。这可能是女性肌肉不发达、脂肪组织相对较多之故。儿童和青少年正处在生长、发育时期，其基础代谢比成人高 10%～15%。一般情况下基础代谢可以有 10%～15% 的正常波动。至于基础代谢率，年龄越小相对越高。随着年龄的增加，基础代谢率缓慢降低。

2. 基础代谢率的测定

过去一直认为基础代谢率与体表面积有关。尽管人们对此并没有很好的理论加以说明，但实际上却给出较恒定的数值。由于体表面积与身高、体重密切相关，因而可根据不同个体，按回归方程计算其体表面积，然后由体表面积进一步查表计算基础代谢的能量。

此外，为了简化上述由身高、体重按一定公式计算体表面积和查表等，人们曾设计由身高、体重通过列线图求得体表面积，或直接由身高（cm）、体重（kg）、体表面积（m²）和正常的标准代谢率 $[kJ/(m^2 \cdot h)]$ 直接确定其基础代谢的能量。但此列线图解法不适用于婴儿和6岁以下儿童，因为他们的基础代谢率太高。

实际上，测定基础代谢率最有用的指标是体重。1985年WHO根据对11000名不同性别、年龄以及不同体型和不同身高、体重的健康个体测定的结果，提出由体重估算人体基础代谢率（见表3-5）。

表3-5　　　　　　　　　　由体重（m）[2]估算人体基础代谢率

年龄/（岁）		基础代谢率/（kcal/d）	相关系数	标准差[1]	基础代谢率/（MJ/d）	相关系数	标准差[1]
男	0 ~	$60.9m - 54$	0.97	53	$0.255m - 0.226$	0.97	0.222
	3 ~	$22.7m + 495$	0.86	62	$0.0949m + 2.07$	0.86	0.259
	10 ~	$17.5m + 651$	0.90	100	$0.0732m + 2.72$	0.90	0.418
	18 ~	$15.3m + 679$	0.65	151	$0.0640m + 2.84$	0.65	0.632
	30 ~	$11.6m + 879$	0.60	164	$0.0485m + 3.67$	0.60	0.686
	60 ~	$13.5m + 487$	0.79	148	$0.0565m + 2.04$	0.79	0.619
女	0 ~	$61.0m - 51$	0.97	61	$0.255m - 0.214$	0.97	0.255
	3 ~	$22.5m + 499$	0.85	63	$0.0941m + 2.09$	0.85	0.264
	10 ~	$12.2m + 746$	0.75	117	$0.0510m + 3.12$	0.75	0.489
	18 ~	$14.7m + 496$	0.72	121	$0.0615m + 2.08$	0.72	0.506
	30 ~	$8.7m + 829$	0.70	108	$0.0364m + 3.47$	0.70	0.452
	60 ~	$10.5m + 596$	0.74	108	$0.0439m + 2.49$	0.74	0.452

注：①实测基础代谢率与估算值之间差别的标准差。

②m 表示体重（kg）。

由体重按上述公式计算人体基础代谢率简单方便，且与过去习惯上由体表面积（或包括身高）的计算法无较大差别，颇为实用。但是近年的研究结果表明，上述计算公式可能高估了某些地区人群的基础代谢率，因而导致高估了他们的能量需要。例如亚洲人的基础代谢率就可能比欧洲人约低10%。我国不同的研究报告表明，对成人和儿童实测的基础代谢率比用WHO建议的相同年龄组基础代谢率计算公式算出的结果均有一定程度的降低。中国营养学会认为，在目前还没有足够的中国人群基础代谢率数值时，建议仍采用上述WHO建议的计算公式，并按中国和亚洲实测的结果和情况，将公式计算出的结果减5%作为中国18~44岁成年人群及45~59岁人群的基础代谢率是符合实际的。

3. 影响基础代谢的因素

影响人体基础代谢的因素很多，主要有以下几种。

（1）年龄 这主要是因生长、发育和体力劳动强度随年龄增加而变化所致。儿童从出生到2岁相对生长速度最高，青少年身高、体重和活动量与日俱增，故所需能量增加。中年以后基础代谢逐渐降低、活动量也逐渐减少，需能下降，至于老年人的基础代谢较成年人低 10% ~ 15%，因其活动更少，所需能量也更少。

年龄不同，身体组成差别很大。基础代谢主要取决于身体各组织的代谢活动，每种组织在身体中的比例，以及它们在整个身体能量代谢中的作用。显然，身体组成的变化将影响到能量的需要。因为身体的某些器官和组织比另一些在代谢上更为活泼。表 3-6 显示新生儿的大脑约占体重的 10%，而其能量代谢约占身体总量的 44%。另一方面，此时肌肉代谢的能量需要很低。此外，肝脏在代谢上比肌肉更活泼，老人肌肉组织下降，相对的瘦体质（lean tissue mass）所占的总体代谢率也有所改变。关于体重的影响如表 3-5 所示。

（2）性别 男孩和女孩在青春期以前，其基本的能量消耗按体重计差别很小。成长后男性有更多的肌肉组织。这在以去脂组织（lean body mass）表示时，可降低其基础代谢率，因为肌肉的代谢率较低（见表 3-6），但是女性的体脂含量更多，其基础代谢率比男性低约 5%（2% ~ 12%）。妇女在月经期，以及怀孕、哺乳时基础代谢率均可有增高。

表 3-6　　　　　　　　　　　人体器官和组织的代谢速率

名称	成人				新生儿			
	质量/kg	代谢率		占总代谢百分率/%	质量/kg	代谢率		占总代谢百分率/%
		kcal/d	kJ/d			kcal/d	kJ/d	
肝	1.6	482	2017	27	0.14	42	176	20
脑	1.4	338	1414	19	0.35	84	352	44
心	0.32	122	510	7	0.02	8	33	4
肾	0.29	187	782	10	0.024	15	63	7
肌肉	30.00	324	1356	18	0.8	9	38	5
其他								20
总计	70.00	1800	7530		3.5	197	824	

（3）营养及机能状况 在严重饥饿和长期营养不良期间，身体基础代谢的降低可多达50%。疾病和感染可提高基础代谢，体温升高时基础代谢大为增加。某些内分泌腺，如甲状腺、肾上腺和垂体的分泌对能量代谢也有影响。其中甲状腺最显著。甲状腺机能亢进即是由于甲状腺素分泌增加，致使代谢加速的结果。反之则具有低于正常代谢的特征。肾上腺素可引起基础代谢暂时增加，垂体激素可刺激甲状腺和肾上腺而影响代谢。

（4）气候 尽管有证据表明，衣服穿得少、且处于低气温环境中的人，即使没有颤抖，其基础代谢率也有增加。但是，一般认为气候影响不大。因为人们可以通过增减衣服，以及改善居住条件等尽量减少这种影响。但长期处于寒冷和炎热地区的人可有所不同，后者的基础代谢稍低。例如，印度人的基础代谢率比北欧人平均低约 10%。

二、对食物的代谢反应

对食物的代谢反应（metabolic response to food）又称食物"特殊动力作用"（specific dynamic action）或食物的热效应（thermic effect of food），是指人体由于摄食所引起的一种额外的热能损耗。例如，某人的基础代谢率为1600kcal（6694kJ）/d，若摄入含能量正好如此的食物，其所产热能经测定却是1700kca/（7112kJ），这额外的100kcal（418kJ）并非来自食物，而是机体为利用食物中营养素所额外支付的能量。这可以增加进食后氧的吸收，并取决于所摄取食物的营养组分和所吸收的能量。

各种营养素中蛋白质的这种反应最强，相当于其本身产能的30%，糖类则少得多，仅占其所产热能的5%～6%，脂肪更少，占4%～5%。当摄入一般的混合膳食时，因对食物的代谢反应而额外增加的热能消耗，每日约为628kJ（150kcal），约为基础代谢的10%。

关于作用机理的研究，早期曾认为可能是由消化、吸收过程所引起，但它不能解释各种营养素之间何以有所不同，而且在将氨基酸直接注入血液、不经胃肠道时仍将有此作用。现在认为这主要是由机体对食物的代谢反应所引起。因为营养素所含能量并非全可被机体利用，只有在转变为ATP或其他高能磷酸键后才能做功。葡萄糖和脂肪的含能只有38%～40%可转变为ATP，蛋白质则仅有32%～34%。不能转变为ATP的部分则将以热的形式向外散发。故进食后可见机体在安静状态下向外发散的热比进食前增加。

此外，摄入的葡萄糖和脂肪酸在体内进行合成代谢时均需要一定能量，而由氨基酸合成蛋白质所需能量更高。首先，激活每分子氨基酸和形成肽链的连接需要2mol的ATP和1mol的GTP（三磷酸鸟苷），每个核苷酸掺入DNA（脱氧核糖核酸）、信使RNA（核糖核酸）或转移RNA也都需要1个以上的高能磷酸键，每分子氨基酸转运透过细胞膜也需要3mol ATP，故蛋白质的合成需要消耗大量的能量。而蛋白质被消化分解成氨基酸后，在肝脏脱氨并合成尿素时也需要消耗一定能量。

三、 体力活动

体力活动，特别是体力劳动是相同性别、年龄、体重和身体组成中影响个体能量需要的最重要因素。显然，劳动强度越大，持续时间越长，工作越不熟练时，其所需能量越多。而这又与他所从事的职业有很大关系。1971年FAO/WHO有关专家委员会曾断言："食物的摄取和能量的需要在人群中最重要的变数是职业所需体力劳动的能量消耗"。但是，由于现代生产工具的不断革新和机械化、自动化程度的日益增长，要确切区分劳动等级也有一定困难。上述专家委员会将职业劳动强度粗略分为轻微、中等、重和极重劳动四级。1981年FAO/WHO/UNU有关专家委员会将职业活动分成轻、中等和重体力活动三级，并在此基础上测定了青年男、女三级活动的总能需要（见表3-7）。

表3-7　　　　　　　　　　不同体力活动的能量消耗

级别	女[①]				男[②]			
	耗能		平均耗能×BMR		耗能		平均耗能×BMR	
	kcal/min	kJ/min	总	净	kcal/min	kJ/min	总	净
轻：75%的时间坐着或站着	1.51	6.3			1.79	7.5		
25%的时间站着活动	1.70	7.1			2.51	10.5		
平均	1.56	6.5	1.7	0.7	1.99	8.3	1.7	0.7

续表

级别	女[①]				男[②]			
	耗能		平均耗能 × BMR		耗能		平均耗能 × BMR	
	kcal/min	kJ/min	总	净	kcal/min	kJ/min	总	净
中等：25% 的时间坐着或站着	1.51	6.3			1.79	7.5		
75% 的时间从事特定职业活动	2.20	9.2			3.61	15.1		
平均	2.03	8.5	2.2	1.2	3.16	13.2	2.7	1.7
重：40% 的时间坐着或站着	1.51	6.3			1.79	7.5		
60% 的时间从事特定职业活动	3.21	13.4			6.22	26.0		
平均	2.54	10.6	2.8	1.8	4.45	18.6	3.8	2.8

注：①女：18~30 岁，体重 55kg。基础代谢率 3.8kJ/min（0.90kcal/min）（见表 3-5）；
　　②男：18~30 岁，体重 65kg。基础代谢率 4.9kJ/min（1.16kcal/min）（见表 3-5）。

显然，这需要精确地描述其不同的活动和从事这种活动的时间。至于特定的职业活动如种地、开矿、造船或伐木等所需能量可能变化很大，这取决于机械化程度。关于某些特定活动的能量消耗如表 3-8 所示。其能量消耗为估计值，并以基础代谢率（BMR）乘代谢常数表示。如睡眠的能量消耗为 1.0 即表示 BMR×1.0。若某人的 BMR 是 4.51kJ/min（1.08kcal/min），进行某一活动的能量消耗为 13.55kJ/min（3.24kcal/min），则其代谢常数是 3.24/1.08＝3.0（或 13.55/4.51＝3.0）。

表 3-8　　　　　　　　　　　某些特定活动的能量消耗

项目	能量消耗		项目	能量消耗	
	男	女		男	女
睡眠	1.0	1.0（即 RMR ×1.0）	农　业：饲养动物	3.6	—
躺着，静坐	1.2	1.2	挖水渠	5.5	—
站立	1.4	1.5	砍甘蔗	6.5	—
散步（慢走）	2.8	3.0	锯　木：电锯	4.2	
洗衣服	2.2	3.0	手锯	7.5	
烹饪	1.8	1.8	用斧伐木	7.5	
办公室工作	1.3~1.6	1.7	娱　乐：坐着活动（玩牌等）	2.2	2.1
实验室工作	2.0	—	轻（台球、板球、高尔夫球航行等）	2.2~4.4	2.1~4.2
轻工业：化学工业	3.5	2.9	中（跳舞、游泳、网球等）	4.4~6.6	4.2~6.3

续表

项目		能量消耗		项目	能量消耗	
		男	女		男	女
	电工	3.1	2.0	重（足球、田径运动、赛船等）	6.6 +[①]	6.3 +
	机械工具业	3.1	2.7			
农　业：摘水果		—	3.4			
	挖地种植	—	4.3			
	打谷（脱粒）	—	5.0			
	开拖拉机	2.1	—			

注：① + 表示能量消耗大于该数值。

　　我国曾将体力劳动分为五级，即极轻、轻、中等、重和极重（女性没有极重，仅四级）。进入 21 世纪后，由于国民经济迅速发展，人民生活水平提高、劳动条件和劳保福利等得以改善，过去被定义为极重体力劳动已转移为重体力劳动。而过去被定义为极轻体力劳动（如办公室工作）也因参加一定的体育、娱乐活动而向轻体力劳动转移。因此，中国营养学会建议，我国人民的活动强度可由五级调为三级（不排除少数例外），并估算成人能量的消耗如表 3－9 所示。

表 3－9　　　　　　　　　　中国成人活动分级和能量消耗

级别	职业工作时间分配	工作内容举例	能量消耗*	
			男	女
轻	75% 时间坐或站立 25% 时间站着活动	办公室工作、修理电器钟表、售货员、酒店服务员、化学实验操作、讲课等	1.55	1.56
中等	25% 时间坐或站立 75% 时间特殊职业活动	学生日常活动、机动车驾驶、电工安装、车床操作、金属切削等	1.78	1.64
重	40% 时间坐或站立 60% 时间特殊职业活动	非机械化农业劳动、炼钢、舞蹈、体育运动、装卸、采矿等	2.10	1.82

注：以 24h 的基础代谢率倍数表示。

第四节　能量平衡与体重控制

一、能量平衡

　　能量平衡（energy balance）是制定能量供应量的理论依据。FAO/WHO/UNU 专家委员会

1985 年的报告对能量需要量的定义是：从食物供给的能量可平衡有一定身体大小与组成，有一定体力活动，并且长期健康良好的人体的能量消耗。对儿童和孕妇乳母，能量需要量也包括组织生成和分泌乳汁的能量需要。因此，能量需要量是以满足人体能量消耗为目的，以维持能量平衡为最理想。

能量平衡的调节主要包含两个部分：能量摄入和能量消耗。即：

$$\Delta E = E_{in} - E_{out}$$

式中　E_{in}——摄入能量

　　　E_{out}——能量消耗

当摄入能量大于消耗能量，也就是能量正平衡，吸收的能量在体内储存起来。体内储存能量分为三部分：糖原、可动用蛋白质、三酰甘油酯，其中以脂肪最多。当摄入能量小于消耗能量为能量负平衡，此时可消耗体脂，才能有效控制体重。

二、 体重控制

能量平衡取决于指饮食、体力活动和基因等对人的生长和体重的交互作用。人体能量代谢的最佳状态是达到能量消耗与能量摄入的平衡。这种能量平衡能使机体保持健康。当能量摄入大于消耗，能量平衡被打破，就会出现体重增加，脂肪积累。大量研究证实，体重和心血管疾病、代谢综合征、糖尿病、癌症及骨骼关节疾病等多种慢性疾病之间存在一定的关系。因此，世界卫生组织将肥胖作为危害人类健康的重要因素。肥胖和一系列代谢性疾病已对 21 世纪的公共卫生事业提出严峻的挑战。

根据体质指数（BMI）的划分标准，即：

$$BMI = 体重（kg)/身高（m）^2$$

WHO1997 年建议 BMI18.5～24.9 为正常；BMI＜18.5 为消瘦；≥25 为超重；≥30 为肥胖。

我国规定 BMI＜18.5 为慢性营养不良；BMI＝18.5～23.9 为正常；≥24 为超重；≥28 为肥胖。

一项亚太地区近 30 万人的调查显示，BMI 每增加 1 个单位，心脏局部缺血事件发生率增加 9%，高血压死亡和缺血性中风发生率增加 8%。有 2/3 的高血压患者体重超重，肥胖人患高血压的风险是体重正常人的 5 倍。在日本，BMI 为 28kg/m^2 的 70 岁以上的老年人，50% 患有糖尿病。此外，肥胖还与呼吸障碍、生殖障碍、抑郁症、癌症等疾病的发生有密切的关系。2013 年，美国医学协会宣布，肥胖是一种疾病。在美国有 1/3 的成年人和 17% 的儿童肥胖患者需要接受治疗。

随着人们对肥胖危害的认识加深，体重控制的重要性逐渐引起了重视。通常认为，导致肥胖的原因是进食量增加和/或运动量减少。节食和/或运动是被推荐的最常用的减体重方法。但是，哪种方法更有效，健康效应更大？关于这个问题一直存在争议。体重的变化受生理、代谢、环境、行为和基因等多种因素的影响，这些因素必须通过一个或多个能量平衡环节来实现对体重的共同作用。有一部分学者认为过量的热量摄入是导致体重增加和肥胖的主要原因，能量消耗对体重变化的影响很小。要想解决肥胖问题，首先应控制能量摄入。但是，近期有研究指出，在过去的几十年里，由于交通出行方式、家务劳动方式和休闲生活方式的改变，人们的能量消耗明显减少。因此，也有学者指出，体力活动减少，即能量消耗减少是导致体重增加和肥胖的主要原因。要想解决肥胖问题，首先应该增加能量消耗。

第五节　能量在食品加工中的变化

一、 能量密度

能量密度是指每克食物所含的能量。这与食品的水分和脂肪含量密切有关。食品的水分含量高则能量密度低，脂肪含量高则能量密度高。

有关能量密度的另一特性是食品的稠度。它与食品的适口程度和是否满足能量需要有关。例如，玉米粥易呈黏稠状，若加水变稀则能量密度自然降低，如添加少量植物油，可明显降低其黏度，同时也可增加其能量密度。但是，在添加脂肪和糖以增加食品的能量密度和可口性时，必须注意保证蛋白质和其他营养素的浓度，使之不至于降低到不适宜的水平。

二、 能量在食品加工中的变化

能量既不能创造也不能消灭，它只能由一种形式转变成另一种形式。但是，食物所含能量则有可消化、利用，与不可消化、利用之分。植物的纤维素、木质素不能被人体消化、利用。动物的毛发、骨骼等虽也含有一定能量，但却不可食用。食品加工通常应尽量剔除不可食用的部分，以增加可食性比例和提高其可利用的食物能量。谷类的碾磨加工，由于去除不能食用的颗粒外壳，使其可利用的能量提高。此外，为了满足某些人群对高能量的需要，在食品加工时还可增加食品配方中油脂的比例以制成高能量食品等。

第六节　能量的供给与食物来源

一、 能量供给

能量的消耗量是确定能量需要量的基础。能量的供给也应依据能量的消耗而定，不同人群的需要和供给量各不相同。2017 年，中国营养学会根据最新资料，结合以往的营养调查数据，考虑消化吸收率等因素，提出中国居民膳食能量需要量，如表 3 - 10 所示。

表 3 – 10　　　　　　　中国居民膳食能量需要量（EER）　　　　单位：kcal/（kg·d）

年龄/岁	男性 PAL			女性 PAL		
	轻（Ⅰ）	中（Ⅱ）	重（Ⅲ）	轻（Ⅰ）	中（Ⅱ）	重（Ⅲ）
0 ~	—	90[b]	—	—	90[b]	—
0.5 ~	—	80[b]	—	—	80[b]	—
1 ~	—	900	—	—	800	—
2 ~	—	1100	—	—	1000	—
3 ~	—	1250	—	—	1200	—
4 ~	—	1300	—	—	1250	—
5 ~	—	1400	—	—	1300	—
6 ~	1400	1600	1800	1250	1450	1650
7 ~	1500	1700	1900	1350	1550	1750
8 ~	1650	1850	2100	1450	1700	1900
9 ~	1750	2000	2250	1550	1900	2000
10 ~	1800	2050	2300	1650	2050	2150
11 ~	2050	2350	2600	1800	2300	2300
14 ~	2500	2850	3200	2000	2100	2550
18 ~	2250	2600	3000	1800	2050	2400
50 ~	2100	2450	2800	1750	1950	2350
65 ~	2050	2350	—	1700	1750	—
80 ~	1900	2200	—	1500	2100	—
孕妇（1 ~ 12 周）	—	—	—	1800	2400	2400
孕妇（13 ~ 27 周）	—	—	—	2100	2550	2700
孕妇（≥28 周）	—	—	—	2250	2600	2850
乳母	—	—	—	2300		2900

注："—"表示未制定。

　　碳水化合物、脂肪和蛋白质三大产能营养素在体内各有其独特的生理作用，且与身体健康密切相关，但它们又相互影响，尤其是碳水化合物与脂肪在很大程度上可以相互转化，并具有对蛋白质的节约作用。三大产能营养素在总能的供给中应有一个大致适宜的比例。过去西方国家的高脂肪、高蛋白膳食结构给当地居民的身体健康带来许多不良影响。世界各地营养调查表明，每人每日膳食总能摄入量中碳水化合物占 40% ~ 80%，大于 80% 和小于 40% 是对健康不利的两个极端，大多控制在 50% ~ 65%，最好不低于 55%。脂肪在各国膳食中的供能比例曾为 15% ~ 40%，尤其是西方国家食用动物脂肪量多，随着对脂肪与心血管疾病和癌症发病关系的深入认识，现大都控制在 30% 以下，而以 15% ~ 25% 为宜。蛋白质则以 15% ~ 20% 较宜。

二、 能量的食物来源

　　碳水化合物、脂肪和蛋白质三种产能营养素普遍存在于各种食物中。但是动物性食物一般比植物性食物含有较多的脂肪和蛋白质，至于植物性食物中，粮食以碳水化合物和蛋白质为主；油料作物则含有丰富的脂肪，其中大豆更含有大量油脂与优质蛋白质。至于水果、蔬菜类一般含能较少，但硬果类例外，如花生、核桃等含有大量油脂，从而具有很高的热能。

　　工业食品中含能的多少是其营养学方面的一项重要指标。为了满足人们的不同需要，在许许多多的食品中尚有所谓"低热能食品"与"高能食品"的不同。前者主要由含能量低的食物原料（包括人类不能消化、吸收的膳食纤维等）加工而成，用以满足肥胖症、糖尿病等患者的需要。后者则是由含能量高的食物，特别是含脂肪量高而含水量少的原料加工而成，如奶油、干酪、巧克力制品及其他含有高比例的脂肪和糖的食品。它们的能量密度高，可以满足热能消耗大、持续时间长、特别是对处于高寒地区工作和从事考察、探险、运动时的需要。但是，不管是哪种食品，都应有一定的营养密度。而且从总的情况来看，在人体所需热能和各种营养素之间应保持一定的平衡关系。

🔍 思考题

1. 碳水化合物、脂肪和蛋白质三大产能营养素的生理能值是多少？
2. 人体能量的消耗主要组成有哪些？
3. 什么是基础代谢及影响因素？
4. 三大产能营养素在食物能量供给中的作用特点及比例关系如何？
5. 能量平衡失衡对机体健康的影响有哪些？
6. 如何判断肥胖，肥胖与哪些代谢性疾病的发生有关？

第四章

碳水化合物

[学习指导]

　　本章要求学生掌握碳水化合物的功能、分类以及食物来源，了解食品加工对其产生的影响，理解低碳水化合物膳食及食物血糖指数这两个概念，熟知碳水化合物的合理摄入与预防疾病的关系；掌握膳食纤维的概念、组成以及对人体健康的作用，了解膳食纤维的食物来源以及在食品加工中的变化，总体把握摄入量与人类健康的关系。

第一节　碳水化合物的功能

一、　供能与节约蛋白质

　　碳水化合物对生物体最主要的作用是供能，并且是其获得能量最快捷的途径。特别是葡萄糖可很快被代谢，提供能量，满足机体需要。1g 葡萄糖氧化可供能 16.7kJ（4kcal），最终产物为二氧化碳和水。

　　食物中碳水化合物的供给充足，可节约蛋白质作为抗体等的能量消耗，使蛋白质用于最合适的地方。当碳水化合物与蛋白质共同摄食时，体内贮留的氮比单独摄入蛋白质时多，这主要是因为摄入碳水化合物后可增加机体 ATP 的合成，有利于氨基酸的活化与合成蛋白质，即碳水化合物对蛋白质的保护作用，或称为碳水化合物节约蛋白质的作用。

二、　构成机体

　　碳水化合物是构成机体的重要物质，并参与细胞的许多生命活动。例如，糖与脂类形成的糖脂是细胞膜与神经组织的组成成分；糖蛋白是一些具有重要生理功能的物质如某些抗体、酶和激素的组成部分，核糖和脱氧核糖是核酸的重要组成成分等。

三、 维持神经系统的功能与解毒

碳水化合物对维持神经系统的功能具有很重要的作用。尽管大多数体细胞可由脂肪和蛋白质代替糖作为能源，但是，脑、神经和肺组织却需要葡萄糖作为能源物质，若血中葡萄糖水平下降（低血糖），脑缺乏葡萄糖可产生不良反应。

碳水化合物有解毒作用。机体肝糖原丰富则对某些细菌毒素的抵抗能力增强。动物试验表明，肝糖原不足时其对四氯化碳、酒精、砷等有害物质的解毒作用显著下降。又如葡萄糖醛酸是葡萄糖代谢的氧化产物，是体内一种重要的结合解毒剂，在肝中能与许多有害物质如细菌毒素、酒精、砷等结合，以消除有些物质的毒性或生物活性，起到解毒作用。它对某些药物的解毒作用非常重要。吗啡、水杨酸和磺胺类药物等都是通过它与毒素结合，生成葡萄糖醛酸衍生物排泄而解毒。

四、 有益肠道功能

摄食富含碳水化合物的食物，尤其是吸收缓慢和不易消化吸收的碳水化合物易产生饱腹感。乳糖可促进肠中有益菌的生长，也可加强钙的吸收。非淀粉多糖类如纤维素和果胶，抗性淀粉、功能性低聚糖等抗消化的碳水化合物，虽不能在小肠消化吸收，但刺激肠道蠕动，增加了结肠发酵率，发酵产生的短链脂肪酸和肠道菌群增殖，有助于正常消化和增加排便量。

五、 食品加工中的重要原辅料

碳水化合物是食品工业的重要原辅料之一。很多工业食品都含有糖，并且对食品的感官性状具有很重要的作用。在某些食品加工时还要控制一定的糖酸比等。焙烤食品则主要由富含碳水化合物的谷类原料制成，而硬糖则几乎全是由糖（蔗糖）制成的。至于新近开发的低聚异麦芽糖、低聚果糖等则是功能性食品的重要成分。

第二节　食品中重要的碳水化合物

根据其含糖量的多少可将食品分为高糖食品（如白糖、蜂蜜）、低糖食品（如黄瓜、瘦肉）和无糖食品（如食用油脂）。由于受代谢过程的影响，通常动物性食品（除蜂蜜外）含糖量甚少，主要存在于植物性食品之中。至于食品中的碳水化合物，根据 FAO/WHO 的最新报告，按其化学组成、生理作用和健康意义，可分为糖（包括单糖、双糖和糖醇）、低聚糖（包括低聚异麦芽糖和其他低聚糖）以及多糖（包括淀粉和非淀粉多糖）三类，现简要介绍如下。

一、 糖

按照 FAO/WHO 新的分类，糖是指能够准确测定的碳水化合物，包括单糖、双糖和糖醇。

食品中的单糖主要是葡萄糖和果糖。至于半乳糖是乳糖的组成成分很少单独存在。此外，食物中还有少量核糖、脱氧核糖、阿拉伯糖和木糖等。

双糖是由二分子单糖缩合而成的。天然存在的双糖主要有蔗糖、乳糖和麦芽糖。其中麦芽糖主要来自淀粉水解。此外，食品中还有少量异构蔗糖（异麦芽酮糖）和异构乳糖。前者在食品中作为甜味剂应用；后者并无天然存在，而是由乳糖异构而来，作为食品添加剂应用。

糖醇是由相应的糖经催化加氢制成，如山梨糖醇、木糖醇、麦芽糖醇、乳糖醇等。食品工业中常用以代替蔗糖作甜味剂应用，而且它们还具有独特的营养保健作用。

1. 单糖

（1）葡萄糖　葡萄糖主要由淀粉水解而来；此外，也有一部分来源于蔗糖、乳糖等的水解。它是机体吸收、利用最好的单糖。机体各器官都能利用它作为燃料和制备许多其他重要的化合物，如核糖核酸、脱氧核糖核酸中的核糖和脱氧核糖、黏多糖、糖蛋白、糖脂、脂类和非必需氨基酸等。但是人们直接食用葡萄糖的情况却很少。

有些器官实际上完全依靠葡萄糖供给所需的能量。例如，大脑每日需 100～120g 葡萄糖。饥饿时人体内以糖原贮存的糖类很快耗尽，脂肪组织的解脂作用增加，尽管心脏和肌肉等可利用脂肪酸为燃料，也可利用由肝脏产生的酮体，但是，大脑所需的葡萄糖则必须由能转变为糖的氨基酸（生糖氨基酸）提供，只有在长期、绝对饥饿时大脑才适应这一变化，对葡萄糖的需要量减少到 40～50g。此外，肾髓质、肺组织和红细胞等也必须依靠葡萄糖供能。机体血糖（血中的葡萄糖）含量保持相对恒定（正常为 80～120mg/100mL 血），对于保证上述组织能源的供应具有重要意义。

（2）果糖　蜂蜜和许多水果中含有果糖，工业上最近已制成高果糖浆并应用于食品工业生产。但机体的果糖主要由肠道的二糖酶将蔗糖分解为葡萄糖和果糖而来。吸收时部分果糖被肠黏膜细胞转变成葡萄糖和乳酸。肝脏是实际利用果糖唯一的器官，它会将果糖迅速转化，所以在整个循环血液中的果糖含量很低。果糖作为肌肉运动的能源不如葡萄糖及时，但作为运动后的恢复糖原储备较为有利。

果糖的代谢可不受胰岛素制约，故糖尿病人可食用果糖，但是大量食用也可产生副作用。尽管人体对果糖的代谢能力很强，然而不少人仍会因大量食用而出现恶心、上腹部疼痛，以及不同血管区的血管扩张现象。此外，大量给予果糖还可引起肝脏中三酰甘油酯合成增多，并可导致高三酰甘油酯血症，此外，还发现血清胆固醇水平有不同程度的升高。

果糖的甜度很高，是通常糖类中最甜的物质。若以蔗糖的甜度为 100，葡萄糖的甜度为 74，而果糖的甜度为 173。因而果糖是食品工业中重要的甜味物质。近年来，人们纷纷利用异构化酶将葡萄糖转变为果糖，制成不同规格的果葡糖浆（高果糖浆或异构糖）予以应用。

2. 双糖

（1）蔗糖　蔗糖广泛分布于植物界，常大量存在于植物的根、茎、叶、花、果实和种子内，由 1 分子葡萄糖和 1 分子果糖构成，是食品工业中最重要的含能甜味物质，在人类营养上也有重要意义。

近年来，由于西方国家人们每天食用蔗糖的量可高达 100g 以上，结果发现当地居民体重过高，糖尿病、龋齿，可能还有动脉硬化和心肌梗死等的发病率高，这与糖的大量摄食有关。

蔗糖易于发酵，并可产生溶解牙齿珐琅质和矿物质的物质。它被在牙垢中发现的某些细菌和酵母作用，在牙齿上形成一层黏着力很强的不溶性葡聚糖，同时产生作用于牙齿的酸，引起龋齿。因此，黏附到牙齿上的食物和黏性甜食等对牙齿有害，必须保持良好的口腔卫生（不常吃含有蔗糖的甜食对防止龋齿有利)。

(2) 异构蔗糖　异构蔗糖又称异麦芽酮糖，在国外称为帕拉金糖，是甘蔗、蜂蜜等产品中发现的一种天然糖类，1954 年它最先以蔗糖为原料转化生产成功。它是由葡萄糖与果糖以 $\alpha-1,6-$糖苷键相连的右旋糖（蔗糖变位酶可使以 1，2 - 糖苷键相连的蔗糖转变为 1，6 - 糖苷键相连的异构蔗糖）。

异构蔗糖

异构蔗糖的性质与蔗糖相似，但耐酸性强。如 20% 的蔗糖溶液在 pH 2.0 的条件下，经 100℃ 加热 60min，可全部水解为葡萄糖和果糖，而异构蔗糖尚未酸解。其有还原性，其对费林溶液的还原力为葡萄糖的 52%。甜味品质极似蔗糖、味感纯正，但甜度比蔗糖低，约为蔗糖的 42%。

据报道，异构蔗糖摄食后可在小肠内被异构蔗糖酶分解成葡萄糖和果糖，并被机体吸收、参与正常代谢，故它仍是一种能源物质。更重要的是它不被口腔中的细菌、酵母发酵、产酸，也不被用来产生强黏着力的不溶性葡聚糖，故不致龋。近年来已被包括我国在内的许多国家批准作为甜味剂，代替蔗糖在食品工业中应用。

(3) 麦芽糖　麦芽糖主要来自淀粉水解，由 2 分子的葡萄糖构成。一般植物含量很少，但种子发芽时可因酶的作用分解淀粉生成，尤其在麦芽中含量较多。动物体内除淀粉水解外不含麦芽糖。食品工业中所用麦芽糖主要由淀粉经酶水解而来，是食品工业中重要的糖质原料。其甜度约为蔗糖的 1/2，在营养上除供能外尚未见有特殊意义。

(4) 乳糖　乳糖由 1 分子葡萄糖和 1 分子半乳糖构成，是哺乳动物乳汁的主要成分，其含量依动物不同而异。通常人乳含约 7%，牛乳含约 5%。实际上，乳糖是婴儿主要食用的碳水化合物。此后，肠道中将乳糖分解为葡萄糖和半乳糖的乳糖酶活力急剧下降，甚至在某些个体中几乎降到 0。因而成年人食用大量乳糖，不易消化，食物中乳糖含量高于 15% 时可导致渗透性腹泻。

乳糖对婴儿的重要意义，在于它能够保持肠道中最合适的菌群数量，并能促进钙的吸收，故在婴儿食品中可添加适量的乳糖。

自然界中构成乳糖的 D - 半乳糖很少单独存在，仅在发酵的乳制品中和少数植物如常春藤和甜菜中有所发现。但是，半乳糖除作为乳糖的构成成分外，还参与构成许多重要的糖脂（如脑苷脂、神经节苷酯）和糖蛋白，细胞膜中也有含半乳糖的多糖，故在营养上仍有一定意义。

(5) 异构乳糖　异构乳糖由乳糖异构而来，并无天然存在。例如原乳中没有异构乳糖。但是，经过不同加工处理后所得到乳制品可含有一定量的异构乳糖，如淡炼乳中可含有 0.4% ~ 0.9% 的异构乳糖，超高温杀菌的乳中含异构乳糖量为 5 ~71.5mg/100mL，瓶装灭菌乳中的含量则可大于 71.5mg/100mL。基于异构乳糖对人类具有保健作用，目前人们已进一步用人工的方法将乳糖异构化，生产大量的异构乳糖。

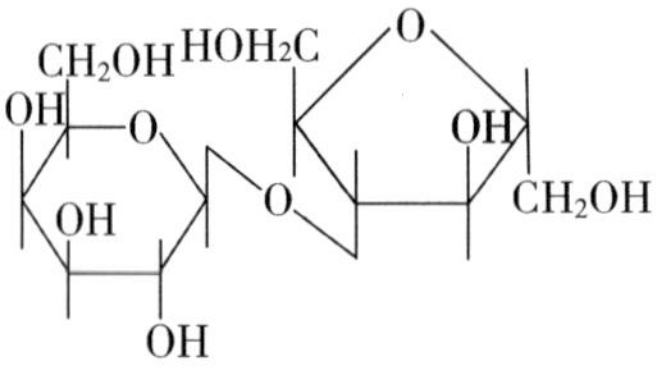

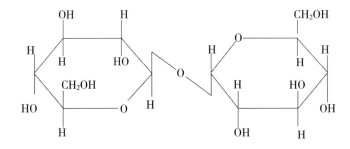

异构乳糖

异构乳糖是由 1 分子半乳糖和 1 分子果糖组成。其甜度约为蔗糖的一半。因人体没有分解它的酶，故不能被消化、吸收。但它却有利于肠道双歧杆菌（*Bifida bacterium*）的生长、发育，从而抑制肠中碱性腐败菌的生长等，对人体健康有利。关于异构乳糖的作用主要有以下几点：

①促进肠道有益菌——双歧乳酸杆菌的增殖，抑制腐败菌的生长。这主要是双歧乳酸杆菌的代谢产物——乳酸、己酸等有机酸降低肠道 pH 所致。

②促进肠道中双歧杆菌自行合成维生素 B_1、维生素 B_2、维生素 B_6、维生素 B_{12}、烟酸、泛酸等，尤以维生素 B_1 的合成更显著。

③不被消化、吸收，有整肠、通便等作用。

（6）海藻糖　海藻糖（trehalose）是由两个葡萄糖分子以 1，1 - 糖苷键构成的非还原性糖，有 3 种异构体，即海藻糖（α，α）、异海藻糖（β，β）和新海藻糖（α，β）。海藻糖是一种安全、可靠的天然糖类，1832 年，由 Wiggers 将其从黑麦的麦角菌中首次提取出来。其化学结构式如下：

海藻糖

日常生活中食用的蘑菇类、海藻类、豆类、虾类、啤酒及酵母中都有含量较高的海藻糖。它具有保护生物细胞和生物活性物质在脱水、干旱、高温、冷冻、高渗透压及有毒试剂等不良环境条件下活性免遭破坏的功能。海藻糖所具有的这种保护作用是因为海藻糖在恶劣环境条件下在细胞表面能形成独特的保护膜，能有效地保护蛋白质分子不变性失活，从而维持生命体的生命过程和生物特征。许多对外界恶劣环境表现出抗逆耐受力的物种，都与它们体内存在大量的海藻糖有直接的关系。海藻糖在食品、生命科学和医药卫生等领域具有广阔的应用前景。

3. 糖醇

（1）山梨糖醇　山梨糖醇又称葡萄糖醇，广泛存在于植物中，海藻和果实类如苹果、梨、葡萄等中多有存在。工业上可由葡萄糖氢化制得。其甜度约为蔗糖的一半。

山梨糖醇吸收后每克供能约 4kcal（17kJ），其特点是代谢时可转化成果糖，而不转变成葡萄糖。山梨糖醇代谢不受胰岛素控制，因而适合于用作糖尿病等患者的甜味剂。此外，因其具有吸湿作用，故尚可用作糕点等的保湿剂。

（2）木糖醇　木糖醇是天然存在于多种水果、蔬菜中的五碳糖醇，在香蕉、草莓、黄梅、胡萝卜、洋葱、莴苣、白菜花、茄子等均有存在。工业上则常用玉米芯和甘蔗渣等经水解制成木糖后氢化获得，其甜度与蔗糖相等。

木糖醇的供能也与蔗糖相同，重要的是其代谢利用可不受胰岛素调节，因而可被糖尿病人接受。此外，更为突出的是它不能被口腔细菌发酵，因而对牙齿无害。许多试验表明，它不仅无促龋作用，而且还可以通过阻止新龋形成和原有龋齿的继续发展，改善口腔卫生。因而被用作无糖糖果中具有止龋或抑龋作用的甜味剂。

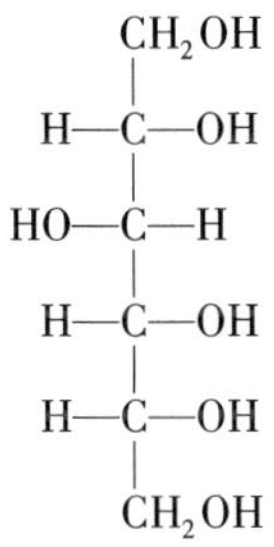

山梨糖醇 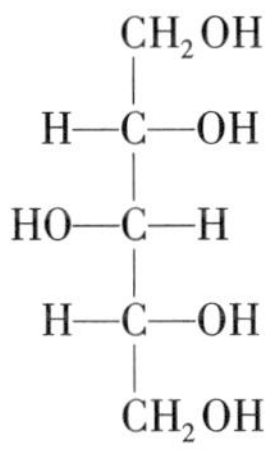　　　　　　　　　　　木糖醇

（3）麦芽糖醇　麦芽糖醇是由麦芽糖氢化制得。在工业上则多是由淀粉酶解制得含多种组分的"葡萄糖浆"后氢化制成。它实际上是一含有多种糖醇和氢化葡萄糖的混合物，其麦芽糖醇的含量可从 50% ~90% 不等，故称为麦芽糖醇糖浆（以前称为氢化葡萄糖浆）。在食品工业中主要作为甜味剂使用。麦芽糖醇的甜度为蔗糖的 75% ~95%。

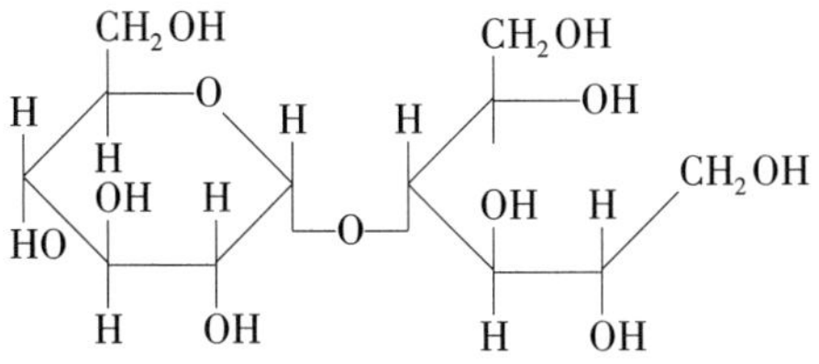

麦芽糖醇

麦芽糖醇摄入后在小肠内的分解量是同量麦芽糖的 1/40，为非能源物质，不升高血糖，也不增加胆固醇和中性脂肪的含量。因此它是心血管疾病、糖尿病等患者作为疗效食品用的理想甜味剂。它也不能被微生物利用，故也有防龋作用。

（4）异麦芽酮糖醇　异麦芽酮糖醇（isomaltitol）又称帕拉金糖醇（palatinitol），是近年来国际上新兴的功能性食用糖醇，是一种理想的代糖品。它由 $\alpha-D-$ 吡喃葡糖基 $-1,6-$ 山梨糖醇（GPS）和 $\alpha-D-$ 吡喃葡糖基 $-1,1-$ 甘露糖醇（GPM）按等摩尔的比例混合而成。

异麦芽酮糖醇具有化学性质稳定、低热量性、高耐受性、适合糖尿病及高血脂等病人使用的特点。另外，异麦芽酮糖醇是一种优良的双歧杆菌增殖因子，可以促进双歧杆菌的生长繁殖，维持肠道的微生态平衡，有利于人体的健康。

（5）乳糖醇　乳糖醇是由乳糖催化加氢制成的。其甜度为蔗糖的30% ~40%。

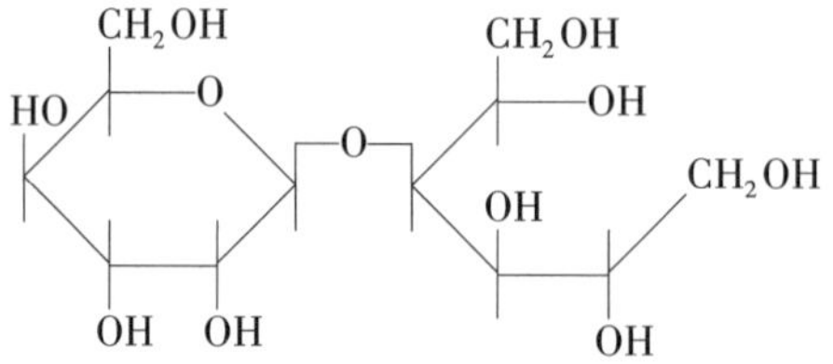

乳糖醇

乳糖醇在肠道内几乎不被消化、吸收，能值很低，通常的摄入量不会引起血糖和胰岛素的明显变化，可供糖尿病和肥胖病人等食用，也有非致龋性等。

上述山梨糖醇、木糖醇、麦芽糖醇和乳糖醇在食品工业中多作为甜味剂应用，有"功能性甜味剂"之称。它们安全性高，每日容许摄入量（ADI）水平对其均无规定。尤其是它们均无游离羰基存在，不与含氮化合物发生羰氨反应（参见本章第三节），在食品加工过程中不致使食品褐变。但在高剂量应用时，它们可有一定的缓泻作用。例如，一次服用木糖醇50g以上就具有通便作用，故在实际应用时应予以注意。

二、低聚糖

低聚糖（oligosaccharide）或称寡糖，它是由2~10个分子单糖通过糖苷键形成的直链或支链的低聚合度糖。它在食品中存在不多或不很重要，仅有半乳糖基蔗糖和低聚果糖（fructo oligosaccharide）比较受人关注，前者如棉子糖（三糖）、水苏糖（四糖）和毛蕊花糖（五糖）。它们在豌豆、菜豆、小扁豆等中的含量占干重的5% ~ 8%。这些糖在小肠中不被人类胃肠道的酶所消化，但进入结肠后可被结肠菌群发酵并产气，因而可致使腹部气胀并曾有"胀气因子"之称。目前，在商业上可用酶制剂促使这些低聚糖水解成其组成单体，降低气胀并被吸收。

一般来说低聚糖均带有不同程度的甜味（除低聚龙胆糖外），其甜度相当于蔗糖的30% ~60%，可以作为食品的调味料。低聚果糖在某些谷物（如小麦、燕麦）、蔬菜（如芦笋、洋葱）和水果（如香蕉）中可有存在，但含量很低。此外，还有低聚异麦芽糖、低聚木糖等。它们由于不能被人类消化酶分解、吸收、利用，故又称抗性低聚糖。但是，它们在到达结肠后可被细菌发酵，除可大大促进双歧杆菌等增殖、抑制有害菌生长外，还可产生短链脂肪酸如乙酸、丙酸、丁酸，以及气体二氧化碳、氢和甲烷等，降低肠道pH，降低蛋白质腐败产物，促进结肠蠕动，有利排便，有益人体健康。目前，正是由于低聚糖上述多种保健作用而被广泛应用于多种功能性食品中。

1. 大豆低聚糖

大豆低聚糖通常是指从大豆中提取的可溶性低聚糖的总称。其主要成分为棉籽糖和水苏糖，同时也存在一定量的蔗糖和其他成分。棉籽糖由半乳糖、葡萄糖和果糖组成。其半乳糖与

蔗糖的葡萄糖基以 $\alpha-1,6-$ 糖苷键相连，而水苏糖则是在棉子糖的半乳糖糖基一侧再连接一个半乳糖构成。它们在成熟大豆中的干基含量分别为 1%～3% 和 2%～4%。棉籽糖和水苏糖的结构式如下：

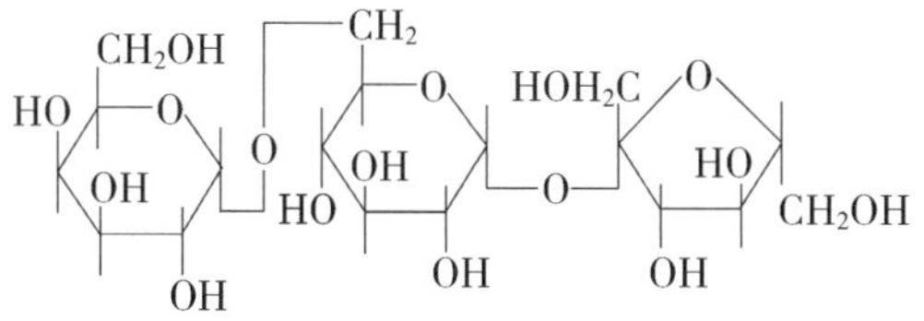

棉籽糖

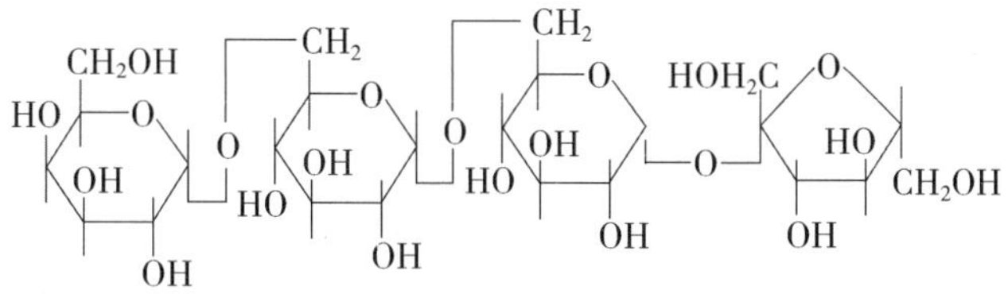

水苏糖

大豆低聚糖是以生产浓缩或分离大豆蛋白时的副产物大豆乳清进一步分离制成的。其甜味接近蔗糖。甜度约为蔗糖的 70%，若经改良后单由棉籽糖和水苏糖制成，则改良大豆低聚糖的甜度下降，仅约为蔗糖甜度的 22%。人体由于缺乏 $\alpha-D-$ 半乳糖苷酶而不能水解棉籽糖和水苏糖。故大豆低聚糖可不被消化吸收，到达结肠后由肠道细菌发酵。

2. 低聚异麦芽糖

低聚异麦芽糖又称分枝低聚糖，是指由 2～5 个葡萄糖单位构成，且其中至少有一个是由 $\alpha-1,6-$ 糖苷键结合的一类低聚糖。其主要成分包括异麦芽糖、异麦芽三糖、异麦芽四糖、异麦芽五糖等，并占总糖量的 50% 以上。自然界中很少有低聚异麦芽糖游离存在。但是在作为支链淀粉或多糖的组成部分，在某些发酵食品如酱油、黄酒或酶法葡萄糖浆中可有少量存在。工业上则是以淀粉为原料经水解后由微生物发酵制成。其甜度随三糖、四糖、五糖等聚合度的增加而逐渐降低，通常为蔗糖的 30%～60%。

低聚异麦芽糖不能被口腔微生物利用，因而不引起牙齿龋变等疾病。它也不能被人体消化吸收，但却可被肠道中的双歧杆菌很好利用，并促进其增殖。与此同时，它可抑制肠道有害菌生长、降低腐败产物等。据报告，人体在摄食低聚异麦芽糖后，粪便中组胺、酪胺、二甲基二硫醚、二乙基二硫醚等显著降低。又由于它对双歧杆菌的增殖作用，不仅可使之在肠道内自行合成维生素 B_1、维生素 B_2、维生素 B_6、维生素 B_{12}，以及烟酸、叶酸等 B 族维生素，而且还可提高机体免疫力。

3. 低聚果糖

低聚果糖是在蔗糖分子的果糖一侧连接 1～3 个果糖而成，并分别称为蔗果三糖、蔗果四糖和蔗果五糖。它存在于自然界某些植物中，但含量很低，不易提取，工业上多用果糖基转移酶由发酵法制取。其甜度对含 95% 的低聚果糖约为蔗糖的 1/3。

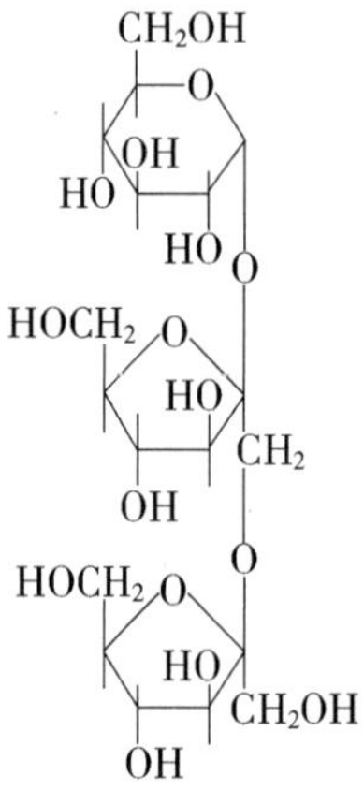

蔗果三糖 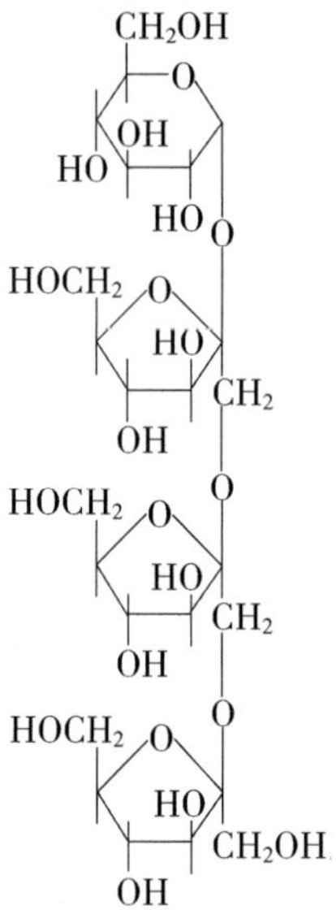　　　　　　　蔗果四糖 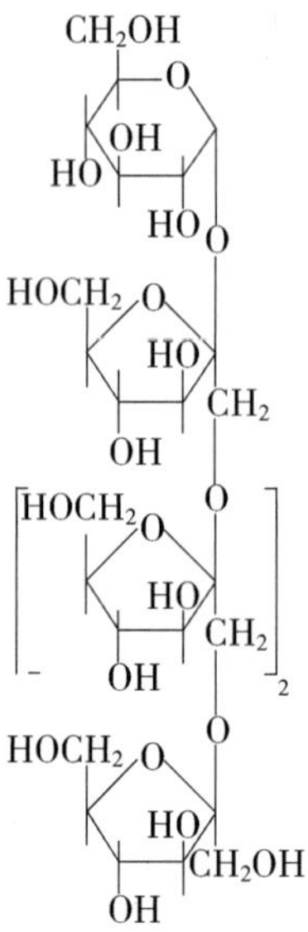　　　　　　　蔗果五糖

低聚果糖不能被人体消化酶分解、利用，但到达结肠后可被双歧杆菌选择性利用，并使之大量增殖，进而可抵御肠道腐败菌和病原菌的生长，抑制肠内腐败物质、诱癌物质的生成。此外，低聚果糖同样可因对双歧杆菌的增殖而使之产生 B 族维生素，提高机体免疫力，以及刺激肠道蠕动，防止便秘等。

4. 低聚乳果糖

低聚乳果糖是将蔗糖分解产生的果糖基转移到乳糖还原性末端 C_1 的羟基上，生成半乳糖基蔗糖而成。它是由半乳糖、葡萄糖和果糖 3 个单糖相连接所构成的三糖，通常以乳糖和蔗糖（1:1）为原料，在 β - 呋喃果糖苷酶催化作用下制成。

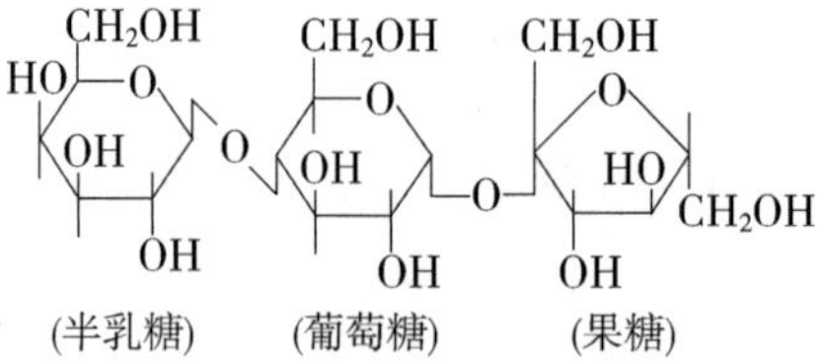

（半乳糖）　　　（葡萄糖）　　　（果糖）

低聚乳果糖

低聚乳果糖是非还原性低聚糖，其甜味味质类似蔗糖。甜度因与蔗糖、乳糖相连的关系，通常为蔗糖的 30% ~50%。低聚乳果糖几乎不被人体消化吸收，因而摄食后不致引起血糖和胰岛素水平的波动，可供糖尿病人食用。此外，它同样具有促进双歧杆菌增殖，并由此给人体带来一系列有益身体健康的作用。

5. 低聚木糖

低聚木糖是由木糖、木二糖及少量木聚糖构成的。其中木二糖含量越高，低聚木糖产品的质量越高。低聚木糖可由玉米芯、棉籽壳、甘蔗渣等原料中提取木聚糖后，通过木聚糖酶水解木聚糖制得。其主要成分木二糖是由二分子木糖以 β - 1，4 - 糖苷键相连构成，甜度为蔗糖的 40%。

木二糖

低聚木糖同样几乎不被人体消化、吸收，但可被双歧杆菌利用，并促进其增殖，从而有益身体健康。

此外，低聚糖中还包括由葡萄糖以 $\alpha-1,4-$ 糖苷键环状相连的环糊精。它们可分别由 $6 \sim 8$ 个葡萄糖单位组成，并分别称为 $\alpha-$、$\beta-$、$\gamma-$ 环糊精。其中 $\beta-$ 环糊精在食品加工中主要作为增稠剂等广泛应用。

三、 多糖

按新近的营养学分类，多糖由 10 个或 10 个以上单糖单位构成，并可分为淀粉多糖和非淀粉多糖两部分。淀粉包括直链淀粉、支链淀粉和改性淀粉。此外，根据新近研究报告，淀粉中存在一部分不能被人类在小肠中消化、吸收的淀粉，如生理受限淀粉和老化淀粉等，它们可被称为抗性淀粉。至于非淀粉多糖则包括纤维素、半纤维素、果胶、$\beta-$ 葡聚糖、果聚糖，以及植物胶、树胶、藻类多糖等。这些多糖实际上多是膳食纤维的组成成分。

按化学组成的不同，多糖分为同多糖和杂多糖两类。前者是指由同一单糖单位构成的多糖，如淀粉即是由单一的葡萄糖组成；后者则是由不同的单糖分子残基和糖醛酸等分子组成，如黄原胶即是由 D - 葡萄糖、D - 甘露糖和 D - 葡糖醛酸按 2：2：1 构成的多糖。

多糖也可按其是否可被人类消化吸收而分成可消化利用的多糖和不可消化利用的多糖两类。淀粉通常是可被消化利用多糖的代表，而纤维素等膳食纤维则被认为是不可消化利用的多糖。但是，淀粉中也有一部分抗性淀粉在小肠中不能被消化吸收，却可被结肠的细菌发酵，产生短链脂肪酸（如乙酸、丁酸等），并可被机体吸收、利用，提供能量和其他生理功能。至于不可消化利用的纤维素等，尽管不可被人类在小肠中消化吸收，却同样可被结肠的细菌发酵，并具有重要的生理作用。由此看来，将多糖分成可消化利用和不可消化利用的两类，尚需做进一步修正。

1. 淀粉

淀粉是植物根、茎、叶、种子、水果和许多高等植物的花粉中贮存的多糖。商品淀粉则多由谷物种子如玉米、小麦等，以及块根如马铃薯、甘薯、木薯等制成。它们是仅由葡萄糖单位组成的同质多糖，并有直链淀粉与支链淀粉之分。直链淀粉是由葡萄糖通过 $\alpha-1,4-$ 糖苷键连接而成，通常为约含 1000 个（或较少些）葡萄糖单位的线性聚合物。现已知在许多直链淀粉中可含有少量 $\alpha-D-$（1，6）分支点的糖苷键（占总糖苷键的 0.3% ~0.5%）。由于其支链点少，距离又远，且其支链有的又很长，故其物理性质基本上和直链淀粉相同。

支链淀粉是由葡萄糖单位通过 $\alpha-1,4-$ 糖苷键连接构成主链，而以支链通过 $\alpha-1,6-$ 糖苷键与主链相连。其中 $\alpha-1,6-$ 糖苷键占总糖苷键的 5% ~6%。通常的谷物淀粉含 20% ~30% 的直链淀粉，高直链淀粉（玉米、大麦）可含有 50% ~70% 的直链淀粉。至于蜡质淀粉（玉米、大米、高粱、大麦）则不含直链淀粉而为 100% 的支链淀粉。马铃薯支链淀粉含有磷酸酯基，并可使之具有黏度高、透明度好以及老化慢等特性。

淀粉颗粒不溶于水，但易水合并吸水膨胀约10%的体积。当淀粉颗粒悬浮于水并加热时可增加膨胀，直到淀粉颗粒破裂、溶液黏度增加、双折射现象消失，此时的淀粉称为糊化淀粉。糊化淀粉有利于机体消化、吸收。

当热淀粉糊冷却时可形成具有黏弹性的凝胶，随着时间的延长，直链淀粉的线状链和支链淀粉的短链可重新排列，并通过氢键缔合形成不溶性沉淀。此过程称为淀粉的老化或反生。通常直链淀粉易于老化，而支链淀粉则老化较慢且不完全。

2. 改性淀粉

改性淀粉是指利用化学、物理、甚至基因工程的方法改变天然淀粉的理化性质，用以满足食品加工所需功能特性的一类淀粉。天然淀粉改性后可大大提高其溶解度；增加透明度；提高或降低淀粉糊的黏度；促进或抑制凝胶形成；增加凝胶强度；减少凝胶脱水收缩；提高凝胶稳定性；改变乳化作用和冷冻–解冻的稳定性；以及成膜、耐酸、耐热、耐剪切性等。

商品改性淀粉大多来自通常的玉米、马铃薯、木薯和蜡质玉米淀粉等。不同类型的改性淀粉如漂白淀粉、转化淀粉、交联淀粉和稳定化淀粉等也可称为淀粉衍生物。食品加工中可利用它们生产出具有优良外观、质地、口感和更好货架稳定性的各种各样的食品。改性淀粉中最重要的是取代淀粉（substituted starch）和交联淀粉（cross–linked starch）。它们是由直链和支链淀粉葡萄糖单位上的少量羟基参与反应制成，并且多半在淀粉颗粒表面和无定形区反应改性而不破坏淀粉颗粒的性质。

取代淀粉由淀粉经酯化（如磷酸淀粉等）和醚化（如羟丙基淀粉等）引入不同功能基因而制成。尽管其取代度很小（依不同取代基而异，为0.002~0.2），却可大大减少淀粉热加工糊化以后分子的重新排列和链间的缔合。即减少淀粉老化的倾向，增加淀粉的稳定性，例如增加其黏度和透明度，降低糊化温度，抑制凝胶形成和减少脱水收缩等。

交联淀粉是由淀粉羟基与双功能试剂作用引入少量交联键制成的。交联键虽少，但可大大加强淀粉颗粒内存在的氢键，因而增加淀粉糊的稳定性和提高其耐酸、耐热、耐剪切性等。

3. 抗性淀粉

抗性淀粉，可以认为是天然存在的，在健康人小肠中不被消化、吸收的淀粉，可以分为以下三种不同类型。

（1）生理受限淀粉 这些淀粉在食品基质内因受生理作用所限，致使机体分泌的消化酶难以发挥作用。它们可存在于整粒或部分碾磨的谷物种子和豆类中。此类抗性淀粉的数量将受食品加工影响，并可通过碾磨减少或消失。

（2）特殊淀粉颗粒 某些生的天然淀粉颗粒，如生马铃薯和青香蕉的淀粉粒可对抗 α–淀粉酶的作用。这可能与该淀粉粒的结晶性质有关，即该淀粉粒的结晶区可能对酸和酶的作用不敏感。但糊化的马铃薯和青香蕉淀粉可被 α–淀粉酶消化。在烹调和食品加工期间通常存在淀粉的糊化作用。糊化淀粉被酶消化比生淀粉快得多。

（3）老化淀粉 淀粉（包括直链淀粉和支链淀粉）在烹调、糊化后随时间的延长，其淀粉分子重新排列、缔合形成不溶性沉淀。此即淀粉的老化。直链淀粉的老化比支链淀粉快得多，而且直链淀粉可老化到在水中对抗分散和不被 α–淀粉酶消化。

过去长期认为淀粉可被机体完全消化吸收，但现在认为可有一部分对抗消化而进入肠道下部并发酵。上述抗性淀粉在小肠内仅部分消化或不被消化，而在结肠内可被发酵并完全吸收。

因而认为抗性淀粉有类似膳食纤维的生理作用。目前工业上已生产出不同类型的抗性淀粉用于食品配料，以增加食品中膳食纤维的含量，甚至有人认为抗性淀粉的发现和研究进展是新近对碳水化合物与人体健康关系研究中最重要的成果之一。

4. 非淀粉多糖

非淀粉多糖是指除淀粉以外的多糖。它包括纤维素、半纤维素、果胶，以及植物胶、树胶、藻类多糖等。它们都是膳食纤维的组成成分。

第三节　食品加工对碳水化合物的影响

一、　淀粉水解

淀粉受控进行酸水解或酶水解可生成糊精。这在工业上多由液化型淀粉酶水解淀粉或以稀酸处理淀粉得到。当以糖化型淀粉酶水解支链淀粉至分支点时所生成的糊精称为极限糊精。食品工业中常用大麦芽为酶源水解淀粉，得到糊精和麦芽糖的混合物，称为饴糖。饴糖是甜食品生产的重要糖质原料，食入后在体内水解为葡萄糖后被吸收、利用。

糊精与淀粉不同，它具有易溶于水、强烈保水和易于消化等特点。在食品工业中常用于增稠、稳定或保水等。在制作羊羹时添加少许糊精可防止结晶析出，避免外观不良。

淀粉在使用 α - 淀粉水解酶和葡萄糖淀粉酶进行水解时，可得到近乎完全的葡萄糖。此后再用葡萄糖异构酶使其异构成果糖，最后可得到 58% 的葡萄糖和 42% 的果糖组成的玉米糖浆。由其进一步制成果糖含量 55% 的高果糖（玉米）糖浆是食品工业中重要的甜味物质。

二、　淀粉的糊化与老化

通常，将淀粉加水、加热，使之产生半透明、胶状物质的作用称为糊化作用。糊化淀粉即 α - 淀粉，未糊化的淀粉称为 β - 淀粉。淀粉糊化后可使其消化性增加。这是因为多糖分子吸水膨胀和氢键断裂，从而使淀粉酶能更好地对淀粉发挥酶促消化作用的结果。未糊化的淀粉则较难消化。

糊化淀粉（α - 淀粉）缓慢冷却后可再回变为难以消化的 β - 淀粉。此即淀粉的老化或反生。这在以淀粉凝胶为基质的食品中有可能由凝胶析出液体，称为食品的脱水收缩。这是一种不希望出现的现象。此外，食品科学家发现当 α - 淀粉在高温、快速干燥，并使其水分低于 10% 时，可长期保存，成为方便食品或即食食品（instant food）。此时，若将其加水，可无须再加热，即可得到完全糊化的淀粉。

三、　沥滤损失

食品加工期间沸水烫漂后的沥滤操作，可使果蔬装罐时的低分子碳水化合物，甚至膳食纤维受到一定损失。例如，在烫漂胡萝卜和芜菁甘蓝时，其低分子碳水化合物如单糖和双糖的损失分别为 25% 和 30% 。青豌豆的损失较小，约为 12% ，它们主要进入加工用水而流失。

此外，胡萝卜中低分子质量碳水化合物的损失，可依品种不同而有所不同，且在收获与贮藏时也不相同。贮存后期胡萝卜的损失增加。这可能是因其具有更高的水分含量而易于扩散的结果。

膳食纤维在烫漂时的损失依不同情况而异。胡萝卜、青豌豆、菜豆和抱子甘蓝没有膳食纤维进入加工用水，但芜菁甘蓝可有大量膳食纤维（主要是不溶的膳食纤维）因煮沸和装罐时进入加工用水而流失。

四、 焦糖化作用

焦糖化作用（caramelization）是糖类在不含氨基化合物时加热到其熔点以上（高于 135℃）的结果。它在酸、碱条件下都能进行，经一系列变化，生成焦糖等褐色物质，并失去营养价值。但是，焦糖化作用在食品加工中控制适当，可使食品具有诱人的色泽与风味，有利于摄食。

五、 羰氨反应

羰氨反应又称糖氨反应或美拉德反应（maillard reaction）。这是在食品中有氨基化合物如蛋白质、氨基酸等存在时，还原糖伴随热加工，或长期贮存与之发生的反应。它经过一系列变化生成褐色聚合物。此反应有温度依赖性并在中等水分活度时广泛发生。由于此褐变反应与酶无关，故称之为非酶褐变。所生成的褐色聚合物在消化道中不能水解，无营养价值。尤其是该反应还可降低赖氨酸等的生物有效性，因而可降低蛋白质的营养价值。至于它对碳水化合物的影响则不大。但是，羰氨反应如果控制适当，在食品加工中可以使某些产品如焙烤食品等获得良好的色、香、味。

通常，羰氨反应可分成三个阶段：

（1）起始阶段　还原糖的羰基与氨基化合物（氨基酸和蛋白质）缩合，经分子重排后，食品的营养价值受损。

（2）中间阶段　进一步反应可形成数千种化合物，并与食品的气味、风味有关。

（3）终末阶段　分子缩合、聚合，形成类黑精（melanoidins），食品褐变。

戊糖比己糖更易进行羰氨反应。非还原糖蔗糖只有在加热或酸性介质中水解，变成葡萄糖和果糖后才发生此反应。当用含葡萄糖和果糖的高果玉米糖浆代替蔗糖进行食品加工时，可迅速而广泛地发生羰氨反应。这在根据不同食品加工、选定加工操作和贮存条件时应予以注意。

六、 抗性低聚糖的生产

利用酶技术生产不同的抗性低聚糖是食品营养科学中一个日益扩展的领域。人们用果糖基转移酶由蔗糖合成低聚果糖；用 β-半乳糖苷酶由乳糖合成低聚半乳糖；以及由乳糖和蔗糖为原料，用 β-呋喃果糖苷酶催化制成的低聚乳果糖等均已进行工业化生产。这是人们用可被机体消化、吸收的蔗糖等来生产通常不被机体消化、吸收的抗性低聚糖的实例。此外，人们还可由玉米芯、甘蔗渣等提取的木聚糖，用木聚糖酶生产低聚木糖等。

尽管抗性低聚糖不被人体小肠消化、吸收，但它们到达结肠后可被细菌发酵，并可促进机体有益菌如双歧杆菌的增殖，对人体健康有利。正因如此，这些低聚糖大都是当前功能性食品中的活性成分。

第四节 碳水化合物的摄取与食物来源

一、 碳水化合物的摄取

碳水化合物是人类最易获得也是最经济的供能物质。在体内也大多用于热能的消耗。在通常情况下，人类不易出现膳食碳水化合物的缺乏。作为三大供能物质之一，即使碳水化合物和脂肪不足时，还可通过糖原的异生作用将蛋白质转变为糖原以维持机体的需要。因而目前尚未确定人类对碳水化合物的适宜需要量。但是当机体缺乏碳水化合物而动用大量脂肪时，可因脂肪氧化不全而产生过多酮体，造成酮体中毒，对身体不利。至于过量或单纯用蛋白质来提供能量，则不仅造成膳食蛋白质的浪费，很不经济，而且还可使组织蛋白质分解加速，阳离子（如钠）丢失和脱水。目前认为人类每天摄入至少50g碳水化合物即可防止上述不良反应。

现已证明，膳食碳水化合物摄食占总能比例的百分数大于80%和小于40%是对健康不利的两个极端。目前许多国家的碳水化合物供能量多在50%～65%。碳水化合物摄食过多可妨碍机体对蛋白质和脂肪的吸收。膳食中碳水化合物比例过高，会引起蛋白质和脂肪的吸收减少，对机体造成不良后果。同时，机体将多余的碳水化合物通过糖异生途径转化为脂肪贮存于体内，使人过于肥胖而导致各类疾病如高血脂、糖尿病等。

营养调查发现，尽管吃糖可能并不直接导致糖尿病，但长期大量食用甜食会使胰岛素分泌过多、碳水化合物和脂肪代谢紊乱，引起人体内环境失调，进而促进多种慢性疾病，如心脑血管疾病、糖尿病、肥胖症、老年性白内障、龋齿、近视、佝偻病的发生。多吃甜食还会使人体血液趋向酸性，不利于血液循环，并减弱免疫系统的防御功能。因此为了预防疾病，许多国家提倡低碳水化合物营养膳食，即通过限制碳水化合物摄入量，控制能量的摄入，增加人体体内蛋白质摄入以及对脂肪的消耗。碳水化合物在中国居民饮食中占主要部分，是能量供应的主要来源之一。目前临床治疗中，2型糖尿病膳食方案的制定多采用高碳水化合物、低脂饮食的方法。然而，近年来研究显示：低碳水化合物饮食相比之下更能有效地控制体重以及血脂血糖的水平。美国糖尿病协会（ADA）在糖尿病指南中指出：低碳水化合物膳食或者低脂饮食两者在短期内都能有效降低体重。而且，低碳水化合物以及低脂饮食均有效改善患者糖化血红蛋白以及血压等，改善糖脂代谢水平，而且低碳水化合物饮食干预对于体重的下降作用更为明显。低碳水化合物膳食除了能有效降低体重外，其对糖尿病前期人群以及2型糖尿病患者的代谢水平有益，限制碳水化合物的摄入能够降低患者血糖水平。比较低碳水化合物与高碳水化合物膳食发现：低碳水化合物能够降低胰岛素抵抗，维持能量摄入平衡，改善体内糖脂代谢水平。低碳水化合物饮食干预是治疗糖尿病前期人群以及2型糖尿病患者的一种有效手段。因此，限制纯能量食物如糖的摄入量，提倡摄入营养素/能量密度高的食物，以保障人体能量和营养素的需要及改善胃肠道环境和预防龋齿的需要。

中国营养学会 1988 年建议我国健康人群的碳水化合物供能量以占膳食总能量的 60% ~ 70% 为宜。由 "推荐的每日膳食中营养素供给量" 计算得出，从 1 ~ 80 岁，碳水化合物提供的能量均在总能量的 56% ~ 68%。最近，中国营养学会根据我国实际摄入量并参考国际推荐量建议，1 岁以上人群，碳水化合物应提供 50% ~ 65% 的膳食总能量。至于我国碳水化合物适宜摄入量低于 1988 年建议值的原因，一是随着我国经济和人民生活水平的提高，碳水化合物的实际摄入量逐年下降，特别是城市居民的小样调查均在 50% 左右；二是对流行病学调查和基础研究资料表明，慢性病的发生和碳水化合物摄入占能量的 70% 或 60% 关系不大。重要的是碳水化合物的来源应为多种食物。此外，营养素缺乏在我国仍有一定比例，碳水化合物摄入建议值相对下调，有利于提高居民动物性食物的摄入量和微量营养素的水平。

二、 碳水化合物的食物来源

碳水化合物的主要来源是粮谷类和根茎类食物，以及它们的制品如面包、饼干、糕点等。它们含有大量淀粉和少量单糖和双糖，其次才是各种单糖、双糖如蔗糖，以及各种糖果制品（婴儿在哺乳期间多摄食乳糖）。蔬菜、水果除含有一定量的单糖、双糖外，还是膳食纤维的良好来源。

由于各种单糖、双糖及其制品如糖果等仅用于供能，且多不含其他营养素，其营养密度及营养价值较低，而各种粮食、薯类等制品，除富含淀粉外还含有其他营养成分如蛋白质、维生素和矿物质等，特别是各种谷物和薯类还含有较多的膳食纤维，是碳水化合物的良好食物来源。

三、 食物的血糖指数

20 世纪 80 年代，加拿大多伦多大学的营养学教授 David Jenkins 博士提出了食物血糖指数（glucemic index）的概念，简称 GI，也译作血糖生成指数。血糖指数衡量碳水化合物对血糖反应的有效指标，表示含有 50g 碳水化合物的食物与相当量的葡萄糖相比，在餐后 2h 引起体内血糖应答水平的百分比。即 GI 值越小，升高血糖的程度越低，可借此利用 GI 的概念指导糖尿病患者的膳食。

现代营养学认为，GI 是一个比糖类的化学分类更有用的营养学概念，揭示了食物和健康之间的新关系。世界卫生组织和联合国粮农组织建议，合理选择食物，控制饮食，并建议在食物标签上注明其总碳水化合物含量及 GI 值。一般认为，当 GI 在 55 以下时，可认为该食物为低 GI 食物；当 GI 在 55 ~ 75 时，该食物为中等 GI 食物；当 GI 在 75 以上时，该食物为高 GI 食物。具体而言，通常豆类、乳类为较低 GI 的食物，而谷类、薯类、水果常因品种和加工方式不同而引起 GI 的变化，蔬菜类因碳水化合物的含量较低，而且富含膳食纤维，所以对血糖影响小。

高 GI 食物与 2 型糖尿病、妊娠糖尿病和心血管疾病发病率增高独立相关。低 GI 饮食在人体内消化和吸收更为缓慢，有益于控制餐后血糖和减少心血管危险因素。影响 GI 的因素非常多，包括食物中碳水化合物的类型、结构，食物的化学成分和含量，以及食物的物理状况和加工制作过程的影响。

第五节　膳食纤维

一、　膳食纤维概述

膳食纤维一词在 1970 年以前的营养学中尚不曾出现，当时只有"粗纤维"之说，用以描述不能被消化、吸收的食物残渣，且仅包括部分纤维素和木质素。通常认为粗纤维对人体不具有营养作用，甚至吃多了还会影响人体对食物中营养素，尤其是对微量元素的吸收，对身体不利，一直未被重视。此后，通过一系列的调查研究，特别是近来人们发现，并认识到那些不能被人体消化吸收的"非营养素"物质，却与人体健康密切有关，而且在预防人体某些疾病如冠心病、糖尿病、结肠癌和便秘等方面起着重要作用，与此同时，也认识到"粗纤维"一词的概念已不适用，因而将其废弃改为膳食纤维。

膳食纤维并非单一物质，其组成成分和检测方法等均有待进一步研究确定。现尚无确切的定义。但可以明确，膳食纤维与粗纤维不同。粗纤维是食物经酸、碱处理后的不溶残渣，它不能代表人体不可利用的膳食纤维，而且据报告，通常所测得的粗纤维数值仅为膳食纤维的20%～50%。

最初人们认为膳食纤维是木质素与不能被人类消化道内源性消化酶所消化的多糖之和，随后有人进一步将膳食纤维分成两部分，一部分是不溶性的植物细胞壁成分，主要是纤维素、木质素；另一部分是非淀粉多糖。二者之和即为总膳食纤维。1998 年 FAO/WHO 的报告提出，膳食纤维是由非淀粉多糖、木质素、抗性低聚糖和抗性淀粉组成的。至于食品中的膳食纤维则可认为是由纤维素、半纤维素、果胶物质、亲水胶体（植物胶、黏胶）、抗性淀粉和抗性低聚糖组成。这主要是指不能被人类胃肠道中消化酶所消化的，且不能被人体吸收利用的多糖（即非淀粉多糖等），它们主要来自植物细胞壁，且包括植物细胞中所含有的木质素。

由于膳食纤维组成成分复杂，且各自都有其独特的化学结构和理化特性，故所显示的生物活性可认为是它们共同的特点。至于早先人们担心膳食纤维可影响微量营养素吸收、利用的问题，尽管现已证实纯膳食纤维的确可与小肠腔中的某些维生素和矿物质结合而减少其吸收，但却很少有证据表明，摄食营养充足和富含高纤维食品如蔬菜等膳食的人群有维生素和矿物质缺乏问题。然而，正是由于近期研究中所显示的膳食纤维有益人体健康的多种作用，其对人体某些慢性、非传染性疾病所起的预防和保健作用，目前认为膳食纤维与蛋白质、脂肪、碳水化合物、维生素、矿物质和水一样，是人体必需的第七类营养素。

二、　膳食纤维的主要成分

1. 纤维素

纤维素是植物细胞壁的主要结构成分，由数千个葡萄糖单位以 $\beta-1,4-$ 糖苷键连接而成，为不分支的线状均一多糖。因人体内的消化酶只能水解 $\alpha-1,4-$ 糖苷键而不能水解 $\beta-1,4-$ 糖苷键，故纤维素不能被人体消化酶分解、利用。纤维素有一定的抗机械强度、抗生物降解、抗酸水解性和低水溶性。这来自其微纤维的氢键缔合。其总纤维的一部分（10%～15%）为"无定形"，易被酸水解而产生微晶纤维素。纤维素（包括改性纤维素）在食品工业中常被作为增稠剂应用。

2. 半纤维素

半纤维素存在于植物细胞壁中，是由许多分支、含不同糖基单位组成的杂多糖。其组成的糖基单位包括木糖、阿拉伯糖、半乳糖、甘露糖、葡萄糖、葡萄糖醛酸和半乳糖醛酸。通常主链由木聚糖、半乳聚糖或甘露聚糖组成，支链则带有阿拉伯糖或半乳糖。半纤维素的分子质量比纤维素小得多，由150～200个糖基单位组成，以溶解或不溶解的形式存在。谷粒中可溶性半纤维素被称为戊聚糖，而在小麦中存在的葡聚糖可形成黏稠的水溶液，并已知具有降低血清胆固醇的作用。它们也是大麦和燕麦中所谓细胞物质的主要成分。富含 $\alpha-D-$葡聚糖的燕麦糠，现已被并入某些谷物食品中作为降低胆固醇的可溶性膳食纤维成分。其不溶性部分也因具有结合水的能力而起到增充作用。某些半纤维素中存在的酸性成分尚可有结合阳离子的作用。

半纤维素不能被人体消化酶分解，但在到达结肠后可比纤维素更易被细菌发酵、分解。

3. 果胶

果胶的组成与性质可依不同来源而异。通常其主链由半乳糖醛酸通过 $\alpha-1,4-$糖苷键连接而成。其支链上可有鼠李糖，主要存在于水果、蔬菜的软组织中。果胶因其分子中所含羧基甲酯化的不同而有高甲氧基果胶和低甲氧基果胶之分，并具有形成果胶凝胶的能力。果胶在食品工业中作为增稠、稳定剂广泛应用，而其所具有的离子交换能力是其作为膳食纤维的重要特性。

4. 植物胶与树胶

许多植物种子中贮有淀粉（如谷物种子），而另有一些植物种子则贮有非淀粉多糖。不同植物种子所含非淀粉多糖的种类、含量及性质可有不同。例如，瓜尔豆中所含瓜尔豆胶是由半乳糖基和甘露糖基按大约1：2组成的多糖。其主链是甘露糖基以1，4-糖苷键相连，支链由单个半乳糖以1，6-糖苷键与甘露糖连接，相对分子质量20万～30万。而刺槐豆种子所含槐豆胶则是由半乳糖与甘露糖以大约1：4的比例构成的多糖。其主链上的半乳糖支链相对较少，相对分子质量约30万。属于这类的种子胶还有田菁胶、亚麻子胶等。

许多树木在树皮受到创伤时，可分泌出一定的胶体物质用以保护和愈合伤口。它们分泌的这些亲水胶体物质同样可依不同种类的树木而有所不同。阿拉伯胶树分泌的阿拉伯胶，其组成成分复杂，是由阿拉伯糖、鼠李糖、半乳糖，以及葡糖醛酸与半乳糖基所组成的多支链多糖。其平均相对分子质量在26万～116万。属于这类的树胶还有黄蓍胶、刺梧桐胶等。

上述这些植物种子胶和树胶都是非淀粉多糖物质，且都是亲水胶，它们都不能被人体消化酶水解，在食品工业中通常作为增稠、稳定剂广为使用。

5. 海藻胶

海藻胶是从天然海藻中提取的一类亲水多糖胶。不同种类的海藻胶，其化学组成和理化特性等亦不相同。来自红藻的琼脂（也称琼胶）由琼脂糖和琼脂胶两部分组成。其琼脂糖是由两个半乳糖基组成，而琼脂胶则是含有硫酸酯的葡糖醛酸和丙酮酸醛的复杂多糖。来自褐藻的多糖胶、海藻胶和海藻酸盐则是由 $D-$甘露糖醛酸和 $L-$古罗糖醛酸以1，4-键相连的直链糖醛酸聚合物，两种糖醛酸在分子中的比例变化以及其所在位置的不同都会影响海藻酸的性质，如黏度、胶凝性和离子选择性等。至于来自红藻的卡拉胶则是一种硫酸化的半乳聚糖。依其半乳糖基上硫酸酯基团的不同，又可形成不同类型和性质。上述这些海藻胶均因其所具有的增稠、稳定作用而广泛应用于食品加工。

6. 木质素

木质素是使植物木质化的物质。在化学上它不是多糖而是多聚（芳香族）苯丙烷聚合物，或称苯丙烷聚合物。因其与纤维素、半纤维素同时存在于植物细胞壁中，进食时往往一并摄入体内，而被认为是膳食纤维的组成成分。通常果蔬植物所含木质素甚少。人和动物均不能消化木质素。

此外，膳食纤维还包括抗性淀粉和抗性低聚糖。前者有生理受限淀粉、特殊淀粉颗粒和老化淀粉；后者有低聚果糖等。抗性淀粉和抗性低聚糖均不能被人体消化酶水解、吸收。其余参见第四章碳水化合物。

三、　膳食纤维的作用

膳食纤维组成成分复杂且各具特点，加之与植物细胞结构及其他化合物，如维生素、植物激素、类黄酮等紧密相连，很难完全区分其独自的作用。但已有实验表明，膳食纤维的确有许多对人体健康有益的作用。它们可以通过生理和代谢过程直接影响人类疾病，降低疾病的危险因素和疾病本身发生概率。

1. 延缓碳水化合物消化吸收，有利于防止肥胖

膳食纤维不能被人体胃肠道消化吸收，易产生饱腹感，并减慢胃排空，因而减少食物摄入量。此外，它还可降低碳水化合物在小肠的消化速度，使之在较长的小肠部分吸收，同时倾向于增加在小肠中逃逸可消化碳水化合物的数量。例如，由小扁豆进入结肠的碳水化合物是来自白面色碳水化合物的 2.5 倍。而且摄食富含膳食纤维的水果、蔬菜等，除其本身脂肪含量少外，还可增加粪便中的脂肪含量。故膳食纤维的摄食有利于防止能量过剩引起的体脂积累而产生肥胖。

2. 促进肠道蠕动，有利于防止便秘

膳食纤维吸水膨胀，其容积作用可刺激肠道蠕动。膳食纤维发酵时产生的气体和残渣粪便体积也可使肠壁扩张，而所产生的短链脂肪酸还可直接刺激结肠收缩用以促进肠道蠕动、加速结肠的排便作用。此外，由膳食纤维在肠道中所结合的胆汁盐和脂肪在进入结肠发酵时释放出来，也可刺激乙状结肠和直肠的蠕动而加速排便。

膳食纤维除可加速排便外，还可增加排泄量，以及经由增加含水量而改善粪便的稠度和成形性，增加排便次数等。

3. 降低胆固醇吸收，有利于防止心血管病

膳食纤维可以结合胆固醇，从而抑制机体对胆固醇的吸收。这被认为是其防治高胆固醇血症和动脉粥样硬化等心血管病的原因。现有证据表明，果胶、瓜尔豆胶、刺槐豆胶、羧甲基纤维素及富含可溶性纤维的食物如燕麦麸、大麦、荚豆和蔬菜都可降低人的血浆胆固醇，以及动物的血浆和肝脏胆固醇水平。其降低程度为 5%~10%，有的可高达 25%，而且降低的都是低密度脂蛋白胆固醇。

另有报告表明，食品中某些非淀粉多糖如 β-葡聚糖，以纯品形式强化或用增补品形式消费时均显示有降低血清胆固醇的作用。显然这都对防止冠心病有利。此外，还有报告表明，蔬

菜、水果等富含膳食纤维的食品对脑血管病也有防护作用。

4. 促进结肠菌群发酵，有利于防癌和保护身体健康

非淀粉多糖、抗性淀粉和抗性低聚糖等膳食纤维可在结肠中发酵，产生短链脂肪酸如乙酸、丙酸、丁酸，以及气体 CO_2、H_2 和 CH_4。不同膳食纤维在人类结肠中的发酵率如表 4-1 所示。

表 4-1   人类膳食纤维的发酵率

名称	发酵率/%	名称	发酵率/%
纤维素	20~80	麦麸	50
半纤维素	60~90	抗性淀粉	100
果胶	100	菊粉、低聚糖（摄入不过量）	100
瓜尔豆胶	100		

通常被消费的膳食纤维有一多半在结肠中被细菌发酵，其所产生的部分产物被细菌用于产能和合成所需的碳，以及细菌的生长。例如，由 CO_2 和 H_2 经产醋酸菌利用，产生乙酸，产甲烷菌通过消耗 CO_2 和 H_2 生成 CH_4，而硫酸盐还原菌可利用 H_2 产生硫酸盐，同时产生亚硫酸盐或 H_2S，未利用的气体由肛门排出。

细菌发酵的主要部分被结肠黏膜吸收，短链脂肪酸的吸收导致碳酸氢盐积累，降低肠道 pH，而丁酸则被认为是结肠上皮细胞的主要营养素，可刺激结肠上皮细胞的增殖，从而使之免受由其他刺激引起结肠、直肠癌的基因损伤，如稀释致癌物，维护肠道黏膜屏障，通过有益菌如双歧杆菌的生长，降低蛋白质腐败产物等。

膳食纤维的细菌发酵可以大大促进机体有益菌的生长，摄食低聚果糖即可以约 10 倍的因素增加内源粪便双歧杆菌的增长，而无总厌氧菌浓度的改变。据报告，人体摄食低聚异麦芽糖后粪便中组胺、酪胺等蛋白质腐败产物显著降低。而肠道内的双歧杆菌还可自行合成多种 B 族维生素，并进一步提高机体免疫力。

四、 膳食纤维对微量营养素的影响

膳食纤维可能降低某些维生素和矿物质的吸收。这是因为膳食纤维在小肠内可与这些营养素相结合。但是很少有证据表明，摄食营养充足、富含高膳食纤维食品的人群有维生素和矿物质缺乏的问题。新近报告，用纯膳食纤维研究机体对钙吸收的影响，表明纯膳食纤维可以降低钙在小肠中的有效性。但是，当这些由膳食纤维结合的钙进入结肠后，可因膳食纤维被细菌发酵而释放出来，并与所产生的短链脂肪酸一起在末端结肠和直肠促进钙的吸收。

膳食纤维由于其本身的膨胀特性等可以结合一定的营养素。也有证据表明大多数膳食纤维均能抑制胰酶活性并归因于 pH 变化、离子交换性质，以及酶抑制剂和吸附作用等多种因素的作用。这也可进一步影响营养素的吸收和利用，其中包括对微量营养素的吸收和利用。但总的看来膳食纤维对微量营养素的影响很小。至于有报告称天然食物如谷物、水果中的纤维可抑制钙、铁、锌等元素的吸收，这也可能是其所含植酸干扰的结果。当然，膳食纤维也不宜摄食过多。

五、 膳食纤维在食品加工中的变化

1. 碾磨

碾磨在精制米、面的过程中，可除去谷物的外层皮壳等，降低其总膳食纤维的含量。这主要是降低不溶性膳食纤维含量。全谷粒和精制粉二者的膳食纤维组成成分不同。燕麦、大麦、稻米和高粱的精制粉主要含聚糖。而小麦、黑麦和玉米主要含阿拉伯糖基木聚糖（arabinoxylan），全谷粒粉含有大量纤维素。至于稻谷、大麦和燕麦的壳中所含大量木聚糖，通常在消费前通过碾磨、精制时除去。但是燕麦和稻壳常被用作纤维制剂用于强化食品。

此外，碾磨时将整粒或大颗粒不易被消化酶作用的身体受限淀粉磨成粉，从而使这部分抗性淀粉得以减少或消失。

2. 热加工

膳食纤维在热加工时可有多种变化。加热可使膳食纤维中多糖的弱键受到破坏，这从其功能、营养和分析来说都具有重要意义。

加热可降低纤维分子之间的缔合作用和/或解聚作用，因而导致增溶作用。广泛解聚可形成醇溶部分，导致膳食纤维含量降低。中等的解聚和/或降低纤维分子之间的缔合作用对膳食纤维含量影响很小，但可改变纤维的功能特性（如黏度和水合作用）和生理作用。抗性淀粉中马铃薯和青香蕉的生淀粉颗粒和老化淀粉在经过热加工后都可糊化而易于消化。

加热同样可使膳食纤维中组成成分多糖的交联键等发生变化。由于纤维的溶解度高度依赖于交联键存在的类型和数量，因而加热期间细胞壁基质及其结构可发生改变，这不仅对产品的营养性，而且对可口性都有重大影响。

3. 挤压熟化

据报告，小麦粉即使在温和条件下挤压熟化（extrusion－cooking），膳食纤维的溶解度也有增加，此增溶作用似乎依赖于加工时的水分含量。水分含量越低，增溶作用越高，而螺旋转速和温度的作用很小。小麦剧烈膨化也使纤维的溶解度增加，但焙烤和滚筒干燥对膳食纤维的影响很小。此外，另有报告称，小麦粉经高压蒸汽处理时也有不溶性纤维的损失，而这主要是阿拉伯糖基木聚糖的降解。

4. 水合作用

膳食纤维具有一定的膨润、增稠特性。大多数谷物纤维原料被碾磨时可影响其水合性质。豌豆纤维的碾磨制品比未碾磨制品更快水合，这与其表面面积增大有关。加热也能改变膳食纤维的水合性质。煮沸可增加小麦麸和苹果纤维制品的持水性，而高压蒸汽处理、蒸汽熟化和焙烤的影响不大。其中蒸汽熟化的制品比焙烤制品吸水快。此外，有报告称豌豆壳、糖用甜菜纤维、小麦麸和柠檬纤维在挤压熟化时对持水性仅稍有影响。

六、 膳食纤维的摄取与食物来源

1. 膳食纤维的摄取

由于膳食纤维对人类的某些慢性非传染性疾病具有预防和保健作用，一些国家根据各自调查研究的情况提出了膳食中的摄入量标准。美国 FDA 推荐的总膳食纤维摄入量为成人每日 20～35g，这相当于以每人每千卡（4.2kJ）能量计为 10～13g。此推荐量的低限是可以保持纤维对肠功能起作用的量，而上限为不致因纤维的摄入过多引起有害作用的量。此外，美国供给量专家委员会推荐膳食纤维中以含有不可溶纤维70%～75%，可溶性纤维25%～30%为宜，并且应由天然食物提供膳食纤维，而不是纯纤维素。英国国家顾问委员会建议增加膳食纤维的摄入量为25～35g。另据报告，澳大利亚人每日平均摄入膳食纤维25g，可明显减少冠心病的发病率和死亡率。

中国人素以谷类为主食，并兼有以薯类为部分主食的习惯。副食又以植物性食物如蔬菜为主，兼食豆类及鱼、肉、蛋等食品。水果则因地区和季节而有所变动。由于我国此前对食品中存在的不溶膳食纤维、可溶膳食纤维、总膳食纤维，以及我国人民在这方面的健康和慢性疾病等状况调查研究不够，尚未提出我国膳食纤维的摄入量标准。最近中国营养学会根据2016年推出的《中国居民膳食指南及平衡膳食宝塔》，由指南中提出的"平衡膳食宝塔建议不同能量膳食的各类食物参考摄入量"中推荐的各类食物摄入量及其所提供的膳食纤维含量，计算出中国居民可以摄入的膳食纤维的量及范围，并进一步计算出不同能量摄取者膳食纤维的推荐摄入量（表4-2）。此推荐量只是在不同食物按一定计算和推算所得结果的基础上建立，正式的膳食纤维推荐摄入量还有待进一步制订。

表4-2　　　　　　　　　不同能量摄取者膳食纤维的推荐摄入量　　　　　　　单位：g

食物种类	低能量			中能量			高能量		
	食物量	不可溶膳食纤维	总膳食纤维	食物量	不可溶膳食纤维	总膳食纤维	食物量	不可溶膳食纤维	总膳食纤维
谷类	300	6.60	10.17	400	8.80	13.56	500	11.0	16.95
蔬菜	400	4.50	8.08	450	5.13	9.09	500	5.70	10.10
水果	100	1.10	1.66	150	1.71	2.49	500	2.28	3.32
豆类及豆制品	50	2.51	4.22	50	2.51	4.22	200	2.50	4.22
总计平均值		14.81	24.13		18.15	29.36		21.49	34.59

引自：中国营养学会，中国居民膳食指南，2016。

2. 膳食纤维的食物来源

膳食纤维主要存在于谷物、薯类、豆类及蔬菜、水果等植物性食品中。植物成熟度越高，其纤维含量也越多。这通常是人们膳食纤维的主要来源。值得注意的是，由于人们生活水平的提高，作为主食的谷类食品加工越来越精细，致使其膳食纤维的含量显著降低。为此，西方国家提倡吃黑面包（全麦面包），并多吃蔬菜、水果。这是我们应当注意的。一些食物中膳食纤维的含量如表4-3所示。

表4-3　　　　　　　　部分代表性食物中膳食纤维的含量　　　　单位：g/100g可食部分

食物名称	总膳食纤维	不可溶膳食纤维	食物名称	总膳食纤维	不可溶膳食纤维
稻米（粳）	0.6[3]	0.4	玉米面	11.0[1]	5.6
稻米（籼）	10[1]0.5[3]	0.4	黄豆	12.5[1]	15.5
稻米（糙米）	3.5[1]2.2[3]	2.0	绿豆	9.6[1]	6.4
糯米	2.8[1]	0.6	红豆		7.7

续表

食物名称	总膳食纤维	不可溶膳食纤维	食物名称	总膳食纤维	不可溶膳食纤维
小麦粉（全麦）	12.6[1]11.3[3]	10.2	芸豆	19.0[1]	10.5　3.4[1]
小麦粉（标准）	3.9[3]	2.1	蚕豆	14.5[1]	2.5
小麦粉（精白）	2.7[1]3.9[3]	0.6	豌豆	5.6[1]	10.4　3.4[1]
麦麸	42.2[1]	31.3	豆腐	0.5[1]	0.4
大麦米	17.3[1]	9.9	甘薯	3.0[1]	1.0
燕麦片	10.3[1]	5.3	马铃薯	1.6[1]	0.7　0.4[1]
芋头	0.82[1]	1.0	菜花	2.4[1]　1.8[3]	1.2　0.85[1]
胡萝卜	3.2[1]　2.2[3]	1.3　1.5[1]	青椒（甜）	1.6[1]	1.4　1.1[1]
白萝卜	1.8[1]	1.0　0.64[1]	橙、橘	2.4[1]　2.6[3]	0.6　0.43[1]
甘蓝（球茎）		3.5　1.50[1]	苹果	1.9[1]　2.2[1][2]	1.2　2.27[1]
大白菜	1.0[1]	0.6	梨	2.6[1]　4.7[2][3]	2.0　2.46[1]
小白菜	0.6[1]	1.1	桃	1.6[1]　2.6[1]	1.3　0.62[1]
包心菜（圆白菜）	1.5[1]	1.0　1.1[1]	柿	1.48[1]	1.4
芥菜（雪里蕻）	1.1[1]	1.6　0.6[1]	葡萄	0.7[1]　0.3[1]	0.4
菠菜	2.6[1]	1.7	西瓜	0.4[1]　1.1[1]	0.2　0.2[1]
苋菜		1.8　0.98[1]	黄瓜	1.0[1]　0.9[3]	0.5　0.5[1]

注：①美国食物成分表数据；

②带皮，其余未注明者为中国食物；

③加拿大食物成分数据。

引自：中国营养学会，中国居民膳食指南，2016。

此外，一些植物中还含有植物胶和藻类多糖等，尤其是人们还根据不同情况，通过一定的方法进一步开发出某些抗性淀粉和低聚糖。它们大多用于食品加工，也不失为膳食纤维的良好来源。然而最好、也是最重要的还是应注意多吃谷类食物、多吃富含膳食纤维的蔬菜、水果等以预防某些慢性非传染性病的发生，这正是 21 世纪人类营养学上的新进展。

🔍 思考题

1. 碳水化合物的主要功能是什么？
2. 碳水化合物的主要分类及各自的结构特征有哪些？
3. 简述美拉德反应的概念及反应过程。
4. 简述膳食纤维的主要成分及其作用。
5. 列举富含膳食纤维的几种食物。

第五章

脂类

　　本章要求学生理解脂类的概念，熟悉脂类的摄取与食物来源、组成及特征，掌握脂类、必需脂肪酸功能及其在精炼加工过程中的变化，了解脂类在食品加工和保藏中的营养问题。

第一节　脂类的功能

一、　构成机体物质

　　脂类是人体重要的组成部分，它以多种形式存在于各种组织中，皮下脂肪是机体的贮存组织，一个体重65kg的成人含脂肪约9kg，绝大部分以三酰甘油酯（甘油三酯）形式存在。类脂是多种组织和细胞的组成成分，如细胞膜是由磷脂、糖脂和胆固醇等组成的类脂层。脑髓和神经组织含有磷脂和糖脂，固醇还是机体合成胆汁酸和固醇类激素的必需物质。它们在体内相对稳定，即使长期能量不足也不会动用。

二、　供能、储能与保护机体

　　脂肪富含能量，脂肪供能可高达38kJ/g，比碳水化合物和蛋白质高约一倍。只要机体需要，可随时用于机体代谢。若机体摄食能量过多，体内贮存的脂肪增多，人就会发胖。若机体3d不进食，则能量的80%来自脂肪；若长期摄食能量不足则贮脂可耗竭，使人消瘦。但是，机体不能利用脂肪酸分解的二碳化合物合成葡萄糖以供给脑和神经细胞等的能量需要。故人在饥饿、供能不足时就必须消耗肌肉组织中的糖原和蛋白质。这也正是"节食减肥"的危害之一。

　　当机体摄入过多能量时，不论产生哪种营养素，都可以脂肪的形式储存起来，如皮下脂肪等。这类脂肪因受营养状况和机体活动的影响而增减，当机体需要时，脂肪细胞中的酯酶立即分解三酰甘油释放出甘油和脂肪酸进入血液循环，和食物中被吸收的脂肪一道，被分解释放出能量以满足机体的需要。人体在休息状态下，60%的能量来源于体内脂肪，而在运动或长时间饥饿时，体脂提供的能量更多。体内脂肪细胞的储存特点是脂肪细胞可以储存脂肪，至今还未发现其吸收脂肪的上限，所以人体可因摄入过多的热能而不断地积累脂肪，过多脂肪组织堆积在体内形成肥胖症。此外，脂肪可隔热、保温，支持和保护体内各种脏器，使之不受损伤，从而具有保护机体的作用。

三、　提供必需脂肪酸与促进脂溶性维生素的吸收

脂肪所含多不饱和脂肪酸中，有的是机体的必需脂肪酸。它们除了是组织细胞，特别是细胞膜的结构成分外，还具有很重要的生理作用（参见本章必需脂肪酸部分）。此外，脂类中还含有脂溶性维生素（参见第七章维生素），食物脂肪有助于脂溶性维生素的吸收。

四、　增加饱腹感和改善食品感官性状

脂类在胃中停留时间较长（碳水化合物在胃中迅速排空，蛋白质排空较慢，脂肪更慢。一次进食含50g脂肪的高脂膳食，需经4~6h才能从胃中排空），因而使人有高度饱腹感。此外，脂肪还可改善食品的感官性状，如油炸食品等特有的美味感，没有脂肪是不会有的。

第二节　脂类的组成及其特征

一、　脂类的组成

脂类包括脂肪和类脂。脂肪通常又按其在室温下所呈现的状态不同而分别称为油（室温下呈液态）和脂肪（室温下呈固态），并可将二者统称为油脂。

脂肪通常是由甘油和三分子脂肪酸组成的三酰甘油酯（甘油三酯），日常食用的动、植物油脂如猪油、豆油、花生油、菜籽油等均属此类。三酰甘油酯中，三个脂肪酸基相同者称为简单甘油酯、三个脂肪酸基不同则称为混合甘油酯。

简单甘油酯中甘油分子的三个羟基均与相同脂肪酸结合，若仅其中一个或两个羟基与脂肪酸分子结合则分别称为单酰甘油酯（单甘油酯）和二酰甘油酯（二甘油酯）。其中单酰甘油酯具有很强的乳化性能，并且是食品加工中常用的乳化剂。

类脂是指那些性质类似脂肪的物质。种类很多，主要包括磷脂、糖脂和固醇等。此外也包括脂溶性维生素和脂蛋白。类脂具有很重要的生物学意义。但是在营养上除脂溶性维生素外，其重要性不如油脂。在营养上最重要的是脂肪酸。

二、　脂肪酸

自然界中绝大多数的脂肪酸都是偶数碳原子的直链脂肪酸，奇数碳原子的脂肪酸为数很

少，只有微生物产生的脂肪酸有奇数碳原子的脂肪酸。此外，还有少数带侧链的脂肪酸和含环的脂肪酸。例如棉籽油中的苹婆酸（sterculic acid）是环丙烷脂肪酸。不过能被人体吸收、利用的都是偶数碳原子的脂肪酸。这些脂肪酸可含有 0~6 个间隔的顺式双键。即：

$$CH_3(CH_2)_r—(CH=CH—CH_2)_{0~6}—(CH_2)_yCOOH$$

脂肪酸可按其碳链长短（碳原子数）不同而分成三类：

（1）短链脂肪酸 C_4~C_6，主要存在于乳脂和棕榈油中。

（2）中链脂肪酸 C_8~C_{12}，主要存在于某些种子如椰子油中。

（3）长链脂肪酸 C_{14} 以上，是脂类中主要的脂肪酸，如软脂酸、硬脂酸、亚油酸、亚麻酸等。

此外，脂肪酸还可根据碳链中双键数的多少分成以下三类：

（1）饱和脂肪酸分子中不含双键，多存在于动物脂肪中。

（2）单不饱和脂肪酸分子中含一个双键，油酸是最普通的单不饱和脂肪酸。

（3）多不饱和脂肪酸分子中含两个以上双键，在植物种子和鱼油中含量较多。

饱和脂肪酸中碳原子数小于 10 者在常温下为液态，称为低级脂肪酸或挥发性脂肪酸。碳原子数大于 10 者在常温下为固态，称为固体脂肪酸。随着脂肪酸碳链的加长，熔点增高。熔点高不易被消化、吸收。不饱和脂肪酸由于引入双键可大大降低熔点。

关于脂肪酸的命名，除常用的系统名和俗称以外，在国际上常有 △ 编号系统和 n 或 ω 系统之不同。△ 编号系统是从羧基端碳原子算起，用阿拉伯数字对脂肪酸分子上的碳原子定位。而 n 或 ω 编号系统则是从离羧基端最远的碳原子起定位。例如癸酸的化学结构编号为：

	CH_3 · CH_2 · CH_2 · CH_2 · CH_2 · CH_2 · CH_2 · CH_2 · CH_2 · $COOH$									
△编号系统	10	9	8	7	6	5	4	3	2	1
n 或 ω 编号系统	1	2	3	4	5	6	7	8	9	10

亚油酸按 △ 编号系统可表示为 △9，$12C_{18}$，即亚油酸由 18 个碳原子组成，在第 9 和 12 碳原子上有两个双键。若按 n 或 ω 编号系统则表示为 $C_{18:2}n-6$ 或 $C_{18:2}\omega-6$，即亚油酸为 n 或 ω 系列的十八碳二烯酸，目前多以 n 系列表示。

不饱和脂肪酸按其距羧基端最远的不饱和双键所在碳原子数的不同，可分为 $n-3$，$n-6$，$n-7$ 和 $n-9$ 系列或 $\omega-3$，$\omega-6$，$\omega-7$ 和 $\omega-9$ 系列，且距羧基端最远的不饱和键分别位于从距羧基端最远数起的第 3、6、7、9 位碳原子上，并以此将不饱和脂肪酸分成四类。每一类都由一系列脂肪酸组成。该系列的各个脂肪酸均能在生物体内从母体脂肪酸合成。例如花生四烯酸（$C_{20:4}n-6$）为 $n-6$ 系列的二十碳的脂肪酸，它可由 $n-6$ 系列的母体脂肪酸亚油酸（$C_{18:2}n-6$）在体内经去饱和后与羧基端延长合成。但是生物体不能将某一系列脂肪酸转变成另一系列脂肪酸，即机体不能将油酸（$n-9$）转变成亚油酸（$n-6$）或其他系列的任何一种脂肪酸。而相同系列脂肪酸的转变在人体营养上和生理上都具有重要意义。例如，$n-3$ 系列的亚麻酸（$C_{18:3}n-3$）在体内即可同样经去饱和与羧基端延长转变成二十碳五烯酸（EPA，$C_{20:5}n-3$）和二十二碳六烯酸（DHA，$C_{22:5}n-3$）。关于不饱和脂肪酸的类别及其母体脂肪酸如下：

系列类别	$n-3$	$n-6$	$n-7$	$n-9$
母体脂肪酸	亚麻酸（α-亚麻酸）	亚油酸	棕榈油酸	油酸

关于食物中常见脂肪酸的分类、组成及其来源如表5-1和表5-2所示。

表5-1　　　　　　　食品中饱和脂肪酸的名称代号与食物来源

名称	代号	食物来源
丁酸（酪酸）［butanoic（butyric）acid］	$C_{4:0}$	奶油
己酸（羊油酸）［hexanoic（caproic）acid］	$C_{6:0}$	奶油
辛酸（羊脂酸）［octanoic（caprylic）acid］	$C_{8:0}$	椰子油、奶油
癸酸（羊蜡酸）［decanoic（capric）acid］	$C_{10:0}$	棕榈油、奶油、椰子油
月桂酸（lauric acid）	$C_{12:0}$	椰子油、奶油
肉豆蔻酸（myristic acid）	$C_{14:0}$	奶油、椰子油、肉豆蔻脂肪
棕榈酸（palmitic acid）	$C_{16:0}$	牛肉、羊肉、猪肉大部分植物脂肪
硬脂酸（stearic acid）	$C_{18:0}$	牛肉、羊肉、猪肉大部分植物脂肪
花生酸（arachidic acid）	$C_{20:0}$	花生油、猪油
山嵛酸（behenic acid）	$C_{22:0}$	猪油、花生油
木蜡酸（lignoceric acid）	$C_{24:0}$	花生油

表5-2　　　　　　　食品中不饱和脂肪酸的名称、代号及食物来源

名称	代号	食物来源
豆蔻油酸（myristoleic acid）	$C_{14:1}n-5$	黄油
棕榈油酸（palmitoleic acid）	$C_{16:1}n-7$	棕榈油
反棕榈油酸（palmitelaidic acid）	$C_{16:1}n-7$	氢化植物油
油酸（oleic acid）	$C_{18:1}n-9$	大多数油脂
反油酸（elaidic acid）	$C_{18:1}n-9$	人造黄油
亚油酸（linoleic acid）	$C_{18:2}n-6,9$	植物油
α-亚麻酸（α-linolenic acid）	$C_{18:3}n-3,6,9$	植物油
γ-亚麻酸（γ-linolenic acid）	$C_{18:3}n-6,9,12$	微生物发酵
鳕油酸（gadolenic acid）	$C_{20:1}n-9$	鱼油
花生四烯酸（arachidonic acid）	$C_{20:4}n-6,9,12,15$	植物油微生物发酵
二十碳五烯酸（EPA）（eicosapentaenoic acid）	$C_{20:5}n-3,6,9,12,15$	鱼油
芥酸（erucic acid）	$C_{22:1}n-9$	菜籽油
鲦鱼酸（clupanodonic acid）	$C_{22:5}n-3,6,9,12,15$	鱼油
二十二碳六烯酸（DHA）（docosahexaenoic acid）	$C_{22:6}n-3,6,9,12,15,18$	鱼油

目前认为，饱和脂肪酸摄食过多与心血管等慢性疾病的发病有关，而应控制或降低饱和脂

肪酸的摄食。多不饱和脂肪酸，尤其是 $n-3$ 和 $n-6$ 系列多不饱和脂肪酸对人体具有很重要的生物学意义，其中的亚油酸和亚麻酸（α-亚麻酸）是机体的必需脂肪酸。

三、 必需脂肪酸

必需脂肪酸是指人体不能自行合成，必须由食物中供给，并且能够预防和治疗脂肪酸缺乏症的脂肪酸。

人体可以自身合成多种脂肪酸，包括饱和脂肪酸、单不饱和脂肪酸和多不饱和脂肪酸。但是，亚油酸（$C_{18:2}n-6$）和 α-亚麻酸（$C_{18:2}n-3$）却不能自行合成，必须由食物供给，是人体的必需脂肪酸。

亚油酸是 $n-6$ 系列的十八碳二烯酸，为维护人体健康所必需。若能提供足够的亚油酸则人体可以合成所需的其他 $n-6$ 系列脂肪酸。其衍生物还是前列腺素的前体。如果亚油酸缺乏，则动物生长延缓，皮肤病变，肝脏退化。人类中婴儿易产生缺乏并可出现生长缓慢和皮肤症状，如皮肤湿疹或皮肤干燥、脱屑等。上述症状可通过及时给予亚油酸而得以改善或消失。此外，亚油酸缺乏对维持膜的正常功能和氧化磷酸化的正常偶联也受到一定影响。

α-亚麻酸是 $n-3$ 系列的十八碳三烯酸，虽然有报告表明它促生长作用很弱，并且不能治愈因脂肪酸缺乏而产生的皮肤炎，但是在动物体中却具有必需脂肪酸的性质，尤其是近年来的研究表明，由 α-亚麻酸在体内衍生的二十碳五烯酸（EPA，$C_{20:5}n-3$）和二十二碳六烯酸（DHA，$C_{22:6}n-3$）是视网膜光受体中最丰富的脂肪酸，为维持视紫红质正常功能所必需。它对增强视力有良好作用。若体内缺乏这两种脂肪酸（EPA 和 DHA），尤其是在妊娠期内缺乏可影响子代视力、损伤学习能力，出现异常视网膜电流等。此外，如长期缺乏 α-亚麻酸则对调节注意力和认知过程有不良影响。

过去曾将花生四烯酸（$C_{20:4}n-6$）列为必需脂肪酸，因其具有很强的生物活性，但是由于它也可以从亚油酸衍生而来，因此现在不再被列为必需脂肪酸。实际上，像花生四烯酸和上述二十碳五烯酸（EPA）和二十二碳六烯酸（DHA）等都是人体不可缺少的脂肪酸。

成人很少有必需脂肪酸缺乏的报告。这是因为要耗尽贮存在体内脂肪中的必需脂肪酸相当困难。只有在患长期吸收不良综合征，或静脉注射无脂肪制剂时可有所见。临床上曾见有成人单靠静脉营养，而输液时又没有脂肪酸供给所引起的皮肤炎现象。此外，据报告有 8 个维持体重不变的人，用了 5 年时间才耗尽其必需脂肪酸。对贮存在体内脂肪组织中的亚油酸，要耗费一半的时间大约是 26 个月，故成人不易缺乏必需脂肪酸。

必需脂肪酸在植物油中含量较多，而动物脂肪中含量较少。一些常用食物油脂中的亚油酸和 α-亚麻酸含量如表 5-3 所示。

表 5-3　　　　　　　　　常用食物油脂中必需脂肪酸的含量*

名称	必需脂肪酸		名称	必需脂肪酸		名称	必需脂肪酸	
	亚油酸	α-亚麻酸		亚油酸	α-亚麻酸		亚油酸	α-亚麻酸
可可油	1		豆油	52	7	文冠果油	48	
椰子油	6	2	棉籽油	44	0.4	猪油	9	
橄榄油	7		大麻油	45	0.5	牛油	2	1

续表

名称	必需脂肪酸		名称	必需脂肪酸		名称	必需脂肪酸	
	亚油酸	α-亚麻酸		亚油酸	α-亚麻酸		亚油酸	α-亚麻酸
菜籽油	16	9	芝麻油	46	0.3	羊油	3	2
花生油	38	0.4	玉米油	56	0.6	黄油	4	
茶油	10	1	棕榈油	12				
葵花子油	63	5	米糠油	33	3			

注：＊以食物中脂肪总量的质量百分数表示。

引自：中国营养学会编，中国居民膳食指南，2016。

中国营养学会新近提出，膳食亚油酸占膳食能量的 3% ～5%，α-亚麻酸占 0.5% ～1% 时可使组织中 DHA 达最高水平和避免产生任何明显的缺乏症。

四、 反式脂肪酸

不饱和脂肪酸因含有不饱和双键，故有顺式构型（氢原子在双键同侧）和反式构型（氢原子在双键异侧），如油酸（$C_{18:1}n-9$）有油酸和反油酸（elaidic acid）两种构型。

$$H \quad (CH_2)_7COOH$$
$$C$$
$$\parallel$$
$$C$$
$$H \quad (CH_2)_7CH_3$$
油酸

$$H \quad (CH_2)_7COOH$$
$$C$$
$$\parallel$$
$$C$$
$$H_3C(CH_2)_7 \quad H$$
反油酸

自然界存在的不饱和脂肪酸大都是顺式构型。通常认为，反式脂肪酸主要是由脂肪氢化所产生的。如人造黄油在氢化过程中，某些天然存在的顺式构型可转变为反式构型。据报道，人造黄油中反式脂肪酸的含量可占总不饱和脂肪酸含量的 40%。

反式脂肪酸的摄入除可氧化供能外，也可有升高血浆胆固醇的作用。有报告称，若摄入反式脂肪酸过多有促进冠心病发病的危险。美国、加拿大有的人群摄入反式脂肪酸每天可达 8 ～ 10g，该人群中冠心病发病的人较多。另有报告称，将妇女反式脂肪酸的摄入量降至占热能的 2%，可使冠心病的危险性下降 53%（美国膳食含反式脂肪酸 8g/d，约占总能的 3%），而典型的西餐所含反式脂肪酸可达 15g/d。

五、 固醇

固醇有动物固醇与植物固醇之分。前者主要是胆固醇；后者则可有谷固醇、豆固醇、麦角固醇等。从营养的角度看，重要的是胆固醇。

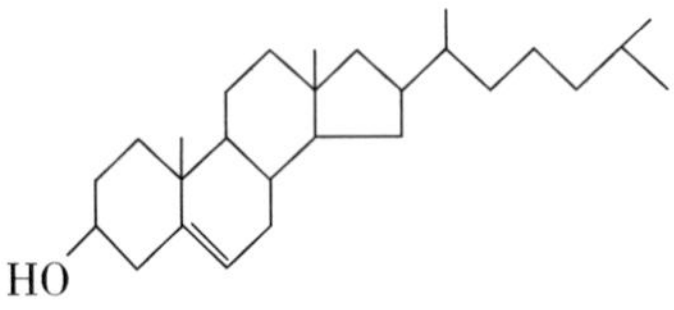

胆固醇

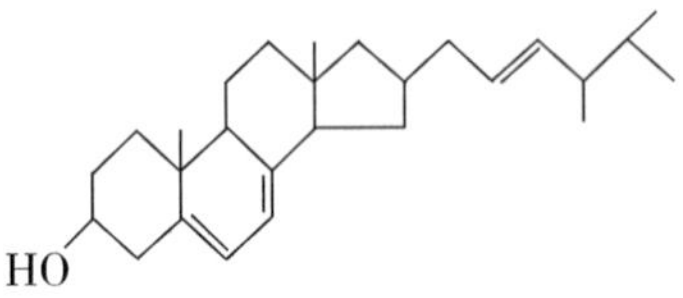

麦角固醇

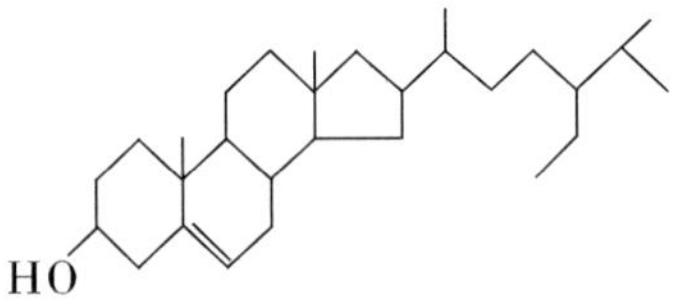

谷固醇

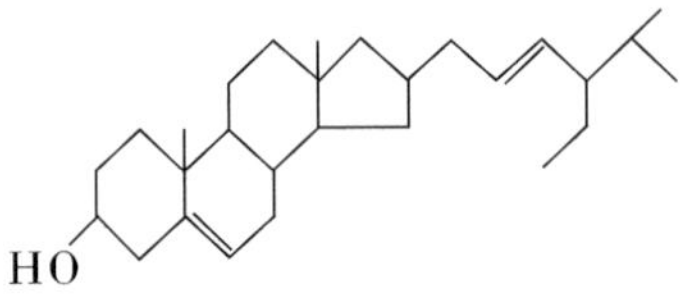

豆固醇

　　胆固醇是细胞膜的重要组成成分，对维持生物膜的正常结构和功能有重要作用。它大量存在于神经组织、尤其是脑中，并且是胆酸、7－脱氢胆固醇和维生素 D_3、性激素等重要生理活性物质的前体。由于人体自身能够合成胆固醇，且其每天合成的总量远比食物中所提供的胆固醇要多，故胆固醇并非食品中的必需成分。

　　人类食物胆固醇的摄入量依不同国家和地区而异。西方国家食物胆固醇含量较高，一般均在 300mg/d 以上。我国近年来也有明显增高的趋势。尽管前文曾述及关于胆固醇的吸收具有一定的"自我限量"特点，但人类胆固醇的"吸收与排泄""合成与分解"之间的平衡并不够好（大鼠在胆固醇的摄食和其合成与分解之间存在着一种内环境稳定的平衡）。如果摄食量高，即使胆固醇的吸收率随食物胆固醇的增加而下降，但人体吸收胆固醇的总量还是增高了。血胆固醇高被认为与心血管病有关。

　　据报道，植物固醇和动物固醇似乎都在小肠同一部位吸收，并且由于植物固醇的竞争性抑制作用可干扰胆固醇的吸收。这对动脉粥样硬化、冠心病患者选择食物可能具有一定意义。

　　胆固醇主要存在于动物性食品之中。动物内脏、尤其是脑中含胆固醇最为丰富。蛋类和鱼子含量也高，瘦肉、鱼和乳类含量较低。常见食物中胆固醇的含量如表 5－4 所示。

表 5－4		常见食物中胆固醇的含量			单位：mg/100g
名称	含量	名称	含量	名称	含量
火腿肠	57	猪脑	2571	鸡蛋	585
腊肠	88	猪肉（肥瘦）	80	鸡蛋黄	1510
香肠	59	猪肉（肥）	109	鸭蛋（咸）	647
方腿	45	猪肉（瘦）	81	鳊鱼	94
火腿	98	猪舌	158	鲳鱼	77
酱驴肉	116	猪小排	146	鲳鱼子	1070
酱牛肉	76	猪耳	92	鳝鱼	126
酱羊肉	92	鸡（均值）	106	带鱼	76
香肠	59	鸡翅	133	鲤鱼	84
牛肝	298	鸡肝	356	青鱼	108

续表

名称	含量	名称	含量	名称	含量
腊肉（培根）	46	鸡腿	162	墨鱼	226
牛肉（瘦）	58	鸭（均值）	94	鲜贝	116
牛肉（肥）	133	烤鸭	91	对虾	193
牛肉松	169	鸭肝	341	河蟹	125
午餐肉	56	炸鸡	198	蟹黄（鲜）	466
羊肝	349	牛乳	9	甲鱼	101
羊脑	2004	牛乳粉（全脂）	71	蛇肉	80
羊肉（瘦）	60	牛乳粉（脱脂）	28	田鸡	40
羊肉（肥瘦）	92	酸奶	15	蚕蛹	155
羊肉串（电烤）	109	豆奶粉	90	蝎子	207
猪肝	288	鹌鹑蛋	515	乌贼	268

引自：《中国居民膳食指南》（2016）。

第三节　脂肪的代谢

一、　脂肪代谢

1. 三酰甘油酯合成代谢

三酰甘油酯是机体储存能量及氧化功能的重要形式。肝、脂肪组织、小肠是合成的重要场所，以肝的合成能力最强。肝细胞能合成脂肪，但不能储存脂肪。合成后需要与载脂蛋白、胆固醇等结合成极低密度脂蛋白，入血运到肝外组织储存或加以利用。若肝合成的三酰甘油酯不能及时转运，会形成脂肪肝。脂肪细胞是机体合成及储存脂肪的仓库。合成三酰甘油酯所需的甘油及脂肪酸主要由葡萄糖代谢提供。其中甘油由糖酵解生成的磷酸二羟丙酮转化而成，脂肪酸由糖氧化分解生成的乙酰辅酶 A（coenzyme A，CoA）合成。

合成基本过程包括单酰甘油途径（小肠黏膜细胞合成脂肪的途径）和二酰甘油途径（肝细胞和脂肪细胞的合成途径）。脂肪细胞缺乏甘油激酶因而不能利用游离甘油，只能利用葡萄糖代谢提供的 3 - 磷酸甘油。

2. 三酰甘油酯分解代谢

（1）脂肪动员　在脂肪细胞内激素敏感性三酰甘油酯脂肪酶作用下，将脂肪分解为脂肪酸及甘油并释放入血供其他组织氧化。

（2）脂肪酸的 β - 氧化　在氧供充足条件下，脂肪酸可分解为乙酰 CoA，彻底氧化成 CO_2 和 H_2O 并释放出大量能量，大多数组织均能氧化脂肪酸，但脑组织例外，因为脂肪酸不能通过血脑屏障。其氧化具体步骤如下：

①脂肪酸活化：生成脂酰 CoA。

②脂酰 CoA 进入线粒体：脂肪酸的 β - 氧化在线粒体中进行。这一步需要肉碱的转运。肉碱脂酰转移酶I是脂肪酸 β - 氧化的限速酶，脂酰 CoA 进入线粒体是脂肪酸 β - 氧化的主要限速步骤，如饥饿时，糖供应不足，此酶活性增强，脂肪酸氧化增强，机体靠脂肪酸来供能。

③脂肪酸的 β - 氧化：脂酰 CoA 进入线粒体后，在脂肪酸的 β - 氧化酶复合体的催化下，进行脱氢、加水、再脱氢及硫解 4 步连续反应，并不断重复，最终长链脂酰 CoA 完全裂解成乙酰 CoA。所生成的乙酰 CoA 一部分在线粒体通过三羧酸循环彻底氧化，一部分在线粒体缩合生成酮体，经血液送至肝外组织氧化利用。

（3）酮体的生成及利用　酮体包括乙酰乙酸、β - 羟丁酸、丙酮。酮体是脂肪酸在肝分解氧化时特有的中间代谢物，脂肪酸在线粒体中 β - 氧化生成的大量乙酰 CoA 除氧化磷酸化提供能量外，也可合成酮体。但是肝却不能利用酮体，因为其缺乏利用酮体的酶系。肝外组织不能生成酮体，却可以利用酮体。

长期饥饿，糖供应不足时，脂肪酸被大量动用，生成乙酰 CoA 氧化功能，但脑组织不能利用脂肪酸，因其不能通过血脑屏障，而酮体溶于水，分子小，可通过血脑屏障，故此时肝中合成酮体增加，转运至脑为其供能。但在正常情况下，血中酮体含量很少。严重糖尿病患者，葡萄糖得不到有效利用，脂肪酸转化生成大量酮体，超过肝外组织利用的能力，引起血中酮体升高，可致酮症酸中毒。

3. 脂肪酸的合成代谢

（1）脂肪酸主要从乙酰 CoA 合成　凡是代谢中产生乙酰 CoA 的物质，都是合成脂肪酸的原料，机体多种组织均可合成脂肪酸。肝是主要场所，脂肪酸合成酶系存在于线粒体外胞液中。但乙酰 CoA 不易透过线粒体膜，所以需要穿梭系统将乙酰 CoA 转运至胞液中，主要通过柠檬酸 - 丙酮酸循环来完成。脂肪酸的合成还需 ATP、还原性的辅酶Ⅱ（nicotin - amide adenine dinucleotide phosphate，NADPH）等，所需氢全部由 NADPH 提供，NADPH 主要来自磷酸戊糖途径。

（2）软脂酸的合成过程　乙酰 CoA 羧化酶是脂酸合成的限速酶，存在于胞液中，辅基为生物素。柠檬酸、异柠檬酸是其变构激活剂，故在饱食后糖代谢旺盛，代谢过程中的柠檬酸可变构激活此酶促进脂肪酸的合成，而软脂酰 CoA 是其变构抑制剂，降低脂肪酸合成。此酶也有共价修饰调节，胰高血糖素通过共价修饰抑制其活性。

（3）脂酸碳链的加长　碳链延长在肝细胞的内质网或线粒体中进行，在软脂酸的基础上，生成更长碳链的脂肪酸。

（4）脂肪酸合成的调节　胰岛素诱导乙酰 CoA 羧化酶、脂肪酸合成酶的合成，促进脂肪酸合成，还能促使脂肪酸进入脂肪组织，加速合成脂肪。而胰高血糖素、肾上腺素、生长素抑制脂肪酸合成。

二、 磷脂代谢

磷脂在生物体内可经各种磷脂酶作用水解为甘油、脂肪酸、磷酸和各种氨基醇（如胆碱、乙醇胺、丝氨酸等）。甘油可以转变为磷酸二羟丙酮，参加糖代谢。脂肪酸经 β - 氧化作用而分解。磷酸是体内各种物质代谢不可缺少的物质。各种氨基醇可以参加体内磷脂的再合成，胆碱还可以通过转甲基作用转变为其他物质。磷脂合成时，乙醇胺和胆碱与 ATP 在激酶的作用下生成磷酸乙醇胺或磷酸胆碱，然后再与胞苷三磷酸（cytidine triphosphate，CTP）作用转变成胞二磷乙醇胺或胞磷胆碱。胞二磷乙醇胺或胞磷胆碱再与已生成的二酰甘油酯合成相应的磷脂。

三、　胆固醇代谢

1. 胆固醇的合成代谢

（1）合成部位　几乎全身各组织均可合成，肝是主要场所，合成主要在胞液及内质网中进行。

（2）合成原料　乙酰 CoA 是合成胆固醇的原料，因为乙酰 CoA 是在线粒体中产生，与前述脂肪酸合成相似，它须通过柠檬酸－丙酮酸循环进入胞液，另外，反应还需大量的还原型的辅酶Ⅱ（NADPH + H$^+$）及三磷酸腺苷（adenosine triphosphate，ATP）。合成 1 分子胆固醇需要 18 分子乙酰 CoA、36 分子 ATP 及 16 分子 NADPH + H$^+$。乙酰 CoA 及 ATP 多来自线粒体中糖的有氧氧化，而 NADPH 则主要来自胞液中糖的磷酸戊糖途径。

（3）合成过程可划分为三个阶段。

①甲羟戊酸（mevalonic acid，MVA）的合成：首先在胞液中合成羟甲基戊二酸 CoA（3 - hydroxy - 3 methylglutaryl CoA，HMG - CoA），与酮体生成 HMG - CoA 的生成过程相同。但在线粒体中，HMG - CoA 在 HMG - CoA 裂解酶催化下生成酮体，而在胞液中生成的 HMG - CoA 则在内质网 HMG - CoA 还原酶的催化下，由 NADPH + H$^+$ 供氢，还原生成 MVA。HMG - CoA 还原酶是合成胆固醇的限速酶。

②鲨烯的合成：MVA 由 ATP 供能，在一系列酶催化下，生成 30C 的鲨烯。

③胆固醇的合成：鲨烯经多步反应，脱去 3 个甲基生成 27C 的胆固醇。

（4）胆固醇合成调节　HMG - CoA 还原酶是胆固醇合成的限速酶。多种因素对胆固醇的调节主要是通过对此酶活性的影响来实现的。饥饿与禁食可抑制肝合成胆固醇，摄取高糖、高饱和脂肪饮食后，胆固醇合成增加；胆固醇可反馈抑制胆固醇的合成；激素，如胰岛素及甲状腺素能诱导 HMG - CoA 还原酶的合成，增加胆固醇的合成，胰高血糖素及皮质醇则相反；甲状腺素又能促进胆固醇在肝内转变为胆汁酸，且作用强于促进 HMG - CoA 还原酶的合成，所以甲亢患者血清胆固醇含量反而下降。

2. 胆固醇的转化

（1）转化为胆汁酸　这是胆固醇在体内代谢的主要去路。

（2）转化为固醇类激素　胆固醇是肾上腺皮质、卵巢等合成类固醇激素的原料，此种激素包括糖皮质激素及性激素。

（3）转化为 7 - 脱氢胆固醇　在皮肤，胆固醇被氧化为 7 - 脱氢胆固醇，再经紫外光照射转变为维生素 D$_3$。

第四节　血浆脂蛋白

血浆脂蛋白是由蛋白质、三酰甘油酯、磷脂、胆固醇及其酯组成的，各种脂蛋白中蛋白质及脂类组成的比例和含量各不相同。按密度法分为乳糜微粒（chylomicron，CM）、极低密度脂蛋白（very low density lipoprotein，VLDL）、低密度脂蛋白（low density lipoprotein，LDL）和高密度脂蛋白（high-density lipoprotein，HDL）；按电泳法分为 α-脂蛋白（α-lipoprotein）、β-脂蛋白（β-lipoprotein）、前 β-脂蛋白（pre-β-lipoprotein）和乳糜微粒。

CM 含三酰甘油酯最多，高达 80%~95%，蛋白质最少，仅约占 1%，其颗粒最大，密度最小，其功能是运输外源性脂类（以三酰甘油酯为主）；VLDL 含三酰甘油酯达 50%~70%，但其蛋白质含量增多，约占 10%，密度变大，是运输肝合成的内源性三酰甘油酯的主要形式；LDL 含胆固醇及胆固醇酯最多，为 40%~50%，是转运内源性胆固醇的主要形式；HDL 含蛋白质最多，约占 50%，故密度最高，颗粒最小，其作用就是从肝外组织将胆固醇转运到肝内进行代谢。脂蛋白颗粒中的蛋白质部分称为载脂蛋白，现已发现有 10 多种，其中主要的有 apoA、B、C、D、E 五类。不同脂蛋白所含载脂蛋白种类及数量均可不同。载脂蛋白可结合脂类，并稳定脂蛋白结构，从而完成其结合和转运脂类的功用。此外某些载脂蛋白还有其特殊功能，如作为酶的激活剂、抑制剂、受体的配基等。

第五节　脂肪在精炼加工过程中的变化

人们在从动、植物原料抽提出粗脂肪时，这些脂肪往往含有使制品品质低劣的着色、呈味等物质。因而有必要对其进行精炼加工，使之脱色、脱臭，并具有高度的化学稳定性，甚至在正常的食品加工时也很稳定。它们涉及脂肪的物理性质和化学组成的改变，也可具有一定的营养学意义。

一、精炼

精炼的主要目的是去除使脂肪呈现明显的颜色或气味的低浓度物质。具体方法大概有以下四步：①脱胶：这包括添加热水或热磷酸来沉淀含高浓度磷脂的胶体物质；②中和：这主要是向脂肪中添加苛性碱以中和其游离脂肪酸；③脱色：主要用漂白土处理，去除脂肪中的胡萝卜素、叶绿素等呈色物质；④脱臭：通常是将热蒸汽在高真空状态下处理脂肪（如在 250℃，800Pa 压力下处理 30min），以去除挥发性物质。

脂肪精炼期间的营养变化主要是维生素 E 和 β-胡萝卜素的损失。这一方面是高温时的氧化破坏，另一方面则是吸附脱色的结果。至于三酰甘油酯的组成并无改变。

二、脂肪改良

脂肪改良主要是改变脂肪的熔点范围和结晶性质，以及增加其在食品加工时的稳定性。这可有以下几个方面。

1. 分馏

分馏是将三酰甘油酯分成高熔点部分和低熔点部分的物理性分离，而无化学改变。但是，由于分馏可使高熔点部分的油脂中多不饱和脂肪酸含量降低，故可有一定的营养学意义。

2. 酯交换

酯交换是使所有三酰甘油酯的脂肪酸随机化的化学过程（图 5 - 1）。关于花生油在酯交换后 2 位上主要脂肪酸的变化如表 5 - 5 所示。

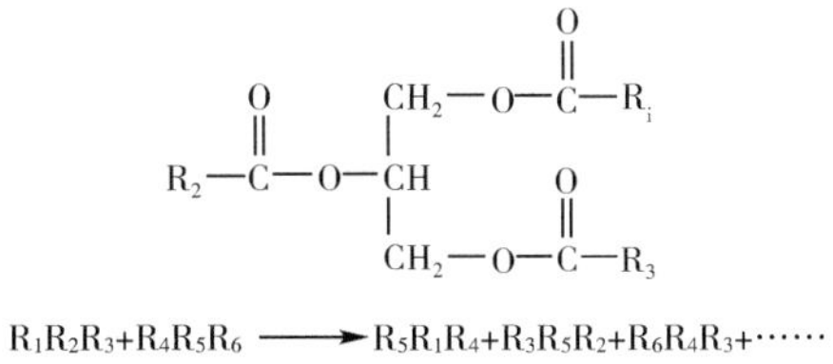

$$R_1R_2R_3+R_4R_5R_6 \longrightarrow R_5R_1R_4+R_3R_5R_2+R_6R_4R_3+\cdots\cdots$$

图 5 - 1 三酰甘油酯相互酯化时的变化

表 5 - 5 花生油 2 位上主要脂肪酸在酯交换后的变化 单位：%

脂肪酸	花生油	酯交换的花生油	脂肪酸	花生油	酯交换的花生油
16：0	2. 2	11. 5	18：2	46. 2	27. 9
18：1	50. 8	50. 9			

据报告，脂肪的酯交换可改变食用油对动脉粥样硬化的影响。例如，用酯交换了的花生油喂兔和猴，可使因喂胆固醇而发生动脉粥样硬化的兔和猴降低其动脉硬化程度。

三、 氢化

氢化主要是脂肪酸组成成分的变化。这包括脂肪酸饱和程度的增加（双键加氢）和不饱和脂肪酸的异构化。

氢化可使液体植物油变成固态脂肪。但是很少使氢化进行到完全阶段。因为完全氢化的脂肪熔点很高，不利于食品加工，消化吸收率低。氢化时，脂肪酸倾向于按其不饱和程度的高低递降。例如，三烯酸类先于二烯酸类氢化，二烯酸类又先于单烯酸类氢化。至于异构化作用，除了可形成大量位置异构体外，还有天然的顺式不饱和脂肪酸向反式不饱和脂肪酸转变（见图 5 - 2 和图 5 - 3）。脂肪组分的改变则可由加工者用不同的催化剂和氢化条件来控制，以便达到所需脂肪的物理性质和稳定性。这些氢化脂肪可用于人造黄油、起酥油、增香巧克力糖衣（chocolate - flavoured couvertures）和油炸用油。许多人造黄油含 20% ~40% 的反式脂肪酸。

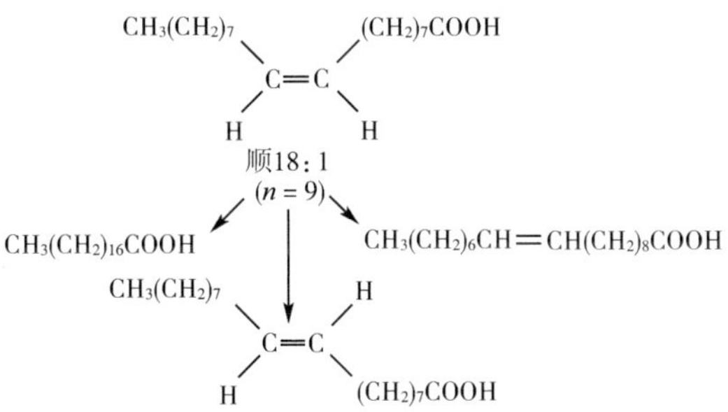

图 5 - 2 脂肪酸氢化期间的改变

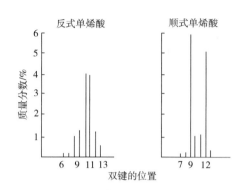

图 5 - 3   亚油酸氢化期间位置异构体的形式

关于反式脂肪酸的营养问题，多年来人们认为反式单不饱和脂肪酸对胆固醇水平的作用是中性的，与油酸相似。近年来，它们的作用被重新评价。目前认为，人体摄入的反式脂肪酸，或被氧化掉，或掺入到结构脂类中去。但是反式脂肪酸摄入量多时可使血浆中低密度脂蛋白胆固醇上升，高密度脂蛋白胆固醇下降，增加冠心病的危险性。此外，多不饱和脂肪酸如亚油酸等的反式异构体不具有必需脂肪酸的活性，并且缺乏顺式异构体降低血浆脂蛋白水平的能力。

第六节   脂类在食品加工、保藏中的营养问题

脂类在食品加工、保藏过程中的变化对其营养价值的影响已日益受到人们的重视，这些变化可能有脂肪的水解、氧化、分解、聚合或其他的降解作用。它们不仅可以导致脂肪的理化性质变化，而且也可使其生物学性质改变。在某些情况下可以降低能值，改变酶体系，呈现一定的毒性和致癌作用。与此同时，受试者可出现生长迟缓、体重减轻以及有关的营养缺乏症状或疾病，甚至死亡。由于试验不可能在人体上直接进行，而是用动物间接实验的方法，所得结果不尽一致。而且，有的试验还是在远远超出食品加工的实际温度和时间等条件下进行的。

一、酸败

酸败是描述食品体系中脂肪不稳定和败坏的常用术语，其中有两种性质截然不同的作用机制。

1. 水解酸败

水解酸败是脂肪在高温加工或在酸、碱或酶的作用下，将脂肪酸分子与甘油分子水解所致。脂肪（三酰甘油酯）的水解产物有单酰甘油酯、二酰甘油酯和脂肪酸。完全水解时则产生甘油和脂肪酸（图 5 - 4）。

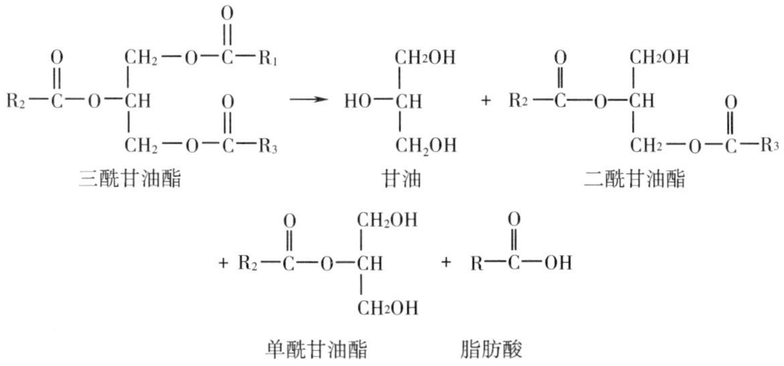

图 5 - 4　三酰甘油酯的水解

　　水解本身对食品脂肪的营养价值无明显影响。因其唯一的变化是将甘油和脂肪酸分子裂开，重要的是所产生的游离脂肪酸可产生不良气味，以致影响食品的感官质量。例如原料乳中，因乳脂含有丁酸、己酸、辛酸和癸酸，水解后由它们产生的气味和滋味可使此乳变得在感官上难以接受，甚至不宜食用。一些干酪的不良风味，如肥皂样和刺鼻气味等也是水解酸败的结果。通常，游离脂肪酸在 0.75% 以上时易促使其他脂肪酸分解。当游离脂肪酸在 2% 以上时，油脂即产生不良风味。

　　水解酸败在产生游离脂肪酸的同时，还伴随产生二酰甘油酯和单酰甘油酯，这些伴随产物是乳化剂，有很强的乳化作用。它们对食品的性质可有一定影响。

　　2. 氧化酸败

　　氧化酸败是影响食品感官质量、降低食品营养价值的很重要的原因。通常，油脂暴露在空气中时会自发地进行氧化。发生性质与风味的改变。这种氧化通常以自动氧化的方式进行，即以一种包括引发、传播和终止三个阶段的连锁反应的方式进行。一旦反应开始，就一直要到氧气耗尽，或自由基与自由基结合产生稳定的化合物为止。即使添加抗氧化剂也并不能防止氧化，只能延缓反应的诱导期和降低反应速度。

　　脂肪酸在自动氧化时可形成氢过氧化物（ROOH）。它们很不稳定，在贮存的过程中，甚至在低温时都会断裂和产生歧化反应（歧化反应：在化学反应中，一个化合物起着氧化和还原两种作用，并因获得和失去电子产生两种或多种化合物，如两分子丙酮酸加一分子水，转变成各一分子的乳酸、乙酸和二氧化碳），形成不同的羰基化合物、羟基化合物和短链脂肪酸。其中某些成分还可能进一步进行氧化反应，如醛可进一步氧化成相应的酸等。如同水解酸败那样，由脂类氧化而来的分解产物有更强的令人讨厌的气味，并且是典型的"哈喇味""回生味"。烹调时，油脂因加热冒烟产生的刺鼻气味则主要是甘油氧化生成的丙烯醛所致。

　　链的断裂在非水的介质中可以产生许许多多的不同产物，其中包括饱和的、单不饱和的与双不饱和的醛类，它们分别为 RCHO，R'CH＝CHCHO 和 R"CH＝CHCH＝CHCHO。也可产生二醛 OHCRCHO 和半醛 OHCR'COOH。醛可以氧化成相应的酸，而不饱和醛还可以进一步发生链的断裂。在含水的介质中，此醛则倾向于含有羟基。在乳中通常有内酯。当有游离氨基的化合物如蛋白质存在时，脂类氧化产物还可通过氢键与蛋白质结合，影响消化和可口性。

　　单不饱和脂肪酸如油的自动氧化，可导致在 C_8、C_9 或在 C_{10}、C_{11} 位上形成四种烯丙基氢过氧化物（allylic hydroperoxiders）。脂肪酸不饱和程度增加、氢过氧化物的形成更为复杂。这是因为有的双键发生转移。双键的转移有利于形成热动力学上更稳定的反式脂肪酸，致使不饱和脂肪酸（必需脂肪酸）丧失其生物活性。

脂肪氧化的分解产物，除了上述的醛和酸等之外，还发现有醇、酮、酯、内酯，以及芳香族与脂肪族化合物等。在这些产物的分析鉴定时，气相色谱和质谱非常有用。上述分解产物具有明显的不良风味，甚至含量极低时脂类都不可口。

在氧化了的油脂中也可检测到许多不挥发性化合物。例如，醛甘油酯（aldehydeo – glycer-ides）、不饱和醛甘油酯（unsaturated aldehydeoglycerides）、酮甘油酯（ketogly – cerides）、含羟基和羰基的化合物，共轭二烯酮（conjugated diene ketones）和环氧化合物。也发现有由 C—C 键和醚过氧基形成的二聚体和多聚体，这些物质因具有妨碍营养素消化、吸收等的作用，近年来颇引人注意。

二、 脂类在高温时的氧化作用

脂类在高温时的氧化作用与常温时不同。高温时不仅氧化反应速度增加，而且可以发生完全不同的反应。常温时脂肪氧化可因碳键断裂，产生许多短链的挥发性和不挥发性物质。高温氧化（>200℃）时，脂类则含有相当大量的反式和共轭双键体系，以及环状化合物、二聚体和多聚体等。在此期间所形成的不同产物的相对比例和它们的性质则取决于温度与供气的程度。

脂类在高温时的聚合作用与常温氧化时所形成的聚合物也不相同。常温时多以氧桥相连，而高温氧化时，这些聚合物彼此以 C—C 键相连。这种聚合既可以通过单个的三酰甘油酯中不饱和脂肪酸的相互作用形成，也可以在至少含有一个共轭双键体系的三酰甘油酯分子之间产生（图 5 – 5）。

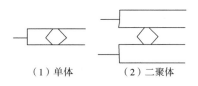

（1）单体   （2）二聚体

图 5 – 5   三酰甘油酯的热聚合作用

脂类高温氧化的热聚合作用可分成两个不同阶段。它在玉米油中的表现最为典型。第一阶段是吸收氧，同时将非共轭酸转变为共轭脂肪酸。油脂的羰基值明显增加，而折射指数和黏度变化很少。第二阶段则共轭酸"消失"，羰基值下降，折射指数和黏度增加，表明聚合物形成。随着加热时间的延长，聚合物含量增加。至于油脂起泡可能与高度充氧的极性聚合物有关。

热氧化作用也降低胆固醇含量，它可能转变成挥发性或多聚产物。

三、 脂类在油炸时的物理化学变化

脂类在用于油炸食品时可有不同程度的变化。通常，油炸期间脂类经受水分、空气和高温的作用，加速其水解、氧化和热败坏的发生，致使产生游离脂肪酸氢过氧化物、羰基化合物和其他氧化产物，以及二聚体、多聚体等，油脂的这种败坏取决于多种因素如油炸介质类型是否有其他成分（如抗氧化剂、消泡剂、金属离子），以及不同的加工操作等。油炸操作大致可以分成三类：①平底煎锅油炸；②不连续的餐馆式油炸；③连续的油炸加工。

平底煎锅油炸虽然油脂与空气接触面大，但是用油量小，烹调时间短，通常不回收油。因此，用此法煎炸对食品所吸收油脂的变化很少注意。在后两类情况中，油炸食品从烹调设备中吸收油，并必须周期性或连续予以补充。

要防止脂类在油炸食品时的变化，必须注意以下三方面的因素：①排除空气；②除去挥发性物质；③保持达到油脂稳定状态的条件。前两种因素与食品中的水分蒸发有关。油炸时，热油被来自食物的水蒸气隔开，可减少油脂与空气的接触。挥发性降解产物也可不断通过水蒸气蒸发除去。至于第三个条件，在连续的油炸加工中，可通过连续添加新油来达到。油炸时若以每小时8%的速度添加新油，则一天可以两次"更新"油脂（当然，原来在油锅中的某些油脂分子仍可有存留，但为数很少）。故连续油炸加工时的氧化变化较小。

不连续的餐馆式油炸，油脂的变化较大。通常，游离脂肪酸含量增加。这是由于食品中的水加入油中，引起三酰甘油酯水解所致。至于其他的变化，如不饱和度降低、过氧化值增高，以及共轭双键和聚合物的形成等，这尽管在连续的油炸加工时很少发现，但是在不连续的餐馆式油炸时可有发生。这是因其间歇操作、反复加热和冷却等所致。故餐馆式油炸用油易氧化败坏，并可检出三酰甘油低聚体等聚合物。聚合物的存在也可通过油炸期间油脂黏度的增加和起泡等现象觉察出来。油脂的黏度与热聚合物的含量密切有关。黏度大、热聚合物多。被弃去的油炸剩油常常含有高达25%以上的聚合物。大约有9%的氧化聚合物即可产生稳定的泡沫。其中羟基化合物比羰基化合物更易起泡。若用这种油进行食品的油炸时，油炸食品质量低劣。

为了防止油炸用油的潜在毒性，许多国家已通过了有关油炸用油的不同管理法规，规定其极性组分（极性组分是一个比酸价和羰基价包括的范围更大的综合卫生指标，它几乎包括了所有的氧化产物、聚合产物、裂解产物和水解产物）。最大在20%～27%，在一些欧洲国家中还用三酰甘油低聚体含量（triacylglycer ololigomer cotent，TOC）来评价油炸用油的质量。某些国家法定最大为10%，而其他则许可到16%（Annals of nutrition&metabolism，2001.）。

四、 脂类氧化对食品营养价值的影响

脂类氧化对食品营养价值的影响主要是由于氧对营养素作用所致。食品中脂类发生的任何明显的自动氧化或催化氧化，都将降低必需脂肪酸的含量。与此同时它还可破坏其他脂类营养素如胡萝卜素、维生素和生育酚等，从而降低食品的营养价值。

此外，由脂类氧化所产生的过氧化物和其他氧化产物还可进一步与食品中的其他营养素如蛋白质等相互作用，形成氧化脂蛋白等从而降低蛋白质等的利用率。

过氧化物本身很不稳定，它很容易分解，形成各种各样的氧化的和由加热引起的化合物。其中一些在浓度相当大时对机体有一定危害。据报道，把氧化了的大豆油喂给刚断乳大鼠，以测定过氧化物对动物生长的影响时，结果发现：

（1）食物中含过氧化值100以下的氧化油脂，大鼠食后生长正常。

（2）食物中含过氧化值约400的高氧化油脂，大鼠食后生长减慢。

（3）食物中含过氧化值800和1200的氧化油脂时，大鼠食后分别停止生长和体重减轻，并在三周内死亡。

上述结果在其他动物（如猪等）的喂饲试验中也基本相似。值得指出的是，由于脂类过氧化物值增大到几百时，动物即拒不摄食，为了取得一定的科学试验结果，对过氧化值高的油脂

需强迫喂饲动物。

试验动物生长减慢和体重下降的原因大致有以下几种：

（1）降低可口性，减少摄食。

（2）喂饲食物或肠道中维生素被破坏。

（3）肠黏膜受过氧化物刺激，降低对营养素的吸收。

（4）形成不吸收的聚合物，妨碍脂类的消化、吸收。

（5）蛋白质与脂类次级氧化产物发生交联反应（cross – linking in feractioos），形成肽内和肽间的交联，降低了蛋白质的吸收。

关于脂类及其次级产物对蛋白质的影响大致有：

（1）蛋白质分子间的交换，不仅影响交联位置上氨基酸的吸收，而且也影响邻近交联点的氨基酸的吸收。

（2）脂类氧化产物可通过氢键与蛋白质结合，引起消化和可口性的改变。

（3）脂类氧化产物还可破坏赖氨酸和含硫氨基酸等。

上述动物生长下降可用增加食物中蛋白质含量和添加抗氧化剂部分改善。

五、脂类氧化和降解产物的生物学作用

常温下氧化的脂类，当用其对动物进行吸收试验时，发现试验动物淋巴的脂类中无明显的过氧化物。这表明过氧化物很少被吸收。但是试验动物的肠道中可见有来自过氧化物分解的次级降解产物。如前所述，常温下氧化的脂类，在过氧化值不超过100时，未显示毒性，也不影响生长。氧化了的脂肪在足以显示具有毒性时，其过氧化值很高（>800），且不可口。由这些高度氧化的脂类而来的降解产物，并非人类食用油脂或含油食品中所见氧化产物的代表，更何况人们因其不可口而很少摄食。

高温氧化的脂类对机体可有多种危害。热氧化脂肪含有甘油酯分子内环状单体［图5－5（1）和图5－6］，以及甘油酯分子之间的聚合物［图5－5（2）］。内环单体对试验动物有毒。例如来自鱼油的芳环单体，当含量为0.54%时可抑制动物生长；含量为2.15%时即可使动物致死。来自亚麻籽油部分饱和的环状单体毒性稍低，当喂饲量为2.5%时，动物生长受到抑制，但未见死亡。分子间的聚合物主要是影响肠道吸收和破坏了必需脂肪酸，从而降低了脂类和食品的营养价值。一般未见有毒作用。

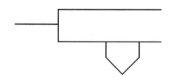

图5－6　酯环族甘油酯分子的一般结构

至于不连续的油炸用油和实验室反复高温氧化（滥肆加热）的油脂可产生有毒物质。含10%这类油脂的饲料，在几乎所有的试验中都显示动物生长不良，这主要是动物摄食饲料少和肠道吸收不良所致。油炸食品后的油脂通常不引起试验动物肝中脂类含量的增加和肝体积的增大，但实验室条件处理或滥肆加热的脂类则可产生有毒化合物。它们可使大鼠的肝、肾和肾上腺增大。此外，高温加热的油脂中可含有具毒性的己二烯环状化合物。若将其分离，以20%的

比例混入饲料喂大鼠，可在 3~4d 内使动物致死。若以 5% 或 10% 掺入饲料，则大鼠可出现脂肪肝及肝增大现象。肝增大的原因部分是要代谢有毒物质而增加了肝微粒体、混合功能氧化酶等的合成。但是上述有毒物质，甚至致癌物质在这些高温和滥肆加热油脂中的存在，仅仅是在研究者为了研究和考察的目的，故意在大大超出正常的食品加工和油炸，而滥肆加热的情况下才发现的。而且这些毒害作用尚需要对动物进行长期喂饲，例如有报告称试验动物的非癌性胃损害需要在 18~24 个月后才产生。

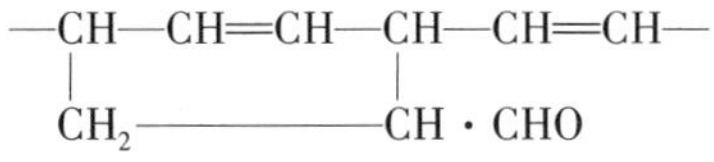

$$—CH—CH=CH—CH—CH=CH—$$
$$\quad | \qquad\qquad\qquad\qquad |$$
$$\quad CH_2————CH \cdot CHO$$

己二烯环状化合物

一般说来，在通常的情况下脂类氧化对动物的影响不大。豆油、菜籽油和猪油在 200℃ 加热 12h 仍可使大鼠正常生长。将脂肪在 190℃ 进行分子蒸馏 80h 所得的馏出物，在喂饲大鼠时仅稍降低生长速度，对食堂油炸后的部分氢化大豆油进行试验，也有类似结果。这主要是油炸用油不饱和脂肪酸含量降低，以及三酰甘油酯分子的聚合引起脂肪的消化吸收下降所致。为了防止上述脂类氧化和降解产物对人体产生不良影响，各国大都对食用油脂制订有严格的卫生标准。例如《食品安全国家标准 植物油》（GB 2716—2018）中即有酸价、过氧化值等限量指标。其中的过氧化值应低于 0.25g/100g。

第七节 脂肪的摄取与食物来源

一、脂肪的摄取

脂肪的摄入受民族、地区、饮食习惯，以及季节、气候条件等影响，变动范围很大。至于脂肪的摄入量各国大都以脂肪供能所占总能摄取量的百分比计算，并多限制在 30% 以下。

过去，西方国家由于食用动物性食物较多，脂肪摄入量很高，其膳食脂肪供能可高达总能摄入量的 40% 以上。随着人们对脂肪摄入量、尤其是饱和脂肪酸摄入量过高与心血管疾病和癌症等认识的深入，认为必须降低脂肪的摄食量。我国修订的"推荐的每日膳食中营养素供给量"规定，脂肪能量所占总能量的百分比，儿童和青少年为 25%~30%，成人为 20%~25%。目前有资料表明我国部分城市中老年人的脂肪供能占总能摄入量的百分比已超过 30%，这不利于心血管等慢性病的防治。

关于脂肪推荐摄入量中不同脂肪酸的组成比例问题，各国均很重视。不同脂肪酸的组成比例包括两个方面：一方面是饱和脂肪酸、单不饱和脂肪酸与多不饱和脂肪酸之间的比例；另一方面是多不饱和脂肪酸中，$n-6$ 和 $n-3$ 多不饱和脂肪酸之间的比例。关于饱和脂肪酸（s）、单不饱和脂肪酸（m）和多不饱和脂肪酸（p）之间的比例，大多认为以 s：m：p=1：1：1 为好，而对 $n-6$ 和 $n-3$ 多不饱和脂肪酸之间的比例认识不一。中国营养学会根据我国实际情况，

2016 年提出不同年龄阶段建议膳食脂肪适宜摄入量如表 5 – 6 所示。

表 5 – 6　　　　　　　　　　　中国居民膳食脂肪适宜摄入量

年/岁	脂肪/% E	饱和脂肪酸/% E	单不饱和脂肪酸/% E	多不饱和脂肪酸/% E	(n – 6)：(n – 3)
0 ~	45 ~ 50				4：1
0.5 ~	35 ~ 40				4：1
2 ~	30 ~ 35				(4 ~ 6)：1
7 ~	25 ~ 30				(4 ~ 6)：1
13 ~	25 ~ 30	< 10	8	10	(4 ~ 6)：1
18 ~	20 ~ 30	< 10	10	10	(4 ~ 6)：1
60 ~	20 ~ 30	6 ~ 8	10	8 ~ 10	(4 ~ 6)：1

注：% E 为占能量的百分比。

引自：《中国居民膳食营养素参考摄入量》（2013）。

此外，近年来由于人们对二十碳五烯酸（EPA）和二十二碳六烯酸（DHA）的认识不断深入，认为也有必要控制其在人类膳食中的适宜比例，特别是由于农业现代化致使植物油和畜牧饲养业发展很快，人类膳食结构发生显著变化。膳食脂肪酸中 n – 6 多不饱和脂肪酸增加，相对主要来自水产（尤其是海鱼）的 n – 3 多不饱和脂肪酸下降，致使多不饱和脂肪酸中（n – 6）：（n – 3）的比例显著上升，并可使二者之比高达 10 ~ 20。因此，应当适量增加鱼类（尤其是海鱼）的消费，以降低二者之间的比例，并推荐其比值以 5 ~ 10 为好。中国营养学会则建议二者之比为（4 ~ 6）：1。

二、　脂肪的食物来源

1. 动物性食物及其制品

动物性食物如猪肉、牛肉、羊肉，以及它们的制品如各种肉类罐头等都含有大量脂肪。即使是除去可见脂肪的瘦肉也都含有一定量"隐藏"的脂肪。禽蛋类和鱼类脂肪含量稍低（蛋黄及蛋黄粉含量甚高）。乳和乳制品也可提供一定量的脂肪。尽管乳本身含脂肪量不高，但乳粉（全脂）的脂肪含量可约占 30%，而黄油的脂肪含量可高达 80% 以上。此外，由一些动物组织还可以炼制成动物脂肪，以供烹调和食品加工用。通常，畜类脂肪含饱和脂肪（饱和脂肪酸）较多，而禽类和鱼类脂肪含多不饱和脂肪酸较多。鱼类，尤其是海鱼脂肪更是 EPA 和 DHA 的良好来源。

2. 植物性食物及其制品

植物性食物以油料作物如大豆、花生、芝麻等含油量丰富。大豆含油量约 20%，花生可在40% 以上，而芝麻更可高达 60%。它们本身既可直接加工成各种含油量不同的食品食用，又可以提炼制成不同的植物油供人们烹调和在食品加工时使用。植物油含不饱和脂肪酸多，并且是人体必需脂肪酸的良好来源，因而也是人类食用脂肪的良好来源。某些坚果类含油量也很高，如核桃、松子的含油量可高达 60%，但它们在人们日常的食物中所占比例不大。至于谷类食物含脂肪量较少，水果、蔬菜的脂肪含量则更少。

　　烹调用油是膳食脂肪的重要来源。许多食品（如上述各种食品）和加工食品，特别是许多糕点、饼干和油炸食品等都含有大量油脂。人类膳食脂肪由各种食品中可见的和不可见的脂肪组成。

　　3. 油脂替代品

　　油脂在食品加工中赋予食品以良好的风味和口感，但过多摄入油脂，特别是过多摄入饱和脂肪酸却又被认为对身体健康有害。人们为了既保留油脂在食品中所赋予的良好感官性状而又不致有过多摄入，现已有许多不同的油脂替代品（oil and fat substitute）。一类是以脂肪酸为基础的油脂替代品；另一类则是以碳水化合物或蛋白质为基础的油脂模拟品（oil and fat mimics）。

　　蔗糖聚酯（fucrose polyester，商品名 olster）是由蔗糖与脂肪酸合成的酯化产品，其酯键不被脂肪酶水解，因而不被吸收、提供能量。但它却具有类似脂肪的性状（依脂肪酸组成可有不同）。蔗糖聚酯经长期动物和人体试验观察证明安全性高，并已被美国 FDA 于 1996 年批准许可用于马铃薯片、饼干等食品的生产。但必须在标签上注明"本品含蔗糖聚酯，可能引起胃痉挛和腹泻，并可抑制某些维生素和其他营养素的吸收，故本品已添加了维生素 A、维生素 D、维生素 E 和维生素 K"。燕麦素是从燕麦中提取，以碳水化合物为基础的油脂模拟品，主要用于冷冻食品如冰淇淋、沙拉调味料和汤料中。因该产品含大量纤维素，不仅可作为油脂替代品，还可有一定的降胆固醇作用。

　　油脂替代品并非脂肪的食物来源，它是以降低食品脂肪含量而不致影响食品的口感、风味等为目的。这对当前低能量食品，尤其是低脂肪食品的发展有一定意义。

🔍 思考题

1. 脂类的消化吸收过程及功能是什么？
2. 常用的脂类的食物来源与组成特征有哪些？
3. 脂类在精炼加工过程中的变化有哪些？
4. 影响脂类健康营养的因素及在食品加工及保藏过程中的注意事项有哪些？
5. 不饱和脂肪酸的命名方法与营养价值有哪些？

第六章

蛋白质和氨基酸

[学习指导]

　　本章要求学生理解蛋白质和氨基酸的概念，熟悉蛋白质的摄取与食物来源、组成及特征，掌握蛋白质及必需氨基酸的功能、蛋白质互补作用及其在加工过程中的变化，了解蛋白质的营养评价方法。

第一节　蛋白质的功能

一、构成机体和生命的重要物质基础

　　蛋白质是组成人体一切细胞、组织的重要成分。机体所有重要的组成部分都需要有蛋白质参与。一般说，蛋白质约占人体全部质量的18%，最重要的还是其与生命现象有关。蛋白质和核酸是生命存在的主要形式。

　　1. 催化作用

　　生命的基本特征之一是不断地进行新陈代谢。这种新陈代谢中的化学变化绝大多数都是借助于酶的催化作用迅速进行。酶催化效率极高，如每分子过氧化氢酶在0℃时，每分钟可催化2 640 000个分子H_2O_2分解而不致使机体发生H_2O_2蓄积中毒。酶催化机体内成千上万种不同的化学反应。大部分酶就是蛋白质。

　　2. 调节生理机能

　　激素是机体内分泌细胞制造的一类化学物质。这些物质随血液循环流遍全身，调节机体的正常活动，对机体的繁殖、生长、发育和适应内外环境的变化具有重要作用（若某一激素的分泌失去平衡就会发生一定的疾病，如甲状腺素分泌过多或不足都会引起一定的疾病）。这些激素中有许多就是蛋白质或肽。胰岛素就是由51个氨基酸分子组成的相对分子质量较小的蛋白

质。胃肠道能分泌 10 余种肽类激素，用以调节胃、肠、肝、胆管和胰脏的生理活动。

此外，蛋白质对维护神经系统的功能和智力发育也有重要作用。

3. 氧的运输

生物从不需氧转变成需氧以获得能量是进化过程的一大飞跃。它从环境中摄取氧、在细胞内氧化能源物质（碳水化合物、脂肪和蛋白质），产生二氧化碳和水。这种供能代谢使生物能够更多地获取贮存于能源物质中的能量。例如，葡萄糖有氧氧化所获得的能量为无氧酵解的 18 倍。这种由外界摄取氧并且将其输送到全身组织细胞的作用是由血红蛋白完成的。

4. 肌肉收缩

肌肉是占人体百分比最大的组织，通常为体重的 40% ~45% 。机体的一切机械运动及各种脏器的重要生理功能，例如，肢体的运动、心脏的搏动、血管的舒缩、胃肠的蠕动、肺的呼吸，以及泌尿、生殖过程都是通过肌肉的收缩与松弛来实现的，这种肌肉的收缩活动是由肌动球蛋白来完成的。

5. 支架作用

结缔组织分布广泛，组成各器官包膜及组织间隔，散布于细胞之间。正是它们维持各器官的一定形态，并将机体的各部分联成一个统一的整体。这种作用主要是由胶原蛋白来实现的。

6. 免疫作用

机体对外界某些有害因素具有一定的抵抗力。例如，机体对流行性感冒、麻疹、传染性肝炎、伤寒、白喉、百日咳等细菌、病毒的侵入（抗原），可产生一定的抗体，从而阻断抗原对人体的有害作用，此即机体的免疫作用。这种免疫作用则是由免疫球蛋白（一种由血液浆细胞产生的一类具有免疫作用的球状蛋白质）来完成的。免疫球蛋白（亦称抗体），能特异地与刺激它产生的抗原相结合而形成抗原－抗体复合物（又称免疫复合物）。此复合物本身并不杀伤入侵病菌，只是由在抗原表面做上"标记"，即抗体只完成对抗原的"识别"，而由血浆中的另一类蛋白质——补体来完成对外来细菌等抗原的杀伤作用。

7. 遗传调控

遗传是生物的重要生理功能。核蛋白及其相应的核酸是基因的物质基础，蛋白质是基因表达的重要调控者。

此外，体内酸碱平衡的维持、水分的正常分布，以及许多重要物质的转运等都与蛋白质有关。由此可见，蛋白质是生命的物质基础。

二、 建造新组织和修补更新组织

食物蛋白质最重要的作用是供给人体合成蛋白质所需要的氨基酸。由于碳水化合物和脂肪中只含有碳、氢和氧，不含氮，因此，蛋白质是人体中唯一的氮的来源。这是碳水化合物和脂肪不能代替的作用。

食物蛋白质必须经过消化、分解成氨基酸后方能被吸收、利用。体内蛋白质的合成与分解之间也存在着动态平衡。通常，成年人体内蛋白质含量稳定不变。尽管体内蛋白质在不断地分解与合成，组织细胞在不断更新，但是，蛋白质的总量却维持动态平衡。一般认为成人体内全部蛋白质每天约有 3% 更新。这些体内蛋白质分子分解成氨基酸后，大部分又重新合成蛋白质，此即蛋白质的周转率，只有一小部分分解成为尿素及其他代谢产物排出体外。因此，成人的食物只需要补充被分解并排出的那部分蛋白质即可。机体蛋白质的转换率很高，通常，它比氨基酸的摄取大 7 倍。

儿童和青少年正处在生长、发育时期，对蛋白质的需要量较大，蛋白质的转换率也相对较高。这种蛋白质的转换量与基础代谢密切有关（表 6 - 1）。

机体由蛋白质分解的氨基酸再合成新蛋白质的数量可随环境条件而异。例如，饲养良好的大鼠，其肝脏所需氨基酸的 50% 为再利用部分，禁食大鼠的再利用部分为 90%。此外，表 6 - 1 所列蛋白质转换量为总转换量。不同蛋白质的转换率极不相同。例如，色氨酸吡咯酶和酪氨酸转氨酶的半衰期为 2 ~ 3h，而肌纤维和肌胶原蛋白的半衰期为 50 ~ 60d。至于肌腱胶原蛋白则更长。

表 6 - 1　　　　　　　　蛋白质转换量与基础代谢之间的关系

类别	体重/kg	蛋白质转换量/[g/(kg·d)]	基础代谢	
			kcal/(kg·d)	kJ/(kg·d)
大鼠	0.1	25	130	545
儿童	10	6	45	190
成人	70	2 ~ 3	20	85

三、 供能

尽管蛋白质在体内的主要功能并非供给能量，但它也是一种能源物质。特别在碳水化合物和脂肪供给量不足时，每克蛋白质在体内氧化供能约 17kJ（4kcal）。它与碳水化合物和脂肪所供给的能量一样，都可用以促进机体的生物合成，维持体温和生理活动。因此，蛋白质的供能作用可以由碳水化合物或脂类代替，即供能是蛋白质的次要作用，碳水化合物和脂肪具有节约蛋白质的作用。

通常，蛋白质的供能是由体内旧的或已经破损的组织细胞中的蛋白质分解，以及由食物中一些不符合机体需要或者摄入量过多的蛋白质燃烧时所放出的。人体每天所需的能量约有 14% 来自蛋白质。

四、 赋予食品重要的功能特性

食品应有良好的感官性状。蛋白质可赋予食品以重要的功能特性。例如，肉类成熟后持水性增加（持水性一般是指肉在冻结、冷藏、解冻、腌制、绞碎、斩拌和加热等过程中，肉中的水分以及添加到肉中的水分的保持能力）。这与肌肉蛋白质的变化密切相关，而肌原纤维蛋白质的变化，特别是肌动球蛋白的变化又与肉的嫩度密切相关。正是由于肉的持水性和嫩度的增加，大大提高了肉的可口性。蛋白质有起泡性，鸡蛋清蛋白就具有良好的起泡能力，在食品加工中常被用于糕点（蛋糕）和冰淇淋等的生产，并使之松软可口。

蛋白质是高分子物质，溶于水成亲水溶胶，有一定的稳定性。蛋白质分子中有许多亲水基团又有许多疏水基团，可分别与水和脂类物质相吸引，从而达到乳化的目的。不同蛋白质的乳化力不同。由乳酪蛋白制成的酪蛋白酸钠具有很好的乳化、增稠性能。尤其是热稳定性强。例如，大多数球蛋白和肌原纤维蛋白质在 65℃ 时即凝结；乳清蛋白在 77℃ 加热 20s 实际上已变性；大豆蛋白质在同样条件下则开始分散成较小的组成成分；乳酪蛋白则很稳定，并且一直到 94℃ 加热 10s 或 121℃ 加热 5s 仍很稳定。至于酪蛋白酸钠制成乳化液或应用于午餐肉罐头等食品，虽经 120℃ 高温杀菌 1h 也无不良影响。

小麦中的面筋性蛋白质（包括麦胶蛋白和谷蛋白）胀润后在面团中形成坚实的面筋网，并具有特殊的黏性和延伸性等。它们在食品加工时使面包和饼干具有各种重要、独特的性质。

第二节　蛋白质的需要量

一、氮平衡

氮平衡是反映体内蛋白质代谢情况的一种表示方法，实际上是指蛋白质摄取量与排出量之间的对比关系。由于直接测定食物中和体内消耗的蛋白质有很多困难，各种食物蛋白质的含氮量相当接近（约为16%），一般食物中的含氮物质有大部分是蛋白质。所以常用测定含氮量的方法间接了解蛋白质的平衡情况。

正常成人不再生长，每日进食的蛋白质主要用来维持组织的修补和更新。当膳食蛋白质供应适当时，其氮的摄入量和排出量相等，称为氮的总平衡。儿童正在成长，孕妇及初愈病人体内正在生长新组织，其摄入的蛋白质有一部分变成新组织。此时，其氮的摄食量必定大于排出量，称为氮的正平衡。至于饥饿者、食用缺乏蛋白质膳食的人，以及消耗性疾病患者，其每日摄入氮少于排出氮而日渐消瘦，这种情况称为氮的负平衡。

健康成人，当给以无氮膳食时，体内蛋白质的合成与分解仍继续进行。被分解的氨基酸可再用于合成，并且此过程很有效。但是，也有少部分氨基酸被分解、代谢成尿氮化合物，粪中也有一定的损失。最初尿氮明显下降，以后长时间缓慢下降到相对稳定。根据大量研究结果，食用无氮膳食 $10 \sim 14d$ 后平均每天尿氮排出量为 $37mg/kg$，粪氮约为 $12mg/kg$，至于由皮肤及其他次要途径损失的氮量实际测定比较麻烦，一般实验室不易进行，且有一定的局限性。当推论到群体时因个体差异尚应有一个合理的延伸以照顾绝大多数人。此外，进行蛋白质平衡试验的蛋白质是优质蛋白，还应考虑到与实际生活中所消费的蛋白质差异等。以前多按 WHO 规定的每日每千克体重 $5mg$ 计算，现根据 1985 年 WHO 的规定：成人每天为 $8mg/kg$；12 岁以下的儿童每天为 $10mg/kg$，这种在无蛋白膳食时所丢失的氮量称为必然丢失氮（obligatory nitrogen losses）。一个成年人在摄食无氮食物时，每日氮的损失总量约为 $57mg/kg$。若膳食蛋白质被完全利用，则相当于每日排出 $0.36g/kg$ 的食物蛋白质。据此，成人每千克体重摄食 $0.36g$ 膳食蛋白质应能补偿必然丢失的氮量，并达到氮平衡。

氮平衡状态可用下式表示：

$$摄入氮 = 尿氮 + 粪氮 + 其他氮损失（由皮肤及其他途径排出的氮）$$

氮平衡试验有短期（1~3 周）与长期（1~3 月）之分。两种试验结果也有一定差异。从试验要求来说后者更好，但试验困难较大，结果差别也较大。

实际上，无论是体重还是氮平衡都不是绝对的平衡。一天内，在进食时氮平衡是正的，晚上不进食则是负的，超过 24h 这种波动就比较平稳。此外，机体在一定限度内对氮平衡具有调节作用。健康成人每日进食蛋白质有所增减时，其体内蛋白质的分解速度及随尿排出的氮量也随之增减。进食高蛋白膳食时尿中排出的氮量增加，反之则减少。但若长期进食低蛋白质膳食，因体内蛋白质仍要分解，故易出现氮的负平衡；若摄食蛋白质的量太大，不仅机体利用不了，甚至反而加重消化器官及肾脏等的负担。不过，蛋白质的需要量与能量不同，满足蛋白质的需要和大量摄食蛋白质引起有害作用的量相差甚大。

二、 蛋白质的需要量

确定人体蛋白质需要量的方法一般有两种。一种是在充分供给能量但食物不含蛋白质（或含量极低）时测定受试者通过尿、粪和其他途径所排出的氮量；另一种是测定维持氮平衡所需不同来源的蛋白质的氮量。如前所示，成人摄食无蛋白质食物一段时间以后，其排出的氮量渐趋恒定，约为每日每千克体重 57mg 氮，即每日每千克体重约 0.36g 蛋白质。对于一个体重 65kg 的人来说则相当于每日约有 23g 蛋白质排出体外，此即蛋白质的最低需要量。似乎只要补足这一数量即可满足人体对蛋白质的需要。但是，实验结果表明，即使是进食这一数量的优质蛋白质如蛋和乳，并不能维持氮的总平衡。不足的原因之一是食物蛋白质的组成与人体的蛋白质组成不同。既然不同，则在改造它们用来替换体内蛋白质时必有损耗。

据 WHO（1985）报告，利用包括预期蛋白质需要量在内的几种不同的蛋白质摄食量，对健康成人进行氮平衡研究。结果表明：在进行短期氮平衡研究时，人体对优质蛋白质（good - quality protein）的平均需要量为 0.63g/（kg·d）。在长期的氮平衡研究时，人体对优质蛋白质的平均需要量为 0.58g/（kg·d）。FAO/WHO/UNU 专家委员会决定将上述两组数据的平均值 0.60g/（kg·d）作为成人对优质蛋白质如肉、鱼、乳、蛋等蛋白质的平均需要量。

对不同人群的蛋白质需要可因个体的不同而有所差异，即使是在性别、年龄、体型（bodysize）和体力活动相同的情况下也可有不同，并呈现出一定的需要量分布。假定此个体的需要量呈正态分布，为了保证健康，1971 年 FAO/WHO 专家委员会曾将需要量的平均值加 2 个标准差（2SD）规定为"安全摄入量"（safe level of intake）。1981 年 FAO/WHO/UNU 专家委员会仍同意用此术语。由于委员会估计成人蛋白质需要量的真变异系数（true coefficient of variation）为 12.5%，因此，可以预料，在平均蛋白质需要量 0.60g/（kg·d）之上再加 25%（2SD）即可满足人群中 97.5% 的个体的需要，成人优质蛋白质的安全摄入量在 0.75g/（kg·d）（图 6-1）。

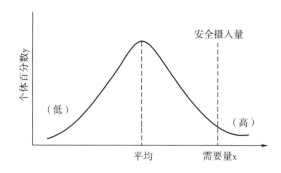

图 6-1   蛋白质的安全摄入量假定个体的需要量呈正态分布

蛋白质的需要量，尽管各国多以氮平衡测定为依据，但是所提出的标准不一，WHO 也多次修改蛋白质的需要量。1985 年 WHO 的报告在评论了短期和长期的氮平衡试验之后提出平均蛋白质需要量为优质蛋白质 $0.60g/(kg \cdot d)$，安全摄取量为 $0.75g/(kg \cdot d)$。这比 1971 年推荐的安全摄取量稍高。前后几次评价的结果不一，主要原因有三个：

（1）最近的研究是利用在预期蛋白质需要量上下的几种蛋白质摄食量来评价蛋白质的需要量。早先的研究则是用低蛋白质摄取，并故意增加能量的摄食以维持体重进行试验。然而，对人和动物的试验都表明，增加能量的摄食可以加强蛋白质的合成和降低氨基酸的氧化，有利于正氮平衡，因而降低了表观蛋白质的需要量。

（2）早先的研究对总氮平衡中氮的损失，特别是经过皮肤的损失考虑不够。例如，在炎热的气候和重体力劳动时汗中有明显的氮损失。此外，还有其他的氮损失如理发、剪指甲和月经等，因而将蛋白质的利用系数估计过高。

（3）1971 年 FAO/WHO 专家委员会所定氮平衡的数值对其他的氮损失按 $5mg/(kg \cdot d)$ 计，而 1981 年 FAO/WHO/UNU 专家委员会则改为对成人按 $8mg/(kg \cdot d)$ 计，对 12 岁以内的儿童则按 $10mg/(kg \cdot d)$ 计。

要满足蛋白质的需要，不但应进食足够的蛋白质，而且还应有足够的其他营养素。如果单独食用蛋白质而无任何碳水化合物相伴随，则它们就不可能用来建造和修补组织。如果早餐光吃糖或淀粉，午餐仅吃肉，天天如此，则机体将以含氮物从尿中排出丢失全部食物蛋白质。只有当蛋白质与碳水化合物等其他营养素一道进食时才可能由葡萄糖抑制分解氨基酸的脱氢酶，使氨基酸免被分解而进入大循环，作为建造和修补组织之用。

蛋白质质量不同，达到机体氮平衡所需蛋白质的量也有所不同。通常来自动物性食物如肉、鱼、乳、蛋等优质蛋白质的需要量较低，而对来自植物或动植物混合食物的蛋白质的需要量较高。表 6-2 所示为用于健康成人短期氮平衡研究所得不同食物来源的蛋白质需要量。

表 6-2　　　　　　　　　　不同食物来源的蛋白质需要量

蛋白质来源	受试人数	平均需要量[1]/$[g/(kg \cdot d)]$	变异系数[2]	普通混合膳食国家和地区	受试人数	需要量	变异系数[2]
优质蛋白质				中国	10	0.99	11.6
鸡蛋	8	0.65	6.8	中国台湾	15	0.80	20.3
	31	0.63	—	印度	6	0.54	11.6
	7	0.58	19.0	土耳其	11	0.65	13.7
	11	0.69	—	巴西	8	0.70	14.6
蛋白	6	0.74	10.8	智利	7	0.82	14.2
	9	0.49	18.2	日本	8	0.73	27.1
牛肉	7	0.56	11.5	墨西哥	8	0.78	17.4
酪蛋白	7	0.58	—				
鱼	7	0.71	19.1				
平均		0.626					

注：①用 $8mgN/(kg \cdot d)$ 作为其他氮损失进行计算。

②表示观察值的离散程度为标准差，若二组试验单位不同或均数相差较大时均不能直接用标准差来比 较其变异程度，而需用变异系数来比较。

变异系数（%）=（标准差/平均值）×100

第三节　必需氨基酸

一、 必需氨基酸与非必需氨基酸

人体对蛋白质的需要实际上是对氨基酸的需要。自然界一般的蛋白质含有 22 种氨基酸。

氨基酸在营养上可分为"必需"和"非必需"两类。人类发现的第一个氨基酸胱氨酸是 Wollaston 在 1810 年首先分离的。必需和非必需的概念是 W. C. Rose 第一个在 1938 年提出的。

必需氨基酸是指人体需要，但自己不能合成，或者合成的速度不能满足机体需要必须由食物蛋白质供给的氨基酸。非必需氨基酸并非机体不需要，它们都是蛋白质的构成材料，并且必须以某种方式提供，只是因为体内能自行合成，或者可由其他氨基酸转变而来，可以不必由食物供给。人体的必需氨基酸为 9 种，即亮氨酸、异亮氨酸、缬氨酸、赖氨酸、苏氨酸、甲硫氨酸、苯丙氨酸、色氨酸和组氨酸。非必需氨基酸通常有 13 种：甘氨酸、丙氨酸、丝氨酸、胱氨酸、半胱氨酸、天冬氨酸、天冬酰胺、谷氨酸、谷氨酰胺、酪氨酸、精氨酸、脯氨酸和羟脯氨酸。

在必需氨基酸中，半胱氨酸可代替甲硫氨酸，代替量可达 30%，因为机体就是利用甲硫氨酸来合成半胱氨酸。同样，由于苯丙氨酸在代谢中参与合成酪氨酸，故酪氨酸也可代替约 50%的苯丙氨酸。因此，当膳食中半胱氨酸及酪氨酸的含量丰富时体内即不必耗用甲硫氨酸和苯丙氨酸来合成这两种非必需氨基酸，从而减少机体对甲硫氨酸和苯丙氨酸的需要量。正因为如此，人们有时将半胱氨酸和酪氨酸称为"半必需氨基酸"。人类幼年时，在体内合成氨基酸能力有限的情况下，机体对精氨酸的需要相对来说也是必需的。总之，从营养学的观点来看，上述氨基酸均需要，它们都是机体蛋白质的建造材料。而前文所述 9 种必需氨基酸则是食物蛋白质的关键成分。此外，牛磺酸（氨基乙酸）尽管并非蛋白质的组成成分，但也是婴幼儿所必需的。

二、 必需氨基酸的需要量及需要量模式

不同年龄的人，其必需氨基酸的需要量估计如表 6-3 所示。

表 6-3　　　　　　　　　不同年龄人的必需氨基酸需要量　　　　　　单位：mg/(kg·d)

氨基酸名称	婴儿 （3~4 月）	儿童 （2 岁）	学龄儿童 （10~12 岁）		成人
组氨酸	28	（?）	?	（?）	(8~12)
异亮氨酸	70	（31）	30	（28）	10
亮氨酸	161	（73）	45	（44）	14
赖氨酸	103	（64）	60	（44）	12

续表

氨基酸名称	婴儿 （3~4月）	儿童 （2岁）	学龄儿童 （10~12岁）		成人
甲硫氨酸＋胱氨酸	58	（27）	27	（22）	13
苯丙氨酸＋酪氨酸	125	（69）	27	（22）	14
苏氨酸	87	（37）	35	（28）	7
色氨酸	17	（12.5）	4	（3.3）	3.5
缬氨酸	93	（38）	33	（25）	10
总必需氨基酸	714	（352）	261	（216）	84

注：（1）此表所示婴儿必需氨基酸需要量与人乳的模式（表6-4）稍有不同，它富含硫氨酸和色氨酸。总必需氨基酸中未包括组氨酸。

（2）表中未加括号的数字来自 WHO technical report series，522，1973；括号内数字为后来的文献值。

通常，机体在蛋白质的代谢过程中，对每种必需氨基酸的需要和利用都处在一定的范围之内。某一种氨基酸过多或过少都会影响另一些氨基酸的利用。所以，为了满足蛋白质合成的要求，各种必需氨基酸之间应有一个适宜的比例。这种必需氨基酸之间相互搭配的比例关系称为必需氨基酸需要量模式或氨基酸计分模式（amino acid scoring pattern）。显然，膳食蛋白质中必需氨基酸的模式越接近人体蛋白质的组成，并被人体消化、吸收时，就越接近人体合成蛋白质的需要，越易被机体利用，其营养价值就越高。值得注意的是，人在不同年龄的生长阶段对必需氨基酸的需求可有不同，例如婴儿对亮氨酸、赖氨酸、苯丙氨酸及其系列物质需求较高，因而便有人体不同年龄阶段对氨基酸需求的不同模式。WHO 建议的必需氨基酸需要量模式，以及鸡蛋、牛乳和牛肉蛋白质的必需氨基酸含量见表6-4。

表6-4　　　　　　　　　必需氨基酸需要量模式与优质动物蛋白的比较

氨基酸 （mg/g 蛋白质）	需要量模式				食物含量[3]		
	婴儿[1] 平均（范围）	学龄前儿童[2] （2~5岁）	学龄儿童 （10~12岁）	成人	鸡蛋	牛乳	牛肉
组氨酸	26（18~36）	（19）[4]	（19）	16	22	27	34
异亮氨酸	46（41~53）	28	28	13	54	47	48
亮氨酸	93（83-107）	66	44	19	86	95	81
赖氨酸	66（53~76）	58	44	16	70	78	89
甲硫氨酸＋胱氨酸	42（29~60）	25	22	17	57	33	40
苯丙氨酸＋酪氨酸	72（68~118）	63	22	19	93	102	80
苏氨酸	43（40~45）	34	28	9	47	44	46
色氨酸	17（16~17）	11	（9）	5	17	14	12
缬氨酸	55（44~77）	35	25	13	66	64	50

续表

氨基酸 （mg/g 蛋白质）	需要量模式				食物含量③		
	婴儿① 平均（范围）	学龄前儿童② （2～5 岁）	学龄儿童 （10～12 岁）	成人	鸡蛋	牛乳	牛肉
总计							
包括组氨酸	460（408～588）	339	241	127	512	504	479
减去组氨酸	434（390～552）	320	222	111	490	477	445

注：①人乳的氨基酸组成。

②氨基酸需要量/kg（表 6－3）除以参考蛋白质（乳或鸡蛋蛋白质）的安全摄入量/kg。此安全
摄入量为：成人，0.75g/kg；儿童（10～12 岁），0.99g/kg；儿童（2～5 岁），1.10g/kg。

③鸡蛋、牛乳和牛肉的组成成分。

④括号内数值由需要量对年龄的曲线插入。

WHO 提出的必需氨基酸需要量及需要量模式与以前相比，有以下几点不同：

（1）婴儿的氨基酸需要量模式以人乳的氨基酸组成为基础，因为人乳可以很好地满足婴儿的需要。

（2）增加了学龄前儿童的氨基酸需要量模式。

（3）在成人的氨基酸需要量模式中增加了对组氨酸的需要，需要量可能为 8～12mg/kg。这也就是说组氨酸也是成人的一种必需氨基酸。

（4）最近的氨基酸需要量模式与以前报告的不同，尽管对氨基酸需要量的估计实际上未变。这主要是因为现在对蛋白质摄取的安全水平与以前不同。对成人和学龄儿童所采用的总蛋白质摄取水平数值增高，因此每克蛋白质所需的必需氨基酸量相应降低。

此外，由表 6－4 可见人体对必需氨基酸的需要量随着年龄的增加而下降，成人比婴儿显著下降。婴儿和儿童对蛋白质和氨基酸的需要量比成人高，主要是用以满足其生长、发育的需要。

三、 限制氨基酸

食物蛋白质中，按照人体的需要及其比例关系相对不足的氨基酸称为限制氨基酸。限制氨基酸中缺乏最多的称第一限制氨基酸，正是这些氨基酸严重影响机体对蛋白质的利用，并且决定蛋白质的质量。这是因为只要有任何一种必需氨基酸含量不足，转运核糖核酸（tRNA）就不可能及时将所需的各种氨基酸全部转移给核蛋白体核糖核酸（rRNA）用于机体蛋白质的合成，故无论其他氨基酸有多么丰富也不能充分利用。

食物中最主要的限制氨基酸为赖氨酸和甲硫氨酸。前者在谷物蛋白质和一些其他植物蛋白质中含量甚少；后者在大豆、花生、牛奶和肉类蛋白质中相对不足。通常，赖氨酸是谷类蛋白质的第一限制氨基酸。而甲硫氨酸（含硫氨基酸）则是大多数非谷类植物蛋白质的第一限制氨基酸。正因为如此，在一些焙烤制品，特别是在以谷类为基础的婴幼儿食品中常添加适量的赖氨酸予以强化。此外，小麦、大麦、燕麦和大米还缺乏苏氨酸，玉米缺乏色氨酸，并且分别是它们的第二限制氨基酸。有的还有第三限制氨基酸。几种常见食用植物蛋白质中的限制氨基酸如表 6－5 所示。

表 6 – 5　　　　　　　　几种食物蛋白质中的限制氨基酸

食物名称	第一限制氨基酸	第二限制氨基酸	第三限制氨基酸	食物名称	第一限制氨基酸	第二限制氨基酸	第三限制氨基酸
小麦	赖氨酸	苏氨酸	缬氨酸	玉米	赖氨酸	色氨酸	苏氨酸
大麦	赖氨酸	苏氨酸	甲硫氨酸	花生	甲硫氨酸	—	—
燕麦	赖氨酸	苏氨酸	甲硫氨酸	大豆	甲硫氨酸		
大米	赖氨酸	苏氨酸	—	棉籽	赖氨酸	—	—

第四节　蛋白质的代谢

一、蛋白质的分解与合成

1. 蛋白质的分解

进食正常膳食的正常人每日从尿中排出的氮约 12g。若摄入的膳食蛋白质增多，随尿排出的氮也增多；若减少，则随尿排出的氮也减少。完全不摄入蛋白质或禁食一切食物时，每日仍随尿排出氮 2 ~ 4g。这些事实证明，蛋白质不断在体内分解成为含氮废物，随尿排出体外。

2. 蛋白质的合成

蛋白质在分解的同时也不断在体内合成，以补偿分解。蛋白质合成经两个步骤完成。第一步为转录（transcription），即生物体合成核糖核酸（ribonucleic acid，RNA）的过程，即将脱氧核糖核酸（deoxy ribonucleic acid，DNA）的碱基序列抄录成 RNA 碱基序列的过程；第二步为翻译（translation），是生物体合成信使 RNA（message RNA，mRNA）后，mRNA 中的遗传信息（DNA 碱基顺序）转变成蛋白质中氨基酸排列顺序的过程，是蛋白质获得遗传信息进行生物合成的过程。翻译在细胞内进行。成熟的 mRNA 穿过核膜进入胞质，在核糖体及转运 RNA（transfer RNA，tRNA）等参与下，以各种氨基酸为原料完成蛋白质的生物合成。在很多情况下，完成上述两个阶段后，还会有下一步修改过程，以合成新肽。蛋白质合成的具体过程是非常复杂的，需要有数以百计的物质和细胞成分参与，但大体上分为五个阶段：氨酰 – tRNA 合成阶段、肽链合成起始阶段、肽链延长阶段、肽链合成终止阶段、肽链合成后加工阶段。

二、氨基酸的分解代谢

氨基酸分解代谢的最主要反应是脱氨基作用。脱氨基方式有：氧化脱氨基、转氨基、联合脱氨基和非氧化脱氨基等，其中以联合脱氨基最为重要。氨基酸脱氨基后生成 α – 酮酸进一步代谢：①经氨基化生成非必需氨基酸；②转变成碳水化合物和脂类；③氧化供给能量。

体内氨的主要来源有：氨基酸脱氨基作用产生的氨、肠道吸收的氨以及肾小管上皮细胞分泌的氨。其中氨基酸脱氨基作用产生的氨是体内氨的主要来源。氨是有毒的物质，在正常情况下主要在肝脏合成尿素而解毒；只有少部分氨在肾脏以铵盐的形式由尿排出。体内氨的来源和去路保持动态平衡，使血氨相对稳定。体内氨基酸的主要功能是合成蛋白质和多肽。此外，也可以转变成某些生理活性物质，如嘌呤、嘧啶、肾上腺素等。正常人尿中排出的氨基酸极少。各种氨基酸在结构上具有共同特点，所以也有共同的代谢途径。但不同的氨基酸由于结构的差异，也各有其特殊的代谢方式。

氨基酸代谢池（amino acid metabolic pool）：指食物蛋白质经消化而被吸收的氨基酸与体内组织蛋白质降解产生的氨基酸混在一起，分布于体内参与代谢。氨基酸代谢池的来源主要有三条，一是进食后食物中的蛋白质消化吸收后变为血液中的氨基酸；二是组织中的蛋白质分解变为组织中的氨基酸；三是组织中的一些 α - 酮酸加氨基后合成相应的氨基酸（即非必需氨基酸）。去路主要也有三条，一是合成组织蛋白质进行补充和更新；二是经过脱羧后转变为胺类物质和转变为其他一些含氮物；三是氨基酸脱氨基后生成相应的 α - 酮酸和氨，氨进入尿素循环生成尿素排出体外或生成其他一些含氮物和糖，α - 酮酸可以走合成的路，转变为糖和脂肪，也可以走分解的路，氧化为 CO_2 和 H_2O，并产生能量。

三、　氮平衡

氮平衡是反映机体摄入氮和排出氮的关系。其关系式：$B = I - (U + F + S)$，B：氮平衡（g/d）；I：摄入氮；U：尿氮；F：粪氮；S：皮肤氮损失。可以用凯氏定氮的方法测定。当摄入氮和排出氮相等时，为零氮平衡，一般见于成年人，如摄入氮多于排出氮，则为正氮平衡，一般见于生长发育及病后恢复期等。而摄入氮少于排出氮时，为负氮平衡，见于衰老、禁食及消耗性疾病。蛋白质如长期摄入不足，热能供给不足，活动量过大以及神经紧张都可以促使氮平衡趋向负氮平衡，可使机体出现生长发育迟缓、体重减轻、贫血、免疫功能低下、易感染、智力发育障碍等，严重时可引起营养性水肿。

第五节　食物蛋白质的营养评价

评价一种食物蛋白质的营养价值，一方面要从"量"的角度即食物中含量的多少，另一方面则要从"质"的角度即根据其必需氨基酸的含量及模式来考虑。此外，还应考虑机体对该食物蛋白质的消化、吸收、利用的程度。尽管食物蛋白质的营养价值可以通过人体代谢来观察，但是为了慎重和方便，往往采用动物试验的方法并以此进行估计。任何一种方法都是从某一种现象作为观察评价的指标，往往具有一定的局限性，其所表示的营养价值也是相对的。

一、　蛋白质的质与量

1. 完全蛋白质与不完全蛋白质

食物蛋白质品种繁多。Osborne 和 Mendel 早期用鼠的喂饲实验证明，单一的蛋白质在维持生命和支持动物生长方面有所不同。当以占总能量 18% 的酪蛋白喂饲大鼠时，鼠生长正常，故将酪蛋白归为完全蛋白质。至于麦醇溶蛋白（gliadin），虽能维持生命，但动物生长缓慢，归为部分不完全蛋白质，而玉米醇溶蛋白（zein）不但不能促进生长，甚至还不能维持生命，属不完全蛋白质，这是因其缺乏赖氨酸、色氨酸等所致。此外，还发现酪蛋白在以占总能量的 9%

进行喂饲时，其在促进生长方面的效率仅及以 18% 喂养的一半，因而认识到蛋白质的质和量都很重要。

早期对蛋白质质量的区分现在仍被采用。例如人们常将一些动物蛋白质如肉、禽、鱼、蛋、乳等称为完全蛋白质或优质蛋白质，由结缔组织而来的白明胶，因缺乏色氨酸而称为不完全蛋白质。至于植物蛋白质，大多缺乏赖氨酸、甲硫氨酸、苏氨酸和色氨酸中的一种或多种，不如动物蛋白质好。最好的植物蛋白质是豆科植物的蛋白质，可是其甲硫氨酸含量也不足。但是大豆蛋白质（尤其是大豆浓缩蛋白和大豆分离蛋白）则可以和乳蛋白、卵蛋白相比并归入人类的完全蛋白质之中，至于谷类和豆类以外的植物如水果中的蛋白质则大都是不完全蛋白质。但是，尽管如此，它们的氨基酸仍有助于机体的总氮和补充合成蛋白质所需的非必需氨基酸。

2. 食物中蛋白质的含量

食物蛋白质的含量多少尽管不能决定一种食物蛋白质营养价值的高低，但是具体评定时却不能脱离其含量。单纯考虑质量，即使其营养价值很高，若含量太低也不能满足机体需要，无法发挥优质蛋白质应有的作用。

食物蛋白质含量的测定通常用凯氏定氮法测定其含氮量，然后换算成蛋白质含量。此总氮量内包含嘌呤、嘧啶、游离氨基酸、维生素、肌酸、肌酐和氨基糖等。肉类氮中一部分是游离氨基酸和肽；鱼类除此之外还含有挥发性碱基氮和甲基氨基化合物。海产软骨鱼类可能还含有尿素。由于这些非氨基酸和非肽氮的营养学意义有许多还不清楚，所以分析食物的含氮量有很重要的意义。

食物蛋白质的含氮量取决于其氨基酸的组成，为 15% ~ 18%，平均含氮量为 16%，故常以含氮量乘以系数 6.25 测得其粗蛋白含量。若要比较准确计算则可以不同系数求得。表 6 - 6 所示为一些食物蛋白质的标准换算系数。

表 6 - 6 不同食物蛋白质的换算系数

食物类别	换算成食物成分表中蛋白质含量时所用换算系数	将食物成分表中蛋白质含量换算为"粗蛋白"的校正系数
谷类		
小麦		
全麦	5.83	1.07
面粉（中或低出粉率）	5.70	1.10
通心粉、面条、面糊	5.70	1.10
麦麸	6.31	0.99
大米（各种大米）	5.95	1.05
裸麦、大麦和燕麦	5.83	1.07
豆类、硬果、种子		
花生	5.46	1.14
黄豆	5.71	1.09
木本硬果		
杏	5.18	1.21

续表

食物类别	换算成食物成分表中蛋白质含量时所用换算系数	将食物成分表中蛋白质含量换算为"粗蛋白"的校正系数
椰子、栗子	5.30	1.18
种子：芝麻、红花、向日葵	5.30	1.18
乳类（各种乳类）与干酪	6.38	0.98
其他食物	6.25	1.00

目前，人们对新蛋白质资源的开发颇感兴趣，如单细胞蛋白（SCP）的开发、利用即如此。由于 SCP 的蛋白质含量中富于嘌呤氮，仅部分可被利用。至于细胞壁氮则多不能被利用。为此，联合国蛋白质热能顾问小组建议了一个 SCP 产物蛋白质氮的计算法。

由于 SCP 总氮量中有很大一部分来自核酸，若将总氮乘以 6.25 计算其粗蛋白含量，势必过高估计其蛋白质含量，必须分开测定嘌呤氮。在计算核酸量时还应估计嘧啶含量而乘以一个系数。由于嘧啶氮和嘌呤氮的比值约为 0.40，而且在多数核酸中二者以等分子存在，所以，以 1.4 乘嘌呤氮就可得到核酸氮，再以 9 乘核酸氮就可得到核酸量。若仅考虑嘌呤氮就会低估了核酸氮的含量。现举例说明 SCP 蛋白质含量的计算如下：

$$若测定某种酵母 SCP 产品的总氮 = 1000mg$$

其中：嘌呤氮 $= 160mg$

则：

$$核酸总氮 = 160 \times 1.4 = 224（mg）$$
$$核酸总量 = 224 \times 9.0 = 2016（mg）$$
$$蛋白质氮的校正值 = 1000 - 224 = 776（mg）$$
$$粗蛋白含量 = 1000 \times 6.25 = 6250（mg）$$
$$蛋白质含量的校正值 = 776 \times 6.25 = 4850（mg）$$

二、 蛋白质的消化率

蛋白质的消化率是指该食物蛋白质被消化酶分解、吸收的程度。消化率越高，被机体利用的可能性越大。食物蛋白质的消化率用该蛋白质中被消化、吸收的氮量与其蛋白质的含氮总量的比值表示。其有表观消化率（apparent digestibility）和真消化率（true digestibility）之分。

$$表观消化率 = \frac{食物氮 - 粪氮}{食物氮}$$

$$真消化率 = \frac{食物氮 - （粪氮 - 粪代谢氮）}{食物氮}$$

粪代谢氮是受试者在完全不吃含蛋白质食物时粪便中的含氮量。显然，表观消化率要比真消化率（即消化率）低。WHO 提出，当膳食中仅含少量纤维时不必测定粪代谢氮，对成人可采用 12mg/（kg·d）的数值。

影响蛋白质消化率的因素很多。通常，动物性蛋白质的消化率比植物性的高。这是因为植物蛋白质被纤维素包围不易被消化酶作用。经过加工烹调后，包裹植物蛋白质的纤维素可被去除、破坏或软化；可以提高其蛋白质的消化率。例如食用整粒大豆时，其蛋白质消化率仅约60%，若将其加工成豆腐，可提高到90%。此外，其他的膳食因素如食物纤维、多酚化合物（包括单宁），以及改变蛋白质酶促水解释放氨基酸的化学反应等均可影响蛋白质的消化率。表6-7所示为人体对不同食物和膳食蛋白质的消化率。若大量摄取食物纤维，尤其是半纤维素和糠可增加粪氮的排泄，降低表观消化率约10%。

表6-7　　　　　　　人体对不同蛋白质的消化率

蛋白质来源	真消化率平均值±标准差	相当于参考蛋白质的消化率/%	蛋白质来源	真消化率平均值±标准差	相当于参考蛋白质的消化率/%
蛋	97 ±3		大豆粉	86 ±7	90
乳、干酪	95 ±3　95*	100	菜 豆	78	82
肉、鱼	94 ±3		玉米+菜豆	78	82
玉米	85 ±6	89	玉米+菜豆+乳	84	86
精白米	88 ±4	93	印度大米膳	77	81
整粒小麦	86 ±5	90	印度大米膳+乳	87	92
精制小麦	96 ±4	101	中国混合膳	96	98
燕麦粉	86 ±7	90	巴西混合膳	78	82
小 米	79	83	菲律宾混合膳	86	93
老豌豆	86	93	美国混合膳	96	101
花生酱	95	100	印度大米+豆膳	78	82

注：＊前三项总体真消化率为95。

三、 蛋白质的利用率

蛋白质的利用率是指食物蛋白质（氨基酸）被消化、吸收后在体内利用的程度。测定食物蛋白质利用率的指标和方法很多，现扼要介绍如下：

1. 蛋白质的生物学价值（biological value，BV）

蛋白质的生物学价值或简称生物价，是机体的氮贮留量与氮吸收量之比。

$$蛋白质的生物价 = \frac{氮贮留量}{氮吸收量}$$

$$= \frac{食物氮 -（粪氮 - 粪代谢氮）-（尿氮 - 尿内源氮）}{食物氮 -（粪氮 - 粪代谢氮）}$$

尿内源氮是机体在无氮膳食条件下尿中所含有的氮。它们来自体内组织蛋白质的分解。一些常见食物蛋白质的生物价如表6-8所示。

表 6 – 8 常见食物蛋白质的生物价

食物蛋白质	生物价	食物蛋白质	生物价	食物蛋白质	生物价	食物蛋白质	生物价
*鸡蛋蛋白质	94	牛肉	76	熟大豆	64	玉米	60
*鸡蛋白	83	猪肉	74	扁豆	72	白菜	76
*鸡蛋黄	96	大米	77	蚕豆	58	红薯	72
脱脂牛奶	85	小麦	67	白面粉	52	马铃薯	67
鱼	83	生大豆	57	小米	57	花生	59

注：＊前三项总体真消化率为 95。

蛋白质的生物价可受很多因素影响，同一食物蛋白质可因实验条件不同而有不同的结果。故对不同蛋白质的生物价进行比较时应将实验条件统一。此外，在测定时多用初断乳的大鼠，饲料蛋白质的含量为 100g/kg（10%）。将饲料蛋白质的含量固定在 10%，目的是便于对不同蛋白质进行比较。因为饲料蛋白质含量低时，蛋白质的利用率较高。

2. 蛋白质净利用率（net protein utilization，NPU）

蛋白质净利用率是机体的氮贮留量与氮食入量之比。这是因为考虑到蛋白质在消化过程中可能受到各种因素作用而影响其消化率，故以此表示蛋白质实际被利用的程度。

$$蛋白质净利用率 = \frac{氮贮留量}{氮食入量} = 生物价 \times 消化率$$

除上述用氮平衡法进行动物试验外，还可以分别用受试蛋白质（占热能的 10%）和无蛋白质的饲料喂养动物 7～10d，记录其摄食的总氮量。试验结束时测定动物体内总氮量，以试验前动物尸体总氮量作为对照进行计算。

$$NPU = \frac{受试动物尸体增加氮量 + 无蛋白饲料组动物尸体减少氮量}{摄取食物氮量} \times 100$$

3. 蛋白质净比值（net protein ratio，NPR）与蛋白质存留率（protein retention efficiency，PRE）

这是将大鼠分成两组，分别饲以受试食物蛋白质和等热量的无蛋白质膳食 7～10d，记录其增加体重和降低体重的克数，求出蛋白质净比值后，再求得蛋白质存留率。

$$蛋白质净比值 = \frac{平均增加体重（g）+ 平均降低体重（g）}{摄入的食物蛋白质（g）}$$

$$蛋白质存留率 = 蛋白质净比值 \times \frac{100}{6.25}$$

4. 相对蛋白质价值（relative protein value，RPV）

相对蛋白质价值是生长反应与氮摄入量相关线直线部分的斜率（即摄食受试蛋白质动物的剂量 – 反应曲线斜率）与摄食标准蛋白质动物的剂量 – 反应曲线斜率的比较。

$$相对蛋白质价值 = \frac{受试蛋白质的斜率}{标准乳清蛋白的斜率}$$

这是将受试蛋白质以不同的摄食水平分组饲养正在生长的大鼠，将每只大鼠的蛋白质进食量（g/d）与每只大鼠的体重增长数（g/d）绘成回归线，求出其斜率。蛋白质利用率越高，斜率越大。同时用乳清蛋白作为蛋白质的参考标准进行测定并加以比较。值得注意的是，这只有在每一例的剂量–反应曲线基本上是直线时才可靠。此法对蛋白质的质量鉴别能力较大。如果以乳清蛋白的相对蛋白质价值为100，则酪蛋白为69.2，大豆蛋白为43.3，而麸蛋白为16.5。

5. 蛋白质功效比值（protein efficiency ratio，PER）

蛋白质功效比值是用幼小动物体重的增加与所摄食的蛋白质之比来表示将蛋白质用于生长的效率。

$$蛋白质功效比值 = \frac{动物增加体重（g）}{摄入的食物蛋白质（g）}$$

此法通常用生后21~28d刚断乳的大鼠（体重50~60g），以含受试蛋白质10%的合成饲料喂养28d，计算动物每摄食1g蛋白质所增加体重的克数。此法简便，被美国公职化学家协会（AOAC）推荐为评价食物蛋白质营养价值的必测指标，并且是美国常用于食品标签法规和确定其蛋白质推荐的膳食营养素供给量（ROA）的方法。

然而，近年科学家发现用蛋白质功效比值来评价蛋白质质量可能不适当。其原因是大鼠所需的蛋白质与人类有所不同，尤其是生长的大鼠对含硫氨基酸有更大的需要，用以产生覆盖全身毛发中的角蛋白，而人类则不具有这种情况。此外，用此方法还高估了许多动物蛋白的营养价值而低估了许多植物蛋白（如大豆蛋白）的营养价值。

6. 氨基酸分（amino acid score，AAS）和蛋白质消化率修正的氨基酸分（protein digestibility corrected amino acid score，PDCAAS）

蛋白质营养价值的高低也可根据其必需氨基酸的含量及它们之间的相互关系来评价。也就是说可以通过该蛋白质中氨基酸组成的化学分析结果来评价，也可称为蛋白质分（protein score）或化学分（chemical score）。

为了便于评定，最初将鸡蛋或人奶蛋白质中所含氨基酸作为参考标准。因为它们是已知营养价值最好的蛋白质，并称为参考蛋白质（reference protein）。1957年，FAO提出人的暂订氨基酸需要量模式，并以此代替鸡蛋蛋白质标准，此即根据人体对氨基酸的需要量模式提出一个假设的参考蛋白质作为比较标准，并用"蛋白质分"代替"化学分"。FAO参考蛋白质中含硫氨基酸水平远比鸡蛋蛋白质的低。对于含硫氨基酸为限制氨基酸的蛋白质，在用FAO参考蛋白质作标准来评价其质量时，所得蛋白质分和用生物法测定的结果更为一致。此模式尽管到1965年发现有不足之处，并经FAO/WHO联合专家组根据鸡蛋的必需氨基酸含量改进计算方法，但是，新的方法十分繁琐，并且在计分系统方面有很多理论上的缺点而未被广泛采用。

1973年，FAO/WHO有关专家委员会再次对人体氨基酸需要量进行评价而制订新的计分模式，并且认为尽管尚无实验证据表明其是否优于乳与蛋等优质蛋白质的模式，但是一般认为比全蛋或乳蛋白质的模式更为合适，并被广泛采用。1981年FAO/WHO/UNU联合专家会议，根据新近资料分别对婴儿、学龄前儿童（2~5岁）、学龄儿童（10~12岁）和成人提出了新的必需氨基酸需要量模式（表6-4），与此同时再次修订了氨基酸计分模式如下：

$$氨基酸分 = \frac{1g\ 受试蛋白质中氨基酸的毫克数}{需要量模式中氨基酸的毫克数} \times 100$$

　　显然，由于婴儿、儿童和成人的必需氨基酸需要量不同，对于同一蛋白质的氨基酸分也不相同。婴儿和儿童对必需氨基酸的需要量远比成人高。故对婴儿和儿童来说，受试蛋白质中任何一种必需氨基酸的最低分（第一限制氨基酸），对成人而言，其蛋白质质量并不一定很低。

　　氨基酸分通常是指受试蛋白质中第一限制氨基酸的得分。若此限制氨基酸是需要量模式的80%，则其氨基酸分为80。无疑，一种食物蛋白质的氨基酸分越接近100，则其越接近人体需要，营养价值也越高。

　　蛋白质消化率修正的氨基酸分（PDCAAS）是1990年由FAO/WHO蛋白质评价联合专家委员会推荐的方法。由于氨基酸分（AAS）没有考虑食物蛋白质的消化率，故以蛋白质的消化率修正的氨基酸分则能更好地表示蛋白质的利用率，并认为是简单、科学、合理的常规评价食物蛋白质质量的方法。其计算公式为：

$$PDCAAS = 氨基酸分 \times 蛋白质真消化率$$

　　蛋白质消化率修正的氨基酸分范围为0~1.0，1.0为蛋白质质量的上限。几种食物蛋白质的不同评分如表6-9所示。

表6-9　　　　　　　　几种食物蛋白质修正的氨基酸分（PDCAAS）

食物蛋白质	PDCAAS	食物蛋白质	PDCAAS	食物蛋白质	PDCAAS	食物蛋白质	PDCAAS
酪蛋白	1.00	牛肉	0.92	斑豆	0.63	小扁豆	0.52
鸡蛋	1.00	豌豆粉	0.69	燕麦粉	0.57	全麦	0.40
大豆分离蛋白	0.99	菜豆	0.68	花生粉	0.52	面筋*	0.25

　　注：＊杨继勤，食品工业科技特刊，2002。
　　引自：陈炳卿主编，营养与食品卫生学，第四版，2000。

　　值得提出的是采用蛋白质消化率修正的氨基酸分（PDCAAS）对大豆分离蛋白（isolated soy protein）的评价可与酪蛋白和鸡卵清蛋白相媲美。这从经济和营养价值方面考虑，对使用大豆分离蛋白或大豆浓缩蛋白来替代或补充动物蛋白质，或者将其与其他植物蛋白质混合并用可有效提高蛋白质质量。

　　7. 可利用赖氨酸

　　利用生物学方法可以了解蛋白质的消化、利用情况。但是，它不能了解氨基酸组成成分的消化利用情况。氨基酸分和蛋白质消化率修正的氨基酸分是根据蛋白质中必需氨基酸含量与氨基酸需要量模式进行比较所得的结果。这在食品加工致使蛋白质消化率下降时用氨基酸分来评价其质量也可产生一定的差别。随着食品加工时蛋白质质量的改变，如食品加工引起蛋白质消化率的变化，氨基酸分和蛋白质消化率修正的氨基酸分与生物学测定之间似无确切的关系。

赖氨酸是必需氨基酸，而且是某些食品的限制氨基酸。由于赖氨酸的 ε – 氨基非常活泼，很容易与其他物质包括其他氨基酸发生反应从而降低赖氨酸的利用率。例如，乳粉因加工而降低营养价值，其原因一方面有可能是赖氨酸的游离 ε – 氨基与乳糖反应（羰氨反应），另一方面则有可能是在分子中形成了许多交联键（cross – links），其中包括赖氨酸和其他氨基酸的交联键。这样赖氨酸就不能再产生 van slyke 反应，也不能与氟二硝基苯（1 – 氟 – 2，4 – 二硝基苯，FDNB）生成二硝基苯（ε – N – 二硝基苯，DNP）衍生物。此时用动物生长试验来评价其营养价值时便是不可被利用的了。从表 6 – 10 可见，随着奶粉加工程度的不同，尽管其烧焦后酸水解赖氨酸的总值仍相当高，但是，其可利用赖氨酸则明显下降。

表 6 – 10　　　　　　　　　　不同乳粉样品的赖氨酸　　　　　　　　　单位：mg/（g·N）

样品	酸水解后总值	FDNB 反应测定值	体外酶消化释放值	大鼠生长实验测定值
优质	500	513	519	506
轻度损坏	475	400	388	381
烧焦	425	238	281	250
严重烧焦	380	119	144	125

FDNB 反应的赖氨酸似乎可以作为油籽产品如花生粉和乳粉等可利用赖氨酸的良好指标。富含蛋白质的食品若干燥过度，FDNB 反应的赖氨酸水平和食品的营养价值均会显著下降。其他各种氨基酸的利用率也会明显降低。此外，儿童食品中玉米粉 – 大豆粉 – 脱脂乳粉混合物中的可利用赖氨酸，随着贮存温度、时间、产品水分和脱脂乳粉含量的增加而下降，并与蛋白质功效比值（PER）的下降相关。似乎，当赖氨酸是限制氨基酸时用 FDNB 反应的赖氨酸来评价蛋白质的质量与生物学方法都有很好的相关性。上述赖氨酸的不可利用，在很大程度上是由于所形成的结构阻碍了蛋白酶正常作用的结果。

总之，在对食物蛋白质进行营养评价时，特别是对蛋白质作系统研究或者探索一种新蛋白质资源时，应注意以下几点：

（1）首先测定蛋白质的含量和氨基酸模式，计算蛋白质消化率修正的氨基酸分。

（2）注意食品加工过程中蛋白质的变化。这通常是测定赖氨酸和甲硫氨酸的利用率，因为它们在食品加工时最易被破坏。而这也可能是生物学评价低于化学评价的原因。

（3）最好对样品中的氮、氨基酸和包括微生物毒素在内的各种毒素进行适当的分析检验，以除去非蛋白质物质的作用，但也不一定如此。

（4）最后，应对受试蛋白质进行满足人体需要量方面的检验。此工作应十分慎重和仔细。

第六节　蛋白质的互补作用

不同食物蛋白质中氨基酸的含量和比例关系不同，其营养价值不一，若将不同的食物适当混合食用，使它们之间相对不足的氨基酸互相补偿，从而更接近人体所需的氨基酸模式，提高蛋白质的营养价值，此即蛋白质的互补作用。例如豆腐和面筋蛋白质在单独进食时，其生物价

（BV）分别为 65 和 67，而当二者以 42：58 的比例混合进食时，其 BV 可提高至 77。这是因为面筋蛋白质缺乏赖氨酸，甲硫氨酸却较多，而大豆蛋白质赖氨酸含量较多，可是甲硫氨酸不足。两种蛋白质混合食用则互相补充，从而提高其营养价值。这种提高食物营养价值的方法实际上早已被人们在生活中采用，并且在后来的实验中得到验证。

此外，由于蛋白质的合成必须在参与合成的各种氨基酸，尤其是必需氨基酸按一定模式同时存在时才能充分发挥不同蛋白质的互补作用。也就是说，不同蛋白质的互补作用只有在同时食用时发挥最好。若不同时食用，其作用可有下降。不同食物蛋白质的互补作用如表 6-11 所示。

表 6-11 不同食物蛋白质的互补作用

食物名称	单一食物蛋白质生物价	互补食物及比例	互补食物蛋白质生物价
小麦粉	52	小麦粉与牛肉（2：1）	71
玉米	61	玉米与牛肉（2：1）	73
黄豆	64	小麦粉与牛肉（2：1）	62
牛乳	85	玉米与牛乳（3：1）	75
牛肉	69	玉米与黄豆（6：1）	66
面包	52	面包、火腿同时吃	75
火腿	76	面包、火腿分开各隔日吃	67
马铃薯	71	马铃薯、脱脂奶粉同时吃	86
脱脂奶粉	89	马铃薯、脱脂奶粉分开各隔日吃	81

引自：陈昌平编著，营养与健康，台北：正中书局，1990。

第七节　蛋白质和氨基酸在食品加工时的变化

食品加工通常是为了杀灭微生物或钝化酶以保护和保存食品，破坏某些营养抑制剂和毒性物质，提高消化率和营养价值，增加方便性，以及维持或改善感官性状等。但是，在追求食品加工的这些作用时，常常带来一些加工损害（processing damage）的不良影响，由于蛋白质，特别是必需氨基酸在营养上的重要作用，人们对其在食品加工中的变化十分注意。又由于我们今天的食品大都需要经过不同方式的加工，对于如何保持它们良好的营养价值，使之不受损害更为人们所重视。现将蛋白质和氨基酸在食品加工中的某些重要变化简介如下。

一、热加工的有益作用

1. 杀菌和灭酶

热加工是食品保藏最普通和有效的方法。由于加热可使蛋白质变性，因而可杀灭微生物和钝化引起食品败坏的酶，相对地保存了食品中的营养素。

2. 提高蛋白质的消化率

加热使蛋白质变性可提高蛋白质的消化率。这是由于蛋白质变性后，其原来被包裹有序的结构显露出来，便于蛋白酶作用的结果。生鸡蛋、胶原蛋白以及某些来自豆类和油料种子的植物蛋白等，若不先经加热使蛋白质变性则难于消化。例如生鸡蛋白的消化率仅50%，而熟鸡蛋的消化率几乎是100%。实际上，体内蛋白质的消化，首先就是在胃的酸性 pH 下发生变性。蔬菜和谷类的热加工，除了软化纤维性多糖、改善口感外，也提高了蛋白质的消化率。

据报道，热处理过的大豆，其营养价值大大超过生大豆。例如生大豆粉的蛋白质功效比值（PER）为1.40，而加压蒸煮后的大豆粉的 PER 为2.63。当添加一定量的甲硫氨酸后其 PER 值更加提高（表6-12）。实验证明，大豆的加热处理以100℃ 1h 或121℃ 30min，其营养价值最好。若将豆乳进行喷雾干燥，则以进风温度227℃较为合适。

表6-12　　　热处理①和添加甲硫氨酸对大豆蛋白质功效比值的影响

项目	蛋白质功效比值[2]	项目	蛋白质功效比值[2]
生大豆	1.40	生大豆 + 0.6% 甲硫氨酸	2.42
热处理大豆	2.63	热处理大豆 + 0.6% 蛋氨酸	2.99

注：①115℃，20min。
②大鼠。

3. 破坏某些嫌忌成分

加热可破坏食品中的某些毒性物质酶抑制剂和抗生素等而使其营养价值大为提高。上述物质大多来自植物并严重影响食品的营养价值。例如，大豆的胰蛋白酶抑制剂（胰蛋白酶抑制剂和未消化的大豆球蛋白在肠中结合胰蛋白酶，导致胰蛋白酶和其他胰酶（富含胱氨酸）过量分泌，并且和未消化的大豆蛋白一起从粪中排出，从而引起含硫氨基酸的严重缺乏）（trypsin inhibitor）和植物血球凝集素（可凝集红血球，phytohemagglutinin）等都是蛋白质性质的物质，它们都对热不稳定，易因加热变性、钝化而失去作用。许多谷类食物如小麦、黑麦、荞麦、燕麦、大米和玉米等也都含有一定的胰蛋白酶抑制剂和天然毒物，并可因加热而破坏。据报告，当以生豆喂动物时，因其中的胰蛋白酶抑制剂和植物血球凝集素的毒性作用，动物可全部死亡。将该豆加压蒸煮后，由于上述嫌忌物质的破坏，蛋白质消化率增加，蛋白质功效比值显著上升（表6-13）。但是，若过度加热，则其营养价值下降。

此外，热加工还可破坏大米、小麦和燕麦中的抗代谢物（antimetabolite）。将花生仁加热可使其脱脂粉的蛋白质功效比值增加，并降低被污染的黄曲霉毒素含量。但是，热处理温度过高或时间过长均可降低 PER 和可利用赖氨酸的含量。同样，向日葵子蛋白质的营养价值，当用中等热处理（100℃ 1h）时可有增加，而高温处理则有下降。

表6-13　　　　　　　热加工对菜豆蛋白质质量的影响

蒸煮时间*/min	蛋白质功效比值	蒸煮时间*/min	蛋白质功效比值
0（生豆）	动物全部死亡	60	0.89
10	1.31	90	0.92
20	1.35	120	0.88
30	1.29	150	0.78
40	1.20	180	0.63

注：*121℃加压蒸煮，未预先浸泡。

4. 改善食品的感官性状

对含有蛋白质和糖类的食品进行热加工时可因热加工所进行的糖氨反应（羰氨反应或美拉德反应）致使发生颜色褐变或呈现良好的风味特征而改善食品的感官性状，如烤面包的颜色、香气和糖炒栗子的色、香、味等。

总之，适当的热加工可提高食品蛋白质的营养价值。这主要是使蛋白质变性、易于消化和钝化毒性蛋白质等的结果。此外，也可改善食品的感官性状。但是，过热可引起不耐热的氨基酸如胱氨酸含量下降和最活泼的赖氨酸可利用性降低等，从而降低蛋白质的营养价值。

二、 破坏氨基酸

1. 加热

加热对蛋白质和氨基酸的营养价值可有一定损害，氨基酸的破坏即为其中之一。这可通过蛋白质加热前后由酸水解（6mol HCl，12h）回收的氨基酸来确定。有人将鳕鱼（cod）在空气中于炉灶上130℃加热18h，发现赖氨酸和含硫氨基酸有明显损失。牛乳在巴氏消毒（110℃ 2min 或 150℃ 2.4s）时不影响氨基酸的利用率。但是，传统的杀菌方法可使其生物价下降约6%。与此同时，赖氨酸和胱氨酸的含量分别下降10%和13%。至于用传统加热杀菌的方法生产淡炼乳时对乳蛋白质的影响更大，其可利用赖氨酸的损失可达15%～25%。奶粉在喷雾干燥时几乎没有什么不良影响，但用滚筒干燥时则依滚筒和操作条件可有不同。对滚筒干燥烧焦了的奶粉，其赖氨酸的有效性可降低到大约原来的30%水平。肉类罐头在加热杀菌时由于热传递比乳更困难，其损害也比乳重。据报道肉罐头杀菌后胱氨酸损失44%。猪肉在110℃加热24h也有同样损失。其他氨基酸破坏较少。

加热对焙烤制品的蛋白质、氨基酸也有不良影响，特别是面包皮的损失尤为严重。饼干糕点的损失则取决于其厚度、加热温度和持续时间（表6-14），糖的存在是影响饼干热损害的另一因素、因为它可增加赖氨酸的损失。

表6-14　　　　　　　　　　　饼干中氨基酸利用率的损失

	焙烤条件			损失率/%		
	厚度/mm	温度/℃	持续期/min	色氨酸	甲硫氨酸	赖氨酸
熟面片	—	—	—	0	4	3
炉烤饼干						
1	4.9	~140	8	8	15	27
2	3.7	~140	8	28	34	48
3	4.0	~170	5	10	18	23
4	3.8	~170	8	44	48	61
5	7.6	~170	16	13	17	22

胱氨酸不耐热，在温度稍高于100℃时就开始破坏，因而可作为低加热温度商品的指示物。在温度较高（115～145℃）时可形成硫化氢和其他挥发性含硫化合物如甲硫醇、二甲基硫化物和二甲基二硫化物等。这已在将牛乳和肉加热时得到证明。至于甲硫氨酸因不易形成这些挥发性含硫化合物，在150℃以下通常比较稳定，150℃以上则不稳定。以不同温度（100～300℃）

和时间（0～80min）加热纯蛋白质制剂，其氨基酸含量表明：色氨酸、甲硫氨酸、胱氨酸、碱性氨基酸和 β - 羟基氨基酸比纯酪蛋白和溶菌酶制剂中的酸性和中性氨基酸更易破坏。在 150～180℃时发生大量分解。

尽管由于加热破坏，食品的粗蛋白含量可有降低，但是在一般情况下并不认为有多大实际意义。不过，如果受影响的氨基酸是该蛋白质的限制氨基酸，而且此种蛋白质又是唯一的膳食蛋白质时则应予注意。

2. 氧化

蛋白质和氨基酸的破坏还可由氧化引起。食品由于酶促或非酶促反应的结果，如不饱和脂类的氧化等，在食品中可能有一定的过氧化物存在。此外，某些物理加工如食品在大气中的 γ - 辐射或光辐射作用，热空气干燥，甚至长期贮存也可能使食品的成分氧化，其中包括蛋白质中氨基酸残基的氧化。

据报道，当蛋白质和脂类过氧化物在一起时，蛋白质的氨基酸有重大损失，其中甲硫氨酸、胱氨酸等最易被破坏。甲硫氨酸可被脂类过氧化物氧化成甲硫氨酸亚砜（methionine sulfoxide），并可进一步氧化成甲硫氨酸砜（methionine sulfone）。甲硫氨酸亚砜可被生物部分或全部利用，而甲硫氨酸砜则不能被利用。这主要取决于分子中硫的氧化状态即价数。甲硫氨酸亚砜中的硫为四价，它可以被还原型谷胱甘肽还原成二价，也可被半胱氨酸还原。但是，当硫被氧化成六价时，即甲硫氨酸氧化成甲硫氨酸砜后便不可被利用了。至于甲硫氨酸亚砜的营养价值似乎取决于动物的年龄。这可能是酶的诱导作用随年龄而变，但这需对不同品种的动物进一步研究。现在已知甲硫氨酸 - 亚砜部分以 N - 乙酰甲硫氨酸亚砜在尿中排泄，而甲硫氨酸砜则在乙酰化前后排泄。

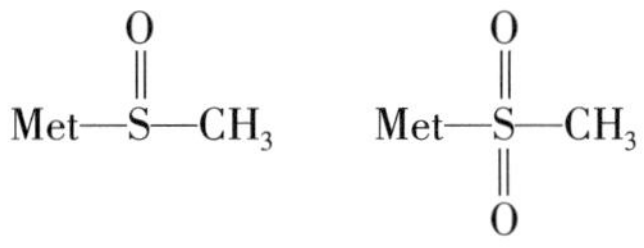

甲硫氨酸亚砜　　甲硫氨酸砜

在有敏化色素（sensitizing dye）如核黄素存在时，色氨酸、组氨酸、酪氨酸以及含硫氨基酸残基可能发生光氧化作用。组氨酸反应最快；甲硫氨酸和色氨酸据说是唯有在 pH 4 以下容易氧化的氨基酸。蛋白质中所含色氨酸残基的氧化产物是 N - 甲酰犬尿氨酸残基（N - formylkynurenine）和/或犬尿氨酸（kynurenine）。

色氨酸残基　　　　N-甲酰犬尿氨酸残基　　　　犬尿氨酸

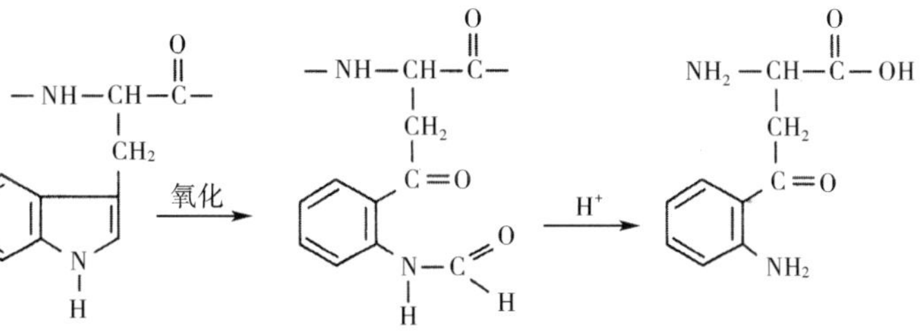

图 6 - 2　色氨酸的氧化

食品在大气中进行辐射，通过水的射解作用可产生过氧化氢，从而对蛋白质、氨基酸产生破坏作用。已知食物蛋白质的 γ - 辐射可引起某些含硫氨基酸和芳香族氨基酸的射解。其所形成的挥发性含硫化合物可能在被辐照的乳、肉和蔬菜等中产生异味。这些反应在缺氧或冰冻状态下辐照时速率降低。鱼和其他蛋白质食品的辐照在 30Gy 剂量以下时不降低蛋白质的营养价值。

3. 脱硫

含低糖的湿润食物剧烈加热时常引起胱氨酸、半胱氨酸显著破坏，与此同时许多氨基酸的利用率下降。据报道，罐头肉杀菌后胱氨酸损失 44%，猪肉在 110℃ 加热 24h，胱氨酸也有同样损失。鳕鱼在 116℃ 加热 27h 也引起胱氨酸破坏。大豆蛋白质过热（如在旧式榨油机中那样）胱氨酸也受破坏，甚至可达到限制大鼠生长的程度。现已证明，在加热的乳和肉中可形成硫化氢和其他挥发性含硫化合物如甲硫醇等。

上述胱氨酸的损失可通过脱硫反应发生、形成不稳定的脱氢丙氨酰残基，然后与蛋白质中的赖氨酸形成赖丙氨酸（lysinoalanine）等蛋白质—蛋白质交联键。这种交联键已在加热过的蛋白质中鉴定出来。它们可降低蛋白质的消化率和氨基酸的可利用性。

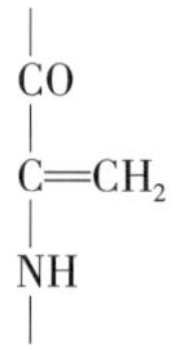

$$
\begin{array}{c}
| \\
CO \\
| \\
C{=}CH_2 \\
| \\
NH
\end{array}
$$

脱氢丙氨酰残基

硫化氢可以在加热蛋白质时按下式形成。

$$
脱氨酸残基 \xrightarrow{\ H_2O\ } 半胱氨酸残基 + 半胱次磺酸残基
$$

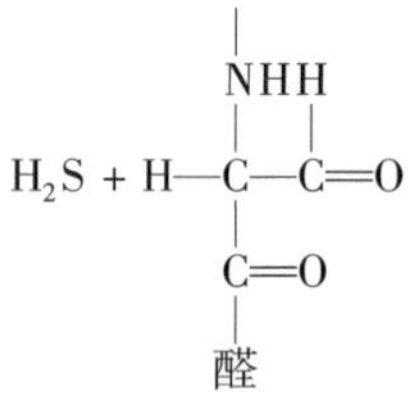

$$
\begin{array}{c}
NHH \\
| \\
H_2S + H{-}C{-}C{=}O \\
| \\
C{=}O \\
| \\
醛
\end{array}
$$

4. 异构化

用碱处理蛋白质时可使许多氨基酸残基（甲硫氨酸、赖氨酸、半胱氨酸、丙氨酸、苯丙氨酸、酪氨酸、谷氨酸和天冬氨酸）发生异构化。氨基酸的异构化由 α - 位上不对称碳原子上的氢在碱性介质中离解开始，通过互变异构产生负碳离子重排或共振成为Ⅲ型而没有碳的不对称现象（旋光性物质在化学反应过程中，只要其不对称碳原子经过对称状态的中间阶段即将发生消旋现象，并转变为 D - 型和 L - 型的等摩尔混合物，称外消旋物。正因为如此，蛋白质用碱处理后即可发生异构化而转变成 D - 型和 L - 型的混合物。）（图 6 - 3）。

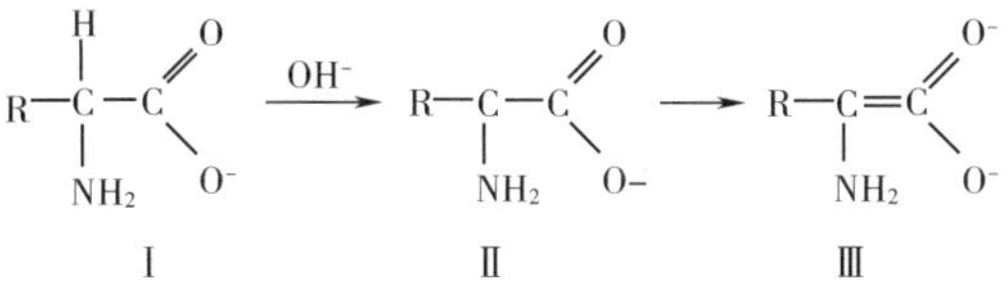

图 6－3　氨基酸的异构化作用

氨基酸羧基上有负电荷对抗 α－氢的电离，因此，蛋白质中的氨基酸残基比游离氨基酸容易异构化。

蛋白质用强酸处理也有氨基酸残基的异构化。但是，这只有在浓溶液和高温时才发生，没有在碱液中那样容易。烘烤食品时蛋白质也可发生氨基酸的异构化。氨基酸残基的分解和异构化可在酸水解后用气相层析研究。酪蛋白和溶菌酶等在空气或氮气下于 $180 \sim 300℃$ 加热 20min 到干燥，天冬氨酸、谷氨酸、丙氨酸和赖氨酸残基发生异构化，其他的氨基酸除脯氨酸外，在更高的温度时也有相当程度的异构化。烘烤酪蛋白时所形成的游离氨基酸和小肽多半或者完全外消旋。

氨基酸残基的异构化可以部分抑制蛋白质的水解消化作用。据报告，游离的 D－赖氨酸和许多其他 D－氨基酸都几乎没有营养价值。某些 D－氨基酸如 D－甲硫氨酸、D－色氨酸和 D－精氨酸可被大鼠代谢，并且可以部分取代相应的 L－氨基酸。这可能是由于在其机体内有 D－氨基酸氧化酶，但是，动物的生长通常受阻。DL－甲硫氨酸常用作动物饲料，而 D－甲硫氨酸对人似乎很少或没有营养价值。

三、 蛋白质与蛋白质的相互作用（交联键的形成）

1. 加热

加热可影响天然蛋白质分子的空间排列。蛋白质由于分子的热振动破坏了束缚力而使得分子展开，随后二硫键破裂。此过程可称为"热变性"（heat denaturation）。热变性可认为是原来天然结构（四级、三级和二级）的改变，而无氨基酸顺序（一级结构）的变化，并且是可逆的。但是，当进一步加热时它很快达到不可逆状态，而且蛋白质的热变性似乎常常是不可逆的。

变性一词在生物化学和食品化学上是用于表示蛋白质分子的空间排列（包括二硫键在内）的变化，而不涉及氨基酸侧链（一级结构）的不可逆的化学改变。对于这种氨基酸侧链的不可逆的化学变化我们可称为"变质"（deterioration）。

含低糖的蛋白质食品如鱼和肉在湿润或干燥状态下强烈加热可引起胱氨酸显著破坏已如前述。赖氨酸也可有所损失，而其他氨基酸则无改变。但是，氮的消化率、许多氨基酸的利用率，以及总的营养价值往往严重下降。为什么含糖量很低的蛋白质食品在进行强热处理时会同时降低蛋白质的消化性和某些氨基酸的可利用性？最简单的解释是：这种处理在多肽链内部和肽链之间产生了许多对抗蛋白酶作用的交联键。由于它们掩蔽了蛋白酶的作用位置，从而降低了酶水解的程度，间接影响了蛋白质的营养价值。

研究证明，当牛血浆清蛋白（bovine plasma albumin）在含水分 14%，于 $110 \sim 145℃$ 加热27h，由赖氨酸和谷氨酰胺残基可形成 $\varepsilon - N - (\gamma -$ 谷氨酰）赖氨酰氨 $[\varepsilon - N - (\gamma - \text{glutamyl})$ lysyl amide] 交联键，并释放出氨（图 6－4）。

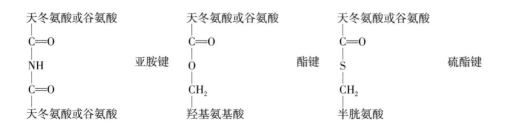

图 6 - 4　纯蛋白质的强热反应

最初认为这种交联的 ε - 氨基被取代的赖氨酸尽管用盐酸水解时可产生赖氨酸，但在生物学上是不可利用的。可是后来发现 $\varepsilon - N - (\gamma - 谷氨酰) - L - 赖氨酸 [\varepsilon - N - (\gamma - glutamyl) - L - lysine]$ 可以完全被大鼠和鸡用作赖氨酸的来源。它不在肠中水解，但能吸收后在肾中水解。随后，就赖氨酸和蛋白质的酰化作用对营养价值的影响进行进一步研究，结果如表 6 - 15 所示，其中 $\varepsilon - N - (N - 乙酰甘氨酰) - L - 赖氨酸$ 和 $\varepsilon - N - 丙酰 - L - 赖氨酸$ 大量从鼠尿中排出。这些结果部分地解释了强烈加热的作用。

表 6 - 15　　　　　　　　　　　　　酰化赖氨酸衍生物的利用率

衍生物名称	作为赖氨酸源的利用率/%	试验动物
$\varepsilon - N - 甲酰 - L - 赖氨酸$	~50	鼠
$\varepsilon - N - 乙酰 - L - 赖氨酸$	~50	鼠、鸡
$\varepsilon - N - (\gamma - 谷氨酰) - L - 赖氨酸$	~100	鼠、鸡
$\varepsilon - N - (\alpha - 谷氨酰) - L - 赖氨酸$	~100	鼠
$\varepsilon - N - 甘氨酰 - L - 赖氨酸$	~80	鼠
$\varepsilon - N - 甘氨酰 - L - 赖氨酸$	~100	鼠
$\varepsilon - N - (N - 乙酰甘氨酰) - L - 赖氨酸$	0	鼠
$\varepsilon - N - 丙酰 - L - 赖氨酸$	0	鼠
$\varepsilon - N - 丙酰 - L - 赖氨酸$	~70	鸡

对于含糖少的蛋白质进行热加工时还有可能形成其他的交联键如亚胺键（imide link）、酯键（ester link）和硫酯键（thioester link）等。它们尽管可被酸水解，但也有空间阻碍作用。

天冬氨酸或谷氨酸　　　　　　天冬氨酸或谷氨酸　　　　　　天冬氨酸或谷氨酸

C＝O　　　　　　　　　　　　C＝O　　　　　　　　　　　　C＝O

NH　　　　　亚胺键　　　　　O　　　　　酯键　　　　　S　　　　　硫酯键

C＝O　　　　　　　　　　　　CH₂　　　　　　　　　　　　CH₂

天冬氨酸或谷氨酸　　　　　　羟基氨基酸　　　　　　　　　半胱氨酸

上述蛋白质的加热大多超过通常食品热加工时间的几倍（10 ~ 27h），所用温度范围为 100 ~ 145℃。长时间加热的目的是使结果明显。实验表明，未加热的蛋白质在进行酶促水解、消化时，主要产生游离氨基酸，仅有少量小肽；加热后的蛋白质水解时产生的游离氨基酸很少。无疑在食品加工时延长热处理时间可降低消化性，改变了氨基酸的释放和利用，因而降低了蛋白质的营养价值。

2. 碱处理

蛋白质用碱处理可使许多氨基酸发生异构化从而降低营养价值，如前所述。此外，在碱处理期间蛋白质还可发生某些其他的结构变化，在蛋白质分子间或分子内形成交联键，生成某些新氨基酸如赖丙氨酸（lysinoalanine）等。

赖丙氨酸即 $DL-\alpha-$ 氨基 $-\beta-(\varepsilon-N-L-$ 赖氨酰）丙酸 $[DL-\alpha-amino-\beta-(\varepsilon-N-L-lysyl)$ propionic acid$]$。它可以由赖氨酸残基的 $\varepsilon-$ 氨基与脱氢丙氨酰残基缩合而成。后者可通过胱氨酸残基的碱降解、脱硫后生成。它也可来自丝氨酸或磷酸丝氨酸残基的分解。

$$COOH \qquad\qquad COOH$$
$$CH-(CH_2)_4-NH-CH_2-CH$$
$$NH_2 \qquad\qquad\quad NH_2$$

赖丙氨酸

赖丙氨酸既可以在用碱处理含蛋白质食品期间大量生成，也能在加热的食品中出现（表6-16）。有报告显示，在传统装罐杀菌、高温瞬时杀菌和超高温杀菌后进行无菌装罐的乳中，其赖丙氨酸含量分别为 710mg/kg，540mg/kg 和 300mg/kg 蛋白质。喷雾干燥的蛋白质则不含赖丙氨酸。

表6-16　　　　　　　　　　蛋白质不同处理时的赖丙氨酸含量

名称	实验室处理条件	赖丙氨酸含量[1]/（μg/g 蛋白质）
法国香肠	未处理	0
（strasbourg sausage）	煮沸 10min	50
淡炼乳	未处理	700
咸牛肉罐头	未处理	<25
脱脂乳粉	未处理	<25
发泡剂[2] A	未处理	30000（20000）
B	未处理	5000
酪蛋白[3]	0.2mol NaOH，75℃，1h	1000~1500（1300）
酪蛋白酸钠A	120℃，6h，pH 6	600
B	120℃，6H，pH 6	200

注：①用薄层层析法测定，括号内数字用离子交换法析测定。
　　②乳清蛋白在高 pH 时喷雾干燥。
　　③纯蛋白质以 0.5% 或 1% 水溶液加热处理，酪蛋白为 7% 溶液。

赖丙氨酸的形成妨碍蛋白质的消化作用、降低赖氨酸的利用率，与此同时降低蛋白质的营养价值，甚至可能有毒。

3. 对营养价值的影响

在实验研究中，加热和碱处理都可降低蛋白质的营养价值。这可由胱氨酸、赖氨酸以及其他氨基酸的损失说明，如前所述。赖丙氨酸的形成可认为是蛋白质分子间或分子内的交联键妨碍蛋白酶对蛋白质的水解作用所致。而赖氨酸的取代和异构化可能抑制胰蛋白酶的作用。

据报告，用 NaOH 处理的向日葵子蛋白质，其离体的消化性明显降低［用链霉蛋白酶（pronase）水解］。用 0.2mol 和 0.5mol NaOH 分别在 80℃ 处理酪蛋白 1h 后，以大鼠测定其消化性分别为 71% 和 47%，未处理的酪蛋白则为 90%。在肾和肝中可测得赖丙氨酸，而血中没有，大部分赖丙氨酸存在于粪中。中等程度 NaOH 处理的大豆蛋白质对活体蛋白质的消化性影响很小。

用强碱处理的鲱鱼粉喂鸡不能使其正常生长，并且在高剂量时有一定的毒害作用。当用 NaOH 处理的大豆浓缩蛋白喂羊时也有一定的阻碍生长的作用。花生粉用氨气在 200~300kPa 处理 15~30min，可分解大部分所污染的黄曲霉毒素，但同时可降低胱氨酸/半胱氨酸的含量 10%~40%。此降低对花生粉的含水量（6%~15%）比对压力和处理时间更敏感。

关于赖丙氨酸有无毒性问题，现已证明可使大鼠的肾脏产生病变（肥大，cytomegaly），有的肾重增加，肾钙质沉着（nephrocalcinosis），有的肾小管细胞质、细胞核增大。但是，此病变从未在其他动物（小鼠、仓鼠、鹌鹑、狗或猴）中见到过。由于此肾损害仅在大鼠中见到，并且还是可逆的，故目前认为无须在食品中加以限制（Codex Alimentarius. Document CX/VP 82/5.）。但是，在婴儿食品的配方和加工中最好仔细加以控制，尽量降低赖丙氨酸的形成。

以上多是实验室研究的结果。据报告，一般热加工对蛋白质的营养价值损失很小，其消化率和营养价值的下降常小于 10%。甲硫氨酸和赖氨酸的可利用性下降也很小。在相当于家庭烹调的中等热处理时，肉和鱼的营养价值都无显著下降。

四、 蛋白质与非蛋白质分子的反应

1. 蛋白质与碳水化合物的反应

蛋白质与碳水化合物的反应是蛋白质或氨基酸分子中的氨基与还原糖的羰基之间的反应（羰氨反应或美拉德反应）。由于赖氨酸的 ε-氨基非常活泼，这种反应即使是食品在普通的温度下贮藏时也可发生。

羰氨反应有较高的活化能。当含还原糖的蛋白质食品受热（如牛奶的干燥）时，由羰氨反应导致对蛋白质的损害可先于其他类型的蛋白质损害出现。当含少量还原糖和蛋白质的食品如炒面、面包皮、饼干、油籽粉或葡萄糖-蛋白质模拟体系在剧烈加热时，其蛋白质除可受到羰氨反应的损害外，还可受到其他损害。这些食品除赖氨酸的可利用性降低外，还伴有蛋白质总氮消化性的降低，因而也是大多数氨基酸利用率的降低。

食品的水分活度（A_w）或食品周围的相对湿度可影响羰氨反应的进行。反应的速率在水分活度为 0.6~0.8 时最大。水分再多（如在液态乳中）反应速率下降。但是水分活度低达 0.2 时（相当于含水 5%~10%）反应还相当可观。因此，这类反应在各种蛋白质食品的浓缩和脱水期间（如牛奶的浓缩、滚筒干燥、鸡蛋或蛋白的脱水、油籽粉的干燥等）增强。它也可在室温贮存某些脱水或中等水分的蛋白质食品时发生。

从营养学的角度看，羰氨反应的初期，赖氨酸的 ε-氨基与羰基缩合，致使赖氨酸的利用率降低，从而导致食品蛋白质营养价值的下降。有人用合成的 $\varepsilon-N-(1-$脱氧$-D-$果糖基$)-$L$-$赖氨酸（相当于葡萄糖与赖氨酸反应）作为大鼠的赖氨酸源喂饲动物，可见其被大量吸收，而后由尿排出。此外，在许多蛋白质$-$葡萄糖模拟体系的研究中，尽管将该体系保持在 37℃ 时蛋白质的消化性影响很小，但其营养价值大大下降，而向其中添加一定量的赖氨酸后则可完全恢复其营养价值。

奶粉的滚筒干燥是食品加工中由于羰氨反应致使蛋白质营养价值下降的经典例子。它可使赖氨酸的利用率下降 10%～40%（取决于加工条件和设备），对奶粉的营养价值极为不利。适当的喷雾干燥可以不降低赖氨酸的利用率。至于消毒奶，若不是巴氏消毒，其赖氨酸的利用率下降 10%～20%，胱氨酸也可有少量破坏。富含奶粉的饼干等也有赖氨酸利用率的下降。

在进一步的羰氨反应中，由还原糖形成许多不饱和多羰基化合物。它们可与不同肽链的 $\alpha-$末端氨基、$\varepsilon-$氨基以及其他氨基结合，形成高相对分子质量的褐色聚合物。这些聚合物溶解度很低、消化性和营养价值也大为降低。例如活泼的不饱和多羰基化合物可以和精氨酸、组氨酸、丝氨酸和色氨酸相结合而成为"受限肽"（limit peptides）。这种"受限肽"在体内多半不能消化，而且它们还可能含有各种必需氨基酸，其中也包括有游离 $\varepsilon-$氨基的赖氨酸。这就是褐变反应的终末阶段整个蛋白质消化性和营养价值降低的原因。

2. 蛋白质与脂类的反应

蛋白质与脂类构成脂蛋白广泛存在于各种生物组织中，它们可大大影响各种食品如肉、鱼、面包、乳制品以及乳化剂等的物理性质和口感等。通常，脂类可用溶剂完全抽提，脂蛋白的蛋白质营养价值一般不受脂类所影响。但是，当脂类氧化后，蛋白质与脂类氧化产物相互作用，可影响蛋白质的营养价值。

如前所述，蛋白质、氨基酸可以和脂类过氧化物发生反应。甲硫氨酸可被其氧化成甲硫氨酸亚砜和甲硫氨酸砜。此外，胱氨酸可与脂类氢过氧化物反应生成胱氨酸单氧化物（cysteine monooxide）、胱氨酸二氧化物（cysteine dioxide）和羊毛硫氨酸（lano thionin）。半胱氨酸可被脂类氢过氧化物氧化成丙氨酸亚磺酸（alanine sulfinic acid）和磺基丙氨酸（cysteic acid）。上述这些磺化氨基酸的生物利用率如表 6-17 所示。

$$\text{LOOH} + \text{Cy—S—S—Cy} \longrightarrow \text{Cy—}\overset{\overset{\displaystyle O}{\|}}{\text{S}}\text{—S—Cy,}$$

脂类氢　　　　胱氨酸　　　　　　胱氨酸单氧化物
过氧化物

$$\text{Cy—}\overset{\overset{\displaystyle O}{\|}}{\underset{\underset{\displaystyle O}{\|}}{\text{S}}}\text{—S—Cy, Cy—S—Cy}$$

胱氨酸二氧化物　　　羊毛硫氨酸

$$\text{LOOH} + \text{CySH} \longrightarrow \text{CySO}_2\text{H, CySO}_3\text{H}$$

半胱氨酸　　　　　丙氨酸　　磺基丙
　　　　　　　　　亚磺酸　　氨酸

表 6 – 17 　　　　　　　　　　　　　磺化氨基酸对鸡的生物利用率

氨基酸	生物利用率/%	氨基酸	生物利用率/%
甲硫氨酸	100	胱氨酸 – S – S' – 二氧化物	93
甲硫氨酸亚砜	50 ~ 100	胱氨酸 – S – S – 二氧化物	51
甲硫氨酸砜	0	丙氨酸亚磺酸	0
半胱氨酸	100	磺基丙氨酸	0
胱氨酸单氧化物	100		

在将乳清蛋白和亚油酸甲酯（methyl linoleate）一起保温的模拟反应中，发现所有氨基酸的损失都有同一模式，即在高温、高水分活度和有大量氧时降解最大；反应速度：甲硫氨酸 > 赖氨酸 > 色氨酸。这可能是甲硫氨酸先被氢过氧化物氧化，赖氨酸与氢过氧化物降解形成的羰基化合物反应。而色氨酸则可能是仅和某些很活泼的次级降解产物反应的结果。

上述分析结果与大鼠的生长试验和氮平衡研究结果一致。随着温度和水分活度的增加，消化率、生物价和蛋白质功效比值下降。至于氨基酸利用率的下降则是赖氨酸 > 含硫氨基酸 > 色氨酸。

3. 蛋白质与醌类的反应

醌能与游离氨基酸的氨基反应并引起氧化脱氨。苯醌可以与甲硫氨酸的硫酯基反应，醌与巯基的反应可导致形成蛋白质聚合物。醌也能与蛋白质的氨基和巯基反应。关于蛋白质、氨基酸与醌的部分反应有如图 6 – 5 所示。

酪蛋白也能与多酚类物质反应。在酪蛋白和咖啡酸（caffeic acid）模拟体系的研究中，将它们在碱性 pH 或在多酚氧化酶的存在下一起保温，结果发现该体系酸水解后赖氨酸的含量比对照少。动物试验表明，此模拟体系的蛋白质营养价值下降，氨基酸利用率下降，赖氨酸最大、甲硫氨酸中等、色氨酸最小。

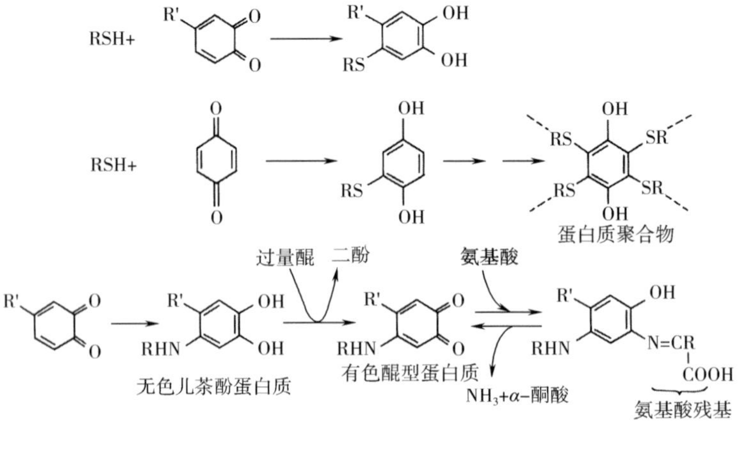

图 6 – 5 　蛋白质与醌的反应

4. 蛋白质与亚硝酸盐的反应

在肉类食品的加工时常将亚硝酸盐用于肉类的腌制。其作用有三：①使肉呈现鲜亮稳定的红色；②抑制肉毒梭状芽孢杆菌的生长，这可能是由于形成亚硝酸盐－氨基酸－金属离子衍生物之故；③形成特有的风味。

腌肉时肌红蛋白和亚硝酸盐形成亚硝基肌红蛋白的变化有如图6－6所示。据报告，形成亚硝基肌红蛋白所需的亚硝酸盐量约为15mg/kg，相当于添加亚硝酸盐量的10%～20%，NO、N_2和N_2O约占所加亚硝酸盐量的5%。

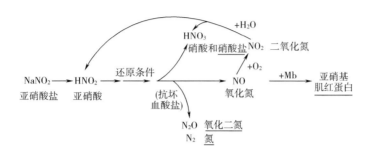

图6－6　腌肉时亚硝酸盐可能的化学变化稳定的衍生物
下划横线的为变化稳定的衍生物

在腌肉时亚硝酸盐可与肉中的仲胺或叔胺反应，形成亚硝胺等对人体具有一定危害的物质。仲胺、叔胺等胺类物质可由肉中蛋白质自动分解、细菌作用或烹调形成。某些游离氨基酸如脯氨酸、色氨酸、精氨酸、组氨酸以及这些相应的氨基酸残基有可能取代这种活泼胺。这些胺类物质与亚硝酸盐的反应可以在食品烹调期间发生，也可以在胃中低pH的消化期间发生。所产生的亚硝胺或亚硝酰胺，特别是二甲基亚硝胺是强致癌物。例如，在培根中有亚硝基吡咯，它有可能来自游离脯氨酸的亚硝化，随后由亚硝基脯氨酸脱羧所致。

N－亚硝胺甚至可由亚硝酸盐与某些伯胺反应形成。而N－亚硝胺反应可以被能与亚硝酸盐反应的化合物如还原剂和抗氧化剂部分抑制。肉类腌制时添加适量的抗坏血酸不但可促进发色，而且还可抑制亚硝胺的形成。

亚硝酸盐与肽和蛋白质中氨基酸残基相互作用时，α－和ε－氨基首先亚硝化。然后由分子中裂解出来。酪氨酸、组氨酸和色氨酸残基也能发生亚硝化。这些反应在加热和低pH时增强，并且可以在大多数肉的微酸性pH下发生。

亚硝酸盐通常在肉中的含量很低，但可引起可利用赖氨酸、色氨酸和/或半胱氨酸的含量大大下降，从而影响其营养价值。

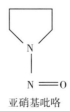

亚硝基吡咯

5. 蛋白质与亚硫酸盐的反应

亚硫酸盐在高浓度和低pH时呈未离解的亚硫酸状态发挥防腐作用；在低浓度和广范围pH

内亚硫酸盐离子抑制酶促褐变、非酶褐变和许多氧化反应。它广泛应用于脱水蔬菜、蜜饯、糖类等起漂白、稳定作用。

亚硫酸盐离子可与二硫化物反应、形成 S – 取代的硫代硫酸盐（又称 S – 磺酸盐）和硫醇。

$$P - S - S - P + SO_3^{2-} \rightleftharpoons P - S - SO_3 + PS^-$$
$$S - 磺基半胱氨酸$$

上述亚硫酸解作用在 pH 7 时增强。S – 磺酸盐在强酸或碱液中不稳定，通常分解成二硫化物。用还原剂处理产生半胱氨酸残基。亚硫酸解作用不破坏色氨酸残基。从这些情况看亚硫酸盐对蛋白质的营养价值可能无害。

但是，游离的甲硫氨酸和色氨酸在中性 pH 和有氧时，在亚硫酸盐需氧氧化成硫酸期间可被氧化。添加过氧化物酶和酚增强此氧化作用。

高剂量的亚硫酸盐对胃肠道具有害作用，并且可部分抑制蛋白质消化作用。含亚硫酸盐的各种食品长期贮存时对大鼠生长有害，但作用性质尚不清楚。

总之，从营养的角度考虑，食品加工对蛋白质的影响既有有益作用，又有不利的一面。在这些不良反应中有少数还可形成有毒物质。更多的则是引起营养价值下降，而其中很多是通过在多肽链之间形成共价交联键造成的，充分了解这方面的知识显然有助于更好地进行食品加工。我们应当在食品加工时将食品的安全、营养、风味、方便性、贮存期等统筹考虑，并将食品加工时的损害减到最小。

第八节　蛋白质的摄取与食物来源

一、　蛋白质的摄取

蛋白质和其他营养素一样，在营养上通常有需要量和供给量之分。关于蛋白质的需要量已于前述。摄入量通常是在需要量的基础上根据特定时间内的需要与可能而提出的一个比较高的数值，一般都是对群体而言。基于 1971 年 FAO/WHO 专家委员会和 1981 年 FAO/WHO/UNU 专家委员会对蛋白质需要量的讨论，可将其所订安全摄入量（平均需要量加两个标准差）作为供给量的基础。但这是就优质蛋白质而言。

关于蛋白质的摄食，一个健康人摄取比推荐的供给量高 2～3 倍的蛋白质一般均无不利。但是也有报告称：有人大量摄食蛋白质后感到不适。蛋白质在满足更新、修补组织和生长以后，多余的部分即被氧化供能。显然，这除了加重机体的代谢负担以外，在经济上也很不利，因为高蛋白质食物价格较高。蛋白质不足或量少、质低，对机体也不利，尤其是对儿童和青少年生长、发育不利。

在考虑蛋白质的供给量时还应将不同蛋白质的消化率考虑在内。例如，1985 年 WHO 在建议由氨基酸分计算混合膳食蛋白质需要量时应将蛋白质的消化率和氨基酸分一并考虑，予以校正。现将三个年龄组的人，按混合膳食的氨基酸分计算膳食蛋白质的供给量（安全摄取量）如下：

氨基酸分：学龄前儿童（2~5 岁）=57

学龄儿童（10~12 岁）=75

成人=100

消化率：不明，假定 85%

（1）计算膳食蛋白质的安全摄食量

①学龄前儿童：参考蛋白质的安全摄食量=1.10g/kg

$$膳食蛋白质的安全摄食量=1.10 \times \frac{100}{85} \times \frac{100}{57}=2.27g/kg$$

②学龄儿童：参考蛋白质的安全摄食量=0.99g/kg

$$膳食蛋白质的安全摄食量=0.99 \times \frac{100}{85} \times \frac{100}{75}=1.55g/kg$$

③成人：参考蛋白质的安全摄食量=0.75g/kg

$$膳食蛋白质的安全摄食量=0.75 \times \frac{100}{85} \times \frac{100}{100}=0.88g/kg$$

（2）相当于参考蛋白质（乳、蛋）有效量的计算

①学龄前儿童：校正过的蛋白质摄食量=实际摄食量$\times \frac{85}{100} \times \frac{57}{100}$=摄食量$\times 0.48$

②学龄儿童：校正过的蛋白质摄食量=实际摄食量$\times \frac{85}{100} \times \frac{75}{100}$=摄食量$\times 0.64$

③成人：校正过的蛋白质摄食量=实际摄食量$\times \frac{85}{100} \times \frac{100}{100}$=摄食量$\times 0.85$

关于蛋白质的需要量和摄入量问题，虽然 1985 年以后有过不少新的实验观察报告，但总的情况差别变化不是很大。我国的饮食习惯和膳食构成多是以植物性食品为主的动、植物混合膳食。1992 年全国营养调查的结果中，其代表性的膳食构成平均估计为：大米 228g，面粉 178g，杂粮 33g，猪肉 37.4g，奶 14g，鸡蛋 16g，鱼 28g，蛋白质总量为 52.7g，动物性蛋白质为 12.8g，占总蛋白的 24.6%。这一结构与 1984 年前后我国和 UNU（联合国大学）组织的合作研究所作氮平衡试验膳食接近。该研究确定我国从事轻体力劳动的成年男子每人每日每千克体重的蛋白质需要量为 1.16g。

最近，中国营养学会提出中国居民膳食蛋白质推荐摄入量如表 6-18 所示，其中成年人蛋白质的推荐摄入量按 1.16g/（kg·d）计，而老年人根据新近氮平衡研究并对比过去的实验资料，发现老年人的变异系数比成人的变异系数 12.5% 高得多。这主要是老年人随着年龄的增加，个体差异也增加，发生退行性疾病与影响代谢的疾病也增加，因而蛋白质的供给也需增加，并认为在正常成人的基础上增加 10% 的蛋白质是安全的，即将 1.16g/（kg·d）调整为 1.27g/（kg·d），也可按老年人的蛋白质能值占总能的 15% 作为推荐摄入量。

表6-18　　　　　　　　　中国居民膳食营养素参考摄入量表（DRIs 2013）

| 人群 | EER（kcal/d）* | | AMDR | | | | RNI | |
| | 男 | 女 | 总碳水化合物（% E） | 添加糖（% E） | 总脂肪（% E） | 饱和脂肪酸 U-AMDR（% E） | 蛋白质（g/d） | |
							男	女
0~6个月	90kcal/(kg·d)	90kcal/(kg·d)	—	—	48（AI）	—	9（AI）	9（AI）
7~12个月	80kcal/(kg·d)	80kcal/(kg·d)	—	—	40（AI）	—	20	20
1岁	900	800	50~65	—	35（AI）	—	25	25
2岁	1100	1000	50~65	—	35（AI）	—	25	25
3岁	1250	1200	50~65	—	35（AI）	—	30	30
4岁	1300	1250	50~65	<10	20~30	<8	30	30
5岁	1400	1300	50~65	<10	20~30	<8	30	30
6岁	1400	1250	50~65	<10	20~30	<8	35	35
7岁	1500	1350	50~65	<10	20~30	<8	40	40
8岁	1650	1450	50~65	<10	20~30	<8	40	40
9岁	1750	1550	50~65	<10	20~30	<8	45	45
10岁	1800	1650	50~65	<10	20~30	<8	50	50
11岁	2050	1800	50~65	<10	20~30	<8	60	55
14~17岁	2500	2000	50~65	<10	20~30	<8	75	60
18~49岁	2250	1800	50~65	<10	20~30	<8	65	55
50~64岁	2100	1750	50~65	<10	20~30	<8	65	55
65~79岁	2050	1700	50~65	<10	20~30	<8	65	55
80岁~	1900	1500	50~65	<10	20~30	<8	65	55
孕妇（早）	—	1800	50~65	<10	20~30	<8	—	55
孕妇（中）	—	2100	50~65	<10	20~30	<8	—	70
孕妇（晚）	—	2250	50~65	<10	20~30	<8	—	85
乳母	—	2300	50~65	<10	20~30	<8	—	80

注：＊6岁以上是轻体力活动水平；

①未制定参考值者用"—"；②% E 为占能量的百分比；③EER：能量需要量；④AMDR：可接受的宏量营养素范围；⑤RNI：推荐摄入量。⑥AI 适宜摄入量。

二、蛋白质的食物来源

1. 动物性食物及其制品

动物性食物如各种肉类：猪肉、牛肉、羊肉以及家禽、鱼类等的蛋白质都有接近人体所需各种氨基酸的含量。贝类蛋白质也可与肉、禽、鱼类相媲美。它们都是人类膳食蛋白质的良好来源，其蛋白质含量一般为10%～20%。乳类和蛋类的蛋白质含量较低，前者为1.5%～3.8%，后者为11%～14%。但是，它们的营养价值很高，其必需氨基酸的含量类似人体必需氨基酸需要量模式。至于肉类、乳类和蛋类的某些制品如猪肉松、乳粉和干酪，以及鸡蛋粉和蛋白片等都有很高的蛋白质含量。人乳化配方奶粉则更进一步按照母乳的成分进行调配，用以满足婴、幼儿的需要，具有更高的营养价值。

2. 植物性食物及其制品

植物性食物所含蛋白质尽管一般不如动物性蛋白质好，但仍是人类膳食蛋白质的重要来源。谷类一般含蛋白质6%～10%，不过其必需氨基酸中有一种或多种含量低（限制氨基酸）。薯类含蛋白质2%～3%。某些坚果类如花生、核桃、杏仁和莲子等则含有较高的蛋白质（15%～30%）。豆科植物如某些干豆类的蛋白质含量可高达40%左右。特别是大豆在豆类中更为突出。它不仅蛋白质含量高，而且质量亦较高，是人类食物蛋白质的良好来源。其蛋白质在食品加工中常作为肉的替代物。

组织化植物蛋白制品（textured vegetable protein product）是用棉籽、花生、芝麻、大豆等，将其所含蛋白质抽提出来，再经过一系列的处理后所制成的食品。它可模仿鸡、肉、鱼、海味、干酪，以及碎牛肉、火腿、培根等的外观、风味和质地，并且可作成片、块、丁等作为肉的代用品。显然，其中除有一定的维生素、矿物质以及必要的食品添加剂外，必须提供一定数量和质量的蛋白质。

三、 关于非传统食物蛋白质来源

人类在大量食用上述传统的动、植物性食物及其制品外，现还在积极开发非传统的新食物蛋白质资源。前文所述单细胞蛋白质开发利用时，对其蛋白质含量的计算即此一例。单细胞蛋白质多由微生物培养制成，其产量高，蛋白质含量也高，一般蛋白质含量可在50%以上，作为人类食物的开发利用尚在进一步研究之中。

此外，人类采食蕈类由来已久，许多食用菌如蘑菇、木耳等的蛋白质含量颇高，将其作为蛋白质食物来源已引起人们的重视，产量不断增长。至于人们对昆虫和昆虫蛋白质的食用，尽管很早以前曾有古希腊人吃蝉、古罗马人吃毛虫、中国人吃蚕蛹、北非人吃白蚁，甚至有更多地区吃蝗虫的报告，但并不够普遍。在墨西哥，蝇卵、蚂蚁、蝗虫、蟋蟀等昆虫都可以做成可口的盘中餐。我国云南有名的"跳跳菜"就是由蝗虫制成的。研究表明，昆虫的蛋白质含量丰富，通常比牛肉、猪肉、鱼类等的蛋白质含量都高。其干制品中蛋白质含量多在50%以上，且富含人体所需各种氨基酸。某些昆虫蛋白质的含量如下：蝗虫58.4%，蝉72%，胡蜂81%，蟋蟀65%，蚕52%。更引人注意的是，昆虫蛋白质含量高，但脂肪和胆固醇低，有的昆虫蛋白质还可具有有益人体营养保健的功能成分。

第九节　多肽、 氨基酸的特殊营养作用

一、 多肽的特殊营养

1. 谷胱甘肽

谷胱甘肽（glutathione，GSH）是由谷氨酸、半胱氨酸及甘氨酸通过肽键连接而成的三肽，

化学名称为 $\gamma-L-$谷氨酸$-L-$半胱氨酸$-$甘氨酸。谷胱甘肽广泛存在于动植物中，在生物体内有着重要的作用。机体新陈代谢产生的过多自由基会损伤生物膜，侵袭生命大分子，加快机体衰老，并诱发肿瘤或动脉粥样硬化的产生。谷胱甘肽在人体内的生化防御体系起重要作用，具有多方面的生理功能。它的主要生理作用是能够清除掉人体内的自由基，作为体内一种重要的抗氧化剂，保护许多蛋白质和酶等分子中的巯基。谷胱甘肽的结构中含有一个活泼的巯基（—SH），易被氧化脱氢，这一特异结构使其成为体内主要的自由基清除剂。例如，当细胞内生成少量 H_2O_2 时，GSH 在谷胱甘肽过氧化物酶的作用下，把 H_2O_2 还原成 H_2O，其自身被氧化为氧化性谷胱甘肽（GSSG），GSSG 由存在于肝脏和红细胞中的谷胱甘肽还原酶作用下，接受 H 还原成 GSH，使体内自由基的清除反应能够持续进行。

谷胱甘肽对于放射线、放射性药物所引起的白细胞减少等症状，有强有力的保护作用。谷胱甘肽能与进入人体的有毒化合物、重金属离子或致癌物质等相结合，并促进其排出体外，起到中和解毒作用。谷胱甘肽还能保护含巯基的酶分子活性的发挥，并能恢复已被破坏的酶分子巯基的活性功能，使酶恢复活性。

2. 血管紧张素转化酶（ACE）抑制肽

血浆中的血管紧张素是一种作用很强的血管收缩物质，其升压效力比等摩尔浓度的去甲肾上腺素强 40～50 倍。

肝脏分泌的血管紧张素原为一种糖蛋白，经肾小球旁细胞分泌的肾素作用后，由 453 个氨基酸组成的血管紧张素原裂解释放出 10 个氨基酸的多肽血管紧张素，其是一个无活性的多肽，但经血管紧张素转化酶（ACE）酶解，得八肽，其除具有强烈的收缩外周小动脉作用外，还有促进肾上腺皮质激素合成和分泌醛固酮作用，引发进一步重吸收钠离子和水，增加了血容量，结果从两个方面导致血压的上升。

若 ACE 受到抑制，则血管紧张素合成受阻，内源性血管紧张素减少，导致血管舒张、血压下降，血管紧张素可以视为血管紧张素受体的配体；而血管紧张素受体阻滞剂则可阻滞血管紧张素的生理作用，同样可使血管扩张、血压下降。故血管紧张素转化酶抑制剂（ACEI）和血管紧张素受体拮抗剂均能有效地降低血压。

二、 一些氨基酸的特殊营养

氨基酸除合成蛋白质，构建各种组织外，还有一些特殊的生理功能。在疾病或特殊情况时，有的非必需氨基酸合成不足或不能满足需要，仍需从食物供给，这些氨基酸称条件性必需氨基酸。

1. 谷氨酰胺

谷氨酰胺是体内含量最丰富的游离氨基酸之一，约占氨基酸池的一半。它参与很多生化反应：是可利用氮（氨基氮与酰胺氮）的运载体，以合成其他含氮化合物，如嘌呤、嘧啶、氨基糖等；在肌肉调节蛋白质的合成与分解；在肾脏是形成氨的底物，以维持酸碱平衡；在小肠黏膜细胞及其他增生迅速的细胞是重要的燃料底物。

在高分解代谢与高代谢状态，如手术、烧伤、大创伤、感染时，肌肉细胞内谷酰胺浓度较正常时低 50%，血液浓度也降低，以致各器官摄取谷氨酰胺减少，损害其形态与功能，导致细菌移位而引发肠原性脓毒症及肠原性高代谢。肠内营养制品补充谷氨酰胺，可增加小肠黏膜厚度，增加 DNA 与蛋白质含量及降低细菌移位等。此外，谷氨酰胺还可防止胰脏萎缩与脂肪肝的发生等。

2. 精氨酸

早期研究认为，精氨酸是非必需氨基酸。有研究指出，当膳食中没有精氨酸时，仍可维持人体处于氮平衡状态。但其后他们观察到男性吃缺少精氨酸的膳食时精子减少。20世纪70年代，Schacter等也报道精子减少的病人补充精氨酸可增加精子数及其活力。

精氨酸是尿素循环中几种氨基酸之一。氨基酸降解所产生的大量氨要经过尿素循环成为尿素后排出体外。有证据表明当摄入大量氨基酸时若缺少精氨酸有可能出现氨中毒。有研究指出，给人体输入大量氨基酸溶液时，若输液中缺少精氨酸会出现氨浓度升高，甚至昏迷。有报道显示给两名急性肾衰竭患儿输入大量必需氨基酸溶液后，出现血浆中与尿素循环有关的几种氨基酸浓度下降和血氨浓度升高，当其中一名患儿的输入溶液中加入非必需氨基酸后，情况立即得到改善。因此，机体大量摄入氨基酸时精氨酸有可能成为必需氨基酸。

20世纪80年代后期证实，NO是内皮细胞舒张因子，而精氨酸是NO生物合成的前体。NO也是支气管扩张剂，它能清除自由基，具有抗氧化功能和抗炎性反应。

近年来研究发现，精氨酸能增强免疫功能，如增加淋巴因子的生成与释放，降低或阻止损伤后大鼠胸腺退化，刺激病人外周血单核细胞对促细胞分裂剂的胚胎细胞样转变。另外，精氨酸对内分泌腺还有较强的促分泌作用，如促垂体分泌生长激素与催乳激素，而生长激素可增加术后蛋白质的合成代谢与伤口胶原蛋白的合成，催乳激素有免疫协同作用。因此，创伤与脓毒病时增加精氨酸的摄入有利于机体恢复。

3. 牛磺酸

牛磺酸是一种氨基磺酸，以游离的形式普通存在于动物的各种组织内，但并未结合进蛋白质中。植物中牛磺酸含量很低。

在哺乳动物的组织中，甲硫氨酸和半胱氨酸代谢的中间产物半胱亚磺酸经半胱亚磺酸脱羧酶脱羧成亚牛磺酸，再氧化成牛磺酸。半胱亚磺酸脱羧酶活力在不同动物种属间有很大差别，在同一种动物的不同组织也有差异。大鼠和犬的肝脏中此酶的活力高，而猫和灵长类肝中半胱亚磺酸脱羧酶的活力低，牛磺酸合成能力较差。

牛磺酸在出生前后中枢神经系统和视觉系统发育中起关键作用。通过对8名长期接受不含牛磺酸的胃肠道外营养12~24个月的儿童进行视网膜电图检查，发现他们出现了与缺乏牛磺酸的幼猫类似的异常情况，视椎体和视杆细胞b波时间延长。在4名儿童的输液中加牛磺酸后，其中3名视网膜电图恢复正常。长期接受胃肠道外营养的成年人也可发生视功能障碍。一般情况下，成人很少发生牛磺酸缺乏，但在某些特殊疾病情况下，例如，当胆汁大量丢失或有异常细菌在肠中过度繁殖时，能分解人体内牛磺酸，造成牛磺酸缺乏。因此，牛磺酸是人的条件必需营养素。

食品中牛磺酸含量最高的为甲壳类及软体类海产品，每100g可食部含牛磺酸300~800mg，每100g畜肉中含量在30~160mg，蛋类及植物食物中未检出牛磺酸。

人的胚胎在孕期的最后4个月可每日累积6~8mg牛磺酸。因此早产儿缺少牛磺酸的储备，加上婴儿体内合成牛磺酸以及肾小管细胞重吸收牛磺酸的功能均较差，如没有外源供应，则很有可能发生牛磺酸缺乏。鉴于牛磺酸在新生儿大脑发育的重要性，许多儿科学家建议向奶粉或婴儿配方食品中添加牛磺酸。

4. 胱氨酸

正常人群所需的胱氨酸可由甲硫氨酸转变而来。早期研究发现，用不含胱氨酸的膳食可使成人维持正氮平衡至少8d。因此认为，胱氨酸对正常成人不是必需氨基酸。例如，患同型半胱氨酸尿症的病人因为缺少胱硫醚合成酶就不能将甲硫氨酸转变成胱氨酸。这种病人需要从膳食中得到胱氨酸。早产儿或新生儿的肝脏中胱硫醚合成酶的活力很低，这些婴儿就需要从膳食中摄取胱氨酸，否则，因其血浆中胱氨酸含量降低而使婴儿生长受阻。

5. 酪氨酸

人体内酪氨酸可完全来自苯丙氨酸。当膳食中有酪氨酸时，可以减少苯丙氨酸的需要量。苯丙酮尿症患者苯丙氨酸羟化酶的活力降低，必须从膳食中提供酪氨酸。研究发现，从早产婴儿食物中撤去酪氨酸后血浆中酪氨酸水平下降，氮存留不能维持，体重增加受限，对大多数早产儿，甚至对某些足月婴儿需要从膳食中提供酪氨酸。在患某些疾病时酪氨酸也可能成为必需氨基酸。例如，酒精性肝硬化的营养不良患者可能也必须外源供给酪氨酸。

6. 肉碱

肉碱是一种季铵化合物，化学名为 β – 羟基 – γ – N，N，N – 三甲基氨基丁酸，在体内由赖氨酸和甲硫氨酸合成，在食物中主要来自肉类，其次是奶类，植物性植物中含量极低。肉碱又称维生素BT，是脂肪 β – 氧化过程不可缺少的促进因子。长链脂肪酸和CoA结合的长链脂酰CoA转移到肉碱上形成酰化肉碱，才能进入线粒体，参与脂肪酸 β – 氧化。因遗传缺陷而发生的肉碱缺乏症的主要表现为进行性心脏病、骨骼肌无力和阶段性的空腹低血糖。新生儿合成肉碱的能力不足，只有成人的1/4；极低体重儿（1000g）更低，只有成人的1/10，一般至6个月后才逐渐达到成人水平。故婴儿需要通过外源性肉碱以维持组织肉碱的水平。严格素食者因植物性食物含肉碱很少，故也有可能会发生肉碱缺乏症。

三、 过量摄入蛋白质的潜在问题

许多研究指出，动物也像人类一样，随着增龄会有肾小球硬化发生。大鼠自由进食含蛋白质20%～25%的饲料，在2岁龄时肾小球出现硬化。如果限食到1/2～2/3，或者自由进食低蛋白饲料，则可推迟肾小球硬化。人类吃高蛋白质膳食也会增加肾血流量和肾小球滤过率，但高蛋白质膳食与人类慢性肾病的关系，还有待于进一步研究。

吃高蛋白质膳食会增加尿钙的排出量。以年轻男性大学生为受试者，观察高蛋白质膳食对钙代谢的影响。在每日平均摄入67g蛋白质的实验膳食基础上，添加40g鸡蛋蛋白质，尿钙排出量显著增加。世界范围内，动物性蛋白质摄入高的地区，髋部骨折的发生率也高，但由于骨折的发生与多种原因有关，尚不能肯定这是由于摄入高蛋白质膳食所引起。因此，提高蛋白质摄入量是否会引起骨骼中钙的流失，值得关注。

虽然目前尚没有确凿的证据证明蛋白质摄入量显著高于需要量是有害的，但美国科学院在1989年出版的《膳食与健康》一书中建议人体每日摄入的蛋白质以不超过推荐供给量的两倍为宜。

思考题

1. 蛋白质的消化吸收过程及功能是什么?
2. 常用食物蛋白质、氨基酸组成特征有哪些?
3. 蛋白质、氨基酸在食品加工过程中的变化有哪些?
4. 蛋白质的互补作用及影响蛋白质氨基酸吸收效果的因素有哪些?
5. 常见的蛋白质营养价值评价方法有哪些?

CHAPTER

7

第七章

维生素

本章要求学生理解维生素的概念与分类，熟悉维生素的摄取与食物来源，掌握几种重要维生素的生理功能及其缺乏和过量对机体的影响，了解维生素在食品加工和保藏中的营养问题。

第一节　维生素概述

维生素是维持人体正常生理功能和生命活动所必需的一类微量的低分子有机化合物。

一、　维生素的特点

维生素种类繁多、性质各异，通常具有以下共同特点：

（1）维生素或其前体都在天然食物中存在，但是没有一种天然食物含有人体所需的全部维生素。

（2）它们在体内不提供热能，一般也不是机体的组成成分。

（3）它们参与维持机体正常生理功能，需要量极少，通常以毫克、有的甚至以微克计，但是绝对不可缺少。

（4）它们一般不能在体内合成，或合成的量少，不能满足机体需要，必须经常由食物供给。

二、　维生素的分类

根据溶解性的不同，维生素可以分为两大类，即水溶性维生素和脂溶性维生素。

1. 水溶性维生素

水溶性维生素是指溶于水的维生素，包括 B 族维生素（维生素 B_1、维生素 B_2、烟酸、维生素 B_6、叶酸、维生素 B_{12}、泛酸、生物素等）和维生素 C。除了维生素 B_{12} 外，水溶性维生素在体内储存量很少，较易从尿中排出，因此必须经常通过食物供给。如果水溶性维生素摄入不足，易出现缺乏症。水溶性维生素一般无毒性，但摄入量太大时也可引起中毒。

2. 脂溶性维生素

脂溶性维生素是指不溶于水而溶于脂肪及有机溶剂中的维生素，包括维生素 A、维生素 D、维生素 E、维生素 K。在食物中它们常与脂类共存，其吸收与肠道中的脂类密切相关，主要储存于肝脏。如果脂溶性维生素摄入过多则可引起中毒，摄入过少则可缓慢出现其缺乏所引起的临床症状。

三、维生素的重要性

食物中某种维生素长期缺乏或不足即可引起代谢紊乱和出现病理状态，形成维生素缺乏症。早期轻度缺乏，尚无明显临床症状时称维生素不足。人类正是在同这些维生素缺乏症的斗争中来研究和认识维生素的。

早在公元 7 世纪，我国医药书籍上就有关于维生素缺乏症和食物防治的记载。隋唐时的孙思邈已知脚气病是一种食米地区的疾病，可食用谷白皮熬成米粥来预防。这实际上是因缺乏硫胺素（维生素 B_1）所致。国外一直到 1642 年才第一次描述这种疾病。此外，孙思邈还首先用猪肝治疗"雀目"（即夜盲症）。这是一种维生素 A 缺乏症。至于人们对食物中某些因子缺乏和发生疾病之间更广泛深入的了解则是 18 世纪以后的事。20 世纪人们才确定这些因子的化学结构并完成人工合成。

维生素缺乏在人类历史的进程中曾经是引起疾病和造成死亡的重要原因之一。它摧毁军队、杀伤船员，甚至毁灭了一些国家，直到 1925 年由于缺乏维生素 B_{12} 引起的恶性贫血还凶恶地折磨着人类。今天，即使是有各种商品维生素可供选用，但是在最发达的国家，仍然在一些人群中发现有维生素缺乏症。造成维生素缺乏的原因除食物中含量不足外，还可由于机体消化吸收障碍和增加需要量所致。至于食物中含量不足则与食品加工密切有关。

但是，食品加工未必产生营养上低劣的制品。在食品加工中，为了满足人们的感官需要，例如将鱼内脏去除、选取水果蔬菜等更适口的部分进行加工，这当然会造成维生素和其他营养素的损失。然而此损失并非食品加工本身所固有的特性。即使食品加工可造成维生素的损失，但它还具有保存维生素的作用。据报告，维生素 C 在绿叶蔬菜采收后 2h 损失 5% ~18%，10h 后可增加到 38% ~66%。如若及时进行加工处理，则维生素 C 可较好地保存。此外，食品加工除有延长食品的保存期这一重要优点外，在维生素的损失方面与新鲜食物的烹调损失相差不大。表 7-1 所示为几种食品加工对维生素 C 损失的积累作用与新鲜食物烹调时维生素 C 损失的比较。似乎这些加工损失主要是取代了家庭烹调的损失。然而正是由于这些加工，不但延长了食品的保存期，而且还方便了人们的食用。至于考虑维生素的损失时，不注意贮存期的影响，仅对食品加工前后作比较，这是不妥当的。

表 7-1　　　　　　　　维生素 C 在不同加工时的积累损失　　　　　单位：%

加工操作	新鲜	冷冻	装制罐头	空气干燥	冷冻干燥
烫漂	—	25	30	25	25
冷冻	—	25	—		—
制罐头		—	37	—	—
干燥	—	—	—	55	30
解冻		29	—		—
食前烹调或加热	56	61	64	75	65

　　食品加工对某些食品所含维生素的利用尚有一定的优越性。例如，对玉米进行碱处理加热时可使机体不可利用的结合型烟酸变成可利用的游离型烟酸。此外，在炒咖啡时可由胡芦巴碱合成烟酸；发芽和发酵可增加食品维生素的含量（表 7-2）。

表 7-2　　　　　发芽对豆类维生素 C 和维生素 B_2 含量的影响　　　单位：mg/100g 干豆

	发芽时间/d				
	0	1	2	3	4
维生素 C					
豌豆（peas）	2.2	13.3	39.3	44.7	64.1
小扁豆（lentils）	0.9	6.0	22.5	44.6	77.5
蚕豆（faba beans）	1.4	5.1	32.7	63.2	75.8
维生素 B_2					
豌豆	0.24	0.35	0.36	0.40	0.50
小扁豆	0.32	—	—	—	0.39
蚕豆	0.95	—	—	—	1.33

　　在比较食品加工对维生素的作用时应对其利弊进行全面权衡。应该看到即使食品加工可伴有维生素的损失，如在将牛乳进行巴氏消毒时不可避免地有一定量的维生素损失，但这对防止微生物腐败、保证食品的安全性来说是值得的，也是十分重要的。食品科学家和食品加工者的责任是应将这种损失减到最小。

第二节　水溶性维生素

一、抗坏血酸（维生素 C）

　　维生素 C 又称抗坏血酸。早期海员容易得一种原因不明的疾病，当时称为"坏血病"，后来有人用柠檬汁和柑橘治疗与预防这种"坏血病"。1928 年，科学家们从柑橘等食物中提取出具有抗坏血病功能的酸性物质，即维生素 C。

1. 结构

抗坏血酸即维生素 C。它具有酸性和强还原性，为高度水溶性维生素。此性质归因于其内酯环中与羰基共轭的烯醇式结构。天然的抗坏血酸是 L - 型。其异构体 D - 型抗坏血酸的生物活性大约是 L - 型的 10% ，常用于非维生素的目的，例如在食品加工中作为抗氧化剂等添加于食品中。

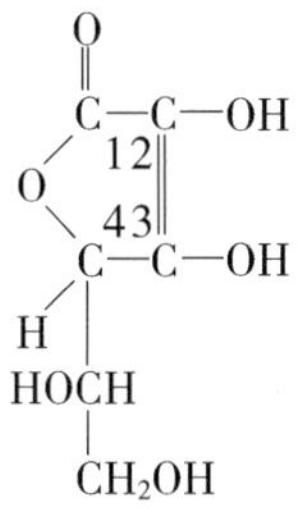

L-抗坏血酸 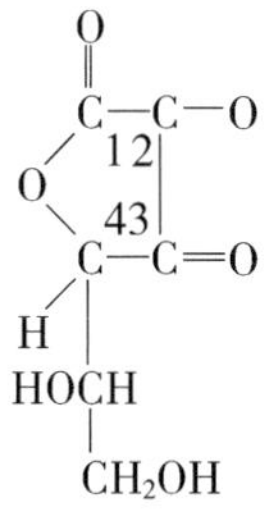   L-脱氢抗坏血酸

抗坏血酸易氧化脱氢形成 L - 脱氢抗坏血酸。因其在体内可还原为 L - 抗坏血酸，故仍有生物活性，其活性约为 L - 抗坏血酸的 80% 。

2. 生理作用

抗坏血酸的作用与其激活羟化酶，促进组织中胶原的形成密切有关。胶原中含大量羟脯氨酸与羟赖氨酸。前胶原 α - 肽链上的脯氨酸与赖氨酸需经羟化，必须有抗坏血酸参与。否则，胶原合成受阻。这已由维生素 C 不足或缺乏时伤口愈合减慢所证明。由色氨酸合成 5 - 羟色氨酸，其中的羟化作用也需维生素 C 参与。此外它还参与肉碱和类固醇化合物的合成以及酪氨酸的代谢等。

抗坏血酸可参与体内氧化还原反应，并且是体内一种重要的抗氧化剂。它作为抗氧化剂可以清除自由基，在保护 DNA、蛋白质和膜结构免遭损伤方面起着重要作用。

此外，抗坏血酸在细胞内作为铁与铁蛋白间相互作用的一种电子供体，可使三价铁还原为二价铁而促进铁的吸收。对改善缺铁性贫血有一定的作用。它还可提高机体的免疫机能和应激能力。

3. 缺乏和过量

维生素 C 严重缺乏可导致坏血病，早期症状为疲劳、倦怠、皮肤出现瘀点或瘀斑、毛囊过度角化等，继而出现牙龈肿胀出血、机体抵抗力下降、伤口愈合迟缓、关节疼痛及关节腔积液等。

维生素 C 在体内分解的最终重要产物是草酸，长期服用过量维生素 C 可出现草酸尿甚至形成泌尿道结石。尤其是近年来有不少报道大剂量服用维生素 C 对机体不利，如每日摄取维生素 C2～8g 可出现恶心、腹部痉挛、腹泻、铁吸收过度、红细胞破坏及泌尿道结石等副作用，并可能造成对大剂量维生素 C 的依赖性，故不推荐常规大剂量摄取维生素 C。

4. 稳定性

抗坏血酸是最不稳定的维生素，影响其稳定性的因素很多，包括温度、pH、氧、酶、金属离子、紫外线、X 射线和 γ 射线的辐射，抗坏血酸的初始浓度、糖和盐的浓度，以及抗坏血酸和脱氢抗坏血酸的比例等。既然影响因素如此之多，要清楚了解其降解途径和各种反应产物很不容易。目前对上述反应机制的确定，除了测定被分离产物的结构之外，则是在 pH < 2、高浓度条件下的模拟体系中进行动力学和物理化学测定的结果。

抗坏血酸的氧化降解速度随温度、pH 而不同。通常，温度高，破坏大；在酸性条件下稳定，而在碱性时易分解。至于氧对抗坏血酸的降解作用还可进一步说明糖和盐等其他物质对提高抗坏血酸稳定性的作用，因为它们可降低氧在溶液中的溶解度。

5. 加工的影响

（1）水　食品加工通常需要水，由于抗坏血酸易溶于水，所以它很容易从食物的切面等处流失，例如果蔬烫漂、沥滤时的损失。为此，在食品加工时可尽量避免"用水"，例如烫漂时用蒸汽而不用水。

尽管对抗坏血酸的破坏是遵循一级反应还是二级反应（一级反应：反应速度和一种反应物的浓度成正比。二级反应：反应速度和两种反应物的浓度积成比例或与一种反应物浓度的平方成比例。零级反应：反应速度与反应物的浓度无关。）尚有争论，但是果汁罐头中抗坏血酸的损失似乎遵循一级反应，并取决于氧的浓度。一直进行到氧气耗尽再继之以无氧降解。在固体橘汁（dehydrated citrus juices）中，抗坏血酸的降解似乎仅与温度和水分含量有关。尽管它在很低的水分含量时都有降解，但是降解速度低，即使长期贮存都无多大损失。

（2）温度　如前所述，抗坏血酸在冷冻或冷藏时，特别是在 -18 ~ -7℃ 范围内有大量损失。但是，通常其稳定性随着温度的降低而增加。非柑橘类食品的最大损失主要在热加工期间。除烹调外加工时烫漂、沥滤的损失远远超过其他加工的损失。关于维生素 C 在加热时所受温度的影响详见本章第四节维生素在食品加工时损失的一般情况。

（3）食品添加剂　在食品加工时常常要加入某些食品添加剂。例如在果蔬加工中添加漂白剂亚硫酸盐，它可降低抗坏血酸的损失。此外，在腌肉时添加发色剂亚硝酸盐则可破坏维生素 C 的活性（参见本章第四节食品添加剂小节内容）。

6. 摄入量和食物来源

人类是动物界中少数不能合成抗坏血酸而必须由食物供给者之一。据说，动物合成抗坏血酸大约从 3.5 亿年前的两栖类开始（由肾合成），到哺乳类则可由肝合成。在大约 2500 万年前人类的祖先和其他的灵长类发生基因突变，导致丧失 L-古洛糖酸内酯氧化酶。此酶可催化由葡萄糖生成抗坏血酸的最后一步，即由 L-古洛糖酸内酯生成抗坏血酸。由于自然界存在着大量可供食用的抗坏血酸，故此突变并无多大影响并认为这是人类营养的进化。

从志愿受试者进行实验和实际调查发现，人体每日摄取 10mg 抗坏血酸不仅可预防坏血病，而且还有治疗作用。考虑到维生素 C 摄入量较高可以起到增进健康、提高机体对疾病的抵抗能力、加速伤口组织愈合等作用，WHO 建议的每日供给量为：儿童（12 岁以下）20mg；成年人 30mg；孕妇、乳母 50mg。美国 1989 年制定的维生素 C 供给量标准，男性成人 60mg/d 的依据是该摄入水平在 4 周内摄取无维生素 C 膳食不产生坏血病症状，同时还可提供足够的储存量。2000 年美国根据 19 ~ 30 岁成人中性白细胞维生素 C 接近最大浓度而制订其供给量为：成年男性 90mg/d，女性 75mg/d。中国营养学会根据国内外有关维生素 C 供给量的进展和我国实际情况，提出我国居民维生素 C 的推荐摄入量如表 7-3 所示。此量比 1988 年的供给量有较大幅度的提高，这主要是我国居民维生素 C 的实际摄入量已大大提高，并且是以预防缺乏病和兼顾减少慢性病的风险因素为基础制订的。关于维生素 C 的可耐受最高摄入量（UL）问题，中国营养学会认为，考虑到持续摄入大剂量维生素 C 的副作用尚不清楚，建议对成人的 UL 可定为 < 2000mg/d。

表 7-3 中国居民膳食维生素 C 推荐摄入量（RNI）或适宜摄入量（AI） 单位：mg/d

年龄/岁	推荐摄入量	年龄/岁	推荐摄入量
0 ~	40（AI）	14 ~	100
0.5 ~	40（AI）	18 ~	100
		孕妇	
1 ~	40	初期	100
4 ~	50	中期	115
7 ~	65	晚期	115
11 ~	90	乳母	150

引自：《中国居民膳食指南》（2016）。

维生素 C 广泛分布于水果、蔬菜中。蔬菜中大白菜的含量为 20 ~ 47mg/100g、红辣椒的含量可高达 100mg/100g 以上。水果中以带酸味的水果如柑橘、柠檬等含量较高，通常为 30 ~ 50mg/100g。红果和枣的含量更高。尤其是枣，鲜枣的含量可高达 240mg/100g 以上。由不同果蔬所得制品如红果酱、猕猴桃汁等也是维生素的良好来源。至于动物性食品中仅肝和肾含有少量，肉、鱼、禽、蛋更少。

二、 硫胺素（维生素 B_1）

维生素 B_1 又称硫胺素，是人类发现最早的维生素之一。1926 年分离成功，1936 年人工合成维生素 B_1。

1. 结构

硫胺素，又称抗神经炎素，即维生素 B_1，是由被取代的嘧啶和噻唑环通过亚甲基相连组成。它广泛分布于整个动、植物界，并且以多种形式存在于食品之中。这包括游离的硫胺素、焦磷酸硫胺素（辅羧化酶）以及它们与各自的脱辅基酶蛋白的结合。

由于硫胺素含有一个四价氮，是强碱。它在大部分食品 pH 环境下完全电离。

2. 生理作用

维生素 B_1 参与糖代谢，如果缺乏维生素 B_1，碳水化合物代谢就会发生障碍。由于神经系统、肌肉所需能量主要来自碳水化合物，因此维生素 B_1 在维持神经系统、肌肉特别是心肌正常功能方面发挥着重要作用。另外，碳水化合物的某些代谢产物如丙酮酸和乳酸，在血液中大量蓄积还会导致酸中毒。

当维生素 B_1 缺乏时，乙酰胆碱合成减少和利用降低，因此维生素 B_1 对于维持正常食欲、胃肠蠕动和消化液的分泌起着重要作用。

若机体硫胺素不足，则神经组织供能不足，因而可出现相应的神经肌肉症状如多发性神经炎、肌肉萎缩及水肿，严重时还可影响心肌和脑组织的结构和功能。这也表明硫胺素还与肌体的氮代谢和水盐代谢有关。

3. 缺乏与过量

硫胺素在小肠吸收，浓度高时为被动扩散，浓度低时则主动吸收。肠道功能不佳者吸收受阻。此时尽管食物中硫胺素充足，但仍可出现明显的硫胺素缺乏症。健康成人体内硫胺素总量约为 25mg，不能大量贮存，摄食过多时由尿排出，故需每天从食物摄取。

维生素 B_1 缺乏症又称脚气病。脚气病不是平常北方人所说的"脚气"或南方人所说的"香港脚"，这两者都是脚癣，由真菌引起，而由缺乏维生素 B_1 所引起的脚气病是全身性神经系统代谢紊乱。脚气病早期症状为体弱、疲倦、烦躁、健忘、消化不良或便秘和工作能力下降。

维生素 B_1 中毒很少见，超过 RNI 的 100 倍以上剂量有可能出现头痛、惊厥、心律失常等。

4. 稳定性

硫胺素是所有维生素中最不稳定者之一。其稳定性取决于温度、pH、离子强度、缓冲体系等。典型的降解反应似乎涉及联系嘧啶和噻唑两个环的亚甲基碳上的亲核置换。因此，强亲核物质如 HSO_3^-（亚硫酸盐）很容易引起此维生素破坏。亚硫酸盐的这种作用很重要，因为在果蔬加工时常用它来抑制褐变和漂白。

硫胺素也可被亚硝酸盐钝化，这可能是亚硝酸盐与嘧啶环上的氨基反应的结果。此反应在肉制品中比在缓冲溶液中弱，即蛋白质对它有保护作用。可溶性淀粉对亚硫酸盐破坏硫胺素也有保护作用。但保护机理尚不清楚。

由于硫胺素可以多种形式存在，其总的稳定性将取决于各种形式的相对浓度。在特定的动物性食品中，此比例还取决于动物宰前的营养状况。它可随肌肉类型的不同而改变；它也取决于植物采收后的情况和动物屠宰时的生理紧张状况。硫胺素的损失在谷类中主要由蒸煮和焙烤引起，在肉类、蔬菜和水果中则主要由各种加工操作和贮存产生，其稳定性明显受体系的性质和状态所影响。

温度是影响硫胺素稳定性的重要因素。温度高，硫胺素破坏多。表 7-4 所示为不同食品在两种不同贮存温度下硫胺素保存率的比较。

表 7-4　　　　　　　　　　硫胺素在不同食品中的保存率

名称	贮存一年后的保存率/%		名称	贮存一年后的保存率/%	
	38℃	1.5℃		38℃	1.5℃
杏	35	72	豌豆	68	100
青豆	8	76	番茄汁	60	100
菜豆	48	92	橙汁	78	100

硫胺素在 pH 5.5~7.0 的溶液中加热时稳定性不好。但是在巴氏消毒的乳中稳定性尚可，在低 pH 的水果饮料中很稳定，该水果饮料在室温下存放 1 年硫胺素仅降低 6%。通常，硫胺素在干燥的产品中，其稳定性很好。

5. 加工的影响

不同食品所含硫胺素在各种食品加工中的降解情况可有不同，表 7-5 所示为硫胺素在不同食品加工时的损失情况。

表7-5 硫胺素在食品加工时的保存率

食品名称	加工处理	保存率/%
谷类	挤压	48~90
马铃薯	在水中浸16h后油炸	55~60
	在亚硫酸盐溶液中浸16h后油炸	19~24
大豆	在水中浸泡后水煮或在碳酸氢盐溶液中煮	23~52
马铃薯泥	各种热加工	82~97
蔬菜	各种热加工	80~95
肉类	各种热加工	83~94
冷冻煎鱼（frozen fried fish）	各种热处理	77~100

硫胺素在热降解时可能形成特殊的气味，其中包括"肉样"风味。首先，硫胺素可分解成嘧啶和噻唑环化合物。继而由噻唑环进一步降解成 S、H_2S、呋喃、噻吩和二氢噻吩。关于生成这些产物的反应尚不清楚，但是它们一定涉及噻唑环的降解和重排。

硫胺素和其他水溶性维生素一样，在水果蔬菜的清洗、整理、烫漂和沥滤期间均有所损失。在谷类碾磨时损失更大。关于小麦和大米在不同出粉率和出米率时硫胺素的保存率如表7-6所示。

表7-6 硫胺素在谷类碾磨时的损失

名称	保存率/%	名称	保存率/%
小麦（出粉率）		大米	
85%	89	标准米	59
80%	63	九二米	52
70%	20	中白米	42
		上白米	37

鲜鱼和甲壳类体内有一种能破坏硫胺素的酶——硫胺素酶，此酶可被热钝化。最近有报告称，由鲤鱼内脏得到一种抗硫胺素物质，它也是热敏性的，但可能不是酶，而是氯高铁血红素或与其有关的化合物。同样，金枪鱼、猪肉、牛肉的血红素蛋白也有抗硫胺素活性，食前应加热处理。

6. 摄入量和食物来源

硫胺素与碳水化合物代谢密切有关，主要参与能量代谢，所以一般认为硫胺素的摄入量应按照能量的总摄入量来考虑。若其摄入量能适应能量代谢的需要即能满足机体其他方面的需要。

WHO 的资料表明，膳食中硫胺素低于72μg/MJ（0.3mg/1000kcal），可引起脚气病。大多数脚气病患者膳食中硫胺素的含量都低于60μg/MJ（0.25mg/1000kcal）。而多数人在摄食79μg/MJ（0.33mg/1000kcal）后都将多余的硫胺素排入尿中。这表明人体贮存硫胺素的能力很小。即使过去膳食中硫胺素很丰富，一旦缺乏，数周后即可发生脚气病。联合国 FAO/WHO 专家委员会于1967年综合过去的研究提出每日的供给量标准为96μg/MJ（0.4mg/1000kcal）。在如何表述硫胺素的需要量时，目前认为用每天所需摄入量（mg）表示比用每 1000kcal 所需量（mg）更好，原因是尽管硫胺素为碳水化合物和某些氨基酸代谢所必需，对脂肪和其余蛋白质组分的代谢则不需参与。但实际上要把能量摄入分成这几部分是很困难的。中国营养学会 2016 年对我国居民膳食中硫胺素的参考摄入量（RNI），对成年男性为 1.4mg/d，成年女性 1.2mg/d，孕妇 1.2～1.5mg/d，乳母 1.5mg/d，儿童依年龄而异（见附录一）。

硫胺素普遍存在于各类食品中，谷类、豆类及肉类含量较多。籽粒的胚和酵母是硫胺素最好的来源。通常谷类含硫胺素约 0.30mg/100g，豆类含约 0.40mg/100g 不等。动物性食品中以肝、肾、脑含量较多，奶、蛋、禽、鱼等含量较少，但高于蔬菜。至于小麦胚粉可含硫胺素 3.50mg/100g，而干酵母的含量可高达 6～7mg/100g。

三、核黄素（维生素 B₂）

维生素 B_2，又称核黄素。维生素 B_2 纯品为橙黄色针状结晶。

1. 结构

核黄素即维生素 B_2 是带有核醇侧链的异咯嗪衍生物，也可认为是核醇与 6，7－二甲基异咯嗪二者缩合而成。它在自然界中主要以磷酸酯的形式存在于两种辅酶中，即黄素单核苷酸（FMN）和黄素腺嘌呤二核苷酸（FAD）。与此维生素相结合的酶称为黄酶或黄素蛋白。它们具有氧化还原能力。在化合物如氨基酸和还原性吡啶核苷酸的氧化中起递氢作用。

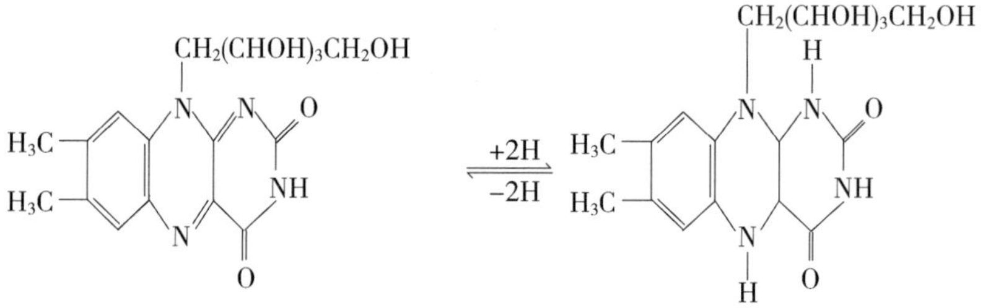

核黄素(黄色)　　　　　　　　　还原型核黄素(无色)

FMN 是 L－氨基酸氧化酶的组成成分。它将 L－氨基酸氧化为 α－酮酸。FAD 为琥珀酸脱氢酶、黄嘌呤氧化酶、甘氨酸氧化酶和 D－氨基酸氧化酶的组成部分。核黄素呈黄色，加氢后的还原型核黄素则无色。

2. 生理作用

维生素 B_2 是机体许多重要酶的组成成分，在蛋白质、脂肪、碳水化合物三大营养素的能量代谢中起着非常重要的作用。维生素 B_2 能促进机体正常的生长发育，维护皮肤和黏膜的完整性。

维生素 B_2 还可激活维生素 B_6，促进色氨酸形成烟酸。

维生素 B_2 具有抗氧化活性，能抑制脂质过氧化，还可参与药物代谢。此外，维生素 B_2 还参与体内铁的吸收与储存。

3. 缺乏与过量

核黄素很容易由小肠吸收，经血液到组织，并可少量贮存于肝、脾、肾和心肌中，多余的部分从尿排出。用普通膳食时人的排出量为 0.25～0.80mg/d，其中一部分为游离核黄素，一部分为磷酸核黄素。由于人体贮存量少故需每日从食物中补充。

摄入不足和酗酒是维生素 B_2 缺乏的最主要原因。维生素 B_2 缺乏可出现多种临床症状，主要表现在口腔黏膜、唇、舌和眼部以及皮脂分泌旺盛的皮肤处，无特异性，临床称为口腔 - 生殖综合征。

其他临床表现：口角湿白以及裂开、糜烂溃疡（口角炎）；唇肿胀、裂开与溃疡以及色素沉着；舌疼痛、肿胀、红斑，典型者舌呈紫红色，或红紫相间，中央红斑，边缘界线清楚如地图（地图舌）。

球结膜充血，角膜周围血管增生，角膜与结膜相连处有时发生水泡。严重时角膜下部有溃疡，发生睑缘炎、怕光、流泪和视物模糊。老年白内障与维生素 B_2 缺乏也有关。

在皮脂分泌旺盛部位常出现脂溢性皮炎，如鼻唇沟、下颌、眉间、耳后、乳房下、腋下、腹股沟等处。表现为患处皮肤皮脂增多，轻度红斑，有脂状黄色鳞片。男性在阴囊处，女性在阴唇处也有此变化。在这些皮肤处，常伴有渗液、脱屑、结痂、皲裂，皮肤变色等。

长期维生素 B_2 缺乏还可导致儿童生长迟缓、轻中度缺铁性贫血。在妊娠期维生素 B_2 缺乏可导致胎儿骨骼畸形。由于维生素 B_2 参与叶酸、维生素 B_6、烟酸代谢，因此在维生素 B_2 严重缺乏时常混杂有其他 B 族维生素缺乏的某些表现。

核黄素大剂量摄入并不能过多地增加其吸收，多余的核黄素将大量排出体外，故目前尚无核黄素呈现毒性的报道。

4. 稳定性

核黄素在酸性或中性溶液中对热稳定。即使在 120℃加热 6h 也仅少量被破坏，且不受大气中氧的影响。但是在碱性溶液中易被热分解，在任何酸、碱溶液中核黄素均易受可见光、特别是紫外光破坏。在碱性溶液中辐照可引起核醇的光化学裂解，产生光黄素；在酸性和中性溶液中辐照可产生蓝色的荧光物质光色素，并有不同的光黄素。

光黄素

光黄素是一种比核黄素更强的氧化剂。它可催化破坏许多其他的维生素，特别是抗坏血酸。当牛奶放在透明的玻璃瓶内销售时，就有产生光黄素的反应，它不仅使牛奶的营养价值受损，而且还可产生一种称为"日光异味"的可口性问题。当改用不透明的纸或塑料容器包装时便不产生这类问题。此外，游离型核黄素的光降解作用比结合型更为显著。牛奶中的核黄素 40% ~80% 为游离型，若瓶装牛奶以日光照射 2h，其核黄素可破坏一半以上，破坏的程度随温度及 pH 增高而加大。散射光也可引起核黄素损失，且在几小时后可高达 10% ~30%。

5. 加工的影响

核黄素在大多数食品加工条件下都很稳定，在蔬菜罐头中，它是水溶性维生素中相当稳定的一种（表 7-7）。

表 7 - 7   蔬菜罐头中某些维生素的保存率

名称	烫漂后				加工后			
	检测数	最大/%	最小/%	平均/%	检测数	最大/%	最小/%	平均/%
青豆								
抗坏血酸	38	90	50	74	41	75	40	55
硫胺素	24	100	82	91	41	90	55	71
核黄素	29	100	70	95	30	100	85	96
烟酸	29	100	60	93	30	100	80	92
胡萝卜素	—	—	—	—	9	96	81	87
豌豆								
抗坏血酸	60	90	60	76	43	90	45	72
硫胺素	60	100	73	88	54	70	40	54
核黄素	37	87	67	75	43	100	70	82
烟酸	39	96	59	73	32	80	50	65
胡萝卜素	—	—	—	—	12	100	88	97
菠菜								
抗坏血酸	21	78	39	61	21	62	34	52
硫胺素	4	—	—	77	5	—	—	24
核黄素	4	—	—	81	5	—	—	76
烟酸	4	—	—	89	4	—	—	78
胡萝卜素	—	—	—	—	5	—	—	100
番茄								
抗坏血酸	—	—	—	—	9	100	87	93
硫胺素	—	—	—	—	6	97	92	96
核黄素	—	—	—	—	6	100	91	100
烟酸	—	—	—	—	6	100	92	98
胡萝卜素	—	—	—	—	6	89	45	80

6. 摄入量及食物来源

核黄素是氧化还原酶系统的组成部分。大多数人推断其需要量与能量代谢有关。其摄入量也应随热能的供给量而改变，并且同维生素 B_1 一样也按每 1000kcal 热量所需毫克数表示，但同样目前均以每天所需摄入的毫克数表示。关于我国居民膳食中核黄素的推荐摄入量（RNI）近似硫胺素，详见附录一。

核黄素广泛存在于各类食品中，动物性食品比植物性食品含量高。其中又以内脏含量最为丰富，如肝脏的含量可高达 2mg/100g，肾脏约含 1mg/100g。此外，禽蛋类含量也颇多，为 0.3mg/100g 左右。植物性食品中豆类含量较高（0.1～0.3mg/100g），绿叶蔬菜约含 0.1mg/

100g，一般蔬菜和谷类含量较少，多在 0.1mg/100g 以下。故核黄素的来源最好是动物性食品，其次为豆类，至于绿叶蔬菜在膳食中的量多，故也是核黄素的重要来源。

四、 烟酸

烟酸即维生素 PP，又称尼克酸，可以由色氨酸转化而来。

1. 结构

烟酸是吡啶衍生物，烟酰胺或尼克酰胺则是其相应的酰胺。在生物体内它是脱氢酶的辅酶，烟酰胺腺嘌呤二核苷酸（NAD$^+$）和烟酰胺腺嘌呤二核苷酸磷酸盐（NADP$^+$）的重要组成成分。

烟酸   烟酰胺

2. 生理作用

烟酸作为体内重要酶的组成成分，参与体内生物氧化，在碳水化合物、脂肪和蛋白质的能量释放以及固醇类化合物的合成中起着重要作用，尤其是大剂量的烟酸还能降低血液中三酰甘油酯、总胆固醇、LDL 和升高 HDL，有利于改善心血管功能。

烟酸是组织中重要的递氢体。在代谢中起重要作用，特别是参与葡萄糖的酵解、脂类代谢、丙酮酸代谢、戊糖合成以及高能磷酸键的形成等。

烟酸还是葡萄糖耐量因子（GTF）的重要组分，具有增强胰岛素功能的作用（游离烟酸无此作用）。

3. 缺乏与过量

烟酸由小肠吸收并在体内转变成辅酶，广泛分布于全身，但不能贮存。过量的烟酸绝大部分代谢后随尿排出，尿中仅含少量烟酸或烟酰胺。烟酸缺乏症又称"癞皮病"，其典型症状为皮炎、腹泻和痴呆，即"三 D"症状。烟酸缺乏症初期表现为体重减轻、失眠、头疼、记忆力减退等，后期出现皮肤、消化系统、神经系统症状。其中，皮肤症状最具特征性，主要表现为裸露皮肤及易摩擦部位出现对称性晒斑样损伤，皮肤变厚、脱屑、色素沉着，也可因感染而糜烂；口、舌部症状表现为杨梅舌及口腔黏膜溃疡，常伴有疼痛和烧灼感。消化系统症状为食欲不振、恶心、呕吐、腹痛、腹泻等。神经系统症状为失眠、衰弱、乏力、抑郁、淡漠、记忆力丧失，甚至发展成木僵或痴呆。

烟酸缺乏常常伴有维生素 B_1 等营养素缺乏的症状。

烟酸过量摄入（如每日摄入 0.2g～3g）对人体也有危害，常见于临床采用大剂量烟酸治疗高脂血症病人时，食物中的烟酸一般不会导致中毒。其中毒症状表现为皮肤潮红、眼部不适、恶心、呕吐，大剂量服用时还会出现黄疸、转氨酶升高等肝功能异常以及葡萄糖耐量的变化。

4. 稳定性

烟酸是最稳定性的维生素之一。它耐热，即使在 120℃ 加热 20min，也几乎不被破坏，对光、氧、酸、碱也很稳定。显然，在食品和食品加工时也相当稳定。但是，蔬菜所含烟酸由于整理、烫漂和沥滤等可有损失，此损失平行于其他水溶性维生素的损失。猪肉和牛肉在宰后贮存期间也可有一定数量的损失。烤肉时其本身无损失，但滴液中可含有烟酸，此损失可达原来烟酸含量的 26%。在乳品加工时似乎没有烟酸的损失。

5. 加工的影响

我国营养学家证实，玉米中所含烟酸大部分为结合型烟酸，占总烟酸的 64%~73%，不能被人体利用。其确切的化学组成还不很清楚。大致可分两类：一类与相对分子质量为12000~13000 的肽结合，称烟酸源，另一类与糖结合，相对分子质量为 2370，称烟西汀，它们相当稳定。但是，这种结合型烟酸在碱性溶液中可以分解出游离烟酸。例如，在玉米粉中加入 0.6%~1.0% 的 $NaHCO_3$，按 1∶1 加水做成窝头，蒸熟后制品中游离烟酸含量随 pH 升高而增加。$NaHCO_3$ 用量为 0.6%、0.8% 和 1.0% 时，游离烟酸含量分别占总烟酸量的 60%，82% 和 93%。而玉米中的维生素 B_1 和维生素 B_2 基本不受影响。经动物和人体试验证明，玉米中结合型烟酸经 $NaHCO_3$ 处理后，其烟酸可以被动物和人体利用，并可预防癞皮病发生。

6. 摄入量及食物来源

烟酸与硫胺素和核黄素一样，其需要量曾报道随热能的摄入而改变。1967 年 FAO/WHO 专家委员会建议人体每日供给量按每 4.18MJ（1000kcal）供给 6.6mg。此标准是根据志愿受试者在摄取低烟酸膳食后逐渐增加烟酸的量来确定的。当膳食中烟酸的含量逐渐增高到 1.316mg/MJ（5.5mg/1000kcal）时，受试者将从尿中排出大量 N - 甲基烟酰胺。这表明每 4.184MJ（1000kcal）供给 5.5mg 烟酸即可使体内烟酸达到饱和。此外，考虑到个体差异和安全系数，最后建议供给量为 1.579mg/MJ（6.6mg/1000kcal）。此量约为硫胺素供给量的 10 倍，并略高。中国营养学会推荐的每日膳食中烟酸参考摄入量（RNI）为硫胺素的 10 倍（附录一）。

在考虑烟酸的摄入量时还有一种烟酸当量表示法。这是因为机体能将部分色氨酸转变成烟酸。这样，烟酸的总摄入量就由外源性部分（食物）及内源性部分（色氨酸代谢）所组成，习惯上以"烟酸当量"来表示其需要量与摄入量。

$$烟酸当量 = 烟酸（mg） + \frac{色氨酸（mg）}{60}$$

由于在代谢过程中平均 60mg 色氨酸产生 1mg 烟酸，故以色氨酸为前体来取得烟酸很不经济。而且这种转变也是有限的。有人建议人体最低需要量为 4.4 烟酸当量/1000kcal，而当烟酸当量达到 5.5/1000kcal 时，体内烟酸即达饱和。关于我国居民膳食中烟酸的推荐摄入量参见附录一。

烟酸及其酰胺广泛存在于动、植物体内，但一般含量较少，含量最多的是蘑菇、酵母等，每 100g 的含量可高达数十毫克，花生含量在 10mg/100g 左右，豆类和全谷每 100g 含约几毫克，但谷类可因加工精度的影响有所减少，而谷类中的结合型烟酸尚可使其营养价值受到限制。动物性食品中以肝脏含量最高，为 15mg/100g 左右。

五、 维生素 B_6

1. 结构

维生素 B_6 是吡啶的衍生物，有三种形式，即吡哆醛、吡哆醇和吡哆胺。它们可相互转变，都具有维生素 B_6 的活性。这些化合物以其磷酸盐的形式广泛分布于动、植物体内。

R:　—CHO　　　吡哆醛
　　—CH₂OH　　吡哆醇
　　—CH₂NH₂　　吡哆胺

2. 生理作用

维生素 B_6 是体内很多酶的辅酶，其中包括转氨酶、脱羧酶、消旋酶、脱氢酶、合成酶和羟化酶等。它可帮助碳水化合物、脂肪和蛋白质的分解、利用，也帮助糖原由肝脏或肌肉中释放热能。

维生素 B_6 作为体内重要酶的组成成分，参与了体内近 100 种酶反应。它不仅在蛋白质和脂肪代谢中起着重要作用，而且催化血红素合成，促进肌肉和肝脏中的糖原转化，并参与色氨酸转变为烟酸、亚油酸合成花生四烯酸以及胆固醇的合成与转运等。此外，维生素 B_6 缺乏还会影响核酸合成，继而影响机体的免疫功能。

临床上在治疗维生素 B_1、维生素 B_2 和烟酸缺乏时，为了加强疗效，常常同时补充维生素 B_6，另外还可用维生素 B_6 治疗婴儿惊厥和妊娠期呕吐。

由于维生素 B_6 功能众多，故被称为"主力维生素"。

3. 缺乏和过量

维生素 B_6 在小肠内易被吸收，经磷酸化后主要以 5 – 磷酸吡哆醛组成辅酶的形式分布于组织中。通常人体内含 40 ~ 150mg，每日从食物中的摄取量为 2 ~ 3mg。正常排出量 1.5 ~ 4.0mg，其中20% ~ 50% 为无活性的代谢产物吡哆酸，由吡哆醛氧化产生。当给以较大剂量的吡哆醇时，几小时后多余的部分便从尿排出，不能贮存，故需每日供给。

单纯维生素 B_6 缺乏较少见，常伴有其他 B 族维生素的缺乏。临床表现为口炎、舌炎、唇干裂，个别出现神经精神症状，易激惹、抑郁及性格改变。

儿童对维生素 B_6 缺乏较敏感，可出现烦躁、抽搐和癫痫样惊厥等症状。除饮食因素外，某些药物如异烟肼也会诱发维生素 B_6 缺乏症。

食物中的维生素 B_6 一般不会引起人体中毒，但长期给予大剂量维生素 B_6（500mg/g）则有毒副作用，主要表现为神经毒性和光敏感反应。

4. 稳定性

维生素 B_6 的三种形式对热都很稳定。其中吡哆醇最稳定，并常用于食品的营养强化。但是，它们易被碱分解，尤其易被紫外线分解。它们在有氧时可被紫外线照射转变成生物学上无活性的产物如 4 – 吡哆酸。这一反应可能除牛奶外在其他食品中无多大意义。

当吡哆醛的溶液与谷氨酸一道加热时可产生吡哆胺和 α – 酮戊二酸的混合物，而半胱氨酸与吡哆醛在类似杀菌的条件下反应时，反应产物对大鼠无维生素 B_6 活性。类似的结果还可由吡哆醛与蛋白质的巯基直接反应得到。由于维生素 B_6 与氨基酸相互作用的主要结果似乎是吡哆醛与吡哆胺之间的相互转化，而这二者都有维生素活性，则吡哆醛与半胱氨酸的反应可能是这种维生素在食品热加工时稳定性的关键。

5. 加工的影响

维生素 B_6 在不同食品中的存在形式只是近期才有所研究。尽管人们尚未系统研究它在食品加工期间的破坏，但是可以认为维生素 B_6 的形式和数量都会受到热加工、浓缩和脱水等的影响。

维生素 B_6 在新鲜和加工食品中的分布有完全不同的形式。鸡蛋脱水时吡哆醛增加，吡哆胺下降。鲜乳中维生素 B_6 的主要形式是吡哆醛，在乳粉中吡哆醛还是主要的，但比鲜乳有更多的吡哆胺。而在淡炼乳中吡哆胺是主要的存在形式。在生猪大排骨（raw pork loin）中主要的形式是吡哆醛，而在熟火腿（cooked ham）中则是吡哆胺。

对许多加工食品所作维生素 B_6 损失的分析表明，罐头制造时蔬菜中维生素 B_6 的损失很大，范围为 57% ~77%；海味和肉类罐头损失约 45%；冷冻蔬菜维生素 B_6 损失 37% ~56%；冷冻水果和果汁平均损失 15%，做成罐头时损失 38%；加工肉损失 50% ~75%；而加工和精制的谷类食品损失 51% ~94%。由于加工条件对维生素 B_6 的这些影响，人们对加工食品，特别是对婴儿食品中维生素 B_6 的含量十分关心。过去对液态食品中维生素 B_6 的损失多归因于吡哆醛在乳蛋白中的不稳定，现在则可用更稳定的吡哆醇来适当强化。

6. 摄入量及食物来源

维生素 B_6 需要量的研究多数是根据色氨酸负荷试验，即按每千克体重口服色氨酸 100mg 后测定尿中黄尿酸（4，8 - 二羟基喹啉尿酸）的排出量而定。这是因为色氨酸在体内转变成烟酸时需要有磷酸吡哆醛参与。当维生素 B_6 缺乏时，色氨酸的代谢产物黄尿酸在尿中排出增加。通常在 6h 内排出量低于 25mg，24h 内排出量低于 75mg 者可认为正常，否则认为缺乏或不足。通常认为成人每日最低需要量为 1.25mg。低于此量可能产生缺乏症。FAO/WHO 及我国尚未制订维生素 B_6 的供给量标准。美国 1989 年规定的供给量标准为成年男子每天 2.0mg，成年女子每天 1.6mg，孕妇和乳母每天分别增加 0.6mg 和 0.5mg。中国营养学会参照国外研究资料并考虑到我国居民膳食模式与欧美的差异，提出我国居民膳食维生素 B_6 的成人参考摄入量为成人 1.4 ~ 1.6mg/d（附录一）。

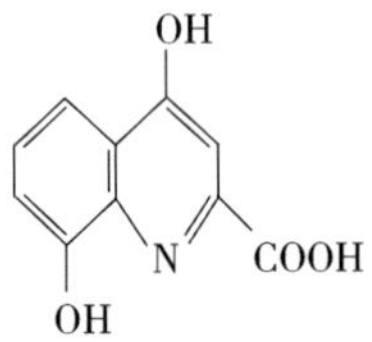

黄尿酸

维生素 B_6 广泛存在于各类食品中。蛋黄、肉、鱼、乳，以及谷类、种子外皮、蔬菜等均有分布，但含量不高。通常全麦粉含量为 0.4 ~0.7mg/100g，精白粉为 0.08 ~0.16mg/100g。蔬菜中如菠菜含 0.22mg/100g，胡萝卜含 0.7mg/100g。酵母的含量较高，为 2 ~3mg/100g。

六、 维生素 B_{12}

维生素 B_{12} 是唯一含有金属元素的维生素，因含有金属钴而呈现红色。天然存在的维生素 B_{12} 均由微生物合成。人体肠道细菌能合成维生素 B_{12}，但结肠不能吸收维生素 B_{12}。

1. 结构

维生素 B_{12} 分子中含钴，呈红色。它是在化学上最复杂的一种维生素。其结构如图 7 - 1 所示。

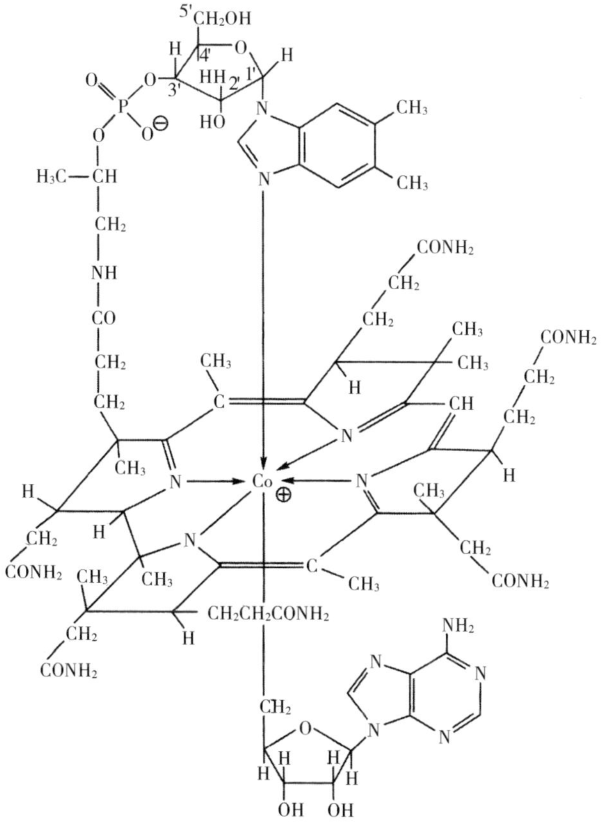

图 7-1 维生素 B_{12} 的结构

维生素 B_{12} 有两个特性成分。一个是在核苷酸样的结构中，5，6-二甲基苯并咪唑经 α-糖苷键与 D-核糖结合，此核糖在 3-位上有一个磷酸基。另一个是中间的环状结构为类似卟啉的"咕啉"环状系统。此咕啉环与四个氮原子配位的是一个钴原子。这是药用维生素 B_{12}，或称维生素 B_{12a}，它并非存在于组织中的天然形式。在组织中可分离出含羟基的钴胺素（称羟钴胺素即维生素 B_{12b}，及含亚硝基的钴胺素，称亚硝钴胺素即维生素 B_{12c}）。它们也都不是原来的存在形式，但都具有维生素 B_{12} 的活性。

维生素 B_{12} 在体内以两种辅酶形式存在，即甲基 B_{12}（甲基钴胺素）和辅酶 B_{12}（5-脱氧腺苷钴胺素）。后者是将氰钴胺素中的氰（CN）换成 5-脱氧腺苷。

维生素 B_{12} 是目前所知唯一含有金属的维生素，而其所含金属钴也只有以维生素 B_{12} 的形式才能发挥必需微量元素的作用。

2. 生理作用

维生素 B_{12} 具有提高叶酸利用率、促进红细胞发育和成熟、参与胆碱合成、维护神经髓鞘物质代谢与功能等多种作用。

维生素 B_{12} 参与体内一碳单位的代谢。因此，它与叶酸的作用常常互相关联。例如，维生素 B_{12} 可将 5-甲基四氢叶酸的甲基移去形成四氢叶酸，以利于叶酸参与嘌呤、嘧啶的合成。所以维生素 B_{12} 可以通过增加叶酸的利用率来影响核酸和蛋白质的合成，从而促进红血球的发育和成熟。在甲基转移作用中；维生素 B_{12} 可形成甲基钴胺素，它是活泼甲基的转运者，如将甲基转移给高半胱氨酸变成甲硫氨酸以及由乙醇胺合成胆碱等。

3. 缺乏与过量

维生素 B_{12} 的吸收需要有正常的胃液分泌。这一方面是胃酸可帮助把与蛋白质结合的维生素 B_{12} 分解游离出来，另一方面，更重要的是胃贲门和胃底的黏膜还分泌一种称为"内因子"的糖蛋白，只有维生素 B_{12} 与这种糖蛋白结合后才能不受肠道细菌破坏，在转到回肠时透过肠壁吸收。常见的维生素 B_{12} 障碍性恶性贫血就是由于胃黏膜变化引起内因子不足所造成的。此时需要用维生素 B_{12} 治疗，必须注射，口服无效。此外，胰液和重碳酸盐可促进其吸收。

人体内维生素 B_{12} 的总量为 $2\sim10mg$，肝中约有 $1.7mg$，50% 以上存在于线粒体中，生成足够量红血球所必需的维生素 B_{12} 每天的最低量为 $1\sim2\mu g$。在缺乏维生素 B_{12} 饮食情况下，肝中所储存的维生素 B_{12} 可维持 5 年以上。但胃、肠、胰及肝等有病变时易发生维生素 B_{12} 缺乏。

机体的维生素 B_{12} 含量降至 $0.5mg$ 左右便会出现贫血，即含维生素 B_{12} 的酶缺乏致使红细胞中 DNA 合成障碍诱发巨幼红细胞贫血。此外尚可因维生素 B_{12} 缺乏而引起神经系统损害。

4. 稳定性

氰钴胺素的水溶液在室温下稳定，在 pH 为 $4.5\sim5.0$ 的弱酸条件下最稳定，此时即使经高压灭菌处理也很少损失。但是在 pH 2 以下或 pH 9 以上分解。过热可有一定程度的破坏，但快速高温消毒损失不大。遇强光或紫外线亦不稳定，易受破坏。

氧化剂及还原剂对维生素 B_{12} 有破坏作用，如抗坏血酸或亚硫酸盐都可破坏它。但是据报告，还原剂如硫醇化合物在低浓度时对它有保护作用，而量大时才引起破坏。硫胺素和烟酸并用时对溶液中的维生素 B_{12} 有缓慢的破坏作用，但单独一种并无危害。硫化氢可破坏此维生素，铁可与硫化氢结合，从而可保护维生素 B_{12} 免受破坏。

5. 加工的影响

食品一般多在中性或偏酸性范围，故维生素 B_{12} 在烹调加工时破坏不多。添加于早餐谷物中的维生素 B_{12} 在加工中约损失 17%，常温贮存一年可再损失 17%。肝在 100℃煮 5min 后维生素 B_{12} 仅损失约 8%。肉在 170℃烧 45min 损失约 30%。当含有鱼、炸鸡、火鸡和牛肉的冷冻便餐（frozen convenience dinner）食用前在普通炉灶上加热时，维生素 B_{12} 的保存范围是 79% ~ 100%。若在中性 pH 长时间加热，食品中维生素 B_{12} 的损失较为严重。

关于牛乳在不同热加工时维生素 B_{12} 的损失如表 7 - 8 所示。

表 7 - 8　　　　　　　牛乳热加工时维生素 B_{12} 的损失

加工类别	损失率/%	加工类别	损失率/%
巴氏消毒（2~3s）	7	灭菌（143℃，3~4s，通蒸汽）	10
煮沸（2~5min）	30	浓缩	70~90
灭菌（120℃，13min）	77	喷雾干燥	20~35

6. 摄入量及食物来源

人体对维生素 B_{12} 的需要量曾有过多方面的观察。单纯的维生素 B_{12} 缺乏（不合并叶酸缺乏等）可注射 $0.1\mu g$ 维生素 B_{12} 而维持最低限度的血液学正常状况，注射 $0.5\sim1.0\mu g$ 则有明显改善。怀孕后半期胎儿每日从母体吸取 $0.2\mu g$ 维生素 B_{12}（乳母每日从乳汁中分泌约 $0.3\mu g$ 维生素 B_{12}），维持成人正常功能的每日可吸收维生素 B_{12} 的最低需要量为 $0.1\mu g$。

FAO/WHO 专家委员会建议的每日供给量为：婴儿 $0.3\mu g$，青少年及成人 $2.0\mu g$，孕妇后半期3.0μg，乳母2.5μg。中国居民膳食指南（2016）每日参考摄入量标准为：儿童1.0～1.6μg，青少年及成人为2.1～2.4μg，孕妇2.9μg，乳母3.2μg。

维生素B_{12}的主要来源为肉类，尤以内脏含量最多（含量可高达20μg/100g以上），鱼、贝类、蛋类其次，乳类含量最少，植物性食品则一般不含此种维生素。但我国豆制发酵食品含有一定数量。此外，若植物被细菌污染或与之共生也可有微量存在，如一些豆类的根瘤部分即可含有维生素B_{12}。动物性食物所含维生素B_{12}主要由动物食入微生物合成的维生素B_{12}所致。

人类结肠中的微生物也可以合成维生素B_{12}，但是它们往往与蛋白质结合而不被吸收、从粪便排出。

七、 叶酸

叶酸是1941年由菠菜中分离出来而命名的（最初由肝脏分离出来，随后发现绿叶中含量丰富，故以此命名）。

1. 结构

叶酸是由蝶酸和谷氨酸结合而成的，而蝶酸又是由2－氨基－4－羟基－6－甲基蝶呤啶和对氨基苯甲酸构成，故又称蝶酰谷氨酸，其结构如图7－2所示。

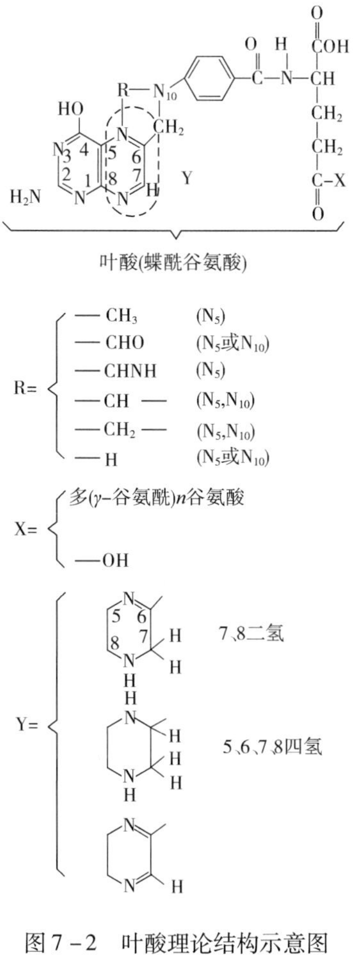

图7－2 叶酸理论结构示意图

叶酸的蝶呤环可被还原生成二氢或四氢叶酸，在 N5 和 N10 位上可有五种不同的一碳取代基。谷氨酸残基可被延长成有不同长度的多 – γ – 谷氨酰侧链。若假定此多谷氨酰侧链含有的谷氨酸残基不多于 6 个，则叶酸的理论数可超过 140，其中大约有 30 个已被分离鉴定。

2. 生理作用

四氢叶酸参与一碳单位的转移，是体内一碳单位转移酶系统中的辅酶。此一碳单位可来自氨基酸，如组氨酸（亚氨基酸）、甲硫氨酸（甲基）、丝氨酸（羟甲基）和甘氨酸（甲酰基）等。叶酸（四氢叶酸）在氨基酸代谢、嘌呤、嘧啶的合成，进而对 DNA、RNA 和蛋白质的生物合成都有重要作用，故叶酸为各种细胞分裂、增殖和组织生长所必需。

食物中的叶酸约有 80% 是多谷氨酸化合物，谷氨酸分子越多则吸收率越低，但谷氨酸对叶酸的生物活性非常重要。若去掉谷氨酸则维生素作用消失。

3. 缺乏与过量

叶酸摄入后在小肠被上皮细胞分泌的 γ – L – 谷氨酸 – 羧基肽酶水解成谷氨酸和游离叶酸，并在小肠上部被主动吸收。叶酸吸收后在维生素 C 和还原型辅酶 Ⅱ 参与下可转变成具有生物活性的四氢叶酸（FH4），并多以甲基四氢叶酸的形式贮存于肝脏。其贮存量可达 5 ~ 15mg/kg，在正常情况下有极少量的叶酸从尿及粪中排出，也有微量从各种脱落的上皮细胞中丢失。

正常情况下，除了膳食供给外，人体肠道细菌能合成部分叶酸，一般不易缺乏。但酗酒、抗癫痫药物和避孕药物等，会妨碍叶酸的吸收和利用，易导致叶酸缺乏。

叶酸缺乏使 DNA 合成受阻，导致骨髓中红细胞分裂停留在巨幼红细胞阶段而成熟受阻，细胞体积增大，不成熟的红细胞增多，同时引起血红蛋白的合成减少，表现为巨幼红细胞贫血。患巨幼红细胞贫血的孕妇易出现胎儿宫内发育迟缓、早产以及新生儿体重较轻。另外，叶酸缺乏还会导致血小板黏附和聚集，易引起动脉粥样硬化及心血管疾病。孕早期缺乏叶酸会导致胎儿神经管畸形。

叶酸缺乏在一般人群还表现为衰弱、精神萎靡、健忘、失眠、阵发性欣快症、胃肠道功能紊乱和舌炎等。儿童叶酸缺乏可见有生长发育不良状况。

大剂量服用叶酸对人体有危害，易诱发病人惊厥；导致锌缺乏，使胎儿发育迟缓、体重较轻等。

4. 稳定性

叶酸对热、光、酸性溶液不稳定，可被阳光和高温分解，在无氧条件下对碱稳定，有氧时碱水解可裂开侧链产生对氨基苯甲酰谷氨酸和蝶呤 – 6 – 羧酸。有氧时酸水解产生 6 – 甲基蝶呤。叶酸的多谷氨酸衍生物在空气中可被碱水解产生叶酸和谷氨酸。叶酸溶液可被日光分解产生对氨基苯甲酰谷氨酸和蝶呤 – 6 – 羧醛，此 6 – 羧醛经辐射产生 6 – 羧酸，而后再脱羧产生蝶呤。这些反应被核黄素和黄素单核苷酸所催化。

二氢叶酸（FH2）和四氢叶酸（FH4）在空气中易氧化。四氢叶酸在中性溶液中也易氧化，同时形成对氨基苯甲酰谷氨酸和几种蝶呤，其中包括黄蝶呤、6 – 甲基蝶呤和蝶呤。此外，还有四氢叶酸和叶酸。四氢叶酸在空气中的氧化作用，当有硫醇、半胱氨酸或抗坏血酸盐共存时可大大下降。二氢叶酸比四氢叶酸更稳定一些，但也可氧化降解。二氢叶酸在酸性溶液中比碱性溶液中易氧化，氧化产物是对氨基苯甲酰谷氨酸和 7, 8 – 二氢蝶呤 – 6 – 羧醛。还原剂如硫醇或抗坏血酸盐同样可阻止氧化。

5. 加工影响

叶酸衍生物在加工食品中的损失程度和机理尚不清楚。对乳品的加工和贮存研究表明，叶酸的钝化过程主要是氧化。叶酸的破坏与抗坏血酸的破坏相平行，而所添加的抗坏血酸可保护叶酸。此两种维生素都可被乳的去氧合作用（deoxygenation）而增加稳定性。但是二者在室温（15~19℃）下贮存14d后都有下降。

牛乳的高温短时间消毒（92℃，2~3s）使总叶酸损失约12%，预热乳通入蒸汽快速灭菌（143℃，3~4s）则仅损失总叶酸7%。

关于叶酸在不同食品加工中的损失如表7-9所示。

表7-9 叶酸在不同食品加工中的损失

名称	加工方法	叶酸活性损失/%	名称	加工方法	叶酸活性损失/%
鸡蛋	油炸	18~24	番茄汁		
	煮				
	炒		（美国产）	罐头	50
泡菜	发酵	无		暗处贮存1年	7
肝	蒸煮	无		亮处贮存1年	30
拟庸鲽	蒸煮	46	玉米	精制	66
菜花	煮	69	面粉	碾磨	20~80
胡萝卜	煮	79	肉蔬菜	罐藏1.5年	可忽略
肉	γ辐射	无		罐藏3年	可忽略
葡萄柚汁	罐头	可忽略		罐藏5年	可忽略

此外，有报告称蔬菜中的叶酸在冷藏2周后其含量损失极少，但在室温下贮存3d后即可损失50%以上。

6. 摄入量及食物来源

由于叶酸的重要，特别是其与出生缺陷、心血管疾病等密切有关，故叶酸的摄入越来越引起人们的重视。通常，人体叶酸的营养状况一般以血清或红细胞中叶酸的含量为评价指标，成人维持DNA正常合成的最低需要量平均为60μg/d。食物中叶酸含量甚微，且其生物利用率仅约50%。若以叶酸补充剂的形式添加并与膳食混合食用，则其生物利用率为85%，是单纯来自食物中叶酸利用率的1.7倍（85/50）。此时膳食中的叶酸当量为：

$$膳食叶酸当量（DFE，μg）= [膳食叶酸（μg）+ 1.7 × 叶酸补充剂（μg）]$$

由此，通过计算平均需要量再进而确定叶酸的推荐摄入量。又由于大剂量服用叶酸时可产生一定的毒副作用，如影响锌的吸收、导致锌缺乏以及掩盖维生素B_{12}缺乏的早期表现而导致神经系统受损等，故叶酸的摄入应有其安全上限值。美国规定其每日摄入量的安全上限为1mg，并规定了叶酸强化主食的安全上限。

中国营养学会根据我国情况并参照国外研究资料提出中国居民膳食叶酸推荐摄入量如表7-10所示。

表 7 - 10 　　　　中国居民膳食叶酸推荐摄入量（RNI）或适宜摄入量（AI）　　　单位：ρg/d

年龄/岁	推荐摄入量[1]（膳食叶酸当量）	可耐受最高摄入量[2]	年龄/岁	推荐摄入量（膳食叶酸当量）	可耐受最高摄入量
0 ~	65（AI）	—	11 ~	350	800
0.5 ~	100（AI）	—	14 ~	400	900
1 ~	160	300	18 -	400	1000
4 ~	190	400	孕妇	600	1000
7 ~	250	600	乳母	550	1000

注：①推荐摄入量以膳食叶酸当量表示，其中 1 岁以前婴儿为适宜摄入量。

②可耐受最高摄入量指合成叶酸补充剂或食品强化剂的摄入量上限，不包括食物。

引自：《中国居民膳食营养素参考摄入量表》（DRIs 2013）。

叶酸广泛分布于动、植物食品中，动物肝脏、豆类、各种绿叶蔬菜含量较多，例如猪肝含 236μg/100g，黄豆含 381μg/100g，菠菜含 347μg/100g。谷类和其他蔬菜、水果含量较少，而肉、鱼、乳等含量很少。

八、 泛酸

1. 结构

泛酸广泛分布于自然界，又名遍多酸。它是由 β - 丙氨酸借肽键与 α、γ - 二羟 - β - β - 甲基丁酸缩合而成。在动、植物组织中全部用来构成辅酶 A 和酰基载体蛋白。泛酸有两种异构体，但天然存在并具有生物活性的仅为 R - 对映体，通常称为"D（+）- 泛酸"。

2. 生理作用

由于泛酸的生理活性形式是辅酶 A 和酰基载体蛋白，其作为乙酰基或脂酰基的载体与对于脂肪酸的合成与降解、膜磷蛋白（包括神经鞘脂蛋白）的合成、氨基酸的氧化降解都是必需的。

$$HOH_2C-\underset{\underset{CH_3}{|}}{\overset{\overset{CH_3}{|}}{C}}-\underset{\underset{OH}{|}}{CH}-\overset{\overset{O}{||}}{C}-NH-CH_2CH_2COOH$$

泛酸

3. 缺乏与过量

泛酸的缺乏可引起机体代谢障碍，常见的影响是脂肪合成减少和能量产生不足。虽然人类在营养上需要泛酸，但因其广泛存在于动植物食品中，并且肠内细菌也能合成供人利用，故很少见有缺乏症。

目前尚未见泛酸摄入过量引起的毒副反应的报道。

4. 稳定性

泛酸在中性溶液中耐热，pH 5 ~ 7 时最稳定。它对酸和碱都很敏感，其酸性或碱性水溶液对热不稳定，碱水解产生 β - 丙氨酸和泛解酸（2，4 - 二羟基 - 3，3 - 二甲基丁酸），而酸水解可产生泛解酸的 γ - 内酯。但是，泛酸对氧化剂和还原剂极为稳定。

5. 加工影响

关于食品加工对泛酸的影响，据报告，从对 507 种加工食品的泛酸含量分析中得知：动物性的罐头食品损失 20%～35%，植物性食品损失 46%～78%。冷冻食品中泛酸的损失也很大，其中动物性食品为 21%～70%，植物性食品为 37%～57%。水果和果汁经冷冻和制罐头后的泛酸损失分别为 7% 和 50%。加工和精制的谷类损失 37%～74%，加工肉损失 50%～75%。

牛奶加工期间泛酸的损失通常小于 10%。干酪的损失一般比鲜乳小。

6. 摄入量及食物来源

由于缺乏足够和必要的资料，各国均未曾提出过泛酸的供给量标准。中国营养学会参考有关资料提出中国居民膳食泛酸的适宜摄入量（AI）为青少年及成人 5.0mg/d，孕妇 6.0mg/d，乳母 7.0mg/d（附录一）。

泛酸广泛存在于各种动、植物食品中，其最主要的来源是肉类（心、肝、肾特别丰富）、蘑菇、鸡蛋、花茎甘蓝和某些酵母。其中肝、肾、酵母、鸡蛋黄和花茎甘蓝的泛酸含量，至少可达每克干重 50μg 以上。全谷也是泛酸的良好来源，但大部分在加工过程中丢失。牛奶也含有丰富的泛酸。其含量类似人乳，为 48～245μg/100mL。泛酸最丰富的天然来源是蜂王浆和金枪鱼、鳕鱼的鱼子酱，其中蜂王浆的含量可高达 511μg/g，而两种鱼的鱼子酱为 2.32mg/g。

九、 生物素

1. 结构

生物素又称维生素 B_7、维生素 H 或辅酶 R。其化学结构中具有双环和 3 个手性中心，因而有 8 种可能的立体异构体。但是，只有 D-生物素是天然存在并具有生物活性的形式。通常，人们所说的生物素即 D-生物素。此外，生物素的衍生物 $\varepsilon-N-$生物素酰基赖氨酸，或称为生物胞素，也具有大致相同的生物素活性。

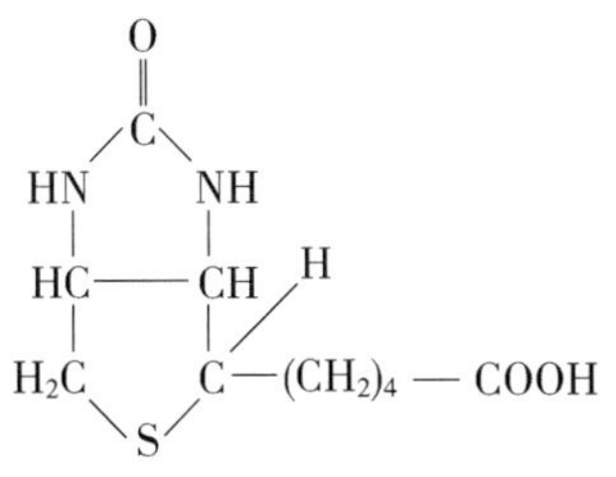

生物素 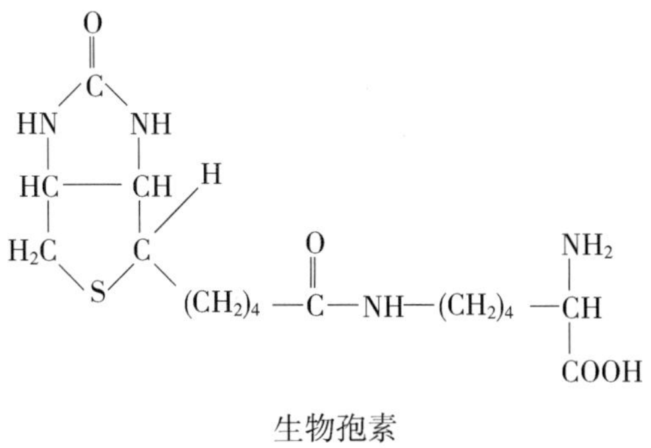   生物胞素

2. 生理作用

生物素是机体羧化酶和脱羧酶的辅酶，参与氨基酸、碳水化合物和脂类的代谢，并在上述物质代谢和能量代谢中有很重要的作用。

3. 缺乏和过量

人和动物罕见有生物素缺乏，这是因为肠道细菌可以合成生物素，并提供相当可观的数量。不过，长期摄食生鸡蛋的人可有缺乏。这主要是生鸡蛋中的抗生物素蛋白与生物素高度特异结合，进而阻止食物中生物素和体内肠道细菌合成生物素的吸收所致。然而，该抗生物素是一种糖蛋白，一经加热变性即可失去作用。

目前尚未发现有生物素对人体的毒副作用。

4. 稳定性及加工影响

生物素对热、光、空气，以及中等程度的酸液都很稳定，对碱性溶液直到 pH 9 都还稳定（最适 pH 5~8），过高或过低的 pH 可导致生物素失活。这可能是其酰胺键水解的结果。高锰酸钾或过氧化氢可使生物素中的硫氧化产生亚砜或砜，而亚硝酸能与生物素作用生成亚硝基衍生物，破坏其生物活性。据报告，人乳中的生物素可在室温下一周，5℃一个月或 −20℃一年半保持其浓度不变。从现有的资料看，生物素在食品加工和烹调期间非常稳定。

5. 摄入量及食物来源

中国营养学会制订的中国居民膳食生物素适宜摄入量（AI）依不同年龄而异，成人为 40mg/d（附录一）。

生物素广泛存在于天然动、植物食品中。其含量相对丰富的有乳类、鸡蛋（蛋黄）、酵母、肝脏和绿叶蔬菜。其中鸡蛋的含量为 20μg/100g，酿酒酵母可高达 80μg/100g。谷物中的生物素含量不高且生物利用率低，如小麦含生物素 10.1μg/100g，几乎完全不能利用。

十、 胆碱

1. 结构

胆碱是卵磷脂和鞘磷脂的组成成分。卵磷脂是磷脂酰胆碱（胆碱磷脂），广泛存在于动、植物食品之中。其组成成分为（β−羟乙基）三甲基氨的氢氧化物，为离子化合物。

$$\text{HOCH}_2\text{CH}_2\overset{+}{\text{N}}\begin{matrix}\text{CH}_3\\ -\text{CH}_3\\ \text{CH}_3\end{matrix}$$

胆碱

2. 生理作用

胆碱的生理作用和磷脂的作用密切相关，并通过磷脂的形式来实现，例如作为生物膜的重要成分。它是机体甲基的来源和乙酰胆碱的前体，用以促进脂肪代谢和转甲基作用，以及促进大脑发育、提高记忆能力和保证讯息传递等。

3. 缺乏和过量

人类自身可以合成胆碱，故未在人体见有胆碱缺乏症状。但婴幼儿合成能力低，常有进行营养强化的必要。

目前尚未有观察到通过膳食摄入过量胆碱对人产生毒副作用。

4. 稳定性及加工影响

胆碱是一种强有机碱，易与酸反应生成稳定的盐，如氯化胆碱和酒石酸胆碱。它们常被用于婴幼儿食品的营养强化。胆碱在强碱条件下不稳定，但它对热相当稳定，因而在食品加工和烹调过程中很少损失。它亦耐贮存，在干燥环境条件下即使是长期贮存，其在食品中的含量几乎没有变化。

5. 摄入量及食物来源

中国营养学会新近制订的膳食胆碱适宜摄入量（AI）和可耐受最高摄入量（UL）依不同

年龄组而异，成人分别为 400mg/d（女），500mg/d（男）和 3.0g/d（附录一）。

胆碱广泛存在于各种动、植物食品中，肝脏、花生、麦胚、大豆中含量丰富，蔬菜中莴苣、菜花中含量也不少。其中莴苣的含量每 100g 可达 586mg，花生为 992mg，而牛肝的含量则更高，为 1166mg。一般的蔬菜、水果则较低，如黄瓜每 100g 含量为 44mg，橘子为 40mg。

第三节 脂溶性维生素

一、 维生素 A

维生素 A 又称视黄醇，实际包括所有具有视黄醇生物活性的化合物。

1. 结构

视黄醇是由 β - 紫罗酮环与不饱和一元醇所组成（如结构图所示）。它既可以游离醇存在，也可与脂肪酸酯化，或者以醛或酸的形式出现。此外，在 3 - 位上脱氢的视黄醇也有维生素活性，视黄醇为维生素 A_1，3 - 脱氢视黄醇是维生素 A_2。前者存在于哺乳动物及咸水鱼的肝脏中，后者存在于淡水鱼的肝脏内。

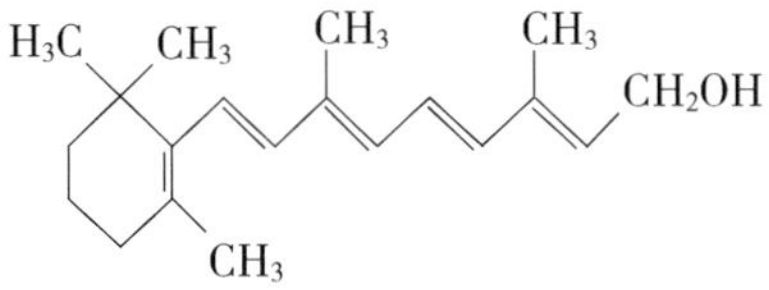

维生素A(视黄醇)

植物和真菌中有许多类胡萝卜素被动物摄食后可转变成维生素 A，并具有维生素 A 活性。它们被称为维生素 A 原。其中 β - 胡萝卜素最有效，它可产生 2 个等效的维生素 A。现将食物中常见的一些类胡萝卜素的结构及其相对的生物活性列于表 7 - 11。

表 7 - 11　　　　　　　　一些类胡萝卜素的结构和维生素 A 原活性比较

名称	结构	相对活性
β - 胡萝卜素（广泛分布）	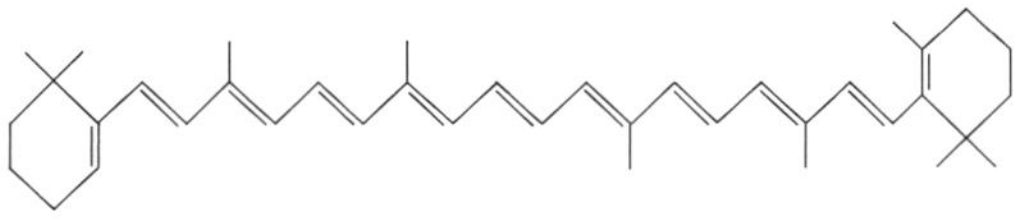	+ + + +
β - 阿朴 - 8′ - 胡萝卜素醛	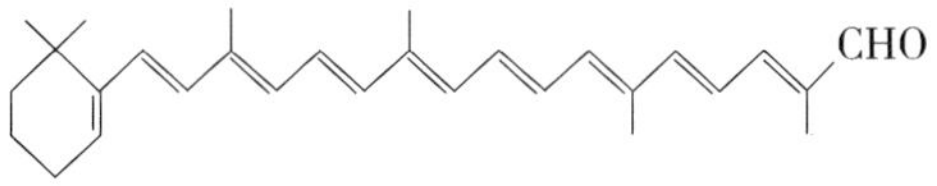	+ + +
α - 胡萝卜素（广泛分布）	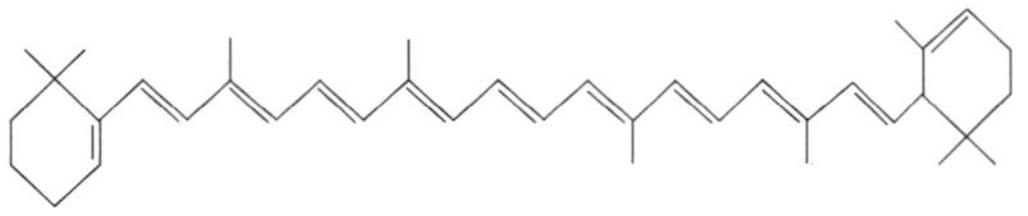	+ +

续表

名称	结构	相对活性
隐黄质（橙）	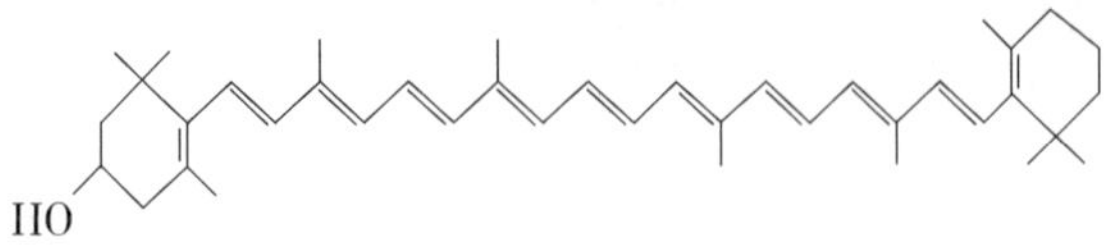	−
海胆酮（海胆）	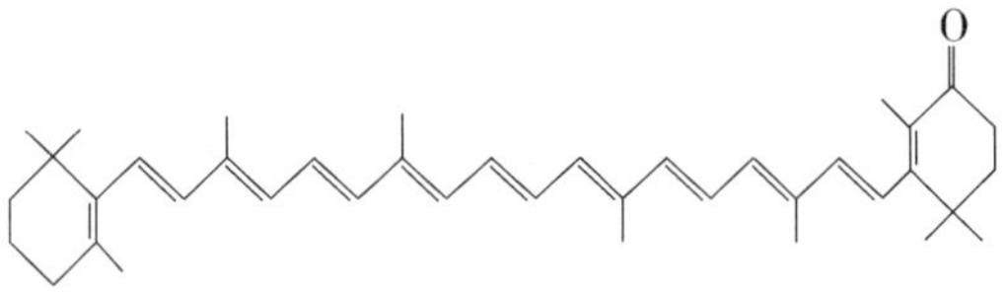	−
虾红素（甲壳类动物）	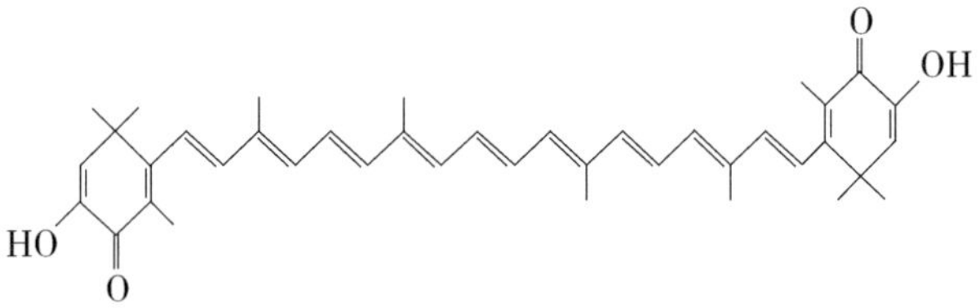	−
番茄红素（番茄）	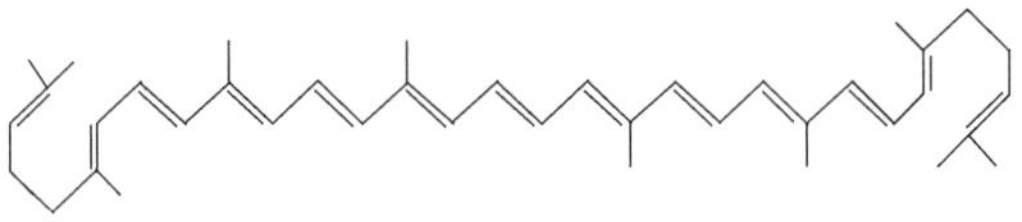	−

2. 生理作用

（1）维持正常视觉　维生素 A 与正常视觉能力有密切关系。维生素 A 在体内参与眼球视网膜细胞内视紫红质的合成与再生，维持正常视力。人从亮处进入暗处，因视紫红质消失，最初看不清楚任何物体，经过一段时间，当视紫红质再生到一定水平时才逐渐恢复视觉，这一过程称为"暗适应"。如果维生素 A 摄入充足，视网膜细胞中视紫红质容易合成，暗适应能力强；如果维生素 A 缺乏，暗适应能力差，严重时可导致夜盲症，古称"雀蒙眼"。患夜盲症时，结膜干燥角化，形成眼干燥症（干眼病），进一步可致角膜软化、溃疡、穿孔而致失明。

（2）维持上皮组织正常生长与分化　维生素 A 对上皮组织的正常形成、发育与维持非常重要，缺乏时可引起上皮组织的改变，如皮肤干燥，毛囊角化，鼻、咽、喉和其他呼吸道以及消化、泌尿、生殖系统的黏膜角质化，局部抵抗力降低，引起感染。

（3）促进生长发育　维生素 A 可促进儿童的生长发育。当维生素 A 缺乏时，儿童生长停滞、发育迟缓、骨骼发育不良。孕早期缺乏维生素 A 还会引起早产、分娩低体重儿等。

（4）抑癌作用　近年来研究证明，维生素 A、β-胡萝卜素能防治某些肿瘤，尤其是对于上皮组织肿瘤的防治效果明显。

（5）维持机体正常免疫功能　维生素 A 通过调节细胞免疫和体液免疫来提高免疫功能，其机理可能与增强巨噬细胞和自然杀伤细胞的活力以及改变淋巴细胞的生长或分化有关。研究促进生长发育结果表明，维生素 A 缺乏会影响抗体的生成从而使机体抵抗力下降。

3. 缺乏和过量

食物中的维生素 A 由小肠吸收，在黏膜细胞内与脂肪酸结合成酯后掺入乳糜微粒，由淋巴运走，被肝脏摄取并贮存，当机体需要时向血中释放。

维生素 A 缺乏是许多发展中国家的一个主要公共卫生问题，发生率相当高，甚至在非洲和亚洲许多发展中国家的部分地区呈地方性流行。

维生素 A 缺乏的早期症状是暗适应能力下降，严重者可致夜盲症；其最明显的症状是干眼病，即眼结膜和角膜上皮组织变性，泪腺分泌减少，眼睛干燥，怕光、流泪、发炎、疼痛，严重者甚至失明。

此外，维生素 A 缺乏还会引起机体不同组织上皮干燥、增生及角化等。例如，皮脂腺及汗腺角化导致皮肤干燥；毛囊周围角化过度，发生毛囊丘疹与毛发脱落；呼吸、消化、泌尿、生殖上皮细胞角化变性，易被细菌感染。维生素 A 缺乏还会导致血红蛋白合成代谢障碍、免疫功能低下、儿童生长发育迟缓。

维生素 A 缺乏好发于婴幼儿和儿童，因为孕妇血中的维生素 A 不易通过胎盘屏障进入胎儿体内，所以初生儿体内维生素 A 储存量低，易缺乏。另外，血吸虫病、饮酒以及某些消耗性疾病（如麻疹、肺结核、肺炎、猩红热等）和消化道疾病（如胆囊炎、胰腺炎、肝硬化、胆管阻塞、慢性腹泻等）也会影响维生素 A 的吸收与代谢，同样很容易伴发维生素 A 缺乏。

维生素 A 摄入过量可引起急、慢性中毒和致畸。急性中毒通常发生在一次或多次连续摄入大量的维生素 A，如大于 RDA 的 100 倍（成人）或大于 RDA 的 20 倍（儿童）。急性中毒的早期症状为恶心、呕吐、头疼、眩晕、视觉模糊、肌肉失调、婴儿囟门突起，随着摄入量的增加会出现嗜睡、厌食、少动、反复呕吐。极大剂量（12g，RDA 的 13000 倍）的维生素 A 可以致命。

慢性中毒比急性中毒常见，当维生素 A 摄入量超过 RDA 的 10 倍时即可发生，常见症状是头痛、食欲降低、脱发、肝大、长骨末端外周部分疼痛、肌肉疼痛及僵硬、皮肤干燥瘙痒、复视、出血、呕吐和昏迷等。维生素 A 摄入过量还可导致孕妇流产和胎儿畸形。在妊娠早期孕妇如果每日大剂量摄入维生素 A，娩出畸形儿的相对危险度为 25.6%。

维生素 A 中毒主要由于摄入过多的维生素 A 浓缩制剂或鲨鱼肝、狗肝、熊肝引起，一般普通食物不会导致维生素 A 中毒。类胡萝卜素因为转变为维生素 A 的速率慢且其吸收率随着类胡萝卜素的摄入量增加而逐渐减少，所以大量摄入类胡萝卜素通常不会中毒，但会出现高胡萝卜素血症，即皮肤出现类似黄疸的现象，停止食用后症状会慢慢消失，未发现其他毒性。

4. 稳定性

维生素 A 对空气、紫外线和氧化剂都很敏感。高温和金属离子的催化作用都可加速其分解。在低 pH 下的部分异构化作用也会损失部分维生素 A 活性，因顺式异构体的活性比反式异构体低。

人们从食品中摄取的大多数是维生素 A 原。维生素 A 原在食品加工和贮存时可有许多破坏途径，这取决于其反应条件，现摘要示于图 7-3。缺氧时可有许多热转化，尤其是顺-反异构作用。这在烹调和蔬菜罐头中已经证明。其总的损失可能是 5%~40%，依温度、时间和类胡萝卜素的性质不同而不同。高温时 β-胡萝卜素可碎裂产生许多不同的芳烃，最主要的是紫罗烯。

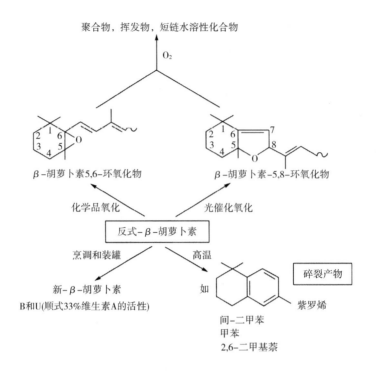

图 7-3 β-胡萝卜素的降解

有氧时类胡萝卜素受光、酶以及与脂类氢过氧化物在一起时的共氧化刺激而产生广泛的损失。β-胡萝卜素的化学品氧化似乎主要产生 β-胡萝卜素 5，6-环氧化物，后来异构化成 5，8-环氧化物。光催化氧化则主要产生 5，8-环氧化物。这些主要氧化产物进一步碎裂，可产生类似于脂肪酸氧化后所得到的那些复杂化合物，维生素 A 的氧化可使其完全失活。

脱水食品在贮存时维生素 A 和维生素 A 原的活性易受损失，因为它更易氧化。不同脱水过程所致维生素 A 原总的损失如表 7-12 所示。由表可见，传统空气干燥时胡萝卜中 β-胡萝卜素的损失比冷冻真空干燥的大得多。

表 7-12　　　　　　　　　脱水熟胡萝卜中 β-胡萝卜素的含量

脱水方式	含量/（mg/kg 固体）	脱水方式	含量/（mg/kg 固体）
新鲜	980~1860	冷冻真空干燥	870~1125
爆筒干燥	805~1060	传统空气干燥	636~987

维生素 A 损失的速度受酶、水分活度、贮存大气和温度所影响，如脂肪氧化时那样。一般说来类胡萝卜素的稳定性与特定食品中不饱和脂肪酸的稳定性一致。添加抗氧化剂可增加维生素 A 和胡萝卜素的稳定性，供食品营养强化用的维生素 A 棕榈酸酯比维生素 A 乙酸酯更稳定。

5. 摄入量及食物来源

血中维生素 A 的含量可评定人体维生素 A 营养状况，成人血清维生素 A 的正常含量范围为 $20~50\mu g/100mL$。一般认为若低于 $10\mu g/100mL$，即可出现维生素 A 缺乏症。我国成人维生素 A 的最低生理需要量不应低于 $300\mu g/d$，适宜的供给量应在 $600~1000\mu g/d$。1988 年我国修订的成人每日供给量标准为 800μg，比前略有减少，但此量与国际上的规定一致。

我国人民膳食中维生素 A 的主要来源为胡萝卜素。考虑到胡萝卜素的利用率不很稳定，因此，曾建议供给量中至少应有 1/3 来自视黄醇，即来自动物性食品的维生素 A 应有 267μg，而其余的 2/3 可为 β-胡萝卜素。由于胡萝卜素的吸收和在体内的转换关系，来自植物性食品的 β-胡萝卜素应为 $534 \times 6 = 3204$μg，即 3.2mg。

中国营养学会根据我国调查研究情况并参考国外有关资料，2013 制订的中国居民膳食维生素 A 推荐摄入量（RNI）如表 7-13 所示。

表 7-13　　　　　　　　中国居民膳食维生素 A 推荐摄入量（RNI）

年龄/岁	推荐摄入量[1]/($μg\ RAE^{[2]}/d$)	年龄/岁	推荐摄入量[1]/($μg\ RAE^{[2]}/d$)
0 ~	300	14 ~	男 820　女 630
0.5 ~	350	18 ~	男 800　女 700
1 ~	310	孕妇	
		初期	700
4 ~	360	中期	770
7 ~	500	后期	770
11 ~	男 670　女 630	乳母	1300

注：①建议儿童及成人膳食维生素 A 有 1/3 ~ 1/2 以上来自动物性食物；但孕妇膳食维生素 A 来源应
　　以植物性食物为主。
　　②RAE：视黄醇。

此外，为了确保绝大多数人维生素 A 的摄入量不会产生毒副作用，中国营养学会还初步推荐维生素 A（不包括胡萝卜素）的可耐受最高摄入量（UL）为：成人 3000μg，孕妇 3000μg。

维生素 A 只存在于动物性食品中，最好的来源是各种动物的肝脏、鱼肝油、奶油和蛋黄等；植物性食物中只能提供类胡萝卜素，在深色蔬菜和水果中含量较高，如冬寒菜、菠菜、苜蓿、空心菜、莴笋叶、胡萝卜、豌豆苗、红心红薯、辣椒，以及芒果、杏子、柿子等。

除了从膳食中注意维生素 A 的摄入外，还可补充维生素制剂，但要控制剂量。

二、　维生素 D

1. 结构

维生素 D 是类固醇的衍生物。具有维生素 D 活性的化合物约 10 种，主要的是维生素 D_1（麦角钙化醇）和维生素 D_3（胆钙化醇）。二者的结构十分相似，维生素 D_2 比维生素 D_3 在侧链上多一个双键和甲基。

维生素 D_2　　　　　　　　　　　　维生素 D_3

维生素 D 也存在维生素 D 原，或称前体，可由光转变成维生素 D。植物中的麦角固醇在日光或紫外线照射后可以转变成维生素 D_2，故麦角固醇可称为维生素 D_2 原；人体皮下存在 7 - 脱氢胆固醇，在日光或紫外线照射下可以转变为维生素 D_3，故 7 - 脱氢胆固醇可称为维生素 D_3 原。由此可见多晒太阳是防止维生素 D 缺乏的方法之一。

2. 生理作用

（1）促进钙、磷在肠道内的吸收和肾小管内的重吸收　维生素 D 在肝脏内被氧化为 25 - 羟胆钙化醇，再在肾脏中被转化为 1，25 - 二羟胆钙化醇后才有生理活性。1，25 - 二羟胆钙化醇在肠黏膜上皮可诱发特异性钙结合蛋白的合成，促进钙的主动转运，促进肾脏对钙磷的重吸收，并与甲状旁腺素共同作用，调节血钙保持正常水平。

（2）促进骨骼和牙齿的正常生长与矿物化　人体中的维生素 D 能促进骨骼和牙齿的正常生长与矿物化，并不断更新以维持其正常生长。

3. 缺乏与过量

（1）维生素 D 缺乏症　维生素 D 缺乏将降低钙、磷吸收，血钙水平下降，造成骨骼和牙齿的矿物化异常。不同年龄表现症状各不相同，婴幼儿会引起佝偻病，成人发生骨质软化症，老年人发生骨质疏松症。

佝偻病是婴幼儿因严重缺乏维生素 D 和钙、磷而患的疾病。患者表现出以下几种症状：骨骼变软和弯曲变形，下肢呈 "X" 或 "O" 形腿；胸骨外凸呈 "鸡胸"，肋骨与肋软骨连接处形成 "肋骨串珠"；囟门闭合延迟、骨盆变窄和脊柱弯曲；腹部膨出；牙齿萌出推迟，恒齿稀疏、凹陷，易患龋齿。

骨质软化症常见于成人，尤其是孕妇和乳母，表现为骨质软化、易变形，孕妇骨盆变形可致难产。在 17~19 世纪，英国孕妇因维生素 D 缺乏致骨质软化症，使母婴死亡率增高，故一度曾流行使用剖腹产手术。

50 岁以上老人，尤其是绝经后的女性，骨矿物质密度逐渐降低，易发生骨折。其病因是老年人由于肝肾功能降低、胃肠吸收欠佳、户外活动减少，故体内维生素 D 含量较低。

维生素 D、钙缺乏，甲状旁腺功能失调等导致血清钙水平降低时可引起手足痉挛症，表现为肌肉痉挛、小腿抽筋、惊厥等。

（2）维生素 D 过量　不同的人群对维生素 D 的耐受性不同。虽然尚未确定维生素 D 的中毒剂量，但摄入过量的维生素 D（超过 2000IU/d）可使钙吸收增加，血钙过多，并在动脉、心肌、肺、肾、气管等软组织内沉积。轻度中毒症状为食欲不振、体重减轻、恶心、呕吐、腹泻、头痛、多尿、烦渴、发热；重度中毒可导致死亡。

妊娠期和婴儿初期过多摄入维生素 D 还会导致婴儿体重偏低以及智力发育不良。预防维生素 D 中毒最有效的方法是避免滥用。

4. 稳定性

维生素 D 很稳定，它能耐高温，且不易氧化，例如在 130℃ 加热 90min 仍有生理活性。但是它对光敏感，易受紫外线照射而破坏，通常的贮藏、加工或烹调不影响其生理活性。

5. 摄入量及食物来源

人体维生素 D 的确切需要量尚未确定。由于人类维生素 D 的主要来源并非食物，而是皮下 7 - 脱氢胆固醇经紫外线照射转变而来，故一般成人若不是生活或工作在长期不能接触直射日光的环境中，则无须另外补充。据报告，在南北 45° 纬度之间的多数地区，手臂和面部暴露于阳光约 30min 便可获得人体全天所需的维生素 D。但是婴幼儿因户外活动少，特别是冬天日照短，不能获得充分的日照时，易患维生素 D 缺乏症（佝偻病），故应有所摄入。

FAO/WHO 专家委员会建议的每日供给量标准为：6 岁以内儿童和孕妇、乳母 $10\mu g$ 维生素 D_3，其他人均为 $2.5\mu g$ 维生素 D_3，我国 1988 年修订的维生素 D 的每日供给量标准：儿童、孕妇、乳母和老人为 $10\mu g$，其他人为 $5\mu g$。中国营养学会 2013 年制订的中国居民膳食维生素 D 的推荐摄入量（RNI）对 10 岁以内，50 岁以下的人群和孕妇、乳母为 $10\mu g/d$，50 岁以上人群 $15\mu g/d$（附录一）。

此外，尽管通常食物来源的维生素 D 不致过量中毒，但是，过量摄入人工强化的维生素 D 可产生一定的毒副作用（尤其是对婴幼儿）。为了避免此等现象发生，中国营养学会建议我国儿童和成人的维生素 D 可耐受最高摄入量为 $20\sim50\mu g/d$（$1\mu g = 40IU$）。

维生素 D 主要存在于动物性食品中，其中以海水鱼的肝脏含量最为丰富。比目鱼肝脏每 100g 的含量可高达 $500\sim1000\mu g$。通常的鱼肝油含约 $210\mu g$，禽畜肝脏及蛋、奶也含少量维生素 D_3，每 100g 的含量在 $1\mu g$ 以下，谷物、蔬菜、水果则几乎不含维生素 D。一般情况下要单从天然食物中取得足够的维生素 D 不很容易、尤其是婴幼儿，故应注意进行日光浴，使机体尽量多合成维生素 D_3。

三、　维生素 E

1. 结构

维生素 E 是具有 α - 生育酚生物活性的生育酚和三烯生育酚及其衍生物的总称。它们都是苯并二氢吡喃的衍生物。生育酚有一个饱和的 16 碳侧链，并在 2、4 和 8 位有三个不对称中心，在 R1，R2 和 R3 处以甲基作不同取代，故可有 α -，β -，γ -，δ - 生育酚的不同。三烯生育酚与生育酚不同之处，在于其 16 碳侧链上的 3、7 和 11 位有三个不饱和双键。它们的化学结构不同，其维生素 E 的生物活性也不相同。

生育酚

三烯生育酚

苯并二氢吡喃

	R_1	R_2	R_3	相对生物活性
α-生育酚	CH_3	CH_3	CH_3	1
β-生育酚	CH_3	H	CH_3	0.5
γ-生育酚	H	CH_3	CH_3	0.1
δ-生育酚	H	H	CH_3	很小

天然存在的 α-生育酚分布最广，活性最强。其三个旋光异构位的构型均为 R 型（以 *RRR* 表示），活性以 *RRR*-α-生育酚当量（α-TEs）表示，1mgα-生育酚相当于1mg 的 *RRR*-α-生育酚的活性，α-三烯生育酚的生物活性约为 α-生育酚的 0.3。

人工合成的 α-生育酚是上述八种异构体的混合物，从其旋光特性命名为全消旋-α-生育酚。其相对生物活性为天然 α-生育酚的74%。人们通常使用的 α-生育酚乙酸酯和 α-生育酚琥珀酸酯，其相对生物活性分别相当于 α-生育酚的 0.67 和 0.60。

维生素 E 的活性除可以 *RRR*-α-生育酚当量（α-TE）表示外，还可以国际单位（IU）表示，上述不同形式生育酚活性单位的换算如表 7-14 所示。

表 7-14　　　　　　　　　　各种形式生育酚的单位换算

名称	*RRR*-α-生育酚当量/（α-TEs/mg）	国际单位/IU
α-生育酚	1.00	1.49
α-生育酚乙酸酯	0.91	1.36
α-生育酚琥珀酸酯	0.81	1.21
dl-α-生育酚	0.74	1.10
dl-α-生育酚乙酸酯	0.67	1.00
dl-α-生育酚琥珀酸酯	0.60	0.89
β-生育酚	0.50	0.75
γ-生育酚	0.10	0.15
α-三烯生育酚	0.30	0.45

2. 生理作用

维生素 E 和其他脂溶性维生素一样，随脂肪一道由肠吸收，经淋巴进入血液。吸收时也需胆汁存在，吸收后可贮存于肝脏，也可存留于脂肪、肌肉组织，当膳食中缺少时可供使用。

维生素 E 具有抗氧化作用，是机体很好的抗氧化剂。它可保护维生素 A、维生素 C 以及不饱和脂肪酸等免受氧化破坏，也可保护细胞膜结构等的完整。至于维生素 E 在人体内的确切功能作用尽管尚需进一步研究，但近年来不少人认为由于其抗氧化作用可以减少氧化型低密度脂蛋白的形成、稳定细胞膜结构、抑制血小板在血管壁表面的聚集等，进而具有抗动脉粥样硬化的作用。此外，由于其可以阻断致癌的自由基反应，抵御过氧化物对细胞膜的攻击等，因而具有一定的抗癌作用。还有人认为它与机体的抗衰老作用有关。

3. 缺乏和过量

人体在正常情况下很少出现维生素 E 缺乏，原因是：①维生素 E 在食物中存在广泛；②维生素 E 几乎储存于体内各个器官组织中；③维生素 E 不易被排出体外。但是，低体重的早产儿和脂肪吸收障碍的患者可出现维生素 E 缺乏。

长期缺乏维生素 E 时可出现溶血性贫血、视网膜退变、肌无力、小脑共济失调等。

由于维生素 E 是脂溶性的，可在体内蓄积，但毒性相对较小。大剂量摄入维生素 E（每日摄入 800mg~3.2g）有可能出现中毒症状，表现为视觉模糊、恶心、腹泻、头痛和极度疲惫等。婴幼儿大量摄入维生素 E 还易引起坏死性小肠结肠炎。

4. 稳定性

维生素 E 在无氧条件下对热稳定，即使加热至 200℃ 也不会被破坏。但它对氧十分敏感，易氧化破坏。金属离子如 Fe^{2+} 等可促其氧化。此外，它对碱和紫外线也较敏感。凡引起类脂部分分离、脱除的任何加工、精制，或者脂肪氧化时都可能引起维生素 E 的损失。但罐装灭菌等无氧加工对维生素 E 的活性影响很小。

由于维生素 E 对氧敏感，易被氧化，尤其是未酯化的 α-生育酚可与过氧化自由基作用，生成氢过氧化物和 α-生育酚自由基，后者较不活泼，可通过生成二聚生育酚和三聚生育酚而终止自由基反应，在食品加工时起到很好的抗氧化作用，常作为食品抗氧化剂应用。三烯生育酚的抗氧化作用可比生育酚高。此外，α-生育酚的酯类如 α-生育酚乙酸酯和琥珀酸酯对氧化作用可有较强的抵抗力，因而在油脂烹调加工时所遇到的高温也更稳定。

5. 摄入量及食物来源

维生素 E 的需要量问题尚未肯定。FAO/WHO 专家委员会未订出维生素 E 的每日供给量标准。中国营养学会建议成人以 700mg α-TE 作为可耐受最高摄入量（UL），儿童可能对各种副作用更为敏感，详见附表一。

维生素 E 广泛分布于动、植物性食品之中，它不集中于肝脏，与维生素 A、维生素 D 不同。鱼肝油富含维生素 A、维生素 D，但不含维生素 E。人体所需维生素 E 大多来自谷类与食用油脂。各种植物油脂是维生素 E 的良好来源。肉类、水产、禽、蛋、乳、豆、水果，以及几乎所有的绿叶蔬菜等都含有一定量的维生素 E（表 7-15）。

表 7-15　　　　　　　　　　各类食物维生素 E 含量代表值　　　　　　　单位：mg/100g 食物

食物组	总生育酚	α-生育酚	$\beta + \gamma$ 生育酚	β-生育酚
谷类	0.96	0.495	0.180	0.154
豆类	4.92	0.717	2.631	1.303
蔬菜	0.75	0.466	0.102	0.156
水果	0.56	0.381	0.130	0.030
肉类	0.42	0.308	0.097	0.010
乳类	0.26	0.087	0.112	0.021
蛋类	2.05	1.637	0.409	0
水产类	1.25	0.817	0.190	0.248
食用油脂	72.37	8.17	28.33	9.739

引自：《中国居民膳食指南》，2016。

四、 维生素 K

1. 结构

维生素 K 是所有具有叶绿醌生物活性的 α-甲基-1,4-萘醌衍生物的统称。天然维生素 K 有两种：维生素 K_1 存在于绿叶植物中，称为叶绿醌；维生素 K_2 存在于发酵食品中，是由细菌所合成，同时可由包括人类肠道细菌在内的许多微生物合成。此外，还有两种人工合成的具有维生素 K 活性的物质。一种是 α-甲基-1,4-萘醌，它是天然维生素 K 的基础结构，称为

维生素 K_3。另一种是二乙酰甲萘醌，称为维生素 K_4。维生素 K 在体内可转变成维生素 K_2，其功效是维生素 K_1 和维生素 K_2 的 2～3 倍。

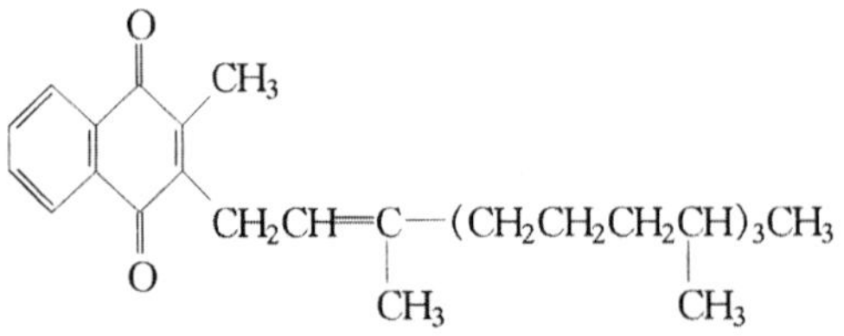

维生素 K_1

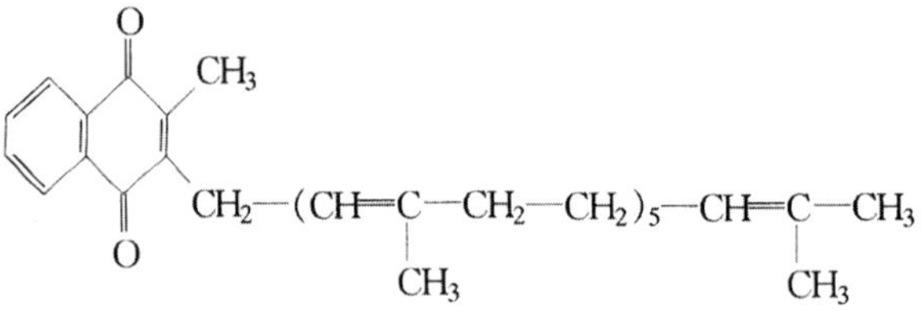

维生素 K_2

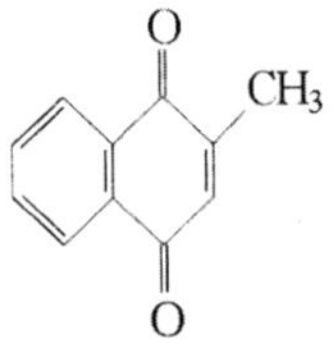

维生素 K_3

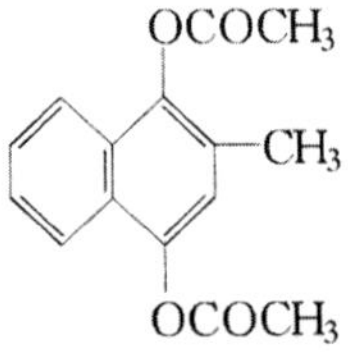

维生素 K_4

2. 生理作用

维生素 K 的作用主要是促进肝脏生成凝血酶原，从而具有促进凝血的作用。现已查明肝脏中存在凝血酶原前体，它并无凝血作用，维生素 K 的作用在于将此凝血酶原前体转变成凝血酶原，此即凝血酶原前体在维生素 K 的影响下将末端氨基酸残基中的谷氨酸全部羧化为 γ-羧基谷氨酸残基并最终进行凝血作用。

3. 缺乏和过量

维生素 K 的吸收需要胆汁和胰液。用标记的叶绿醌实验证明，正常人维生素 K 的吸收率约为 80%。脂肪吸收不良的患者，其吸收率为 20%～30%，被吸收的维生素 K 经淋巴进入血液，摄入后 1～2h 在肝内大量出现，其他组织如肾、心、皮肤及肌肉内亦有增加，24h 后下降。人体肠道细菌可合成维生素 K，并部分被人体利用。

缺乏维生素 K 会减少机体中凝血酶原的合成，导致凝血时间延长，出血不止，即便是轻微的创伤或挫伤也可能引起血管破裂。出现皮下出血以及肌肉及内脏器官或组织的出血、尿血、贫血甚至死亡。

天然形式的维生素 K_1 和维生素 K_2 不产生毒性，食物来源的甲萘醌毒性很低，但由于其与巯基反应而具有毒性，能引起婴儿溶血性贫血、高胆红素血症和核黄疸症。

4. 稳定性

维生素 K 对热、空气和水分都很稳定。但易被光和碱所破坏。由于它不是水溶性物质，在一般的食品加工中也很少损失。目前关于维生素 K 在食品加工、保藏等过程中的研究报告其少。已知某些还原剂可将维生素 K 的醌式结构还原为氢醌结构，但这并不影响其维生素活性。

5. 摄入量及食物来源

人体对维生素 K 的需要量为 1μg/（kg 体重·d）。FAO/WHO 专家委员会未提出维生素 K 的供给量标准。美国 1989 年提出的标准为成年男子 80μg/d，成年女子 65μg/d。中国营养学会考虑到我国尚缺乏有关中国居民维生素 K 的人群摄入量资料和营养状况的实验数据，而维生素 K 的安全摄入范围较宽（至今尚未见有长期大剂量摄入叶绿醌会引起任何中毒症状，动物摄入相当于每日需要量的 1000 倍剂量时也未见不良反应），又由于叶绿醌广泛存在于绿叶蔬菜和植物油中，从我国现在的膳食结构来看，推测中国人的维生素 K 摄入量应高于美国人水平，故暂时提出我国居民膳食维生素 K 的适宜摄入量（AI），对成年人为 80μg/d。

维生素 K 在食物中分布很广，以绿叶蔬菜的含量最为丰富，每 100g 可提供 50～800μg 的维生素 K，是最好的食物来源。一些植物油和蛋黄等也是维生素 K 的良好来源，而肉、鱼、乳等含量较少。至于人体肠道细菌合成的维生素 K，目前认为并非人体需要的主要来源。

第四节　维生素在食品加工时的损失情况

各种加工食品通过清洗、整理，或者钝化某些抗营养物等增加其可利用性。但是，维生素和矿物质在加工中均可有某种程度的损失。食品加工操作可引起食品中多种维生素的损失，其损失程度取决于特定维生素对操作条件的敏感性。导致维生素损失的主要因素有：①氧化（在空气中）；②加热（包括温度和时间）；③金属离子的影响；④pH；⑤酶的作用；⑥水分；⑦照射（光或电离辐射）。以及上述两种或两种以上因素的综合作用。

维生素的损失除了食品加工因素的影响之外，还受加工前各种因素所影响。这包括食品原料的品种、成熟度、土壤、肥料、气候、水分、光照、采收，以及动物的饲养管理和宰后处理等。据报告，在同样条件下生长的 15 个青豆栽培品种，它们在以下几个方面可有所不同：①维生素 C 含量；②抗坏血酸与脱氢抗坏血酸的比例；③它们进入罐头盐水中的数量；④在罐头制造时所破坏的数量。就此足见影响因素的复杂。至于肉制品则可因动物饲料中维生素含量的差异而有所不同。就食品加工本身来说，加工操作的不同对加工食品维生素含量的影响更大。食品加工方法多种多样，现就几种主要的食品加工操作对维生素影响介绍如下。

一、　清洗与整理

水果和蔬菜通常都要清洗，这一般很少有维生素的损失。但是应注意防止挤压和碰撞，以免引起酶促褐变和损害；也应尽量避免切后再洗致使水溶性维生素丢失。此外，水果和蔬菜大都需要整理或去皮，因而可造成一定的维生素损失。据报告，水果和蔬菜的皮和皮下组织的维生素含量比其他部位高。例如苹果皮中的维生素 C 含量比肉高 3～10 倍；核黄素和烟酸的含量在苹果皮中也稍高；柑橘皮的维生素 C 比汁液含量高。菠萝心的维生素 C 含量则比其外周可食部分高。

蔬菜叶子的维生素含量通常较高，因为这是植物进行光合作用的地方。莴苣和菠菜的外层叶子，其 B 族维生素和维生素 C 比内层叶子高，萎蔫后维生素含量下降。马铃薯表层的维生素含量通常比内部高。胡萝卜的烟酸含量也是这样。显然，上述这些水果、蔬菜的整理和去皮等可有一定的维生素损失。此维生素的损失与食品的质量损失密切有关，而其质量损失又依植物的种类、季节、加工条件和消费者的习俗等而变化。某些植物性食物在预加工时的质量损失如表 7-16 所示。其中菜豆的损失范围很大，主要是"嫩豌豆"可连豆荚一起食用，而老蚕豆则要除去很重的外皮所致。

表 7-16 某些植物性食物预加工时的质量损失

名称	损失/%	名称	损失/%	名称	损失/%
苹果	10	樱桃	5	马铃薯	15 ~ 40
香蕉	30	秋葵	10	抱子甘蓝	20 ~ 40
芒果	35	番茄	10 ~ 15	圆白菜	30 ~ 40
菠萝	50	黄瓜	30	菜豆	5 ~ 70

应当指出，上述这类维生素的损失并非食品加工本身所固有的特性。它们在人们正常的膳食中的作用通常并不重要。

二、 烫漂与沥滤

水果和蔬菜在装罐、冷冻和脱水前大都需要烫漂。烫漂的目的依不同产品和保藏方法而异。在冷冻、脱水干燥前，烫漂是为了钝化引起质量下降的酶；在高压灭菌（装罐）前，烫漂是为了驱除组织中的气体，防止杀菌时鼓罐。

烫漂时维生素的损失可能很大，并受下述因素所影响。

1. 食品单位质量的表面面积

表面面积越大，损失越多。例如菠菜在烫漂时所含维生素的损失就较大，豌豆烫漂时的损失就较小。

2. 产品的成熟度

青豆的成熟度越高，烫漂时维生素 C 和维生素 B_1 的保存越好。例如，在相同温度和时间烫漂，1、2、3 级豆的维生素 C 和维生素 B_1 可有一定损失，而 5、6 级豆基本无损失。

3. 烫漂类型

烫漂可有沸水、蒸汽和微波烫漂之不同。维生素的损失顺序为：沸水 > 蒸汽 > 微波。蒸汽烫漂用空气冷却时无须喷淋或浸渍，其沥滤损失可减到最小；微波烫漂无须加热，这部分损失几乎没有。

4. 烫漂时间和温度

通常短时间高温烫漂较好；烫漂的时间越长，损失越大。例如，将豌豆（1、2、3 级）在 77 ~ 82℃ 和 93℃ 分别烫漂 2.5min，其维生素 C 和维生素 B_1 的保存率分别为 86% 和 91%，若在上述温度下烫漂 8min 则仅分别保存 65% 和 64%。此外，在用青豆进行烫漂的试验中，以 71℃ 和 99℃ 分别烫漂 2min 和 6min，发现维生素 C 在 99℃ 烫漂 2min 的保存率最好。这可能是高温时从烫漂水中驱除氧和钝化酶较好。

5. 冷却方法

如前所述，利用空气冷却的损失比水冷小。

烫漂时维生素的损失主要由食物的切口或对敏感表面的抽提、沥滤，以及水溶性维生素的氧化和加热破坏所引起，这包括水洗、水流槽输送、烫漂、冷却和沥滤等过程。一般来说，烫漂期间水溶性维生素的损失为 0～60%，主要由沥滤和热破坏所致。当用蒸汽或微波烫漂、随后在空气中冷却时可使这一损失减到最小（5%～10%）。

应当指出，尽管烫漂可引起维生素损失，但是烫漂本身却又是食品保藏中保存维生素的一种方法。表 7－17 说明烫漂后的青豆和未烫漂的青豆同在 -20℃ 贮存一年后，前者维生素的保存更好。

表 7－17	烫漂与未烫漂青豆贮存时维生素的损失		单位：%
项目	维生素 C	维生素 B₁	维生素 B₂
未烫漂	90	70	40
烫漂	50	20	30

三、冷冻

冷冻通常认为是保持食品的感官性状、营养质量以及长期保藏食品的最好方法。这在加工工艺上包括预冻结处理、冻结、冻藏和解冻。然而这并不意味着冷冻法最完美，因为某些产品在冷冻过程中仍可有维生素的大量损失。这些损失可以来自物理分离（如预冻结的去皮、修整和解冻时的汁液渗出等）、沥滤（特别是烫漂时的沥滤）或化学降解。至于冷冻本身一般对维生素的损失影响很小。

预冻结期间维生素的损失，只要果蔬采收与动物屠宰之后到冻结之前的贮存时间不长，则损失不大。但是大多数蔬菜在冻结前要烫漂，特别是在沸水中烫漂时，水溶性维生素可有大量损失，已如前述。至于冻结期间维生素的损失一般认为很小，但是猪肉组织的维生素损失颇大。关于冻结期间引起猪肉组织中维生素损失的原因尚有待进一步研究。

冻藏期间食品所含维生素可有大量损失。损失的多少取决于不同的制品、预冻结处理（特别是烫漂）、包装类型（如有无糖浆）、包装材料和贮藏条件等。冻藏温度对维生素 C 的损失影响很大。温度在 -18～-7℃ 范围内，温度上升 10℃ 可引起蔬菜如青豆、菜花、青豌豆和菠菜等的维生素 C 以 6～20 倍的因素（$Q_{10}=6～20$）加速降解。水果中某些桃和草莓等的维生素 C，其降解速度可以 30～70 倍的因素（$Q_{10}=30～70$）增加。这是罕见的对温度的巨大依赖性。因此，冻藏温度应在 -18～-7℃ 的范围以外。这可大大降低维生素 C 的损失。通常将食品冻结到 -18℃ 以下并在该温度中冻藏可较好地保持食品的原始品质，同时可有适当的贮存期。

解冻对维生素损失的影响较小，但可有水溶性维生素随解冻时的渗出物流失。其损失量与渗出的汁液量成正比。

整个冷冻加工维生素的损失依食品原料和食品冷冻方法不同而有所不同。新鲜蔬菜经烫漂、冷冻和在 -18℃ 贮存 6～12 个月后维生素 C 的损失如表 7－18 所示。其中除芦笋损失少、菠菜损失多之外，平均损失约 50%。这些损失多半来自烫漂（特别是沸水烫漂）和长期冻藏。

表 7－18 某些蔬菜冷冻期间维生素 C 的损失[①]

名称	鲜品中的代表值/（mg/100g）	损失率[②]/%
芦笋	33	12 （12～13）[③]
青豆	19	45 （30～68）
青豌豆	27	43 （32～67）
菜豆	29	51 （39～64）
嫩茎菜花	113	49 （35～68）
菜花	78	50 （40～60）
菠菜	51	65 （54～80）

注：①类似商业条件。
②条件：－18℃贮存 6～12 月。
③平均损失率，括号内为损失率的范围。

水果和果汁在整个冷冻期间维生素 C 的损失取决于品种、产品类型（有无糖浆）、汁液的固形物含量和包装形式等。大多数水果在以所推荐的方式加工时，整个冷冻期间维生素 C 的损失低于其原来含量的 30%。浓缩橘汁的损失则低于 5%（表 7－19）。这些损失大多在冻藏时发生。

表 7－19 水果冷冻期间维生素 C 的损失

项目	－18℃贮存期/月	损失率/%
草莓		
44 种商品		45 （9～45）*
加糖草莓片，17 种，金属罐装	5	17 （0～44）
草莓酱，加糖量为 5∶1 或 3∶1	6	16
整草莓，无糖或糖浆，聚乙烯袋装	10	34
部分切片草莓，加糖量为 6∶1，聚乙烯盒装	10	42
柑橘制品		
浓缩橘汁，糖度 42°	9	1
橘汁	6	32
橘瓣	6	31
浓缩葡萄柚汁，糖度 42°Bx	9	5
葡萄柚瓣		
素铁罐	9	4
具糖浆	9	4
糖水杏	5	19
糖水杏（加维生素 C）	5	22
樱桃		

续表

项目	−18℃贮存期/月	损失率/%
去核糖水樱桃，加或不加维生素 C 与柠檬酸	10	19（11~28）
桃		
糖水桃片，12 个品种，加维生素 C	8	23（12~40）
糖水桃片，12 个品种，防水容器装	8	69（38~82）
糖水桃片，玻璃瓶装	5	29

注：＊按维生素 C 的初始含量以 60mg/100g 计。

动物组织解冻期间流失的水溶性营养素很多（可多达 30%），但这也取决于冷冻速率、冻藏温度和解冻操作。其损失与汁液流失的量成正比。从解冻时渗出的固形物成分分析，动物组织损失的蛋白质、氨基酸量不大，主要损失的是 B 族维生素和矿物质。

总之，冷冻食品的维生素损失通常较小。但是水溶性维生素在整个冷冻期间，由于冷冻前的烫漂或者肉类解冻可发生中等、有时甚至大量的维生素损失（10%~44%）。至于冷冻水果的损失则主要是维生素 C 转移到解冻时的渗出物中所致。

四、脱水

脱水是食品保藏的主要方法之一。其原理是脱除食品水分、抑制微生物的腐败作用。应用脱水处理的食品有水果、蔬菜、果汁和肉、鱼、乳、蛋等。脱水之前食品必须经过清洗、整理、烫漂、巴氏消毒和浓缩等过程，在此期间可有营养素破坏，其中清洗、整理和烫漂的损失已如前述。至于巴氏消毒所引起的损失将在加热部分讨论。

工业上有许多不同的食品脱水或干燥方法。日光干燥最为古老，现有的方法如烘房干燥、隧道式干燥、滚筒干燥和喷雾干燥等主要是将热能应用到食品上使水分蒸发的结果。据报告，维生素 C 在上述各种脱水过程中都不稳定，损失量为 10%~50%。至于冷冻干燥或冷冻升华干燥，因其在低温和高真空条件下进行，故对食品的营养素如维生素 C 无不良作用。

脱水时最不稳定的维生素似乎是维生素 C，其降解反应对加工温度和食品的水分活度非常敏感。黏度也是控制维生素 C 降解的重要因素，黏度越高，损失率越低。此时，高温快速干燥比低温缓慢干燥的损失低。维生素在脱水蔬菜中的损失范围可以很低，也可以几乎完全破坏。这与脱水前的加工处理和所用脱水方法密切有关，通常低温和真空干燥对维生素的损失较小。

B 族维生素中硫胺素通常对温度最敏感。它在中性和高 pH 时稳定性不好。乳在喷雾干燥时维生素 B_1 约损失 10%，滚筒干燥时损失更大，约 15%。蛋在喷雾干燥时维生素 B_1 的损失与成品水分含量有关，水分高则损失大。蔬菜烫漂后进行空气干燥时维生素 B_1 的平均损失范围从豆类的 5% 到马铃薯的 25% 和胡萝卜的 29%。冷冻干燥的鸡、猪肉和牛肉的维生素 B_1 损失平均约 5%。其他水溶性维生素在不同的脱水干燥时也有一定程度的损失，仅烟酸例外。烟酸对热稳定，无明显损失。

脂溶性维生素的破坏与脂类氧化的机理相似，维生素 A、维生素 E 和胡萝卜素都不同程度地受脱水所影响，其损失量依产品特性而异。维生素 A 和胡萝卜素为反式构型时生物活性最大，任何能引起它由反式转变为顺式异构体的理化因素如加热等都可影响其生物活性。此外，其分子结构中高度不饱和的双键也使其对自动氧化的破坏作用非常敏感。

维生素 A 和维生素 D 在乳的喷雾干燥、滚筒干燥或蒸发浓缩时损失很小或没有损失。同样，蛋在喷雾干燥时维生素 A 和维生素 D 的损失也小，或无损失。此外，不同干燥方法的影响也不相同。例如用浅盘空气干燥、喷爆干燥和冷冻干燥使胡萝卜脱水时，所引起总 α – 胡萝卜素的损失分别为 26%、19% 和 15%。反式 β – 胡萝卜素的损失前二者约 40%，后者约 20%。冷冻干燥的橘汁和喷雾干燥的强化乳粉，其维生素 A 和胡萝卜素的损失可以忽略不计（<10%）。

维生素 E 有天然抗氧化的性质，关于它在脱水期间的损失，报告不多。其稳定性通常取决于脱水过程的干燥温度、时间，有无氧气以及产品矿物质的含量等。

五、加热

热加工是延长食品保藏期最重要的方法，也是食品加工中应用最多的一种方法。工业上的热加工包括烹调、烫漂、巴氏消毒和杀菌等。烹调又包括烧、烤、煎、炸、蒸、煮、炖等。尽管热加工可延长食品的保存、有利于制品的感官性状（改善色、香、味等），以及增加消化、吸收等，但是，不管具体的加热方法如何，热加工期间均可有维生素的损失。这取决于：①食品和维生素的不同；②热加工的温度和时间关系；③传热速度；④食品的 pH；⑤加热期间的氧量；⑥有无金属离子催化剂等。

食品种类不同，其所含维生素在食品加工中的损失也不相同。菠菜的表面积较大，其维生素的损失较多。不同维生素在食品热加工中的损失也不相同，损失范围可从 0 ~ 90%。其中维生素 C 和维生素 B_1 对热最不稳定。维生素 B_2、烟酸、生物素、维生素 K 等通常较稳定，但也可能有一定损失。一些蔬菜的罐头生产期间的维生素损失如表 7 – 20 所示。这些数值是整个罐头生产期间的损失，包括原料的清洗、整理和烫漂。其中维生素 C 和维生素 B_1 损失最大。不过上述两种维生素在酸性食品番茄中的损失很少。

表 7 – 20　　　　　　　　某些蔬菜罐头生产期间维生素的损失　　　　　　　单位：%

产品名称	维生素 C	维生素 B_1	维生素 B_2	维生素 B_6	烟酸	泛酸	叶酸	生物素	维生素 A
芦笋	54.5	66.7	55.0	64.0	46.6	—	75.2	0	43.3
菜豆	75.9	83.3	66.7	47.1	64.2	72.3	61.8	—	55.2
青豆	78.9	62.5	63.6	50.0	40.0	60.5	57.1	—	51.7
青豌豆	66.7	74.2	64.3	68.8	69.0	80.0	58.8	77.7	29.7
甜菜	70.0	66.7	60.0	9.1	75.0	33.3	80.0	—	50.0
胡萝卜	75.0	66.7	60.0	80.0	33.3	53.6	58.8	40.0	9.1
玉米	58.3	80.0	58.3	0	47.1	59.2	72.5	63.3	32.5
蘑菇	33.3	80.0	45.6	—	52.3	54.5	83.8	54.4	—
菠菜	72.5	80.0	50.0	75.0	50.0	78.3	34.7	66.7	32.1
番茄	26.1	16.7	25.0	—	0	30.3	53.75	65.0	0

目前人们多采用高温短时间加热、搅动高压蒸汽灭菌和降低容器的含氧量等，尽量把营养素的损失减到最小。虽然这些因素可以不同程度地减少热破坏作用，但是加热仍然是导致食品维生素损失的最重要因素。

牛乳和果汁通常用高温短时间（HTST）巴氏消毒。近来对乳还采用超高温（UTH）杀菌。这些方法可大大降低维生素的损失。脂溶性维生素（维生素 A、维生素 D、维生素 E、维生素 K）在 HTST 巴氏消毒或 UHT 杀菌期间较稳定，很少或没有损失。但是在空气中延长对乳的高温加热时间可有一定的维生素损失。

水溶性维生素在乳的巴氏消毒时，HTST 操作仅维生素 B_1、维生素 B_{12}、叶酸和维生素 C 有一定损失（0~10%），而 UHT 杀菌时维生素 B_2、维生素 B_6 和维生素 B_{12} 的破坏增加（表 7-21）。

表 7-21　　　　　　　　　　不同热加工时牛乳维生素的损失　　　　　　　　单位：%

名称	维生素 B_1	维生素 B_2	维生素 B_6	烟酸	泛酸	叶酸	生物素	维生素 B_{12}	维生素 C	维生素 A	维生素 D
巴氏消毒（低温）（63℃，30min）	10	0	20	0	0	10	0	10	20	0	0
巴氏消毒（HIST）（72℃，15s）	10	0	0	0	0	10	0	10	10	0	0
超高温杀菌	10	10	20	0	?	<10	0	20	10	0	0
瓶装杀菌	35	0	—*	0	?	50	0	90	50	0	0
浓缩	40	0	—*	?	?	?	10	90	60	0	0
加糖浓缩	10	0	0	?	?	?	10	30	15	0	0
滚筒干燥	15	0	0	?	?	?	10	30	30	0	0
喷雾干燥	10	0	0	?	?	?	10	20	20	0	0

注：? 表示可能有光引起的某些损失。

*表示生物可利用性有显著损失。

通常，热处理温度越高、加热时间越长，某些维生素如 B_1、维生素 B_{12} 和维生素 C 的损失也越大。其他的维生素如维生素 B_2、维生素 B_6、烟酸、生物素、维生素 A 和维生素 D 等在一般加工条件下影响较小。而瓶装乳杀菌和浓缩时维生素的损失要大得多，主要因为热加工时间长。乳在喷雾干燥时维生素的损失比滚筒干燥小，也是由于热加工的温度和时间的关系影响所致。

六、 食品添加剂

在食品加工中为了防止食品的腐败变质和提高其感官性状等，常常添加一定的食品添加剂，其中有的对维生素也有一定影响。例如，氧化剂通常对维生素 A、维生素 C 和维生素 E 有破坏作用。因此，在面粉中加入溴酸钾等改良剂时可因其所具有的氧化作用而致使某些维生素失去活性。同样，经过自然氧化的陈年面粉也有类似的损失。

有的食品添加剂对某些维生素有保护作用，而对另一种维生素可具有破坏作用。例如，亚硫酸盐（或 SO_2）常用来防止水果、蔬菜的酶促褐变和非酶褐变。它作为还原剂可保护维生素 C，但是作为亲核试剂（亲核试剂：提供电子对的原子或原子团）则对维生素 B_1 有害，它可破坏硫胺素分子中噻唑和嘧啶部分之间的甲烯桥。

亚硝酸盐常用于肉类的发色和保藏。它既可直接添加，也可由微生物还原硝酸盐而成。此外某些含硝酸盐较多的植物如菠菜和甜菜等也可能由于微生物的活动而含有亚硝酸盐。亚硝酸盐可迅速与维生素 C 反应，并且也能引起类胡萝卜素、维生素 A 原、维生素 B_1，以及还可能有叶酸的破坏。此时亚硝酸盐是作为氧化剂。

亚硝酸盐与维生素 C 的反应与 pH 密切有关，在 pH 6 以上反应速度可以忽略不计。pH 接近或低于 3.4 则反应迅速。由于亚硝酸盐可与维生素 C 反应，因此在用亚硝酸盐腌制的食品中添加维生素 C 具有防止形成亚硝胺的作用。

七、 辐射

辐射是新发展起来的食品保藏方法，也是人类和平利用原子能的一个方面。它是利用原子能射线如 ^{60}Co 等对食品原料及其制品进行灭菌、杀虫、抑制发芽和延期后熟等以便延长食品的保存期，并尽量减少食品和营养素的损失。由于食品辐射时温度基本不上升，可保留较多营养素而有冷灭菌之称。通常，食品辐射按其目的与剂量的不同分为三种：剂量在 5kCy（戈瑞）以下称辐射防腐（radurization），以杀灭部分腐败菌，延长保存期为目的；剂量在 5～10kGy 称辐射消毒（radicidation），以消除无芽孢致病菌为目的；剂量达 10～50kGy 称辐射灭菌（radappertization），目的是杀灭物料中一切微生物。早已确认任何食品辐射的总剂量不超过 10kGy 时不存在毒性危险，不会产生感生射线，也不会带来特殊的营养问题，至于剂量超过 10kGy 则食品可产生明显感官性质变化，乃至不可食用。通常应用时的辐射剂量都在 10kGy 以下。

但是，辐射对营养素，特别是对维生素也有一定的影响。水溶性维生素对辐射的敏感性主要取决于它们是处在水溶液中还是在食品中，或者他们是否受食品中其他化学物质所保护，其中包括维生素彼此的保护作用。自由基、过氧化物和羰基可与维生素反应并起到破坏作用。

维生素 C 对辐射很敏感，其损害程度随辐射剂量的增大而加剧。这主要是因为它和水受辐射时分解的自由基发生反应的结果。食品在冷冻状态下辐射时，水分子的自由基流动性小，故维生素 C 破坏少。据报告，食品辐射剂量在 5kGy 以下时维生素 C 的损失通常在 20%～30% 以下。由于辐射还可使抗坏血酸转变成脱氢抗坏血酸，后者也有一定的生物活性，故实际破坏较少。

维生素 B_1 是 B 族维生素中对辐射最不稳定的维生素。同样，它在冰冻状态下破坏甚少。通常它在食品辐射时所受到的破坏与食品热加工时相当。据报告维生素 B_1 在热加工的食品中破坏约 65%，而在辐射加工的食品中破坏约 63%。

维生素 B_2 及其他 B 族维生素受辐射的影响都比维生素 B_1 小。同样烟酸尽管在水溶液中比在食品中对辐射更敏感，但其影响远比维生素 B_1 和维生素 B_2 小。对多种食品来说，即使辐射剂量高达 55.8kGy 烟酸也无多大影响。但是，当它与维生素 C 共存时可被迅速降解破坏。例如，烟酸在桃中的损失就可高达 50%。当面粉用 0.3～0.5kGy 辐射时可有少量烟酸损失。然而用辐射过的面粉烤制面包时烟酸的含量可有增高，这有可能是面粉经辐射、加热处理时烟酸从结合型变成游离型所致。

脂溶性维生素对辐射也敏感，其中以维生素 E 最为显著。它们对辐射敏感性的大小依次排列如下：维生素 E ＞ 胡萝卜素 ＞ 维生素 A ＞ 维生素 D ＞ 维生素 K。

维生素 A 在辐射时的损失不仅取决于辐射剂量，而且也与食品成分有关。牛乳经 4.8kGy 辐射时维生素 A 可有明显损失。鲜乳的损失比其他的乳制品如淡炼乳、奶油和干酪等高。这可能与其水分含量有关。此外，某些损失是由于顺反异构而并非降解。维生素 D 经 10kGy 以上的剂量辐射仍很稳定。至于维生素 E 虽是脂溶性维生素中最不稳定者，但利用低温、真空包装或充氮包装可减少其损失。

关于辐射时其他物质（包括维生素）对维生素的保护作用在维生素 C 和烟酸共存时非常明显。当二者分别接受大剂量辐射时，维生素 C 破坏显著，而烟酸则相当稳定。然而当二者在一起时，由于烟酸对活化水分子的竞争、破坏增大，保护了维生素 C 免遭破坏（表 7 - 22）。此外，维生素 C 对维生素 B_2 也有保护作用。

表 7 - 22　　　　　　　维生素 C 和烟酸溶液在不同剂量时的辐射敏感性

名称	辐射剂量/kGy	维生素含量/（μg/mL）	保存率/%
维生素 C	0.1	100	98
	0.25	100	85.6
	0.5	100	68.7
	1.5	100	19.8
	2.0	100	3.5
烟酸	4.0	50	100
	4.0	10	72.0
维生素 C + 烟酸	4.0	10	14.0（烟酸）
			71.8（维生素 C）

八、　包装

包装是食品工业的重要组成部分，其作用主要是保持食品的质量和卫生，不致使包括营养素在内的食品原有成分受到损失，以及方便贮运、促进销售、提高食品商品价值等。常用的食品包装材料和容器主要是：纸和纸包装容器；塑料和塑料包装容器；金属和金属包装容器；复合材料及其包装容器；组合容器；玻璃、陶瓷容器等。其中纸、塑料、金属和玻璃是包装容器的四大支柱材料。不同的包装材料和容器，以及不同的包装方式如普通包装和真空包装等对维生素的损失可有不同的影响。

众所周知，维生素 C 对光和空气都很敏感，易受损失，因而采用真空遮光包装对防止食品中维生素 C 的损失颇为有效。其它对光和氧敏感的维生素也如此。不同的包装材料和容器的透光性和透气性可有不同。据报告，聚乙烯叠层纸板盒在保护维生素免受破坏，防止光线造成液态乳风味恶化方面均优于塑料容器（表 7 - 23）。

表 7 - 23　　　　　　　不同包装时光照液态乳的维生素保存率　　　　　　　单位：%

维生素种类	聚乙烯叠层纸板盒			透明塑料盒		
	黑暗贮存 72h	见光 3h	荧光照射 72h	黑暗贮存 72h	见光 3h	荧光照射 72h
维生素 A	100	100	100	100	90	84
维生素 B_1.	100	100	100	96	96	100
维生素 B_2	100	100	100	100	71	91
维生素 C	79	77	67	80	4	4
叶酸	91	91	100	87	87	89

九、 贮存

贮存对新鲜和加工食品营养价值的影响已被重视。过去对食品价值的衡量是以感官质量和是否有微生物或昆虫等的污染、侵扰等为标准，并不以营养素的保留来确定。实际上，影响感官性状的这些条件同样也影响营养素的保存。贮存（或货架期）时影响食品感官性状或营养价值的最重要条件是温度。其他因素如空气、光照和包装等对某些食品也很重要。

控温试验表明，几乎每种罐头食品在 10~18℃ 贮存 2 年，各种营养素的保存率都大于80% 。在 27℃ 贮存时对某些维生素，特别是维生素 C 和维生素 B_1 不利。高温贮存的影响随产品的性质不同而异，对酸性食品的影响比非酸性食品更为显著。作为酸性食品的橙汁与非酸性食品青豆相比，前者在 27℃ 贮存时维生素 C 的损失比后者严重得多（图 7-4）。维生素 B_1 在此温度下贮存也有类似的情况。维生素 B_2 和胡萝卜素受贮存的影响较小，烟酸在贮存时几乎不受损失。另有报告表明，全麦面粉和精白面粉在 20℃ 贮存一年，其中生育酚损失38% ~40% ，玉米油于 4℃ 贮存 15 个月 α- 和 γ- 生育酚损失 25% ，葵花籽油在同样条件下 α- 生育酚损失 16% ，而花生油在 10℃ 贮存一年生育酚损失可高达 80% 。

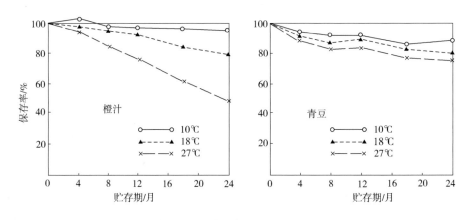

图 7-4　橙汁和青豆贮存期间维生素 C 的保存率

十、 碾磨

碾磨是谷类所特有的加工。谷物是可食用的植物种子颗粒，主要包括小麦、稻谷、玉米、小米、高粱、大麦、燕麦等。现代谷类加工主要是为食品或食品加工提供原料。例如，小麦主要用来生产面粉，并用以制造馒头、面包、饼干、糕点等食品。碾磨本身对整个谷类颗粒和随后的面粉的营养成分影响很小，如全麦粉的营养成分与原粮基本相同。至于面粉与全麦粒之间的差别主要由糠和胚芽等的分离所引起，并取决于其分离程度。糠和胚芽的分离不但降低产量，而且与某些营养成分的损失密切相关（图 7-5）。

小麦磨粉的出粉率在我国主要有两种：富强粉约 70% ，标准粉约 80% 。后者去除的糠和胚芽较少，故出粉率高。出粉率低的富强粉，其脂类、矿物质、纤维和维生素含量显著下降，下降范围 40% ~60% 。这表明小麦的糠和胚芽中维生素等含量丰富。关于小麦磨粉时不同出粉率与各种维生素存留率之间的关系如图 7 - 6 所示。

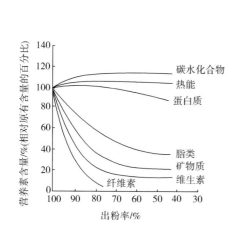

图 7 - 5　小麦出粉率和营养素含量关系

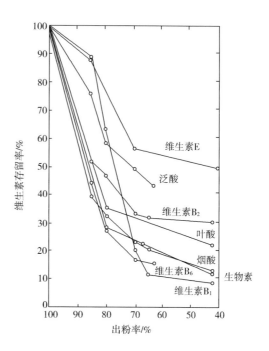

图 7 - 6　面粉出粉率与维生素存留率之间的关系

　　稻谷的加工程度与维生素的存留率也密切相关。加工程度越精,维生素的含量越低。例如稻谷的出米率以糙米为 100% ,其余两种为 94.3% 和 90.2% 时,其维生素 B_1 的含量 (μg/g) 分别为 4.02、2.46 和 1.42。

　　碾磨对米粒中蛋白质、氨基酸的含量也有影响。果种皮、糊粉层、胚和吸收层虽只占米粒质量的 7.27% ~ 8.42% ,但其蛋白质、赖氨酸、甲硫氨酸、缬氨酸和苏氨酸分别占总量的14.05% ~15.77% 、29.0% ~30.5% 、11.83% 、16.75% 和 18.4% 。碾磨后各成分含量改变,其中赖氨酸含量下降最大。白质中的含量已较砻谷机脱壳米下降 11.8% ;出糠量为 7.74% 时赖氨酸下降 14.1% ;去糠量为 11.38% (中白米)时,赖氨酸下降达 16.7% 。

　　总之,食品加工期间维生素将受到一定损失。特别是那些对加工因素很敏感的水溶性维生素的研究中广泛以维生素 C 和维生素 B_1 作为研究对象,主要因为它们是水溶性维生素,易丢失;很敏感,易破坏;并且它们在许多食品中均有存在。如果这些维生素在食品加工中保存很好,则可认为其他维生素的保存也很好。今天食品科学家(包括食品营养学家)面临的困难问题之一,是维生素或其降解产物在复杂的食品中可能相互作用。要完全了解营养素在食品中的稳定性很不容易,因为即使很简单的化合物如还原糖或不饱和脂肪就可以影响蛋白质、维生素和脂类的稳定性。此外,食品 pH 变化也可引起某些维生素生物活性,或者有效性的变化或丧失,更何况如此复杂的食品加工。因此,关于维生素在食品加工时的变化或其稳定性还需做进一步研究。

思考题

1. 水溶性维生素有哪些共同特点？
2. 影响维生素 C 营养功能的因素及在食品加工及保藏过程中的注意事项有哪些？
3. 维生素 D 有哪些生理功能？当机体缺乏时会有哪些问题？
4. 如果提高膳食中维生素 A 的稳定性及摄入量？
5. 维生素在食品加工时一般有哪些损失？

第八章

矿物质和水

[学习指导]

　　本章要求学生理解矿物质的概念和分类，熟悉矿物质和水的功能与来源，掌握几种重要矿物质的生理功能及其缺乏和过量对机体的影响，了解矿物质和水的吸收与排泄及食品加工对矿物质含量的影响。

第一节　矿物质概述

一、矿物质的概念

　　矿物质又称无机盐。人体所有各种元素中，除碳、氢、氧、氮主要以有机化合物形式存在外，其他各种元素无论含量多少统称为矿物质。

　　矿物质可以认为是结晶、均匀的无机化学元素，它们来自土壤。植物从土壤中获得矿物质并贮存于根、茎、叶等中，动物可由吃食植物等得到矿物质，人体内的矿物质则一部分来自作为食物的动、植物组织，一部分来自饮水、食盐和食品添加剂。人体是一个有机生命体，几乎含有自然界存在的各种元素。人体在所有的生命活动过程中，需要有各种物质的参与，这些物质的种类和数量同地球表层的元素组成基本一致。

二、矿物质的分类

　　矿物质与有机营养素不同，它们既不能在人体内合成，除排泄外也不能在体内代谢过程中消失。基于在体内的含量和膳食中的需要量不同，它可分成三类。钙、磷、钾、钠、镁、氯与硫七种元素，含量在体重的 0.01% 以上，人体需要量在 100mg/d 以上，称常量元素或宏量元素，而低于以上数值的其他元素则称为微量元素或痕量元素。

微量元素存在数量很少，但却很重要。其中一些必须通过食物摄入，称为必需微量元素。1973 年 WHO 专家委员会认为有 14 种必需微量元素，即铁、锌、铜、碘、锰、钼、钴、硒、铬、镍、锡、硅、氟、钒。其中后 5 种是在 1970 年前后才确定的。1996 年 FAO/WHO 等国际组织的专家委员会再次界定人体必需微量元素的定义，①人体内的生理活性物质、有机结构中的必需成分；②这种元素必须通过食物摄入，当从饮食中摄入的量减少到某一低限值时，即将导致某一种或某些重要生理功能的损伤。并按其生物学作用分为三类：

（1）人体必需的微量元素共 10 种，包括铜、钴、铬、铁、氟、碘、锰、钼、硒和锌；

（2）人体可能的必需微量元素共 4 种，即硅、镍、硼、钒；

（3）具有潜在毒性，但在低剂量时可能具有人体必需功能的元素为铅、镉、汞、砷、铝、锡和锂。

值得注意的是所有必需元素在摄入过量时都会中毒，必需微量元素的生理作用浓度和中毒剂量间距很小。至于像铅、镉、汞等重金属元素在正常情况下分布比较恒定，通常并不对人体构成威胁。但是，当食物受到"三废"污染，或者在食品加工过程中因设备和食品添加剂的滥用等受到污染而进入食品后可引起人体中毒。

关于矿物质的研究是许多营养学家和其他科学家非常感兴趣的课题，尤其是关于矿物质在体内的作用、需要量以及食品加工对它们的影响等更需要进一步深入研究。许多科学家相信，对矿物质的研究是当代营养学有待征服、也是很吸引人的一个重要方面。

三、 矿物质的功能

矿物质摄食后与水一道吸收，人体矿物质的总量不超过体重的 4% ~5%，各种常量元素和微量元素在体内的分布很不均匀，如钙、磷绝大部分在骨、牙和硬组织中，碘 90% 集中在甲状腺，铁 85% 集中在红细胞，锌集中在肌肉组织等。在人体每天的新陈代谢过程中，通过粪、尿、胆汁、头发、指甲、脱屑等途径都会排出一定量的常量元素和微量元素，因此必须通过膳食和饮水予以补充。

矿物质是机体及现代食品加工不可缺少的成分，其主要功能如下。

1. 机体的重要组成成分

体内矿物质主要存在于骨骼中，并起着维持骨骼刚性的作用。它集中了 99% 的钙与大量的磷和镁。硫和磷还是蛋白质的组成成分。细胞中普遍含有钾，体液中普遍含有钠。

2. 细胞内外液的重要成分

如钾、钠、氯与蛋白质一起共同维持细胞内、外液的渗透压，使组织能贮存一定量的水分，并维持细胞的渗透压，对体液的贮留和移动起重要作用。

3. 维持机体的酸碱平衡

矿物质中由酸性、碱性离子的适当配合，和碳酸盐、磷酸盐以及蛋白质组成一定的缓冲体系可维持机体的酸碱平衡。

4. 保持神经、肌肉的兴奋性

组织液中的矿物质，特别是具有一定比例的 K^+、Na^+、Ca^{2+}、Mg^{2+} 等离子对保持神经、肌肉的兴奋性、细胞膜的通透性，以及所有细胞的正常功能有很重要的作用。如 K^+ 和 Na^+ 可提高神经肌肉的兴奋性，而 Ca^{2+} 和 Mg^{2+} 则可降低其兴奋性。

5. 对机体的某些特殊生理功能有重要作用

某些矿物质元素作为酶系统中的催化剂、辅基、核酸、蛋白质的组成成分，对机体的特殊生理功能有重要作用，如血红蛋白和细胞色素中的铁分别参与氧的运送和组织呼吸、生物氧化；甲状腺中的碘用于合成甲状腺激素促进分解代谢等。

6. 改善食品的感官性状与营养价值

矿物质中有很多是重要的食品添加剂，它们对改善食品的感官质量和营养价值具有很重要的意义。例如，多种磷酸盐对增加肉制品的持水性和结着性，从而对改善其感官性状有利。氯化钙是豆腐的凝固剂，同时可防止果蔬制品软化。此外，儿童、老人和孕妇容易缺钙，同时儿童和孕妇还普遍容易缺铁，故常将一定的钙盐和铁盐用于食品的强化，借以提高食品的营养价值。

四、 矿物质的食物来源

不同食品中矿物质的含量变化很大，这主要取决于生产食品的原料品种的遗传特性，农业生产的土壤、水分或动物饲料等。其他因素也很重要。据报告，影响食品中铜含量的环境因素有：土壤中的铜含量、地理位置、季节、水源、化肥、农药、杀虫剂和杀真菌剂等。经测定，我国不同食物中每 100g 食部的铜含量为：大米 0.30mg，小米 0.54mg，马铃薯 0.12mg，黄豆 1.35m8，油菜 0.06mg，菠菜 0.10mg，桃 0.05mg，梨 0.06mg，猪肉（肥瘦）0.06mg，鸡 0.07mg，带鱼 0.08mg。值得特别提出的是，不同食物受前述因素影响，其每 100g 食部铜含量变化很大，如一般苹果的铜含量为 0.06mg，而红香蕉苹果为 0.22mg，安徽砀山县香玉苹果的每 100g 食部铜含量仅为 0.01mg，彼此相差数倍乃至数十倍。对于动物不同部位的铜含量亦不相同，如前述猪肉每 100g 食部的铜含量为 0.06mg，而猪舌为 0.18mg，猪心为 0.37mg，猪肝则为 0.65mg，彼此差别也很大。关于不同食物中其他矿物质的含量参见附录三。

五、 食品中矿物质的生物有效性

矿物质的生物有效性即矿物质的生物利用率，是指食品中矿物质被机体吸收、利用的比例。机体对食品中矿物质的吸收利用，依赖于食品提供的矿物质总量及可吸收程度，并与机体的机能状态等有关。某一食品中总的矿物质含量尚不足以评价该食品的矿物质的营养价值，因为食品中矿物质元素的含量并不能决定人体的吸收、利用情况，而在较大程度上取决于促进和抑制其吸收的因素。正因为矿物质的生物有效性并非是被检物质的固有特性，所以它可以受诸如矿物质的化学形式、颗粒大小、食品的组成成分、食品加工以及机体的机能状态等因素所影响。

1. 测定方法

测定矿物质生物有效性的方法有化学平衡法、实验动物的生物检验法、离体试验及放射性同位素示踪法等。目前人们广泛应用放射性同位素来测定家畜饲料中矿物质的真实消化率，从而确定其生物有效性。对于人类的矿物质营养问题则大多致力于铁和锌的有效性研究。

在放射性同位素示踪法中尚有内标法与外标法的不同。最初对人类受试者多采用在含放射性铁的介质中生长的植物来制作生物合成的标记食品，或者用放射性示踪物（如 ^{55}Fe 和 ^{59}Fe）在屠宰之前注入动物体内并制备食品，经人体摄食后测定此示踪物的吸收，此即所谓的内标法。外标法是新近在研究铁和锌的吸收时所用的方法，即在摄食前将放射性元素加到食品中，而后再测定其生物有效性。后一方法已经大大扩展到用来测定人体中影响食品生物有效性的因素。

2. 影响因素

影响矿物质生物有效性的因素很多。例如，铁的生物有效性即可受下述因素所影响。

（1）化学形式　二价铁盐或亚铁盐（Fe^{2+}）比三价铁盐（Fe^{3+}）更容易被机体利用。

（2）颗粒大小　颗粒小或溶解度高的铁盐，其生物有效性更高。

（3）食品组成　不同食品成分中的铁，其生物有效性不同，例如动物性食品中的铁（血红素铁）就比植物性食品所含铁（非血红素铁）的生物有效性高。此外，不同的食品组分对铁的吸收、利用有不同的促进或抑制作用。例如维生素 C 可将三价铁还原成二价铁，且可与之形成可溶性络合物而促进铁的吸收。某些配位体如乳酸盐、柠檬酸、氨基酸、肌苷等能与铁螯合形成小分子质量的可溶性单体，阻止铁沉淀，形成多聚体，有利并促进铁的吸收。而磷酸盐、草酸盐和植酸盐等可与铁结合，降低其溶解度，从而降低铁的吸收。蛋黄中铁含量虽高（每 100g 约含 7mg），但由于其中存在较高的卵黄磷蛋白而明显抑制铁的吸收，从而降低其铁的生物有效性。钙盐或乳制品中的钙亦可明显降低铁的吸收及其生物有效性。

（4）食品加工　食品加工对铁的生物有效性可有一定影响，例如饼干在焙烤后可使在面粉中强化的二价铁盐变成三价铁盐，从而降低铁的生物有效性。在食品加工中去除植酸盐或添加维生素 C 均对铁的生物有效性有利。据报告，食品中添加维生素 C 可使铁的生物利用率提高 5～10 倍。

（5）生理因素　人体的机能状态对铁的吸收、利用影响很大。缺铁性贫血患者或缺铁的受试者对食品中铁的吸收增加，用放射性铁的试验研究表明，正常成年男女的膳食铁吸收为 1%～12%，缺铁受试者的铁吸收可高达 45%～64%。妇女的铁吸收可能比男子更大，而小孩随着年龄的增长，其铁吸收下降。

六、　食品的成酸与成碱作用

食品的成酸、成碱作用是指摄入的食物经过机体代谢成为体液的酸性物质或碱性物质来源的过程。体内的成碱物质只能直接从食物中吸取，而成酸物质既可以来自食物，也可以通过食物在体内代谢的中间产物和终产物的形式提供。

成酸食品通常含有丰富的蛋白质、脂肪和糖类。它们含成酸元素（Cl、S、P）较多，在体内代谢后形成成酸性物质，肉类、鱼类、蛋类及其制品即为成酸性食品，可降低血液等的 pH。蔬菜、水果等含丰富的 K、Na、Ca、Mg 等元素，在体内代谢后则生成碱性物质，能阻止血液等向酸性方面变化，故蔬菜、水果称为成碱性食品。通常，人们摄食各类食品的比例应适当，以便有利于维持机体正常的酸碱平衡。若肉、鱼等成酸性食品摄食过多，可导致体内酸性物质过多，引起酸过剩，并大量消耗体内的固定碱。但食用蔬菜、甘薯、马铃薯及柑橘之类的水果等，由于它们的成碱作用，可以消除机体中过剩的酸，降低尿的酸度，增加尿酸的溶解度，因而减少尿酸在膀胱中形成结石的可能。

应当指出，并非具有酸味的食品是成酸性食品。食品中的酸味物质是有机酸类，如水果中的柠檬酸及其钾盐，虽离解度低，但在体内可彻底氧化，柠檬酸可最后生成 CO_2 和 H_2O，而在体内留下碱性元素。故此类具有酸味的食品是成碱性食品。

第二节　重要的矿物质元素

一、钙

1. 含量与分布

钙是人体中含量最丰富的矿物质元素，其量仅次于氧、碳、氢、氮，而居体内元素的第五位，但却是以元素起作用的第一位。成人体内含钙总量约为 1200g，占体重的 1.5% ~2% 。

2. 生理功能

（1）形成与维持骨骼和牙齿的结构　钙是骨骼和牙齿的重要成分，人体中的钙 99% 存在于骨骼和牙齿等硬组织中，主要为羟基磷灰石 $[3Ca_3 (PO_4)_2 \cdot Ca (OH)_2]$，在正常情况下，1% 的钙与柠檬酸和蛋白质结合或以离子状态存在于软组织、细胞外液及血液中，称为混溶钙池。骨骼通过成骨作用（即新骨不断生成）和溶骨作用（即旧骨不断吸收），使其各种组分与血液间保持动态平衡，这一过程称为骨的重建（remodeling），即骨中的钙不断从破骨细胞中释出进入混溶钙池，而混溶钙池中的钙又不断沉积于成骨细胞中。

（2）维持神经和肌肉活动　分布在体液和其他组织中的钙，虽然还不到体内总钙量的 1% ，但在机体内多方面的生理活动和生物化学过程中起着重要的调节作用。Ca^{2+} 同神经肌肉的兴奋、神经冲动的传导、心脏的正常搏动等生理活动都有非常密切的关系。红细胞、心肌、肝和神经等细胞膜上有钙的结合部分，当 Ca^{2+} 从这些部位释放时，细胞膜的结构与功能发生变化，如对钾、钠等离子的通透性改变。血清 Ca^{2+} 浓度降低时，神经肌肉兴奋性增加，可引起手足抽搐，而 Ca^{2+} 浓度过高时，则可损害肌肉的收缩功能，引起心脏和呼吸衰竭。也有研究表明高血压同钙不足有关。

（3）参与凝血功能　已知有 4 种维生素 K 与钙结合并参与血液凝固过程，即在钙离子存在下，使可溶性纤维蛋白转变成纤维蛋白形成凝血。

（4）其他生理功能　Ca^{2+} 在体内还参与调节和激活多种酶的活性作用，如 ATP 酶、脂肪氧化酶、蛋白质分解酶、钙调蛋白等。此外，钙对细胞功能的维持、细胞的吞噬、激素的分泌也有影响。

3. 缺乏与过量

钙的摄入量过低可导致钙缺乏症，主要表现为骨骼的病变，即儿童时期的佝偻病和成年人的骨质疏松症。

钙过量对机体可产生不利的影响，包括以下几种：

（1）增加肾结石的危险。

（2）乳碱综合征，典型症候群包括高钙血症、碱中毒和肾功能障碍。急性发作成纤维高钙血症和碱中毒，特征是易兴奋、头疼、眩晕、恶心和呕吐、虚弱、肌痛和冷漠，严重者出现记忆丧失、嗜睡和昏迷。

（3）过量的钙干扰其他矿物质的吸收和利用：钙和铁、锌、镁、磷等元素存在相互作用，如钙可以明显抑制铁的吸收；高钙膳食会降低锌的生物利用率；钙/镁比大于 5 时可导致镁缺乏。

4. 吸收与排泄

人体对钙的吸收当摄入量多时大部分通过被动的离子扩散吸收。而当机体的需要量大或摄入量少时，肠道对钙的吸收是逆浓度梯度主动进行的。但钙的摄入与吸收并不成比例。通常摄入量增大时钙吸收率降低，且吸收还很不完全，有 70% ~80% 不被吸收而由粪便排出。

钙的吸收还与年龄、个体机能状态有关。年龄大，钙吸收率低；胃酸缺乏、腹泻等降低钙的吸收，但若机体缺钙，则吸收率较大。

此外，尚有许多因素可促进钙的吸收。维生素 D 可促进钙的吸收，从而使血钙升高并促进骨中钙的沉积。能降低肠道 pH 或增加钙溶解度的膳食，均能促进钙吸收，如乳糖可降低 pH 或同钙结合而促进钙的吸收；赖氨酸、色氨酸、精氨酸等也可与钙形成可溶性钙盐而有利于其吸收。而在肠道中与钙形成不可溶性物质则会干扰钙的吸收，如谷类中的植酸，菠菜、苋菜、竹笋中的草酸都会同钙形成植酸钙和草酸钙而不能吸收，脂肪摄入过高，可因大量脂肪酸与钙结合成不溶性皂化物从粪便排出，此过程尚可引起脂溶性维生素（如维生素 D）的丧失。此外，食物纤维也可影响钙的吸收，这可能是食物纤维中的糖醛酸残基与钙结合所致。使胃肠道 pH 升高的药物如抗酸药、四环素、肝素等都会使钙吸收减少。膳食成分对钙吸收利用的影响见表 8－1。

表 8－1　　　　　　　　膳食成分对钙吸收利用的影响

提高吸收利用	降低吸收利用	无作用
乳糖	植酸盐	磷
蛋白质	膳食纤维	
赖氨酸、色氨酸、精氨酸等氨基酸	草酸盐	维生素 C
维生素 D	脂肪	柠檬酸
	乙醇	果胶

钙的排泄主要通过肠道与泌尿系统，少量也可从汗液中排出，一般为每天 200mg，高温时可达 1g，每天可排出 150~300mg。肠道排出的钙，每天 100~150mg，一部分是未被吸收的膳食钙；另一部分为由消化液分泌至肠道而未被重吸收的钙，称为内源性钙。肾是钙排出的主要器官，每天从肾小球滤过的钙总量可达 10g，正常人每天从尿中排出 160~200mg，最多能达 500mg。乳母平均每日可在泌乳时排出钙 100~300mg。补液、酸中毒、高蛋白膳食以及甲状腺素、肾上腺皮质激素、甲状腺素或维生素 D 过多等，均可使钙排出增多。

5. 需要量与食物来源

中国营养学会新近提出的我国居民膳食钙推荐摄入量（RNI）：成年男女为 800~1000mg/d，乳母为 1000mg/d。钙的可耐受最高摄入量（UL）在参考美国资料的基础上定为 2000mg/d（附录一）。

食物中钙的来源以乳及乳制品为最好，它不但含量丰富，而且吸收率高，是婴幼儿最理想的钙源。发酵酸乳更有利于钙的吸收。虾皮、小鱼、海带发菜等含钙丰富。蔬菜、豆类和油料种子含钙也较多，至于谷类、肉类、水果等食物含钙较少，且谷类等植物性食品含植酸较多，其钙不易吸收（应注意消除其不利吸收的因素，如进行烫漂等）。蛋类的钙主要存在于蛋黄中，因有卵黄磷蛋白之故，吸收不好。

二、 磷

1. 含量与分布

磷在成人体内的总量为 600~900g，约占体重的 1%。大约 85% 的磷与钙一起成为骨骼和牙齿的重要组成成分，其中钙/磷比值约为 2∶1。此外，磷也是软组织结构的重要组分，很多结构蛋白质含磷，细胞膜的脂质含磷，RNA 和 DNA 也含磷。

2. 生理功能

磷在机体的能量代谢（如形成高能磷酸键等）中具有很重要的作用。磷还参与酶的组成，是很多酶系统的辅酶或辅基（如硫胺素焦磷酸酯、黄素腺嘌呤二核苷酸等）的组成成分。磷还可使物质活化，以利于体内代谢反应的进行，B 族维生素只有经过磷酸化才具有活性，发挥辅酶作用。磷还可以多种磷酸盐的形式组成机体的缓冲系统，参与调节机体的酸碱平衡等。

3. 缺乏与过量

通常，磷的摄入大于钙，如果食物中钙和蛋白质的含量充足，则磷也能满足需要。一岁以下婴儿只要喂养合理、钙能满足需要，则磷也能满足需要。一岁以上的幼儿以至成人，由于所吃食物种类广泛，磷的来源不成问题。在考虑磷需要量时，过去常用的一个指标是钙磷比值，并认为在 0.67∶1~1∶1 之间较好。婴儿则以母乳中的钙磷比例为宜，为 1.5∶1~2∶1。成人平衡研究观察结果发现，钙磷比值从 0.08∶1~2.40∶1 时对钙平衡或钙吸收均无影响，故不必过分强调二者的适宜比例，但应强调钙要足量。

磷的缺乏只有在一些特殊情况下才会出现。如早产儿仅喂以母乳，而人乳中磷含量较低，不能满足早产儿骨磷沉积的需要，因而可发生磷缺乏。

4. 吸收与排泄

磷的吸收与排泄大致与钙相同。通常磷的吸收比钙高，学龄儿童或成人的吸收率为 50%~70%。婴儿对牛乳中磷的吸收可高达 65%~75%，母乳中磷的吸收率更高，可达 85%~90%。

食物中的磷大多以有机化合物（如磷蛋白和磷脂等）的形式存在。摄入后在肠道磷酸酶的作用下游离出磷酸盐，磷以无机盐的形式吸收，但植酸形式的磷不能被机体充分吸收、利用。谷类种子中主要是植酸形式的磷，利用率很低，若经酵母发面或预先将谷粒浸泡于热水中，则可大大降低植酸盐含量，从而提高其利用率。此外，维生素 D 不仅可促进磷的吸收，而且还增加肾小管对磷的重吸收，减少尿磷的排泄。

5. 需要量与食物来源

中国营养学会提出成人磷的适宜摄入量（AI），11~14 岁为 640mg/d，18 岁以上成人、孕妇、乳母均为 700mg/d，80 岁以上人群为 670mg/d，可耐受最高摄入量（UL），65 岁以上人群为 3000mg/d。

磷普遍存在于各种动、植物食品中。尽管谷类种子中的磷因植酸的存在而难以利用、蔬菜和水果含磷较少，但肉、鱼、禽、蛋、乳及乳制品含磷丰富（磷与蛋白质并存），是磷的重要食物来源。故只要食物蛋白质和钙的含量充足，也将有足够的磷。

三、 镁

1. 含量与分布

成人体内含镁 20～30g，约占人体质量的 0.05%。其中 60%～65% 以磷酸盐和碳酸盐的形式存在于骨骼和牙齿中。27% 的镁存在于软组织中。肌肉、心、肝、胰的含量相近，约为 200mg/kg（湿重）。镁主要存在于细胞内，细胞外液中的镁不超过 1%。

2. 生理功能

（1）多种酶的激活剂　镁作为多种酶的激活剂，参与 300 余种酶促反应。镁能与细胞内许多重要成分，如三磷酸腺苷等形成复合物而激活酶系，或直接作为酶的激活剂激活酶系。

（2）维持骨骼生长和神经肌肉的兴奋性　镁可以维护骨骼生长和神经肌肉的兴奋性，也是保持骨细胞结构和功能所必需的元素，对促进骨骼生长和维持骨骼的正常功能具有重要作用。镁使神经肌肉兴奋和抑制作用与钙相同，不论血中镁或钙过低，神经肌肉兴奋性均增高；反之，则有镇静作用。但是，镁和钙又有拮抗作用，由于某些酶的结合竞争作用，在神经肌肉功能方面表现出相反的作用。由镁引起的中枢神经和肌肉接点处的传导阻滞可被钙拮抗。

（3）抑制钾、钙通道　镁可封闭不同的钾通道，阻止钾外流。镁也可抑制钙通过膜通道内流。当镁耗竭时，这种抑制作用减弱，导致钙经过钙通道进入细胞增多。

（4）影响胃肠道功能　低度硫酸镁溶液经十二指肠时，可使胆囊排空，具有利胆作用。碱性镁盐可中和胃酸，镁离子在肠道中吸收缓慢，促使水分滞留，具有导泻作用。

（5）影响甲状旁腺激素分泌　血浆镁的变化直接影响甲状旁腺激素（PTH）的分泌，但其作用效果仅为钙的 30%～40%。在正常情况下，当血浆镁增加时，可抑制 PTH 分泌，血浆镁水平下降时可兴奋甲状旁腺，促使镁自骨骼、肾脏、肠道转移至血中，但其量甚微。当镁水平极端低下时，反而使甲状旁腺功能低下，经补充镁后即可恢复。甲状腺激素过多可引起血清镁降低、尿镁增加，镁呈负平衡。甲状腺激素又可提高镁的需要量，故可引起相对缺镁，因此对甲亢患者应适当地补充镁盐。

3. 缺乏与过量

（1）缺乏　引起镁缺乏的原因很多，主要有：镁摄入不足、吸收障碍、丢失过多，以及多种临床疾病等。镁缺乏可致血清钙下降、神经肌肉兴奋性亢进；对血管功能可能有潜在的影响，有报道低镁血症患者可有房室性早搏、房颤以及室速与室颤，半数有血压升高；镁对骨矿物质的内稳态有重要作用，镁缺乏可能是绝经后骨质疏松症的一种危险因素；少数研究表明镁耗竭可以导致胰岛素抵抗。

（2）过量　在正常情况下，肠、肾及甲状旁腺等能调节镁代谢，一般不易发生镁中毒。用镁盐抗酸、导泻、利胆、抗惊厥或治疗高血压脑病，也不至于发生镁中毒。只有在肾功能不全者、糖尿病酮症的早期、肾上腺皮质功能不全、黏液水肿、骨体瘤、草酸中毒、肺部疾患及关节炎等发生血镁升高时方可见镁中毒。

4. 吸收与排泄

食物中的镁主要在空肠末端和回肠吸收，吸收率一般为 30%～50%。镁被机体吸收、代谢后可有大量从胆汁、胰液、肠液分泌到肠道，其中 60% 从肠道排出。有些从汗液和脱落的皮肤细胞丢失，其余从尿排出。每天排出 50～120mg，占摄入量的 1/3～1/2。肾脏是维持体内镁稳定的重要器官。当镁摄入过多、血镁过高时，肾滤过的镁增加，肾小管重吸收差，尿镁增加。反之则少。

人体对镁的吸收可受多种因素影响。例如它受食物中镁含量的影响显著。当摄入量少时吸收率增加，而摄入量多时则吸收率下降。此外，氨基酸、乳糖等可促进镁的吸收，而磷、草酸、植酸、长链饱和脂肪酸和膳食纤维等可抑制镁的吸收。

由于镁和钙的吸收途径相同，它们会因竞争吸收而相互干扰。

5. 摄入量与食物来源

关于人体对镁的需要量，因其受多种因素影响，目前似难确定。中国营养学会根据我国实际情况，同时参照国外资料提出中国居民膳食镁推荐摄入量（RNI）为：1 岁以内婴儿 20～65mg/d，11 岁以上青少年及成人为 300～330mg/d，孕妇为 370mg/d、乳母为 330mg/d。

镁广泛存在于各种食物之中。通常均可满足机体对镁的需要，但食物中镁含量差异甚大。绿叶蔬菜中的叶绿素含镁，是镁的丰富来源。此外，粗粮、坚果、大豆和海产品也是镁的良好来源。乳、肉、蛋等则含量较低，至于精制的糖、酒、油脂等则不含镁。

四、铁

1. 含量与分布

铁是人体必须的微量元素，也是体内含量最多的微量元素。成人体内含铁量为 3～4g，男子平均为 3.8g（75kg 体重），女子平均为 2.3g（60kg 体重）。人体内的铁可分为功能性铁和储存铁。储存铁以铁蛋白和含铁血黄素的形式存在于肝、脾与骨髓中，占体内总铁量的 25%～30%。功能性铁是铁的主要存在形式，其中血红蛋白含铁量占总铁量的 60%～75%，3% 在肌红蛋白，1% 为含铁酶类（细胞色素、细胞色素氧化酶、过氧化物酶与过氧化氢酶等），这些铁参与氧的转运和利用。表 8-2 所列各种形式的铁都与蛋白质结合在一起，没有游离的铁离子存在，这是生物体内铁存在的特点。

表 8-2　　　　　　　　　　　　　成人体内铁的分布

项目	男子		女子	
	总量/mg	含量/(mg/kg 体重)	总量/mg	含量/(mg/kg 体重)
血红蛋白	2300	31	1700	28
肌红蛋白	320	4	180	3
含血红素铁酶	80	1	60	1
非血红素铁酶	100	1	76	1
铁蛋白	540	7	200	3
血黄素铁	235	3	100	2
总计	3575	47	2316	38

2. 生理功能

铁在机体中参与氧的运送、交换和组织呼吸过程，作为过氧化氢酶的组成分，清除体内的过氧化氢，有利机体健康。铁与红细胞形成与成熟有关，铁在骨髓造血组织中进入幼红细胞内，与卟啉结合形成正铁血红素，后者再与珠蛋白合成血红蛋白。

铁与免疫系统关系密切，铁可提高机体免疫力，增加中性粒细胞和吞噬细胞的功能。铁还有许多重要功能，如催化β-胡萝卜素转化为维生素A、参与嘌呤与胶原蛋白的合成、抗体的产生、脂类从血液中转运以及药物在肝脏的解毒等。

此外，铁还对血红蛋白和肌红蛋白起呈色作用。特别是肌红蛋白中的铁与一氧化氮相结合，生成一氧化氮肌红蛋白可使肉制品保持亮红色，在食品加工中具有很重要的作用。

3. 缺乏与过量

（1）铁缺乏　铁缺乏症是一种全身性营养缺乏疾病，临床上典型表现为缺铁性贫血，其次生长发育障碍，食欲消化吸收功能下降，抵抗力降低。尤其婴幼儿贫血所致脑损害不可逆转是铁缺乏造成的最大危害。

铁缺乏常见于4个月以上的婴儿和儿童，其对铁的需要量很大，而乳中所含的铁往往不能满足需要，尤其牛乳和米粉人工喂养的孩子，铁的吸收率显著低于母乳，易发生铁缺乏。

常见于青年妇女和妊娠妇女，月经失血和妊娠引起铁的需要量增加而摄入量未相应提高，致缺铁。各种显性和隐性的出血，如创伤痔疮消化性溃疡、肠道寄生虫等疾病中的出血，也会引起缺铁。

铁缺乏可分为三个阶段：第一阶段为铁减少期（ID），此期主要是体内储存铁减少，血清铁蛋白浓度下降；第二阶段为缺铁性红细胞生成期（IDE），此期除血清铁蛋白浓度下降外，血清铁也下降，同时铁结合力上升（运铁蛋白饱和度下降），游离原卟啉（FEP）浓度上升；第三阶段为缺铁性贫血期（IDA），血红蛋白和红细胞压积下降，有了临床表现。

缺铁性贫血的临床表现为食欲减退、烦躁、乏力、面色苍白、心悸、头晕、眼花、免疫功能降低、指甲脆薄、反甲、出纵脊等。

（2）铁过量　口服铁剂和输血可导致铁过量。急性铁中毒的局部影响为胃肠出血性坏死，全身性影响包括凝血不良、代谢性酸中毒和休克。机体内铁储存过多还可引起慢性铁中毒，表现为器官纤维化。

4. 吸收与排泄

人体对食物铁的吸收率依血红素铁和非血红素铁有所不同，对主要来自肉、禽、鱼类血红蛋白和肌红蛋白中的血红素铁，机体的吸收率一般为10%。当有肉存在时平均为25%，对主要存在于植物和乳制品等中的非血红素铁的吸收率很低，且只有二价铁才可被吸收。蛋类中的铁因有卵黄磷蛋白干扰，其铁的吸收率约为3%。

摄入机体后，食物铁首先被胃酸和酶作用释放出铁，然后与肠道中的维生素C等结合，保持溶解状态，以利吸收，而后经过一系列的代谢、利用，最后将部分铁排泄（图8-1和图8-2）。

机体对铁的利用非常有效，例如红血球衰老解体后所释放的血红蛋白铁，可反复利用，消耗很小。人体每天实际利用的铁远远超出同一时期内由食物供给的铁，例如人体每天参加转换的铁为27~28mg，其中由食物吸收来的仅有0.5~1.5mg，即仅占约5%。机体损耗的铁主要来自消化道、泌尿道上皮细胞脱落的铁。妇女因月经的关系，铁损失比男性大。

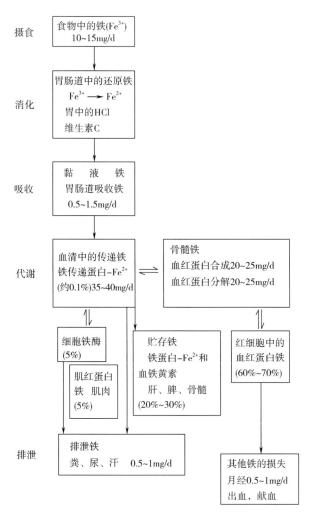

图 8-1　体内铁通路的示意图

（括号内数字表示占总铁量的百分数）

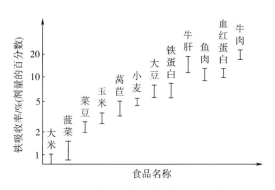

图 8-2　成人对食品中铁的吸收范围

5. 摄入量与食物来源

人体一生中有三个时期最需要铁，也最易缺铁。①出生后前 4 年；②青少年，特别是女孩；③育龄期妇女。对于铁的摄入量则应按不同的膳食类型而有所不同。通常发展中国家多以植物性食品为食，铁的生物利用率较低，其膳食铁的摄入量应相对较高。而发达国家膳食中含有较丰富的肉、鱼等动物性食品，其膳食铁的摄入则可相对较低。为此，FAO/WHO 建议以 5%、10% 和 15% 三种利用水平分别对待。发展中国家为 5% 或 10%，发达国家为 15%。我国以素食为主，但近来随着人民生活水平的提高，膳食结构发生了很大变化，平均膳食中铁的生物利用率亦有所提高，估计约为 8%。

中国营养学会新近提出的中国居民膳食铁推荐摄入量（RNI），成年男性为 12mg/d，成年女性为 20mg/d，50 岁以后则均为 12mg/d。而其可耐受最高摄入量（UL）对青少年和成人均为 42mg/d（附录一）。

食物含铁量通常不高（附录三）。尤其是植物性食品中的铁，因有植酸盐等的影响较难吸收、利用。但是，动物血、肝脏、鸡肫、大豆、黑木耳、芝麻酱等含量丰富，瘦肉、蛋黄、鱼类等含量较多，而乳类和蔬菜、水果等含量较少。

一般说，膳食中不同食品很少单独食用，为了提高铁的生物利用率，最好同时食用一定量的动物性食品。但应注意，并非所有动物性食品都同样促进非血红素铁的吸收，当用畜肉、鸡或鱼代替鸡卵蛋白时，可见其铁吸收增加 2~4 倍。而用乳、蛋、干酪代替鸡卵蛋白时并不增加。此外，尚可在食品加工时适当添加一定的铁强化剂，制成铁强化食品应用。

五、锌

1. 含量与分布

成人体内含锌量为 1.5~2.5g，约为铁含量的一半，也是含量仅次于铁的微量元素。所有人体组织均有痕量的锌，绝大部分含量为 30~50μg/g，主要集中于肝脏、肌肉、骨骼、皮肤和毛发中。血液中的锌有 75%~85% 分布在红血球中，主要以酶的组分形式存在。血浆中的锌则往往与蛋白质结合。至于头发中的锌含量通常认为可反应食物中锌的长期供给水平。

2. 生理功能

锌是很多酶的组成成分，人体内有 200 多种酶含锌，并为酶活力所必需的物质。例如，乙醇脱氢酶、碱性磷酸酶、羧肽酶等均依赖于锌的存在而起作用。此外，锌与蛋白质的合成，以及 DNA 和 RNA 的代谢有关，例如，缺锌时实验动物的 DNA 与 RNA 合成受阻。锌还是胰岛素的组成成分（每分子胰岛素中有 2 个锌原子），因而与胰岛素的活性有关。锌还与一种与味觉有关的蛋白质味觉素（gustin）有关。该蛋白质相对分子质量 37000，每分子含 2 个锌原子。锌是其结构成分，具有支持营养和分化味蕾的作用，并进一步影响味觉和食欲。锌对呈味物质结合到味蕾特异膜受体上也是必需的。缺锌患者的味蕾结构发生改变。同时发现味觉改变的患者，其唾液组分中含锌蛋白质的组分也有改变。

3. 缺乏与过量

（1）锌缺乏　缺锌会导致食欲不振、味觉迟钝，甚至异食癖、生长发育停滞等。儿童长期缺锌可导致侏儒症，成人长期缺锌可导致第二性征发育障碍、性功能减退、精子数量减少、胎儿畸形、皮肤粗糙、免疫力降低等。

动物性食物摄入过少或偏食，机体需要量增加（如孕妇、乳母和婴幼儿特殊生理时期对锌的需要量较大），腹泻、急性感染、肾病、糖尿病、创伤以及某些利尿药物使锌的分解和排出量增加等方面是导致锌缺乏的主要因素。

（2）锌过量　成人一次摄入 2g 以上锌可导致锌中毒，表现为急性腹痛、腹泻、恶心、呕吐等临床症状。盲目过量补锌或食用因镀锌罐头污染的食物和饮料等均有可能引起锌过量或锌中毒。过量的锌还可干扰铜、铁及其他微量元素的吸收和利用，影响免疫功能。

4. 吸收与排泄

锌的吸收受多种因素影响，简单锌盐的吸收率平均为 65%，但当与膳食一起食用时，其吸收率很低。锌的生物利用率依不同膳食类型而异（为 10%～40%），这主要受植酸所影响，植酸严重妨碍锌的吸收。此外，当食品中有大量钙存在时，因形成不溶解的锌钙植酸盐复合物，对锌的吸收干扰更大。但维生素 D_3、葡萄糖、乳糖、半乳糖、柠檬酸以及肉类等可促进锌的吸收。

5. 摄入量与食物来源

关于锌的每日需要量，据报告，成人每日进食 11～15mg 锌即可处于零平衡或微弱的正平衡状态。中国营养学会根据国内大量调查研究资料并参考国外有关资料提出中国居民膳食锌平均需要量（EAR），成年男性为 10.4mg/d，成年女性 6.1mg/d，推荐摄入量（RNI）为成年男性12.5mg/d，成年女性 7.5mg/d。关于锌的可耐受最高摄入量（UL），每天补充锌 150mg 以上可见有临床观察指标的改变，而锌作为膳食补充剂达到 60mg/d 时，也会影响其他营养素的吸收和代谢，在假定 20% 的变异情况下建议成人不超过 45mg/d，并以此通过基础代谢率推断于其他人。

锌的食物来源很广，普遍存在于动、植物中，但它们的含量差别很大，吸收利用率也不相同。许多植物性食品，如豆类、小麦含锌量可达 15～20mg/kg，但因其与植酸结合而不易吸收。谷类碾磨后，可食部分含锌量显著减少（可高达 80%），蔬菜、水果中含锌很少（约 2mg/kg）。

动物性食品是锌的良好来源，如猪肉、牛肉、羊肉等含锌 20～60mg/kg，鱼类和其他海产品含锌也在 15mg/kg 以上，且吸收利用率高。通常，动物蛋白供给充足时，也将能提供足够的锌，但素食者可有欠缺，除采取适当的加工（如豆类发芽、面粉发酵等）外，还可按规定进行适当的营养强化。

六、　碘

1. 含量与分布

成人体内含碘总量为 20～50mg，相当于 0.5mg/kg 体重。其中约 30% 存在于甲状腺中，甲状腺的聚碘能力很高，其碘浓度可比血浆中高 25 倍，而当甲状腺机能亢进时甚至可比之高达数百倍。此碘在甲状腺中以甲状腺激素形式存在，它包括三碘甲腺原氨酸（T3）和四碘甲腺原氨酸（T4）。至于血浆中的碘则主要为蛋白质结合碘。

2. 生理功能

碘的功能是参与甲状腺激素的合成，并调节机体的代谢。其主要活性形式为 T3。它主要促进儿童身高、体重、骨骼、肌肉的增长和性发育，以及调节基础代谢，特别是通过对能量和物质代谢的调节进一步影响脑和神经系统的发育。

3. 吸收与排泄

食物中的碘有无机碘与有机碘的不同。前者如碘化物在胃和小肠中几乎 100% 被吸收；后者则通常需要在消化道消化脱碘后，以无机碘的形式被吸收。与氨基酸结合的碘可直接被吸收。只有与脂肪酸结合的有机碘可不经肝脏而由乳糜管吸收。胃肠道内的钙、氟、镁可阻碍碘的吸收。人体蛋白质、能量摄入不足时也可妨碍碘的吸收。

碘在正常情况下主要通过肾脏被排出。尿碘占碘总排出量的 80% 以上。粪中也可有部分排出，主要是未被吸收的有机碘。此外，肺及皮肤也可排出少量（大量出汗时排出量可显著增加）。

4. 缺乏与过量

（1）碘缺乏　机体缺碘可产生一系列障碍，统称为碘缺乏病。其缺乏表现主要取决于缺碘程度及所处生长发育阶段。成人缺碘易产生甲状腺肿，胎儿缺碘除可造成流产、死胎、先天畸形外，还可造成痴呆、聋哑、瘫痪等终生残疾，儿童缺碘可导致生长发育迟缓、体格矮小等。

（2）碘过量　碘摄入过量可引起高碘性甲状腺肿、碘性甲状腺功能亢进、乔本氏甲状腺炎等。碘过量通常发生于摄入碘含量高的食物以及在治疗甲状腺肿等疾病中使用过量碘制剂等。在我国某些地区，曾因饮用深层高碘水或高碘食物出现高碘性甲状腺肿。在普遍食用含碘盐后，不宜再给儿童补充碘强化食品或碘化剂。对于碘过量引起的疾病，只要限制高碘食物，即可防治。

5. 摄入量和食物来源

碘的需要量取决于机体对甲状腺激素的需要。成人通常用以维持生命活动所需的甲状腺激素，其含碘量为 $50 \sim 75\mu g$，故碘的每日最低生理需要量为 $60\mu g$。在考虑碘的吸收、分布以及包括甲状腺在内的各组织器官对碘的需要后，其平均需要量一般应为最低生理需要量的 2 倍，即每日 $120\mu g$。

值得指出的是缺碘可导致碘缺乏病，但若长时间（3 个月以上）碘摄入量过高，也可产生高碘性甲状腺肿。若为新生儿则常可压迫气管，甚至窒息死亡。根据我国高碘性甲状腺肿的发病率来看，当人群尿碘水平达 $800\mu g$，则可造成高碘性甲状腺肿流行。因此碘摄入量的安全范围应当是 $150 \sim 800\mu g$。

中国营养学会新近提出的中国居民膳食碘推荐摄入量（RNI），青少年和成人为 $150\mu g/d$，孕妇和乳母为 $200\mu g/d$。其可耐量最高摄入量（UL），儿童和青少年为 $800\mu g/d$，成人（包括孕妇和乳母）$1000\mu g/d$（附录一）。

大海是自然界的碘库。海产品是含碘最丰富的食物来源。其他食品中的碘含量则主要取决于该动、植物生长地区的地质化学状况。通常远离海洋的内陆山区，其水、土和空气中含碘少，该地区生长的动、植物中碘含量也不高，因而易成为缺碘的地方性甲状腺肿高发区。含碘量最多的是海带，干海带中碘含量可高达 $240mg/kg$ 以上，其次为海贝类（表 8-3），鲜海鱼中含量也高，约为 $800\mu g/kg$。但是，海盐中的含碘量极微，而且，越是精制盐，其含碘量越低。一般海盐含碘量在 $30\mu g/kg$ 以上，精制海盐可低达 $5\mu g/kg$ 以下。

表 8-3　　　　　　　　　　　　　某些海产品的含碘量

名称	含碘量/(μg/kg)	名称	含碘量/(μg/kg)	名称	含碘量/(μg/kg)
海带（干）	240000	蛤（干）	2400	海参（干）	6000
紫菜（干）	18000	蛏干	1900	海蜇（干）	1320
发菜（干）	11000	干贝	1200	龙虾（干）	600
蚶（干）	2400	淡菜	1200		

动物性食品的含碘量高于植物性食品。陆地食品以蛋、奶含碘量较高，为 $40 \sim 90 \mu g/kg$。其次为肉类、淡水鱼的碘含量低于肉类。植物的含碘量最低，特别是水果和蔬菜。

七、硒

1. 含量与分布

人体含硒总量数据不多，且差别甚大。美国为 $13.0 \sim 20.3 mg$，德国为 $6.6 mg$，新西兰为 $3.0 \sim 6.1 mg$。硒几乎广泛分布于所有组织器官中，肝和肾中浓度最高，肌肉中总量最多，约占人体总硒量的一半。硒半胱氨酸和硒甲硫氨酸是体内硒的主要存在形式，并结合进入到蛋白质中，其他形式还有硒代磷酸盐等。

2. 生理功能

进入体内的硒绝大部分与蛋白质结合，称为"含硒蛋白"，而由硒半胱氨酸参入的蛋白质另称为"硒蛋白"。目前认为只有硒蛋白有生物功能，并为机体硒营养状态所调节。硒可具有抗氧化作用，例如，硒是谷胱甘肽过氧化物酶的必需组分，该酶可将氢过氧化物或过氧化氢还原成无害的醇或水等，从而起到保护细胞和细胞膜免受氧化损伤的作用。硒也可调节甲状腺激素代谢，如碘甲腺原氨酸脱碘酶含硒，它可在甲状腺激素分子上催化脱碘，从而起到调节甲状腺激素来影响全身的代谢作用。此外，硒还具有提高机体免疫、抑制癌细胞生长和拮抗重金属毒性等作用。

$$
\begin{array}{cc}
\text{H} & \text{H} \\
| & | \\
\text{H}_2\text{N—C—COOH} & \text{H}_2\text{N—C—COOH} \\
| & | \\
\text{CH}_2 & \text{CH}_2 \\
| & | \\
\text{SeH} & \text{CH}_2 \\
& | \\
& \text{SeCH}_3 \\
\text{硒半胱氨酸} & \text{硒甲硫氨酸}
\end{array}
$$

3. 缺乏与过量

（1）硒缺乏　硒缺乏已被证实是导致克山病的重要原因。克山病因最初发生在我国黑龙江省克山地区而得名。克山病是一种以多发性灶状坏死为主要病变的心肌病，临床特征为心肌凝固性坏死，伴有明显心脏扩大、心功能不全和心律失常，重者发生心源性休克或心力衰竭，死亡率高达 85%，其易感人群为 $2 \sim 6$ 岁的儿童和育龄妇女，发病原因是由于当地水土等环境中严重缺硒导致体内 GSH - Px（谷胱甘肽过氧化物酶）活力较低，用亚硒酸钠进行干预能较好地预防克山病。

另外，硒缺乏还会导致大骨节病，骨节病是地方性、变形性骨关节疾病，易发生在青少年期。

（2）硒过量　值得特别提出的是过量摄食硒可引起中毒，表现为头发和指甲脱落，皮肤损伤及神经系统异常，如肢端麻木、抽搐等，严重者可致死亡。我国湖北恩施地区和陕西紫阳县是高硒地区。20 世纪 60 年代曾发生过人吃高硒玉米而急性中毒的病例。其摄入的硒量可高达 $38 mg/d$，$3 \sim 4 d$ 内头发全部脱落，指甲变形。慢性中毒者平均摄入硒 $4.99 mg/d$，必须引起注意。

4. 吸收与排泄

硒的吸收可受多种因素影响。食物中硒的化学形式和数量，以及其中是否存在硫、重金属、维生素等均有不同程度的影响。一般来说，硒化合物极易被人体吸收，如亚硒酸钠的吸收率大于 80%，而硒甲硫氨酸和硒酸钠的吸收率可大于 90%。其吸收率似乎不受机体硒营养状态的影响。

硒经尿排出的排出量占总排出量的 50% ~60%。当摄入量高时尿硒排出量增加，反之减少。硒粪的排出量为 40% ~50%。呼气和汗液中排出的硒很少，只有在摄入量很高时才会形成具有浓烈大蒜气味的二甲基硒，经呼吸排出。

5. 摄入量与食物来源

尽管有不同研究方法确定人体对硒的需要量，但仍以比较硒缺乏病地区和正常对照地区膳食硒摄入的方法较好，并以避免发生克山病的最低膳食硒摄入量作为人体膳食硒的最低需要量。中国营养学会 1988 年据此提出推荐的成人每日膳食硒供给量（RDA）为 50μg。美国 1989 年公布的 RDA 数据亦是依据中国硒生理需要量（41μg/d），再用美国成人体重校正和安全因子 1.3 计算得到的。

WHO 在 1996 年曾提出基本需要量和贮备需要量概念。同样以中国人体硒最低需要量为基础用男 65kg 和女 55kg 为成人体重做校正，计算出男女成人基本需要量分别为 21μg/d 和 16μg/d，并设定硒的贮备需要量是使谷胱甘肽过氧化物酶活性达 2/3 饱和的硒需要量。这样以中国人体生理硒的需要量值为基础，计算出男女成人储备需要量分别为 40μg/d 和 30μg/d。

中国营养学会提出的中国居民膳食硒参考摄入量（DRI），成人的平均需要量（EAR）为 50μg/d，推荐摄入量（RNI）为 60μg/d，可耐受最高摄入量（UL）为 400μg/d（附录一）。

硒的食物来源受地球化学构造影响，即使是同一品种的谷物或蔬菜，可因产地不同而含硒量差别很大。例如，低硒地区的大米含硒量可少于 0.2μg/100g，而高硒地区大米的含硒量可高达 2000μg/100g，二者相差达万倍。动物性食品的含硒量也受产地影响，但差别比植物性食品小。这是因为动物机体有"缓和作用"，即在缺硒时可贮留硒，过多时则排出增多。通常食物中的含硒量大致如下（以鲜重计）：内脏和海产品为 40 ~150μg/100g，肌肉为 10 ~40μg/100g，谷物为 10 ~80μg/100g，乳制品为 10 ~30μg/100g，水果、蔬菜为 10μg/100g。

八、 铜

1. 含量与分布

成人体内含铜总量为 50 ~120mg，存在于各种器官、组织中。其中有 50% ~70% 存在于肌肉和骨骼中，20% 在肝脏中，5% ~10% 在血液中。所含浓度最高的是肝、肾、心、头发和脑，脾、肺、肌肉和骨骼次之，脑垂体、甲状腺和胸腔最低。人血液中的铜主要分布于细胞和血浆之中，红细胞中的铜约有 60% 存在于铜 - 锌金属酶（超氧化物歧化酶）中，其余 40% 与其他蛋白质、氨基酸松弛结合；血浆中的铜约有 93% 与铜蓝蛋白结合，其余 7% 与白蛋白、氨基酸结合。

2. 生理功能

铜在体内作为包括多种酶在内的许多蛋白质的一部分具有很重要的功能作用。例如，铜参与铁的代谢和红细胞生成而维持正常的造血功能；铜通过赖氨酰氧化酶促进胶原蛋白和弹性蛋白的交联，从而促进结缔组织的形成；铜通过超氧化物歧化酶等的抗氧化作用，保护机体免受超氧阴离子的损伤，以及铜在神经系统中维护中枢神经系统的健康等。

3. 缺乏与过量

（1）铜缺乏 正常膳食可满足人体对铜的需要，一般不易缺乏。但在某些情况下，如长期腹泻、长期完全肠外营养、铜代谢障碍以及早产儿，特别是人工喂养早产儿等易发生铜缺乏。表现为贫血、白细胞减少，以及心律不齐、神经变性、胆固醇升高、皮肤毛发脱色和骨质疏松等症状。

（2）铜过量 铜摄入过量可引起急、慢性中毒，通常由长期使用铜制炊具或容器，尤其是用铜制器具盛装酸性食物或误服大量铜盐引起，表现为恶心呕吐、上腹部疼痛、腹泻、头痛、眩晕及口中有金属味等临床病状，严重者可出现黄疸、溶血性贫血、血尿、尿毒症，甚至死亡。

4. 吸收与排泄

铜主要在小肠吸收，胃几乎不吸收铜。通常随食物一起摄入的铜大约可吸收 40%。其吸收率受食物中铜含量影响显著。食物铜含量增加，其吸收率下降，但总吸收量仍有所增加。膳食中其他营养素的摄入量对铜的吸收利用可有影响，但所需的量都比较高。这包括锌、铁、钼、维生素 C、蔗糖和果糖等。人体和动物试验均已证明，锌摄入过高可干扰铜的吸收，但当锌∶铜为 15∶1 或更少时似乎影响很小。

铜的排泄主要通过胆汁到胃肠道，再与随唾液、胃液、肠液进入胃肠道的铜，以及少量来自细菌的铜一起由粪便排出（其中可有少量被重吸收）。通常，健康人尚有少量铜经尿和汗排出。

5. 摄入量与食物来源

WHO 1996 年提出人体对铜的平均基础需要量：男人为 0.7mg/d，女人为 0.6mg/d，即男女均为 11μg/kg。随后考虑到个体之间及各种环境影响因素，建议人群每天安全摄入量下限为 1.25mg，接近平均需要量。按此估算成人对铜的需要量，由于体重的差别，男人为 1.3mg/d，女人为 1.2mg/d。中国营养学会结合我国居民膳食中铜摄入量的调查研究，提出中国居民膳食中铜的推荐摄入量（RNI），成人为 0.8mg/d，可耐受最高摄入量（UL），成人为 8.0mg/d（附录一）。

铜的食物来源很广，一般的动、植物食品均含有铜。其含量也随所生长的土壤地质化学情况等而有所差异。通常，牡蛎、贝类食物以及坚果含量最高，是铜的良好来源（含量为 0.3 ~ 2mg/100g），其次是动物的肝、肾组织和谷类发芽部分、豆类等（含量为 0.1 ~ 0.3mg/100g）。乳类和蔬菜等含铜最少（≤0.1mg/100g），但人奶可稍高。由于牛奶含铜量低，故对长期用牛奶喂养的婴幼儿应注意进行一定的营养强化。

长期大量食用含铜量高的食品，如牡蛎、肝脏、蘑菇、坚果和巧克力等，每天的铜摄入量为正常时的 10 倍以上也未见有慢性中毒。

九、铬

1. 含量与分布

铬有二价、三价和六价铬之分。二价铬不稳定，可很快氧化为三价铬，六价铬有毒、机体不能利用，需将其转变为三价铬后方能利用。人体内正常的含铬总量目前尚无可靠数据。有人估计成人体内三价铬含量为 5 ~ 10mg。铬在体内分布很广，但含量都很低，如人体肝脏含铬 5 ~ 71ng/g 湿重，而脾脏含铬 14 ~ 23ng/g，肾脏含铬 3 ~ 11ng/g，骨骼含铬 101 ~ 324ng/g，脑含铬 43ng/g。

2. 生理功能

铬的功能可能主要是三价铬为体内葡萄糖耐量因子的组成成分，加强胰岛素的作用以增加机体对葡萄糖的耐受和利用。此外，铬还能对稳定血清胆固醇的内环境、促进蛋白质代谢和生长发育等有一定的作用。

3. 缺乏与过量

铬缺乏会出现生长停滞、血脂增高、葡萄糖耐量异常，并伴有高血糖及尿糖等症状。铬缺乏多见于老年人、糖尿病患者、蛋白质－能量营养不良的婴儿以及长期接受肠外营养的病人。

由于食物中铬含量较少且吸收利用率低，以及 Cr^{3+} 的毒性小且安全剂量范围较宽等原因，至今尚未发现膳食摄入过量铬而引起中毒的报道。但某些特殊职业接触铬化物的人群易引起过敏性皮炎、鼻中隔损伤、肺癌等。

4. 吸收与排泄

机体对三价铬的吸收率很低。有报告称在代谢平衡研究中成人铬的平均表观吸收率约为1.8%，青岛医学院用同位素法测定成人三价铬 24h 净吸收率为 3.2%。不同膳食成分可影响铬的吸收。例如，高糖膳食（总能量的 35% 来源于单纯糖类，15% 来自复合碳水化合物）可增加铬的丢失，而抗坏血酸能促进铬的吸收。

铬多自粪便中排出，有人通过平衡试验发现粪便中平均含有 98.1% 的膳食铬。尿中也可有少量排出。

5. 摄入量与食物来源

由于铬的营养状况评价缺乏可靠的指标，且血铬浓度太低难以检测，目前尚无确切的平均需要量（EAR）资料，也无推荐摄入量（RNA）。中国营养学会 1988 年提出的成人铬安全和适宜摄入量和美国 1980 及 1989 年建议的成人铬安全和适宜摄入量相同，均为 50~200μg/d。因各国大量健康人群的铬摄入量调查均低于 50μg，且已经满足了机体的正常需要。中国营养学会结合我国情况新近提出的中国居民膳食铬适宜摄入量（AI），成人为 30μg/d，儿童按体重折算相应降低。

铬的食物来源很广，但含量甚微。主要的食物来源为谷类、肉类及鱼贝类。海产品含量较高，为 458μg/kg，谷类含 340μg/kg，肉类 187μg/kg。薯类及蔬菜含量较低，约为 140μg/kg。但谷类加工后其含量大为下降，而红糖的含铬量可比精制砂糖高数倍。

十、氟

1. 含量与分布

成人体内含氟约 0.007%，其中大约 99% 以无机盐的形式存在于骨骼和牙齿等钙化组织中。其余少量氟则广泛分布于各种软组织中。通常人体血液中的氟含量为 0.13~0.40mg/kg。

2. 生理功能

氟具有防治龋齿的作用。这主要是氟可取代牙釉质表面羟磷灰石中的羟基，形成一层更为坚硬，并具有抗酸性腐蚀的氟磷灰石保护层。此外，氟与骨盐（主要是羟磷灰石）结晶表面的离子进行交换，形成氟磷灰石而成为骨盐的组成部分，可使骨质坚硬。适量的氟有利于钙和磷的利用及其在骨中的沉积，可加速骨骼成长，促进生长和维护骨骼的健康。

3. 缺乏与过量

（1）氟缺乏　氟缺乏对骨骼和牙齿的正常生长发育影响很大且易患龋齿。实验证明，用

0.2% 的氟化钠每隔两周刷牙或涂抹牙齿，龋齿发病率可降低 40% ~50% 。

（2）氟过量 摄入过量氟可导致中毒，其形式有氟斑牙和氟骨症两种。氟斑牙的临床症状为牙齿失去光泽，出现白垩色、黄色、棕褐色或黑色斑点，牙面凹陷剥落，牙齿变脆等造成氟斑牙或称斑釉牙。氟骨症的临床症状为腰腿及关节疼痛、脊柱畸形、骨软化或骨质疏松等。

氟斑牙和氟骨症多发生于高氟地区，这主要是居住在高氟地区的人长期摄食含氟量过高的饮水和食物所致的慢性中毒。我国高氟水、高氟土壤地区很多，是氟病高发地区，必须对此予以重视。其有效防治措施是改善饮水，使高氟地区饮水中氟含量在 0.7~1.0mg/L 范围。

4. 吸收与排泄

氟通过食物和饮水摄入后主要在胃部吸收。其吸收很快，吸收率也很高，尤其是饮水中的氟可完全吸收。食物中的氟一般吸收 75% ~90% 。骨料（如骨泥、骨粉）中的氟则较难吸收。食物中大量的钙、铝等可抑制氟的吸收。而脂肪可促进氟的吸收。

摄入的氟经代谢后约有 75% 通过肾脏由尿排出，另有 13% ~19% 由粪便排出。其余少量由汗液排出。由于尿氟的排泄量与氟的摄入量呈显著性正相关，故尿氟是地方性氟中毒的特异性指标。

5. 摄入量与食物来源

有人认为，成人对氟的最低需要量为 1mg/d，平均摄入量为 2.4mg/d。美国 1980 年制订和 1989 年修订的每日膳食中氟的安全和适宜摄入量均为成人 1.5~4.0mg/d。我国 1988 年建议的安全和适宜摄入量与之相同。1997 年美国在制订氟的膳食营养素参考摄入量（DRI）时，订出氟的适宜摄入量（AI）为：成年男子 3.8mg/d，成年女子 3.1mg/d。中国营养学会根据我国实际情况（尤其是针对我国氟病高发的具体研究情况），结合国外有关资料，新近提出中国居民膳食氟适宜摄入量（AI），成人为 1.5mg/d，其他不同年龄组按体重推定（附录一）。

氟的食物来源很广。由于生物的富集作用，通常，动物性食品的氟含量高于植物性食品，而海洋动物中的氟又高于淡水及陆地的动、植物食品。但茶叶中的氟含量很高，可达 37.5 ~178.0mg/kg。对于非高氟区常见食物中的氟含量，大米为 0.19mg/kg，小麦 0.72mg/kg，大豆 0.21mg/kg，菠菜 1.23mg/kg，苹果 0.64mg/kg，猪肉 1.67mg/kg，鸡蛋 1.20mg/kg。

第三节 食品加工对矿物质含量的影响

食品加工时矿物质的变化，随食品中矿物质的化学组成、分布以及食品加工的不同而异。其损失可能很大，也可能由于加工用水及所用设备不同等原因不但没有损失，反而有增加。

一、 烫漂对食品中矿物质含量的影响

食品在烫漂或蒸煮时，若与水接触，则食品中的矿物质损失可能很大，这主要是烫漂后沥滤的结果。至于矿物质损失程度的差别则与它们的溶解度有关。菠菜在烫漂时矿物质的损失如表 8-4 所示。值得指出的是在此过程中钙不但没有损失，似乎还稍有增加，至于硝酸盐的损失无论从防止罐头腐蚀还是对人体健康来说都是有益的。

表 8 - 4 烫漂对菠菜矿物质的影响

名称	含量/（g/100g）		损失率/%
	未烫漂	烫漂	
钾	6.9	3.0	56
钠	0.5	0.3	43
钙	2.2	2.3	0
镁	0.3	0.2	36
磷	0.6	0.4	36
硝酸盐	2.5	0.8	70

二、 烹调对食品中矿物质含量的影响

烹调对不同食品的不同矿物质含量影响不同。尤其是在烹调过程中，矿物质很容易从汤汁内流失。此外，马铃薯在烹调时铜含量随烹调类型的不同而有所差别（表 8 - 5）。铜在马铃薯皮中的含量较高，煮熟后含量下降，而油炸后含量却明显增加。

表 8 - 5 烹调对马铃薯铜含量的影响

烹调类型	含量/（mg/100g 鲜重）	烹调类型	含量/（mg/100g 鲜重）
生鲜	0.21 ± 0.10	马铃薯泥	0.10
煮熟	0.10	法式油炸	0.27
烤熟	0.18	马铃薯皮	0.34
油炸薄片	0.29		

豆子煮熟后矿物质的损失非常显著（表 8 - 6），其钙的损失与其他常量元素相同而与菠菜相反（表 8 - 4），至于其他微量元素的损失也与常量元素相同。

表 8 - 6 生熟豌豆的矿物质含量

名称	含量/（mg/100g）		损失率/%
	生	熟	
钙	135	69	49
铜	0.80	0.33	59
铁	5.3	2.6	51
镁	163	57	65
锰	1.0	0.4	60
磷	453	156	55
钾	821	298	64
锌	2.2	1.1	50

三、　碾磨对食品中矿物质含量的影响

谷类中的矿物质主要分布在其糊粉层和胚组织中，所以碾磨可使其矿物质的含量减少，而且碾磨越精，其矿物质的损失越多。矿物质不同，其损失率也有不同。关于小麦磨粉后某些微量元素的损失如表8-7所示。

表8-7　　　　　　　　　　　碾磨对小麦微量元素的影响

名称	小麦/(mg/kg)	白面粉/(mg/kg)	损失率/%
锰	46	6.5	85.8
铁	43	10.5	75.6
钴	0.026	0.003	88.5
铜	5.3	1.7	67.9
锌	35	7.8	77.7
钼	0.48	0.25	48.0
铬	0.05	0.03	40.0
硒	0.63	0.53	15.9
镉	0.26	0.38	—

由表8-7可见，当小麦碾磨成粉后，其锰、铁、钴、铜、锌的损失严重。钼虽然也集中在被除去的麦麸和胚芽中，但集中的程度比前述元素低，损失也较低。铬在麦麸和胚芽中的浓度与钼相近。硒的含量受碾磨的影响不大，仅损失15.9%。至于镉在碾磨时所受的影响似乎很小。

四、　大豆加工对食品中矿物质含量的影响

大豆可加工成脱脂大豆蛋白粉，并进一步制成大豆浓缩蛋白与大豆分离蛋白。在上述加工过程中，大豆和大豆制品中的微量元素可有变化（表8-8）。尽管表中所列数据来源不一，不能直接加以比较，但是可从中看出某些趋势。例如大豆加工与谷类碾磨不同，其微量元素除硅外无明显损失，而铁、锌、铝、锶等元素反而都浓缩了。这可能是大豆深加工后提高了蛋白质的含量，上述元素与蛋白质组分相结合，因而受到浓缩。

表8-8　　　　　　　　大豆及大豆制品中矿物质的含量　　　　　　　单位：mg/kg

名称	大豆	脱脂大豆蛋白粉	大豆浓缩蛋白	大豆分离蛋白
铁	80	65	100	167
锰	28	25	30	25
硼	19	40	25	22
锌	18	73	46	110
铜	12	14	16	14
钡	8	6.5	3.5	5.7

续表

名称	大豆	脱脂大豆蛋白粉	大豆浓缩蛋白	大豆分离蛋白
硅	—	140	150	7
钼	—	3.9	4.5	3.8
碘	—	0.09	0.17	0.10
铝	—	7.7	7.7	18
锶	—	0.85	0.85	2.3

此外，食品中的矿物质还可因加工用水、设备，以及与包装材料接触而有所增加。尤其是食品加工时使用的食品添加剂更是食品中矿物质增加的重要原因。通常用于食品强化的矿物质有钙、铁、锌、铜、碘等。

总之，食品加工对矿物质含量的影响与多种因素有关。它不但包括加工因素，而且还与食品加工前的状况有关。例如食品中的碘含量，首先取决于其所处的地理位置。海产品和近海的蔬菜等含有较多的碘，动物食用高碘饲料可使乳制品含碘量增高，食品加工可损失一定量的碘。烫漂和沥滤也可使食品中的碘有所损失，鲜鱼中的碘在煮沸时损失可达80%，不需与水接触的加工则损失较小。至于食品中不同形式碘的损失，目前尚未深入研究。此外，在食品加工中由于加工用水、设备、包装条件，以及所用食品添加剂等尚可获得一定的矿物质，对缺碘地区供给碘化盐就是一个例子。

第四节 水

水是一切生命所必需的物质，尽管它常不被认为是营养素，但由于它对生命活动的重要性，以及必须从饮食物中获得，故也应是一种营养素，并被称为蛋白质、脂肪、碳水化合物、维生素、矿物质五类营养素以外的第六类营养素。

一、 人体内水分的分布

水在体内的分布并不均匀，它主要分布于细胞内和细胞外。细胞内的含水量约占体内总量的2/3，细胞外约1/3，各组织器官的含水量相差很大，肌肉和薄壁组织器官如肝、脑、肺、肾等含水70%～80%，皮肤含水约70%，骨骼约为20%，脂肪组织含水较少，仅约10%，而以血液中含量最多，约为85%。因此，成人中肌肉发达而体型消瘦者，其水含量所占比例高于体脂多而体型肥胖者。人体水含量随年龄、性别而异，随着年龄增长逐渐降低，如3个月的胎儿水含量为98%，新生儿水含量为75%～80%，成年男子水含量约为60%，成年女子水含量约为60%，老年人水含量为50%。

二、 水的功能

1. 机体重要的组成成分

水是人体含量最多和最重要的组成成分。一般说，人体含水量约占体重的2/3。体内的含水量与年龄、性别有关。年龄越小，含水量越多。新生儿的含水量可高达体重的80%，成年男子的含水量约为体重的60%，成年女子为50%~55%。

人体对水的需要比食物更重要。一个人绝食1~2周，只要饮水尚可生存。但如绝水则仅能存活几天。此外，若长期不进食，当体内贮备的碳水化合物、脂肪耗尽，蛋白质也失去一半时，机体尚可维持生命而无大的危险。但若机体失水达体重的10%，则情况严重，一旦机体失水超过20%就无法存活。

2. 促进营养素的消化、吸收、代谢和排泄

水是许多有机与无机物质的良好溶剂。即使不溶于水的物质如脂肪等也能在适当条件下分散于水中，成为乳浊液或胶体溶液，以利营养素的消化和吸收。此外，水也可以直接参与体内的物质代谢，促进各种生化反应和生理活动，同时将代谢产物运送到相关部位进一步代谢转化，或通过大小便、汗液等途径将废物排出体外。

3. 调节体温恒定与机体的润滑作用

水的比热容大，热容量也大。1g水温度升高1℃时比其他同量物质所需的热量多。水能吸收较多的热而其本身的温度升高不大，因而不致使体温由于内外环境的改变而发生显著变化。人体通常由蒸发、出汗来调节体温的恒定。

此外，水还具有润滑作用，这可用以减少关节和体内脏器的摩擦，防止机体损伤，并可使器官运动灵活。

4. 食品的重要组成成分

食品多来自动、植物，或由动、植物等生物材料制成。它们都含有一定量的水，故食品在一定范围内也可看成是水的体系。其中饮料含水最多，有的高达90%以上。食品含水量的多少还与其感官质量等密切有关。例如油炸食品的含水量较少，且口感酥脆，而低水分活度的食品较耐保藏等。

三、 水的来源

人体水分的来源大致可分为饮料水、食物水和代谢水（生物氧化水）三类。

1. 饮料水

饮料水包括茶、咖啡、汤、乳和其他各种饮料，它们含水量大。

2. 食物水

食物水指来自半固体和固体食物的水，食物不同其含水量也不相同。

3. 代谢水

代谢水指来自体内氧化或代谢过程的水，每100g营养物在体内的产水量为：碳水化合物60mL、蛋白质41mL、脂肪107mL。

以上1、2两项也可统称为食物水。通常，水分的摄入在温带每人每日平均1000~2500mL，其中来自食物的水1000~2000mL，来自代谢过程的水为200~400mL。关于某些食物的水分含量参见附录三。

四、 水的排泄

人体每日通过各种方式排出体内的水分，为2000~2500mL。

1. 皮肤排泄

通过蒸发和汗腺分泌，每日从皮肤中排出的水大约有 550mL。其中"蒸发"随时在进行，即使在寒冷环境中也不例外，每日蒸发的水分为 300~400mL。另一种"出汗"则与环境温度、相对湿度、活动强度有关，人体通过出汗散热来降低体温，汗腺排水的同时还丢失一定量的电解质。

2. 肺排泄

呼吸作用也会丢失掉一部分水分，快而浅的呼吸丢失水分少，慢而深的呼吸丢失水分多。正常人每日通过呼吸作用排出 300mL 水。在空气干燥地区，排水量还要增加。

3. 消化道排泄

每日由消化道分泌的各种消化液约 8000mL。正常情况下，消化液在完成消化作用后几乎全部在回肠和结肠近端回收，流入结肠的水分很少，所以每日仅有 150~200mL 的水随粪便排出。但在呕吐、腹泻等病态时，由于大量消化液不能正常吸收，将会丢失大量水分，从而造成机体脱水。

4. 肾脏排泄

肾脏是主要的排水器官，在保持体内水分平衡方面发挥了重大作用。肾脏的排水量不定，一般随体内水分多少而定，从而保持肌体内水分平衡，每日肾脏的排水量一般为 1000~1500mL。

五、 水的需要量

人体对水的需要量随个体年龄、体重、气候及劳动条件等而异。年龄越大每千克体重需要的水量相对越小，婴幼儿及青少年的需水量在不同阶段也有不同，到成年后相对稳定。通常一个体重 60kg 的成人，每天与外界交换的水量约为 2.5kg，即相当于每千克体重约 40g 水。婴儿所需的水量是成人的 3~4 倍（表 8-9）。

表 8-9 人体每日需要的水量

项目	幼儿/岁		儿童少年/岁			成人/岁	
	2~	4~	7~	11~	14~	18~	65~
水/(mL/d)	总 1300	总 1600	1000~1300	1200~1400		1500~1700	
水/(杯/d)			5~6	6~7		7~8	

注：2~6 岁儿童的总摄入量包括了来自粥、奶、汤中的水和饮水，一杯水为 200~250mL。

此外，人体每日所需水量也可按能量摄取的情况估计。一般来说，成人每日摄取 4.184kJ（1kcal）能量约需水 1mL。考虑到水在代谢和排泄废物等方面的作用，以及发生水中毒的危险性极小，水的需要量也可增至 1.5mL/kcal。至于婴儿和儿童身体中水分的百分比较大，代谢率较高，肾脏对调节因生长所需摄入高蛋白时的溶质负荷能力有限，易发生失水，因而以 1.5mL/kcal 为宜。夏季天热，或在高温条件下劳动、运动时都可大量出汗，有时甚至可高达 5000mL/d以上，此时则需大量饮水。我国目前尚未提出水的需要量标准。

六、 水的平衡

人体内不存在单纯的水，水和溶解于水的溶质在体内经常保持着恒定的分布形式和浓度范围。体液不像脂肪、糖原可在体内被长期储存，相反体液的摄入和排出保持着严格的平衡。否则，会出现水肿和脱水两种情况。

1. 水肿

当摄入的水大大超过排泄的水时，会导致机体发生"水肿"。可摄入利尿的食物如冬瓜、南瓜、大白菜、竹笋、莴笋、生菜、花菜、百合、荸荠等，促进水分的排出。

2. 脱水

当摄入的水大大低于排泄的水时，会导致机体"脱水"。产生脱水的原因主要有腹泻、呕吐等，对此可以采取在水中添加适量食盐和葡萄糖即"等渗水"的方法让病人补充水分。

🔍 **思考题**

1. 矿物质有哪些生理功能？

2. 食物的成酸与成碱作用是指什么？如何通过食物调节体内的酸碱平衡？

3. 何为矿物质的生物有效性？其有哪些影响因素？

4. 影响钙吸收的因素有哪些？如何通过食物提高机体骨骼中钙的含量？

5. 水有哪些生理功能？

6. 当机体失去水平衡时会有哪些表现，如何避免？

CHAPTER

9

第九章
营养与膳食平衡

[学习指导]

　　本章要求学生理解营养素供给量标准，掌握营养素供给量标准与膳食指南与食品营养及人类健康的关系。

　　人们在维持自身健康的生命活动和从事各种劳动等过程中，都需要有足够的能量和各种营养素。不同的营养素可包含在各种不同的食物之中。通常，合理的膳食由含有不同营养素的食品组成，并保持一定的膳食平衡，而不同的膳食结构如富于蔬菜、水果的膳食与降低某些非传染性、慢性病的危险有关。尤其是近年来的研究表明，某些非营养素的食品组分如黄酮类化合物和植物固醇等对防治心血管疾病和癌症有一定关系。如果仅注意单个营养素的作用，则很难发挥这些非营养素有益身体健康的作用。事实上，目前人们在进一步研究各营养素的重要作用及其在食品中所呈现的相互影响，以及避免在加工、烹调等过程中所造成的损失之外，已注意到膳食中某些非营养素的保健作用，并提出了并非简单以营养素为基础，而是以食品为基础的膳食指南。

第一节　膳食营养素参考摄入量

　　膳食营养素参考摄入量（dietary reference intake，DRl）是指为满足人群健康个体基本营养所需的能量和特定营养素的摄入量，它是在推荐的膳食营养素供给量（recommended dietary allowance，RDA）的基础上发展起来的一组每日平均膳食营养素摄入量的参考值。评定标准可随科学知识的积累以及社会经济的发展等而有所改变，而且对于不同国家和不同时期也可有所不同，其目的在于更准确地指导各类人群获得最佳的营养状态和生活素质。当然，DRI 也是为全民食物和食品生产计划、加工、分配、食品的强化，以及人群的营养教育等提供依据。推荐的营养素供给量（RDA）作为一种膳食质量标准，曾对指导发展食物生产，保障居民的身体健康起到了不可低估的作用。随后，认识到传统的 RDA 概念已经不能很好地适应今日的需要。自 20 世纪 90 年代初期，欧洲一些国家先后使用了一些新的概念或术语；1995 年 8 月，美国国家科学院国家研究委员会（National Research Council，NRC）食物与营养委员会（FNB）发表以膳食营养素参考摄入量（DRI）来代替推荐的营养素供给量（RDA）。由 DRI 替代 RDA 的主要理由：

（1）膳食中与某些营养素有关的慢性病，如冠心病、脑血管病和肿瘤的发病率越来越高，应有所表明；

（2）DRI 中设有营养素的上限，以防止某些营养素毒副作用的危险性；

（3）食物中有些新成分在以前的 RDA 中没有被纳入，传统上一般认为不是营养素，但也与健康有关，这些物质也应包括在 DRI 中；

（4）以前的 RDA 是所有营养素都讨论，意见一致后再全部发表。但并非所有营养素都要重新修订，这会延误 RDA 的出版。DRI 可不将全部营养素同时发表，而将几个相互有关的营养素分批发表。

中国营养学会及时研究了这一领域的进展，根据我国具体情况并参考国内外有关资料于 2016 年 10 月发表了《中国居民膳食营养素参考摄入量》（附录一）。其主要包括以下四项内容：

1. 平均需要量（estimated average requirement，EAR）

EAR 指膳食中摄取的营养素水平，足够维持不同性别和年龄 50% 个体的健康，而不能满足另外 50% 个体对该营养素的需要。

EAR 是制订推荐摄入量（RNI）的基础，如果个体摄入量呈正态分布，则 RDA = EAR + 2SD。

SD 是 EAR 的标准差。若 EAR 的标准差变异很大，则用 EAR 的变异系数表示。根据大量热能基础代谢和成人蛋白质需要量的数据变异，可以估计出一个 EAR 的标准差相当于 10% 的 EAR。于是该公式又可归纳为：RDA = 1.2 × EAR。

2. 推荐摄入量（recommend nutrient intake，RNI）

RNI 相当于传统使用的 RDA，它可以满足某一特定群体中绝大多数（97% ~98%）个体的需要。长期摄入 RNI 水平，可以满足身体对该营养素的需要，并有适当贮备。

RNI 是健康个人膳食营养素摄入量目标值，个体摄入量低于 RNI 时不一定表明该个体未达到适宜营养状态。如果某个体的平均摄入量达到或超过了 RNI，可以认为该个体没有摄入不足的危险。

3. 适宜摄取量（adequate intake，AI）

AI 是通过观察或实验获得的健康人群某种营养素的摄入量。AI 应能满足目标人群中几乎所有个体的需要，其准确性不如 RNI。

AI 主要用作个体营养素摄入目标，同时限制过多摄入的标准。当健康个体摄入量达到 AI 时，出现营养缺乏的危险性很小，如长期摄入超过 AI，则有可能产生毒副作用。

4. 可耐受最高摄入量（tolerable upper intake level，UL）

UL 是平均每日可以摄入该营养素的最高量，此量对一般人群中几乎所有个体似不致损害健康。

UL 的主要用途是检查个体摄入量过高的可能，避免发生中毒，当摄入量超过 UL 时，发生毒副作用的危险性会增加，在大多数情况下，UL 包括膳食、强化食物和食品营养强化剂等各种营养素之和。

一般情况下，当人群对某种营养素的平均摄入量达到 EAR 水平时，可以满足人群中 50% 个体的需要量；当摄入量达到 RNI 水平时，可以满足人群中绝大多数个体的需要量；摄入量在 RNI 和 UL 之间是一个适宜和安全的摄入范围，既不会发生缺乏也不会出现中毒；但当摄入量超过 UL 并进一步增加时，则损害健康和发生中毒的危险性随之增大，见图 9-1。

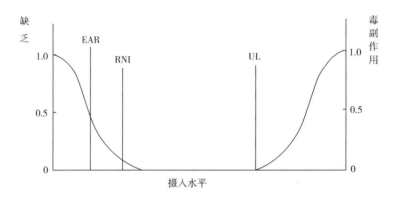

图 9-1　营养素摄入不足与过多的危险性

第二节　膳食结构与膳食类型

一、膳食结构

膳食结构是指人们消费的食物种类及其数量的相对构成。主要取决于人体对营养的生理需求和生产供应条件所提供食物资源的可能。食品生产者应恰当地将其结合起来，为人们提供丰富的可供选择的食物。

良好的膳食结构通常与良好的健康相联系，这多半包括长寿、低发病率与低婴儿死亡率等的传统膳食结构，如斯堪的拉维亚人、日本人或地中海人群的情况，当然其他因素如健康护理、生活环境、安全用水、文化教育以及社会经济发展等也有重要作用。当今世界膳食结构基本上可以分为三种模式：即西方、东方和地中海膳食结构模式。这 3 种模式在我国居民饮食中或多或少均有体现，如果能吸取其优点，摒弃缺点，膳食结构将会更合理。

1. 西方膳食结构模式

以西方发达国家为代表的膳食结构，具有高热量、高脂肪、高蛋白质的"三高"特点。年人均占有较多粮食，有条件将其中 60% ~ 70% 转化为肉、奶、禽、蛋等动物性食品消费，因此，动物性食物占有的比例较大，优质蛋白质在膳食结构中占的比例高，同时动物性食物中所含的无机盐一般利用率较高，脂溶性维生素和 B 族维生素含量也较高。

由于人均每日热能、蛋白质与脂肪消费过高，出现严重营养过剩，以致肥胖症、冠心病、高脂血症、高血压、糖尿病一类"文明病"显著增加。食品生产者大量生产低脂、低糖、低热量的三低食品，大力开发植物性食品等，以减少人们膳食中热能和动物性食品比重，增进健康。

2. 东方膳食结构模式

以我国为代表的东方膳食结构是以植物性食物为主，食品多不作精细加工。膳食结构以谷类为主。谷类食品中碳水化合物含量高，而碳水化合物又是热能最经济、最主要的来源；蔬菜丰富以及粗粮的摄入，使得人们摄入了大量的膳食纤维，因此，消化系统疾病及肠癌的发病率极低；豆类及豆制品的摄入，补充了一部分优质蛋白和钙；饮茶、吃水果、甜食少，减少了糖的过多摄入；丰富的调料，如葱、姜、蒜、辣椒、醋等，具有杀菌、降脂、增加食欲、帮助消化等诸多功能。牛奶及乳制品摄入不足；缺乏瘦牛肉、瘦羊肉、鱼等动物性食品，导致优质蛋白质摄入不足；食盐摄入过高，每人每天食盐摄入量平均为 13.5g，这与世界卫生组织建议的6g 以下的标准相差较远；白酒的消耗量过多，无节制地饮酒，使食欲下降，以致发生多种营养素缺乏。有的热能也不足，以致体质低下、健康状况不良、劳动能力降低等。这类国家亟待发展食物生产，首先是提高热能和开发廉价植物蛋白资源。

3. 地中海膳食结构模式

以希腊为代表的地中海沿岸国家其心脑血管疾病和癌症的发病率、死亡率最低，平均寿命更是比西方高 17%。1990 年，世界卫生组织（WHO）号召人们接受"地中海式饮食"。报告推荐的"地中海式饮食"是含高碳水化合物和低脂肪的食品，并有丰富的蔬菜和水果；另外还配有开胃食品，其中有味道浓厚的草药调料，如当地的番茄酱和鱼子酱。而肉类则很少，因为即便是瘦肉也会增加体内的脂肪（瘦猪肉中仍含有约 28% 的脂肪）。概括而言，淀粉类食品、菜糊做的调料，加上大量的绿叶蔬菜和新鲜水果就是典型的地中海式饮食。其膳食结构特点为：

（1）以使用橄榄油为主。这种脂肪有降低人体低密度脂蛋白、升高高密度脂蛋白的功能，同时还具有增强心血管功能及抗氧化、抗组织衰老的作用。

（2）地中海的动物蛋白以鱼类最多，鱼类蛋白质是高级蛋白，其次为牛肉、鸡肉。而植物蛋白中的豆类也对人体有多种益处，其豆类的摄入高于东方膳食结构近两倍。

（3）在碳水化合物中，虽然东方人的蔬菜摄取量较多，但地中海饮食模式中水果、薯类加上蔬菜总量远高于东方膳食模式。

（4）地中海模式中饮酒量高于东、西方，但以红葡萄酒为主。葡萄酒在酿制中将皮、籽一起酿造。现已证明常饮葡萄酒有降脂、降血糖、强心、抗衰老等多种功效。

二、 膳食类型

膳食类型即人们长期经常进食食物的质与量的组成及烹调方式的类型。在实际生活中，由于地区、民族或个人信仰与生活习惯等的不同，可以有不同的膳食类型。

1. 素膳

素膳指主要或完全是由植物性食品构成的膳食。因此也有植物性膳食之称。它又有纯素膳和广义素膳之分。纯素膳是完全不含动物性食品的膳食。这种主要由谷物、豆类、水果、蔬菜等植物性食品组成的膳食，有丰富的维生素和矿物质，并可得到大量食物纤维，尽管豆类植物也含有大量蛋白质，但却缺乏动物性蛋白质，优质蛋白质含量低，能量也较低。此外，在纯素膳中尚有部分生食膳者，这似乎难以满足人体全面的营养需要。广义素膳是完全无肉的膳食，即仅仅排除由屠宰动物制成食品的膳食。这类膳食尚可有乳素膳和蛋乳素膳的不同。乳素膳除植物性食品外还含有乳和乳制品。蛋乳素膳则还包括蛋和蛋制品。广义素膳可以保证机体达到氮平衡，从营养学的观点看要比纯素膳好。

2. 混合膳食

混合膳食指由植物性食品和动物性食品组成的膳食。它不但适合人类消化道的解剖结构，而且也为人类提供饱腹、易消化和全面的营养需要创造了有利条件。植物细胞的细胞壁不易消化，特别是植物所含纤维素、半纤维素、木质素等更难消化，故草食动物的消化道很长。与此相反，肉食动物的消化道则短。人类的消化道则介于上述两类动物之间，与杂食动物相似。人们在进食植物性食品时，除可获得大量维生素、矿物质等营养素外，还可得到大量食物纤维，摄食动物性食品则可获得大量易消化的营养物质，特别是提供人体大量的优质蛋白质。因此，混合膳食具有更好的营养作用，在世界上实际应用最广。

3. 平衡膳食

平衡膳食是一个综合的概念。随着营养学研究的不断深入，它可有不同的内容。概括地说，平衡膳食是指膳食中所含的营养素不仅种类齐全、数量充足，而且配比适宜，既能满足机体的生理需要，又可避免因膳食构成的营养素比例不当，甚至某种营养素缺乏或过剩所引起的营养失调。此膳食所供给的营养素与身体所需的营养保持平衡，从而对促进身体健康发挥最好的作用。对此问题，人们正在深入研究之中。

平衡膳食应保证供给人体一定的能量，这对不同年龄、性别和从事不同体力活动的人可有所不同。对于不同营养素供能所占供能总量的百分比也应适当。目前认为蛋白质、脂肪和碳水化合物三者供能的理想指标分别为：蛋白质 15%~20%，脂肪 15%~25%，碳水化合物不应低于 55%。

对于膳食中脂肪的含量，特别是饱和脂肪含量高被认为是心血管疾病发病率高的一个重要原因。但是脂肪可在不增加消化道渗透压和体积负荷的情况下提供较多的能量，满足机体需要，在膳食烹调上还具有独特的作用。至于膳食脂肪酸的构成，则以饱和脂肪酸：单不饱和脂肪酸：多不饱和脂肪酸为 1:1:1 最好。近年研究表明膳食脂肪还应适当增加 $n-3$ 多不饱和脂肪酸如 DHA 和 EPA 的含量，并使多不饱和脂肪酸 $n-6$ 和 $n-3$ 之比为 (4~6):1。

尽管人们对平衡膳食的认识与实施方法目前并不一致，但对膳食应趋于平衡这一观点比较统一。

4. 合成平衡膳食

合成平衡膳食指由纯净的 L-氨基酸、单糖、必需脂肪酸、维生素和矿物质等人工合成的膳食。其配比符合平衡膳食的要求，不含高分子类难消化的物质。故它实际上可被机体全部吸收利用。

合成平衡膳食只有在全部化学合成基本的营养素成分或其他纯品物质在营养学已经发展到相当程度以后才有可能得到发展。正是由于合成平衡膳食的营养平衡、易于消化、残渣量少等特点，被作为宇航员的膳食基础而受到特别重视。在具体制作时往往加入其他调味剂或香料等，以掩盖某些氨基酸的异味，提高感官质量，制成独特的宇航食品。

在医学上合成平衡膳食也很受重视，并常称为"要素膳"。它很适于外科手术病人，尤其是肠切除和肠瘘管病人的营养需要。因为它在小肠上段已基本吸收完毕，故医生可在肠道排空的情况下施行手术，手术后病人也可避免因消化道产气和排便等引起的不适。在内科方面则主要用于消化吸收不良病人，如胰功能不全（消化液分泌障碍）、脂肪痢及溃疡性结肠炎患者等。

第三节 膳食指南与膳食平衡宝塔

一、 膳食指南

膳食指南（dietary guideline）又称膳食指导方针或膳食目标（dietary goal），是针对各国各地具体存在的问题而提出的一个通俗易懂、简明扼要的合理膳食基本原则，用以引导居民合理消费食物。

为指导人们合理膳食的实践，通常将食物进行分类并量化指导人们进食。美国将基础食物分为四类，即乳和乳制品，肉（包括畜、禽、鱼、蛋）、干豆和坚果类，蔬菜、水果类和谷物食品四类，对食用油脂和食糖等则称作提供能量的额外食物。日本将基础食物分成六大类，其特点是将连骨吃的鱼和海藻与乳制品同列为一类，在水果、蔬菜中将黄绿色蔬菜单独另列为一类，油脂也为一类。中国营养学会将食物分为五大类：即谷类，肉、蛋、乳类，豆类，果蔬类及油脂类，这一分类突出了我国的国情，将豆及豆制品列为一大类。

2022 年 4 月 26 日，中国营养学会发布《中国居民膳食指南（2022）》。膳食指南是健康教育和公共政策的基础性文件，是国家实施《健康中国行动》（2019—2030 年）和《国民营养计划》（2017—2030 年）的一个重要技术支撑。自 1989 年首次发布《中国居民膳食指南》以来，我国已先后于 1997 年、2007 年、2016 年进行了三次修订并发布，在不同时期对指导居民通过平衡膳食改变营养健康状况、预防慢性病、增强健康素质发挥了重要作用。

《中国居民膳食指南（2022）》包含 2 岁以上大众膳食指南，以及 9 个特定人群指南。这 9 类人分别是：备孕和孕期妇女、哺乳期妇女、0~6 月龄婴儿、7~24 月龄婴幼儿、学龄前儿童、学龄儿童、一般老年人、高龄老年人、素食人群。为方便百姓应用，还修订完成《中国居民膳食指南（2022）》科普版，帮助百姓做出有益健康的饮食选择和行为改变。

新版指南提炼出了平衡膳食八准则。下面就新版《中国居民膳食指南》中的一般人群（2 岁以上健康人群）的膳食指南的 8 条核心推荐逐一解读。

1. 食物多样，合理搭配

坚持谷类为主的平衡膳食模式。每天的膳食应包括谷薯类、蔬菜水果、畜禽鱼蛋奶和豆类食物。平均每天摄入 12 种以上食物，每周 25 种以上，合理搭配。每天摄入谷类食物 200~300g，其中包含全谷物和杂豆类 50~150g，薯类 50~100g。

2. 吃动平衡，健康体重

各个年龄段人群都应天天运动、保持健康体重。食不过量，保持能量平衡。坚持日常身体活动，每周至少进行 5d 中等强度身体活动，累计 150min 以上；主动身体活动最好每天 6000 步。鼓励适当进行高强度有氧运动，加强抗阻运动，每周 2~3d。减少久坐时间，每小时起来动一动。

3. 多吃蔬果、奶类、全谷、大豆

蔬菜水果、全谷物和乳制品是平衡膳食的重要组成部分。餐餐有蔬菜，保证每天摄入不少于300g的新鲜蔬菜，深色蔬菜应占1/2。天天吃水果，保证每天摄入200～350g新鲜水果，果汁不能代替鲜果。吃各种各样的乳制品，摄入量相当于每天300mL以上液态奶。经常吃全谷物、大豆制品，适量吃坚果。

4. 适量吃鱼、禽、蛋、瘦肉

鱼、禽、蛋类和瘦肉摄入要适量，平均每天120～200g。每周最好吃鱼2次或300～500g，蛋类300～350g，畜禽肉300～500g。少吃深加工肉制品。鸡蛋营养丰富，吃鸡蛋不弃蛋黄。优先选择鱼，少吃肥肉、烟熏和腌制肉制品。

5. 少盐少油，控糖限酒

培养清淡饮食习惯，少吃高盐和油炸食品。成人每天摄入食盐不超过5g，烹调油25～30g。控制糖摄入量，每天不超过50g，最好控制在25g以下。反式脂肪酸每天摄入量在2g以下。不喝或少喝含糖饮料。儿童青少年、孕妇、乳母以及慢性病患者不应饮酒，成人如饮酒，一天饮用的酒精量不超过15g。

6. 规律进餐，足量饮水

安排一日三餐，定时定量，不漏餐，每天吃早餐。规律进餐、饮食适度，不暴饮暴食、不偏食挑食、不过度节食。足量饮水，少量多次。在温和气候条件下，低身体活动水平成年男性每天喝水1700mL，成年女性每天喝水1500mL。推荐喝白水或茶水，少喝或不喝含糖饮料，不用饮料代替白水。

7. 会烹会选，会看标签

在生命的各个阶段都应做好健康膳食规划。认识食物，选择新鲜的、营养素密度高的食物。学会阅读食品标签，合理选择预包装食品。学习烹饪、传承传统饮食，享受食物天然美味。在外就餐，不忘适量与平衡。

8. 公筷分餐，杜绝浪费

选择新鲜卫生的食物，不食用野生动物。食物制备生熟分开，熟食二次加热要热透。讲究卫生，从分餐公筷做起。珍惜食物，按需备餐，提倡分餐不浪费。做可持续食物系统发展的践行者。

二、 膳食平衡宝塔

平衡膳食宝塔是将营养素的科学术语和数字，翻译为食物种类、结构和概略定量，以直观地告诉居民每日应摄入的食物种类、合理数量及适宜的身体活动，见图9-2。

膳食宝塔共分五层，包含我们每天应吃的主要食物种类。膳食宝塔各层位置和面积不同，这反映出各类食物在膳食中的地位和应占的比重。谷类食物位居底层，每人每天应该吃250～400g；蔬菜和水果居第二层，每天应吃300～500g和200～350g；鱼、禽、肉、蛋等动物性食物位于第三层，每天应该吃120～200g（鱼虾类40～75g，畜禽肉40～75g，蛋类40～50g）；奶类和豆类食物合居第四层，每天应吃相当于鲜奶300g的奶类及奶制品和相当于干豆25～35g的大豆及坚果类。第五层塔顶是烹调油和食盐，每天烹调油不超过25～30g，食盐不超过6g。

膳食宝塔共分五层，包含我们每天应吃的主要食物种类。膳食宝塔各层位置和面积不同，这反映出各类食物在膳食中的地位和应占的比重。谷类食物位居底层，每人每天应该吃200～300g，其中包括全谷物和杂豆50～150g；薯类50～100g；蔬菜和水果居第二层，每天应吃

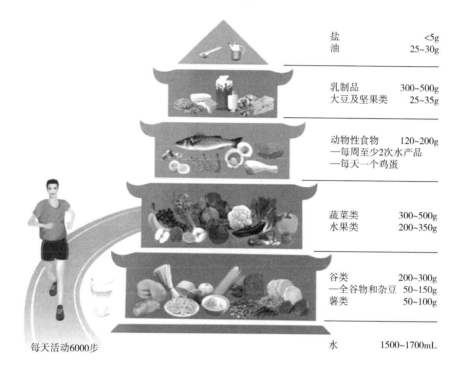

图 9-2　中国居民平衡膳食宝塔（2022）

引自：中国营养学会，《中国居民膳食指南（2022）》。

300g ~ 500g 和 200g ~ 350g；鱼、禽、肉、蛋等动物性食物位于第三层，每天摄入动物性食物 120 ~ 200g，每周至少 2 次水产品，每天一个鸡蛋；乳类和豆类食物合居第四层，每天应吃乳及乳制品 300 ~ 500g。第五层塔顶是烹调油和食盐，每天烹调油不超过 25g ~ 30g，食盐不超过 5g。

与 2016 年版相比，新版膳食宝塔图强调每周至少吃 2 次水产品，因为我国人食用畜肉较多，特别是猪肉，而水产品相对畜肉来说，脂肪含量较低，且所含脂肪酸更利于保护心血管系统。特别提出每天吃一个鸡蛋，因为鸡蛋的营养价值很高，但一些人群担心其胆固醇含量，然而诸多研究表明，每天吃一个鸡蛋的营养效益远高于其胆固醇的影响。提高了乳及乳制品摄入量，因为牛奶是优质蛋白质、钙的重要来源，但我国牛奶消费处于较低水平。

2022 版膳食宝塔图保留了水和身体活动的形象，强调足量饮水和增加身体活动的重要性，并调高了中国居民日均饮水量推荐值，从过去每天 1200mL（约 6 杯）调高至每天 1500 ~ 1700mL（7 ~ 8 杯）水。水是膳食的重要组成部分，是一切生命必需的物质，其需要量主要受年龄、环境温度、身体活动等因素的影响。饮水不足或过多都会对人体健康带来危害。饮水应少量多次，要主动，不要感到口渴时再喝水。目前我国大多数成年人身体活动不足或缺乏体育锻炼，应改变久坐少动的不良生活方式，养成天天运动的习惯，坚持每天多做一些消耗体力的活动。建议成年人每天进行累计相当于步行 6000 步以上的身体活动，如果身体条件允许，最好进行 30min 中等强度的身体活动。

宝塔没有建议食糖的摄入量。因为我国居民现在平均吃食糖的量还不多，少吃些或适当多吃些可能对健康的影响不大。但多吃糖有增加龋齿的危险，尤其是儿童、青少年不应吃太多的糖和含糖食品。宝塔建议的各类食物的摄入量一般是指食物的生重。

值得指出的是，平衡膳食宝塔建议的各类食物摄入量是一个平均值和比例，应因地制宜，并注意将营养与美味相结合。日常生活无须每天都样样照着"宝塔"推荐量吃。每一类食物都有许多品种，同一类食物中不同食物可以互换，重要的是要经常遵循宝塔各层各类食物的大体比例。膳食对健康的影响是长期的结果。应用平衡膳食宝塔需要自幼养成习惯，并坚持不懈，才能充分体现其对健康的重大促进作用。

为了便于指导大众在日常生活中进行具体实践，修订完成了中国居民平衡膳食宝塔（2022）的同时，还修订了中国居民平衡膳食餐盘（2022）（图 9-3）和儿童平衡膳食算盘（2022）（图 9-4）等可视化图形。

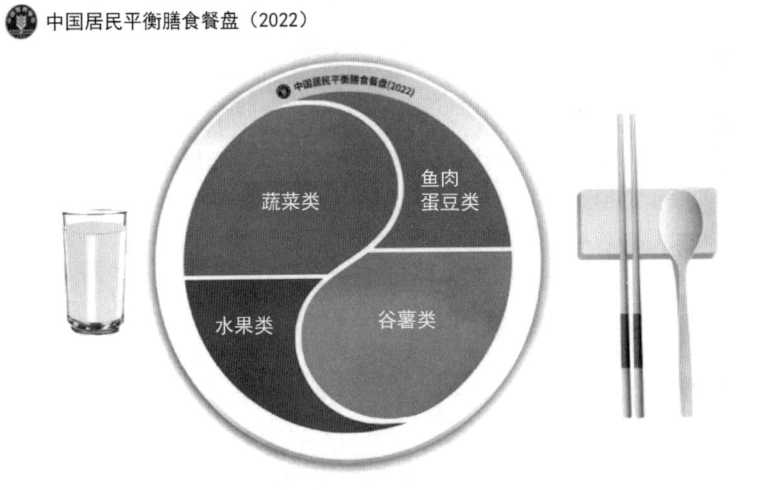

图 9-3　中国居民平衡膳食餐盘（2022）

这三个图形各有针对，且互为补充。中国居民膳食宝塔，是膳食指南的主要图形，也体现了中国居民膳食指南的核心思想。膳食分为五大类，所以每一层表示每一类的食物，而数值的大小表示了推荐摄入量的多少，各种各样的食物可以帮助大家更好地实现平衡膳食。平衡膳食餐盘则是一个人一餐大致的食物组成和结构比例，简洁直观，它没有强调食物的推荐量，但更容易记忆，强调的是一个构成。膳食算盘选择了中国的"计算机"——算盘，来作为营养从小孩抓起的宣传图形，主要是适合儿童使用的，勾画出儿童对于分量的认识，哪种食物分量多，哪种食物分量少，便于他们理解和记忆。

图 9 - 4　中国儿童平衡膳食算盘（2022）

第四节　食品的方便化

一、　食品方便化的原因

　　膳食与膳食类型是人们长期以来生活习惯所形成的。但是，千百年来的传统烹调操作繁杂，即费时，又费力。特别是由于社会生产的发展和现代化生活节奏的加快，时间变得越来越宝贵，因而迫切希望将家庭厨房劳动社会化。这不仅可以提高一般食品加工烹调的工作效率，而且还可以节约原料和能源，并有利于食品感官和营养价值的提高。

　　20 世纪 50 年代，在高度发达的工业化国家里就出现了家庭厨房的社会化，即膳食供应走出家庭、店堂，各种食品可以从商业服务系统中获得。这样，人们可以节省更多的时间和劳动。方便食品也应运而生，方便食品工业便得到了迅速发展。

二、 方便食品的安全营养问题

目前，中国食品工业已成为国民经济最重要的支柱产业，其总产值居国民经济各部门之首。我国食品工业产品向着方便化、功能化、专用化方向发展。首先表现在城乡居民一日三餐所需求的方便主副食速冻食品、熟制食品及快餐业等迅速发展。同时，保健功能食品、儿童食品、老年食品、旅游食品等也在健康发展。总之，在工业化生产的食品（工业食品或加工食品）中，当前发展最快的首推方便食品和快餐食品。

方便食品与快餐食品多按一定配方要求和工艺操作制成，食前不须再行烹调，或稍经处理即可食用，并且便于保存和运输，只是前者方便性更好，后者则更强调其即食性而已。二者均归为方便食品。这些食品大致可分为三类：一类是干燥或粉状食品如方便面、快餐汤等。它们只需用水浸泡或冲开即可食用。这是一类广泛销售的大众化食品。第二类是软罐头之类的食品，它以塑料薄膜夹铝箔作成薄袋，内装食品，经加热灭菌制成。食品品种繁多，同时便于携带和食用，很受消费者欢迎，但价格偏高。第三类是各种冷冻食品如包子、饺子、春卷、烧麦，以及各种肉、鱼、菜等。它们经过加工熟制以后，快速冷冻、保存，直到食前再行加热即可食用。这类食品适于有热食习惯的人享用，且多被带回家中，颇为方便。此外，如面包、饼干、糕点、罐头、香肠等也都可认为是方便食品。

正是由于食品的方便化，使得人们有更多的时间去从事各种社会和娱乐活动。致使方便食品、快餐食品等深受欢迎并得到迅速发展。据报告，当今世界上这类食品的品种已多达12000余种。我国工业食品的消费占食品消费总量的比率逐年增高，方便食品与快餐食品的生产增速。目前全国各地普遍引进了许多面包和方便面等的生产线，大大发展了这类产品，但人们还希望能够得到更多且价廉物美的这类产品。在大力发展方便食品、快餐食品的同时，也还希望进一步提高这类食品的营养价值。

🔍 思考题

1. 到底什么样的饮食才是营养膳食（膳食指导)？
2. 图示说明营养素摄入不足与过多的危险性。
3. 什么是膳食结构，与人体健康是什么关系？
4. 试分别分析素膳与混合膳食的利弊。
5. 试说明2022新版膳食指南主要内容。

第十章

营养与疾病防治

[学习指导]

　　本章要求学生了解营养缺乏造成的典型病症及其特征，熟悉营养过剩带来的健康危害，理解膳食与代谢性疾病及癌症的关系及防治因素，掌握典型营养性疾病的膳食因素及膳食防治。

　　人体所需的各种营养素由食物供给，食品是保证营养的物质基础。没有任何一种天然食物能包括所有的营养素，进入体内的营养素还涉及消化、吸收、利用等种种因素，在代谢过程中各营养素又必须比例适宜才能协同作用，相互制约，发挥最大的营养效能。人体健康在很大程度上取决于合理营养。营养失调是由于膳食中长期一种或多种必需营养素摄入过多或不足而造成的不健康状态，营养缺乏和营养过度都属于营养失调。

　　人体健康在很大程度上取决于营养素的平衡。若营养素摄入不平衡，无论是缺乏或过剩都可导致疾病的发生。

第一节　消化吸收不良

一、消化不良

　　消化不良是胃肠功能失调的表现，常因饮食不当或细菌、病毒感染等引起，多见于 2 岁以下的小儿，又称小儿腹泻。

　　消化不良通常表现为腹泻，可导致水分、钠、钾、氯与碳酸氢盐的大量丢失，拖延治疗会影响其他营养素如蛋白质、脂类、维生素与矿物质的吸收。因此首先应尽快消除病因；口服或静脉补给水、矿物质与能量，可给葡萄糖水和米汤；用稀释乳、脱脂牛乳等喂养，使之逐渐恢复正常。

二、 脂肪痢

脂肪痢由脂类消化、吸收障碍所引起，致使在粪便中有过多的脂类。通常粪便中存在的过量已消化但未被吸收的脂类，主要是不溶性的脂肪酸钙盐。脂肪痢除引起粪便中脂肪的增加外，常伴有脂溶性维生素的吸收障碍。

引起脂肪痢的原因很多，如由不同疾病引起的胰脂酶缺乏、胆盐缺乏，广泛肠切除等引起的肠黏膜摄取脂肪消化产物减少等。

脂肪痢患者粪便中虽有大量脂类排出，但其成分与食物中的脂肪不同，缺乏短链脂肪酸。故脂肪痢可用短链或中链脂肪酸构成的甘油酯代替膳食中的长链脂肪酸予以防治。

三、 乳糖不耐症

乳糖不耐症是指摄食乳糖或含乳糖的乳制品后出现的一系列症状，是因人体内缺乏乳糖酶而引起的乳糖吸收不良的表现。乳糖酶存在于人体小肠黏膜上皮细胞中，其活性即使在婴儿也有一定限度，而在断乳后则逐渐下降甚至消失。当乳糖酶活性下降过大或消失时，会导致乳糖不能被消化吸收，滞留于肠腔，并在小肠及结肠细菌的作用下发酵成乳酸、甲酸等小分子有机酸，增加了肠腔内容物的渗透压，促使肠壁水分反流入肠腔，出现水样腹泻，大便酸性增加。此外发酵产生的气体可引起腹胀等现象。

乳糖酶缺乏可有三种类型：

①先天性乳糖酶缺乏。这较为罕见，在婴儿出生后的最初几周变得明显。

②原发性个体发育性乳糖酶缺乏。即乳糖酶的活性从哺乳期的高水平降至断乳后的低水平，且持续一生。不同种族间乳糖酶缺乏的发生率差异很大，不喝奶的种族可高达95%，喝奶的种族可低至5%。常喝牛奶的西欧、北欧人以及一些非洲的部落，进入成年期后乳糖酶活性仍很高。亚洲地区80%以上人群患有乳糖不耐症，据统计，我国乳糖不耐者占人群的70%以上，以至大部分人错误地认为牛乳为胀气食品。

③继发性乳糖酶缺乏。是因各种原因造成的小肠黏膜损伤，如感染、营养不良、细菌过度繁殖、胃肠炎等而引起的暂时性乳糖酶缺乏。

根据上述情况，乳糖不耐症患者可选用少含或不含乳糖的乳制品以满足自身需要，如酸牛奶一类的发酵乳制品，因为酸牛奶中相当多的乳糖因被发酵菌利用而消失。目前国外已有将牛奶在10℃以下酸处理一夜，或经37℃处理数小时的方法分解乳糖，使乳糖含量大幅度降低或消除。据报告，日本所采用的方法是在无菌的牛乳中加入乳糖酶，经30℃、20h将乳糖分解，而且经此处理后的牛乳甜度增加了三倍，且易于消化吸收，很适合乳糖不耐症者食用。此外，还可用米曲霉产生的α-半乳糖苷酶处理牛奶，使牛乳中的乳糖转换成能促进双叉乳杆菌繁殖的转移低聚糖，加热使酶失活，再将双叉乳杆菌在牛乳中接种，经此处理后牛乳中的乳糖已大部分被转换，可供乳糖不耐症的婴幼儿食用。同时双歧乳杆菌在肠道中还能抑制肠道致病菌生长，有益于婴幼儿健康。

第二节　营养缺乏病

营养缺乏是由于身体营养素不足以增生新组织、补偿旧组织和维持正常机能的结果。

一、蛋白质－热能营养缺乏

蛋白质－热能营养缺乏，是严重的营养缺乏病，根据发生机理和明显不同的特征性症状分为两类：因蛋白质缺乏引起的恶性营养缺乏病和因热能不足引起的消瘦。处于迅速生长发育阶段的婴幼儿，每千克体重蛋白质需要量和热能需要量均高于成年人，对蛋白质、热能不足也极为敏感，因此，蛋白质－热能营养缺乏主要见于5岁以下儿童。

恶性营养缺乏病的明显特征是腹部突起和浮肿。由于蛋白质缺乏，运转功能障碍，使脂肪在肝脏堆积；血液中蛋白质分子数量少，维持组织与血液间液体平衡的功能丧失，大量液体积于组织及腹腔，造成腹部隆起和浮肿。

消瘦则是因为热能不足，体内脂肪被大量用来提供热能所致。消瘦可见于任何年龄的个体。

由于蛋白质和热能缺乏是连续的过程，在个体身上往往同时存在，因此除上述各自不同的症状外，还有许多相同症状，如生长发育受阻、易感染；头发稀疏、易脱；食欲减退、吸收障碍等。

蛋白质－热能营养缺乏，目前仍是发展中国家较严重的问题，是严重威胁儿童和老年人生命的最普遍的营养缺乏病。患病儿童成年后会表现出身心方面的障碍；老年人也会因此而引发某些慢性疾病。

为防治蛋白质－热能的营养缺乏症，最主要的是因地制宜地供给高蛋白、高能量的食品，最好是奶粉、牛奶或乳制品为主，配方合理的豆制代奶粉等效果也较好。值得注意的是，在治疗过程中蛋白质、能量的供给量应逐渐增加，以助消化道正常生理功能的恢复，防止消化功能紊乱。对于患有乳糖不耐症的蛋白质－热能营养缺乏病儿童来说，若以牛奶或乳制品补充蛋白质，可能会引起腹泻促使营养状况的进一步恶化，因此，在治疗期间应选用含乳糖量低或不含乳糖的发酵乳制品或其他代用品。

二、佝偻病及骨质疏松

食物中缺乏维生素D或人体缺乏日光照射，容易引起佝偻病和骨质疏松。缺钙也是引起本病的原因之一。

钙是构成骨骼的主要成分，人体中99%的钙经矿化作用储存在骨骼中。参与生命活动所需要的钙，一方面从膳食中获取，另一方面是由骨脱矿化作用从骨骼内获取，特别是在膳食钙严重缺乏或机体发生异常钙丢失时。骨骼的矿化与脱矿化，钙的吸收与排泄是一个平衡的代谢过程。其中的调节因子就是维生素D，没有维生素D的参与，钙的吸收与利用将无法进行，会导致骨骼生长发育旺盛期的婴幼儿发生佝偻病、成年人发生骨质疏松。

当婴幼儿体内发生钙吸收障碍时，会使骨骼的矿化不能正常进行，造成骨质过软，结构异常的疾病——佝偻病的发生。佝偻病以头部、胸部及四肢有较明显的骨骼变形为突出症状，可观察到肋骨串珠和鸡胸、长骨骨骺增大、出现"O"形或"X"形腿等。

若钙吸收障碍发生在成年人体内，其骨骼会因过度脱矿化而造成骨质疏松。这种现象多见于孕产妇、更年期妇女及老年人。常见症状有骨痛、肌无力，可见脊柱弯曲、身材变矮、骨盆变形等症状，严重时会发生自发性或多发性骨折。

为预防佝偻病及骨质疏松的发生，除多食用含维生素 D 丰富的食物如动物肝脏、鱼肝油、禽蛋等外，还可适当食用维生素 D 强化的食品。乳类含维生素 D 不多，故以乳类为主食的 6 个月以下婴儿，尤应注意维生素 D 的补充。同时尽量鼓励儿童多做户外活动，以便有充分的紫外线照射，促进体内维生素 D 的自身合成，一般情况下，连续 1.5h 的紫外线照射（冬天很难做到），就能满足体内当日的维生素 D 需要量。

然而，仅仅注意维生素 D 及含钙食品的摄取是不够的，因为骨骼的成分除了钙以外还有磷和镁；骨骼的形成离不开胶原质（一种细胞间的胶质），而胶原质的形成需要维生素 C；骨骼吸收钙的能力除了依赖维生素 D，还与微量矿物元素硼密切相关。此外，最近的报道表明，过多的蛋白质摄入会在体内产生许多酸性代谢产物，需要钠与钙这两种碱性物质加以中和，会更多地动用骨骼中的钙，因此高蛋白饮食可能也是造成骨质疏松的一个诱因。可见健康的骨骼靠的是营养素的合理摄取。

三、营养性贫血

营养性贫血分为缺铁性贫血和因维生素 B_{12} 及叶酸缺乏而产生的巨幼红细胞性贫血。

1. 缺铁性贫血

缺铁性贫血是由于体内缺铁而影响血红素合成引起的，是目前世界上比较普遍的营养问题，多见于婴幼儿及育龄妇女。

缺铁的原因主要有：

（1）人体对铁的需要量增加而摄入铁量相对不足 婴幼儿生长速度很快，正常婴儿出生 5 个月体重增加 1 倍，1 岁时增加 2 倍。婴儿在 4~6 个月后，体内储存的铁已消耗渐尽，如仅以含铁少的乳类喂养，可导致缺铁性贫血。育龄妇女由于妊娠、哺乳，需铁量增加，加之妊娠期消化功能紊乱，铁的摄入和吸收不佳，易致贫血。

（2）铁吸收障碍 动物性食品中的血色素铁可直接以卟啉铁的形式吸收，吸收率较高。非血色素铁的吸收取决于铁在胃肠道的溶解度等。多种因素可阻碍铁的吸收（参见第二章中水与矿物质的吸收）。

（3）慢性失血 长期因各种疾病引起慢性失血，体内总铁量显著减少，终致贫血。人体贫血时会有面色苍白，口唇黏膜和眼结膜苍白，严重者可出现食欲不振、心率增快、心脏扩大等症状。婴幼儿严重贫血时可出现肝、脾和淋巴结肿大等。化验可见血红蛋白较红细胞数减少更明显，常在 6%~10%，属低血色素性小红血球性贫血。

为预防缺铁性贫血，婴儿应及时添加富含铁质的辅助食品，孕妇与乳母应补充足量的铁；多吃富含维生素 C 的食品，以帮助铁的吸收；多用铁炊具代替铝炊具。由于植物性食品中铁的吸收率一般较低，动物性食品的铁吸收率较高，所以应多食用动物性食品如动物肝脏、肉与肉制品、鱼和鱼制品等。此外，也可食用铁强化食品，如铁强化面粉、食盐、固体饮料等。

2. 巨幼红细胞性贫血

巨幼红细胞性贫血是由于各种因素影响维生素 B_{12} 及叶酸的摄入与吸收造成的。维生素 B_{12} 和叶酸都在核酸代谢中起辅酶作用，若缺乏则导致代谢障碍，从而影响原始红血球的成熟，常发生于未加或少加辅助食品、单纯以母乳或淀粉喂养的婴儿，或反复感染及消化功能紊乱的幼儿。

维生素 B_{12} 缺乏可引起巨幼红细胞性贫血和神经系统的损害，叶酸缺乏除引起巨幼红细胞性贫血外，还可引起舌炎、口炎性腹泻等疾病。此外，二者的缺乏还有引发心脏病的危险。

预防巨幼红细胞性贫血，必须保证在食物中有一定量的叶酸与维生素 B_{12}。食物中维生素 B_{12} 是与蛋白质结合在一起的，只有在胃液的作用下才能游离出来，才能在内因子（胃黏膜细胞分泌的一种糖蛋白）的协助下被吸收入血。因此，患有胃酸缺乏的患者应肌肉注射维生素 B_{12}。

四、 维生素缺乏病

因饮食中某种维生素长期不足或缺乏，引起代谢紊乱而出现的明显的病理状态称作维生素缺乏病。缺乏早期无明显症状时，称作维生素不足。除食物中含量低可导致维生素缺乏以外，还可因体内吸收障碍、破坏分解增强以及生理需要量增加而引起。

1. 夜盲症及干眼病

夜盲症及干眼病是因维生素 A 缺乏而引起的营养缺乏病。维生素 A 缺乏至今仍然威胁着发展中国家人民的身体健康。

维生素 A 作用于人体的视觉感受器，缺乏时人便很难适应由明到暗的光线变化，在暗环境中视物能力极差甚至消失，这种暗适应能力差的表现俗称夜盲，临床称为夜盲症。夜盲是维生素 A 缺乏的初始症状，也是经治疗最容易恢复的症状。

维生素 A 是人体上皮组织正常合成的必需物质。上皮组织中含有黏液分泌细胞，当维生素 A 缺乏时，黏液细胞不能正常变异而生成硬质的角蛋白细胞，表面上皮就会因角质化而变硬变干，出现角膜干燥、感染等一系列眼部症状，即干眼病，严重时可致盲。此外，还伴有皮肤干燥变粗和脱屑；呼吸系统感染、生长发育缓慢；骨骼发育停止、生殖机能退化等症状。干眼病治疗的难易程度取决于病程的长短，如果患病初期得不到及时而有效的治疗，就会造成终生遗憾。

最为有效的预防方法是保证食物中有丰富的维生素 A 或胡萝卜素。动物性食品如黄油、蛋类、动物肝脏等是维生素 A 的最好来源；植物性食品如番茄、胡萝卜、辣椒、红薯、空心菜、苋菜等蔬菜及香蕉、柿子和桃等水果，可提供丰富的胡萝卜素。婴儿食品可适量地强化维生素 A。

服用维生素 A 补充剂应遵医嘱，以防维生素 A 在体内蓄积而中毒。

2. 坏血病

坏血病的发生是由于食物中缺乏维生素 C 引起的。维生素 C 的缺乏会影响胶原组织的正常形成而表现为牙龈、黏膜出血，严重的还会出现皮下、肌肉和关节出血并形成血肿。婴幼儿往往由于人工喂养而又未注意维生素 C 的供给可造成缺乏，出血症状比成年人严重。

维生素 C 是水溶性维生素，稳定性差，易被氧化，多存在于新鲜蔬菜和水果中，不新鲜的果蔬中含量很低甚至消失。另外，蔬菜中的维生素 C 极易在烹调过程中因水洗、加热而损失，因此在日常生活中应注意尽力减少维生素 C 的损失。此外，还可常饮用强化果汁和强化饮料加以补充，以预防维生素 C 的缺乏。

3. 脚气病

维生素 B_1（硫胺素）严重缺乏会引起伴有体力虚弱的脚气病。碾磨谷类、特别是碾磨精度过高时，可使其中维生素 B_1 损失达 80% 以上。煮粥、煮豆或蒸馒头时，若加入过量的碱，也可造成维生素 B_1 的大量损失。长期食用精白米和精白面及其制品，又不注意补充其他杂粮和多种副食品时，也可造成维生素 B_1 缺乏，引起脚气病。

成人患病时，首先出现疲倦、乏力、头痛、失眠、食欲不振及其他胃肠道症状，继续发展可有以下不同：①干性脚气病，主要症状为多发性神经炎，表现为肢端麻痹或功能障碍；②湿性脚气病，主要症状是由心力衰竭而引起的水肿；③急性混合型脚气病，既有神经炎，又有心力衰竭。

乳母患脚气病时，所分泌的乳汁中也缺乏维生素 B_1，可导致婴儿患脚气病，严重时甚至会造成婴儿死亡。为了防止脚气病的发生，通常应多食粗粮及其制品，以及其他含维生素 B_1 的食品，如豆类与豆制品、肉与肉制品、蛋与蛋制品等。

谷粒的糊粉层与胚芽中含有丰富的 B 族维生素，是维生素 B_1 的良好来源。如何既能保持食品良好的感官性状，又能最大限度地保留其营养成分，一直是营养和食品加工上不断研究的问题。除在工艺上改进加工方法减少维生素 B_1 的损失外，还可用营养强化的方法予以解决。

4. 癞皮病

这种病是由于膳食中缺乏烟酸所致，多流行于以玉米为主食的地区。原因是玉米中的烟酸为结合型，不能被人体吸收利用。游离型烟酸才能被人体利用。此外，玉米中色氨酸含量也很少，色氨酸在体内可以转变成烟酸。

本病常伴有三个典型症状：腹泻、皮炎与痴呆，通常称为"三 D"症。发病前，往往出现食欲不振、消化不良、头痛、失眠等前驱症状。

为预防癞皮病，应合理调配膳食。豆类、大米和小麦及其制品含有丰富的烟酸及色氨酸，而且大部分为游离型，可为人体所利用。

五、 地方性甲状腺肿与克汀病

地方性甲状腺肿（简称地甲病）与克汀病是最为常见的碘缺乏病，前者主要见于成年人，后者则发生于胎儿和儿童。

单纯性甲状腺肿是以缺碘为主的代偿性甲状腺肿大，但一般不伴有甲状腺功能失常。根据发病原因可分为地方性与散发性两种。地方性甲状腺肿流行于世界许多地区。散发性甲状腺肿无地区限制，多发生于青春期、妊娠期、哺乳期及绝经期的女性。本病可由碘的绝对或相对缺乏以及其他一些原因引起。

碘是参与甲状腺合成的独具生理意义的元素，甲状腺中含碘量占人体含碘量的 20% 。机体所需要的碘可以从饮水、食物及食盐中取得。这些物质中的含碘量主要取决于各地区的生物地质化学状况。一般情况下远离海洋的内陆山区或不易被海风吹到的地区，其土壤和空气中含碘较少，因而水和食物中的含碘量也不高，很可能成为地方性甲状腺肿高发区。

地甲病主要表现为甲状腺肿大，突眼，高代谢症群（怕热、心悸、出汗、甲亢、消瘦、腹泻、基础代谢增高）。经治疗可获痊愈。

如果胎儿或胎儿出生后前几个月碘的供给极度缺乏而发生克汀病，后果将极其严重。智力低下和精神发育不全是本病的主要特征，出现生长发育迟缓，侏儒体型，智力发育明显迟滞，性发育受阻，并具有面方、眼距宽、唇厚、舌方等特征性体征。治疗后疗效不理想。

除了环境因素或摄入过少会引起甲状腺肿外，有些食物如十字花科植物白菜、萝卜等，含有抗甲状腺素物质 β – 硫代葡萄糖苷，可影响机体对碘的利用。此外，蛋白质不足，钙、锰、氟过高或钴、钼不足对体内甲状腺素的合成也有一定的影响。

经常吃含碘高的海带、紫菜等海产品，可预防缺碘性甲状腺肿，经常吃不到海产品的内陆山区，可以采用碘化钾与食盐按 1∶20000 比例制成加碘盐食用，但加碘量不宜过高，否则会引起高碘性甲状腺肿。

六、 克山病

克山病是一种以心肌细胞变性、坏死为特征的地方性心肌病，病因虽然没有完全明了，但我国学者证实缺硒是克山病的一个重要病因。

硒是红血球中谷胱甘肽过氧化酶的必需成分。我国在克山病防治工作中发现，克山病流行区的主粮，学龄儿童的头发与全血中硒含量都低于非流行区，而且全血中谷胱甘肽过氧化物酶活力下降。连续进行 10 年观察，肯定了用亚硒酸钠预防克山病可收到良好效果，这说明硒是克山病病区致病的主要水土因素。尽管如此，它并不是唯一因素，因为低硒地区不一定都是克山病病区；流行期间不同地区的发硒均值有所不同；病区新发病人与非病人全血硒浓度无差别；高发季节时发硒值无相应下降，以上说明导致克山病流行的因素中，除低硒为其共同必需因素外，尚有其他因素作用，有待进一步研究探讨。

人体摄入的硒几乎全部来自食物。海产品、肾、肉、大米与其他谷类含硒量较高，蔬菜和水果通常含硒量较低，有资料表明，越是精制食品含硒量越少。我国学者曾在病区采用亚硒酸钠预防克山病已取得显著效果。其实，通过食物途径补充硒更为合理。此外，也可食用以亚硒酸钠、硒酸钠、富硒酵母、硒化卡拉胶营养强化的食品。

第三节 营养过剩

一、 肥胖

体重超过标准体重 10% 为超重，超过 20% 为肥胖，超过 40% 为过度肥胖。目前肥胖已是世界范围内的营养性疾病，尤其近 20 年，发病率明显升高，在发展中国家，尽管存在着某些营养缺乏病，但肥胖的发生也呈上升趋势。引起肥胖的因素有多种，但最主要的原因是机体摄入的热量多于所消耗的热量，剩余的热量转变成体内脂肪而储存，并使体重增加。

正常人体的脂肪合成，大部分在婴儿期到青春期之间。合成的脂肪细胞组成了人体脂肪组织，分布于皮下和脏器周围，分别称为皮下脂肪和脏器脂肪，具有保持体温、储存能量和保护脏器免遭外界冲撞而受伤的功能。成年中等程度的肥胖，往往只是脂肪细胞的体积增大，脂肪细胞数量不增加；成年过度肥胖或儿时开始肥胖，不仅脂肪细胞体积增大，脂肪细胞数量也会增加。若肥胖者的脂肪分布于身体上部或腹部即过多体重主要分布于内脏周围，称为男性型肥胖；若肥胖者的脂肪分布于臀部与大腿即过多体重主要分布于皮下，称为女性型肥胖。判断脏器脂肪和皮下脂肪的量，需要很复杂的摄影技术。一般情况下则多采用"腰围/臀围"比来评判二者的相对数量，如果该比例男性大于 1.0，女性大于 0.8 都被认为体内有过多脏器脂肪储存。

成人理想体重计算如下：

$$男性标准体重（kg）= 身高（cm）- 105$$
$$女性标准体重（kg）= 身高（cm）- 100$$

目前国际上多用身体质量指数（body mass index，BMI）作为衡量体重及健康状况的标准，见表 10-1。

身体质量指数（BMI）的计算公式为：

$$BMI = \frac{体重（kg）}{身高的平方（m^2）}$$

表 10-1 不同 BMI 与健康的关系

BMI 范围	性质	BMI 范围	性质
<18.5	体重不足	>24	轻微超重
18.5~23.9	理想体重	>28	严重超重或肥胖

婴儿和儿童的标准体重计算公式如下：

婴儿：1~6 个月标准体重（g）= 出生体重（g）+ 月龄×600

　　　7~12 个月标准体重（g）= 出生体重（g）+ 月龄×500

1 岁以上：标准体重（kg）= 年龄×2 + 8

轻度的肥胖没有明显的自觉症状，而肥胖症患者不但体态臃肿、动作迟缓、工作效率降低，还可出现疲乏、气短，肥胖虽不会直接导致死亡，但因肥胖引起的某些疾病却威胁着人类生命。多年的研究证明高血压、冠心病、中风、糖尿病、某些癌症（乳腺癌、肠癌）的发生、呼吸功能低下、关节炎及胆结石等的发病均与肥胖成正比，其中真正的危险因素是脂肪细胞体积增大，脏器脂肪储存过多（男性型肥胖）。过度的肥胖还会影响肺部呼吸，严重的会在睡眠时产生梗阻性呼吸暂停等。

预防肥胖、控制体重的有效措施是调节能量的摄入，尽量保持膳食平衡，或加强体育锻炼，使摄入的能量与消耗的能量基本平衡，维持正常体重。据报告，出生后的第一年是人体脂肪细胞合成的敏感期，而且所形成的细胞长久不消失。一个从婴儿期便开始肥胖的成年人，若要减轻体重是很困难的。另有报告，大约 1/3 的肥胖成年人其肥胖是从儿童时期开始的。由此可见，预防肥胖应从儿童时期开始。

二、 冠心病

冠心病发生的根本原因是心肌冠状动脉血管壁受到氧化损伤，形成硬化斑，导致动脉血管变窄，血液流动受阻。如果这种损伤形成了溃疡面（即表面形成粥样溃烂）就是所谓的粥样硬化。粥样硬化的表面因出血而极易形成血栓，使血流受阻程度进一步加重，甚至完全堵塞血管。

引起动脉粥样硬化的主要因素是血胆固醇水平过高。其中最具危险正相关的是低密度脂蛋白（LDL），它是一种运载胆固醇进入外周组织细胞的脂蛋白颗粒，可被氧化成氧化低密度脂蛋白，当巨噬细胞吞噬了氧化低密度脂蛋白，便形成斑块沉积于动脉壁。

与 LDL 相反的是高密度脂蛋白（HDL），它是携带胆固醇反向运转的脂蛋白颗粒，是将外周组织中的胆固醇运转至肝脏和排出体外的唯一工具，也是人体排出胆固醇的唯一途径，因此，HDL 与动脉粥样硬化发生的危险呈负相关。

冠心病的发生与饮食有着密不可分的联系，确切地说与膳食中的胆固醇含量以及脂肪酸的质与量有直接关系。

通常认为食入饱和脂肪酸会使血胆固醇水平升高，但并不是所有的饱和脂肪酸都绝对如此。研究证明，只有豆蔻酸、月桂酸和棕榈酸具有升高血脂的作用，而短链饱和脂肪酸（6~10个碳原子）和碳链更长一些的饱和脂肪酸，如硬脂酸对血胆固醇的影响却很小，据推测，硬脂酸被摄入后可迅速转化成油酸，这可能是对血胆固醇影响不大的原因。

不饱和脂肪酸在人体内具有降低血脂的作用。从单不饱和脂肪酸分离出的 LDL 对氧化作用敏感性较低，这可能是因为双键少的缘故。多不饱和脂肪酸中 $n-3$ 和 $n-6$ 脂肪酸都具有降低血胆固醇的作用。此外 $n-3$ 脂肪酸还具有降低血甘油三酯水平、降低血小板凝聚率和降血压作用，对防止动脉硬化有益。

研究表明，维生素 C、维生素 E、胡萝卜素、黄酮类、非淀粉多糖（膳食纤维）等，都具有降低血胆固醇的功能。其中，维生素 C、维生素 E 和胡萝卜素是抗氧化剂，可防止氧化 LDL 的形成，延缓动脉粥样硬化的进程；非淀粉多糖则能与肠道内胆固醇结合，使胆固醇重吸收减少，从而降低血胆固醇水平。

膳食中胆固醇含量高，则会使血胆固醇浓度升高。

目前我国 DRI（膳食营养素参考摄入量）规定，对于健康成年人而言，每日脂肪摄入量应少于总能量的 30%，饱和脂肪酸的量应少于总能量的 10%，单不饱和脂肪酸与多不饱和脂肪酸各占总能量的 10%，（$n-6$）与（$n-3$）的比例为（4~6）：1，胆固醇摄入量应少于 300mg/d。

三、 高血压

高血压可分为原发性和继发性两类。大部分患者属于原发性高血压，即未见有明显发病因素，血压升高的主要原因是由于体内控制液体和电解质平衡的机制发生紊乱而引起。因其他的功能紊乱，如妇女妊娠、患肾病等原因引起的高血压，称作继发性高血压。

高血压的发生很大程度上取决于遗传基因，且多见于糖尿病患者、肥胖者和酗酒者。随年龄的增高，危险性也会增加。

单纯因过多食用膳食中的某些成分，如食盐、饱和脂肪酸、低钾低钙等是否引发高血压仍有争议，但是，对于高血压高危险患病人群和已被诊断为高血压的病人而言，食盐摄入量高是一个很关键的促发因素。比较一致的看法是高能量、高脂肪和高钠同时低钾的膳食与高血压的发生密切相关。酒精摄入过多，也可导致高血压的发生。

限制酒精摄入和减轻体重，都可使过高的血压有所下降。有许多设计完善的实验发现高血压患者血压的显著降低可归功于体重的减轻，所以血压恢复正常的第一步，是调整体重。

第四节　代谢性疾病

一、糖尿病

糖尿病是因胰岛素的绝对与相对不足造成的糖代谢障碍性疾病。由于胰岛素的缺乏，血中葡萄糖便不能被正常地转入机体细胞产生能量或转化成糖原而储存，而是滞留于血液中，故而导致以血糖升高和尿糖值增加为主要特点的一系列症状。

绝对胰岛素缺乏，是由于免疫系统破坏胰腺中胰岛素分泌细胞而引起，治疗时必须使用胰岛素，因此被称为胰岛素依赖型糖尿病，也称I型糖尿病，多见于儿童期发病。相对胰岛素缺乏，是由于机体细胞对胰岛素作用不敏感，致使胰岛素的需要量增加，治疗时不一定必须使用胰岛素，故称为非胰岛素依赖型糖尿病，也称II型糖尿病，多见于40岁以上成年人。大部分糖尿病患者属于II型糖尿病。严重的II型糖尿病，能够转成I型糖尿病。

因为葡萄糖不能被机体所利用，体内脂肪分解便不能彻底进行，所以会产生大量酮体，出现酮症；体内能量不足，机体蛋白质便被大量分解产生能量，大量的蛋白质分解产物和酮体会加重肾脏排泄负担，易引起肾病；血中葡萄糖含量高，易形成血栓，导致下肢坏疽、白内障及心脑血管疾病，这些均为糖尿病并发症，是威胁人体生命的主要因素。

除药物治疗外，饮食控制是极为关键的辅助治疗方法，特别对II型糖尿病患者来说尤为重要。膳食原则是：必须严格控制单糖的摄入，增加多糖特别是膳食纤维的摄入；在膳食平衡的前提下，要注重食物成分的热能比和食物的选择，膳食营养素的量以蛋白质、脂肪、碳水化合物（仅用多糖）的产热比分别是全日膳食总热量的15%～20%、20%～25%、60%为宜；以多食膳食纤维含量丰富的蔬菜为宜，尽量少食动物脂肪；杜绝烟酒，适当控制热量的摄入。体胖的II型糖尿病患者，还应加强健身运动，适当减轻体重，使脂肪细胞缩小以增加对胰岛素的敏感性。

二、苯丙酮尿症

苯丙酮尿症是一种基因缺乏病。由于患者体内先天性缺乏苯丙氨酸羟化酶，苯丙氨酸不能转化成酪氨酸，造成血液及脑脊液苯丙氨酸及其盐类（丙酮酸盐、乳酸盐、醋酸盐）含量高于正常，导致严重脑损伤。智力发育低下是苯丙酮尿症严重而重要的临床特征。然而，小于5～6个月的婴儿，此症状几乎不显现。

本病的营养治疗主要是限制苯丙氨酸的摄入量。苯丙氨酸是必需氨基酸，如果完全不摄入，会影响机体的生长发育。最好将摄入量限制在20～60mg/kg体重。低于20mg/kg体重，会出现生长发育受损；高于60mg/kg体重，会导致智力发育低下。

治疗若从出生后几个星期或 5 个月之内开始，临床特征将避免或减轻；若治疗延误，脑损伤将不可逆而伴随终生。

人体对苯丙氨酸的耐受性随年龄的增加而增加，8 岁时停止对膳食苯丙氨酸的限量较为安全。

三、 高半胱氨酸血症

高半胱氨酸血症即血液中半胱氨酸的水平过高。高半胱氨酸是甲硫氨酸代谢过程的中间体，在维生素 B_6 的作用下可转化成胱氨酸，或在维生素 B_{12} 和叶酸的作用下转化成甲硫氨酸。当上述三种维生素中的一种缺乏，都会造成血液中半胱氨酸水平增高，导致冠心病的发生（图 10-1）。已经证实，在普通人群中因高半胱氨酸血症引发的冠心病发病率占总发病率的 10%，并且将血浆高半胱氨酸水平作为维生素 B_6 营养状况的指标。最近的研究表明，叶酸比维生素 B_6 与血浆高半胱氨酸水平的关系更为密切。

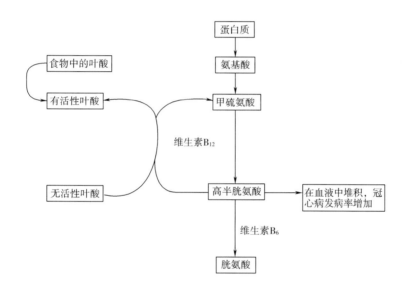

图 10-1 高半胱氨酸的代谢及其与冠心病的关系

四、 痛风症

痛风症是因嘌呤代谢紊乱，血尿酸增高而引起组织损伤的一组疾病（关节炎、尿路结石、关节处增大变硬，甚至僵硬变形等）。临床特点为反复发作的急性关节炎和高尿酸血症。

尿酸为嘌呤代谢的最终产物，有内源性及外源性之分。内源性源于肝脏内合成（用谷氨酸）或核酸的人体内合成与更新；外源性则来自含高嘌呤的食物。正常情况下，人体所产生的尿酸 70% ~75% 从尿排出，20% ~25% 从大肠排出，2% 左右由自身细胞分解。尿酸生成过多或排泄太慢，即生成多于排泄，均可导致高尿酸血症。

原发性痛风由先天性或特发性嘌呤代谢紊乱引起，常有家族遗传史，多见于 40 岁以上者，尤其是绝经期妇女。继发性痛风由慢性肾病、血液病、内分泌疾病和食物、药物引起。

痛风症患者应严格限制高嘌呤食物的摄入，如瘦肉类及动物内脏、肉汁、肉汤、沙丁鱼、凤尾鱼、鱼子、小虾、淡菜等。应大量饮水以利于尿酸的排出；蛋白质摄入应适当，过多摄入会增加内源性嘌呤的生成。膳食以植物蛋白为主，动物蛋白可选用牛奶、鸡蛋，因二者无细胞结构，不含核蛋白。应限制脂肪的摄入，因为脂肪可阻碍或减少肾脏排泄尿酸的作用；应控制热量，防止过胖；对伴有肥胖的病人应避免突然大幅度减重，以防酮体生成过多，竞争性抑制尿酸的排泄；大量摄入蔬菜水果以获取充足的维生素 C 和 B 族维生素，可溶解组织内淤积的尿酸盐。酒能造成乳酸堆积，而乳酸对尿酸的排泄，也有竞争性抑制作用，故应禁止饮酒。

一些常见食物的嘌呤含量如表 10 - 2 所示。

表 10 - 2　　　　　　　　　常见食物嘌呤含量　　　　　　　单位：mg/100g

食物名称	嘌呤	食物名称	嘌呤	食物名称	嘌呤
大米	18.1	青葱	4.7	脑	195.0
面粉	2.3	黄瓜	3.3	肺	70.0
小米	6.1	马铃薯	5.6	肾	80.0
大豆	27.0	南瓜	2.8	牛肝	233.0
栗子	16.4	梨	0.9	牛肾	200.0
花生	33.4	杏子	0.1	肉汁	160~400
核桃	8.4	橙	1.9	鳜鱼肉	24.0
白菜	5.0	苹果	0.9	凤尾鱼	360.0
芹菜	10.3	葡萄	0.5	沙丁鱼	295.0
菠菜	23.0	果酱	1.9	母鸡	25~30
菜花	20.0	牛肉	40.0	鸡蛋（个）	0.4
青菜叶	14.5	小牛肉	48.0	鹅	33.0
番茄	2.2	猪肉	48.0	牛奶	1.4
胡萝卜	8.0	肝	95.0	蜂蜜	3.2
洋葱	1.4	羊肉	27.0		

引自：赵法伋，蔡东联主编．实用营养师手册，1998。

第五节　癌

癌，即恶性肿瘤，是机体细胞因各种致癌因素的作用所发生的无限制的，完全不受机体制约的异常增生。这种情况一旦出现，即使致癌因素已被除去，其增生也不会停止。根据对人体危害性的不同，肿瘤有良性与恶性之分。通常引起营养问题并危害机体的绝大多数为癌。

癌的发病过程包括致癌阶段和促癌阶段。致癌阶段即致癌物质经过代谢，变成化学性质极其活跃的亲电子中间产物的阶段。在这一阶段中，中间产物与细胞亲核物质发生反应，导致受损 DNA 模板复制的发生，形成一种启动细胞。促癌阶段即某些促癌因素刺激启动细胞进行克隆扩增，发展为灶性瘤前病变，进而导致癌细胞的出现。

在所有的人类癌瘤中，1/3 以上与膳食有关。膳食中既含有致癌物质和促癌物质，也含有抑癌物质。

一、 膳食中的致癌物质

1. 食物本身的致癌成分

脂肪摄入过多会使体内雌激素分泌增加，易于乳腺癌的生成。脂肪会刺激胆酸释放，在蛋白激酶 C 的参与下刺激结肠细胞增生，同时大量胆汁进入大肠，会改变肠中细菌的菌种生态，增加结肠、直肠癌形成的概率。不饱和脂肪酸过多易导致形成自由基，使细胞膜结构遭到破坏和改变，增加患癌的危险性。

谷类、豆类、玉米或花生等食品储存不当，会产生黄曲霉毒素，其具有相当强的致癌性，易引发肝癌。

2. 食物烹调不当所衍生的致癌物质

常进食盐腌渍的食物，会因食盐过多而降低胃中的酸度，促使某些细菌滋生，胃黏膜易受损伤，增加患胃癌的可能性。烟熏、烧烤时，肉中的油脂滴入炭中与炭火作用，生成毒性较强的致癌物"多环芳烃"，并随烟进入熏烤的肉食中。腌肉中的亚硝胺，如 N - 二甲基亚硝胺和 N - 亚硝基吡啶也都是致癌物质。

在 200～300℃ 的烹调温度下，富含蛋白质的食物（肉、鱼等）将被分解，产生具有致癌性的杂环胺类物质，可引起多种癌的发生。

3. 加工食品中的添加剂

某些食品添加剂如护色剂（亚硝酸盐），可在胃酸作用下与食物中所含的胺类反应，生成具有高度致癌性的亚硝胺。若使用量超标，会增加致癌的危险。

4. 嗜好

饮酒过量不仅影响营养素的吸收，降低机体抵抗力，还与致癌物质如黄曲霉毒素 B_1 等起协同作用，增加患食道癌、胃癌、肝癌、肠癌的概率。

二、 促癌物质

多食红肉（牛、羊、猪肉），使肝脏胆汁分泌增多，其中初级胆汁酸在肠道厌氧菌的作用下变成脱氧胆酸和石胆酸，二者均为促癌物质。动物试验表明 n - 6 多不饱和脂肪酸也有促癌作用，增加患癌的危险性。

维生素与癌症的关系一直是科学家们研究的课题，最近发现维生素 A 缺乏，易患肝癌；缺乏 B 族维生素则癌症扩散较快。

曾有报道蔗糖会消耗体内的无机盐和 B 族维生素，削弱机体的抗癌能力；还会对机体的免疫系统产生直接的有害影响，使白细胞的吞噬能力下降，令机体难以消灭癌细胞。

结肠癌的发病率随膳食蛋白质水平的增高而增加；而食物中缺少蛋白质，则患胃癌的可能性增加。

三、 抑癌物质

1. 营养素

β - 胡萝卜素与维生素 A，能捕捉破坏细胞的自由基，避免细胞的氧化损伤，强化上皮细胞和正常的酶功能，刺激免疫细胞杀灭初始的癌化细胞。

维生素 C 可保护其他水溶性维生素不被氧化，促进胶原细胞的形成，使细胞与细胞间排列整齐，以对抗癌细胞的侵袭。维生素 C 能提高细胞免疫功能，具有抗辐射作用，从而保护正常细胞。此外，维生素 C 还能阻止亚硝酸盐与胺类结合生成亚硝胺，减少胃癌与食道癌的发生。它还具有促使维生素 E 恢复抗氧化活性及节省其他抗氧化物的功能。

维生素 E 抗癌主要与细胞膜的抗氧化作用有关。维生素 E 分布在细胞膜上，可抵御来自细胞代谢过程中所产生的自由基的攻击，防止细胞膜上多不饱和脂肪酸的氧化，维持细胞结构的完整及细胞正常功能。

微量元素硒也有抗癌作用。动物试验表明，硒对化学致癌、动物自发性癌以及移植癌均有不同程度的抑制作用。我国在江苏省启东县肝癌高发区进行的补硒（含亚硒酸钠 15mg/kg 食盐）干预试验表明，其肝癌发病率降低了 35%。美国在对有皮肤癌史的 1213 名患者进行了为期 13 年的补硒双盲干预试验中，653 人每天服用含硒 200μg 的酵母片，虽未能得到原先预期阻止皮肤癌复发效果，但发现服硒组患病发生率和死亡率分别下降了 37% 和 50%，肺癌、前列腺癌和结肠癌的发生率分别下降了 46%、63% 和 58%。进一步分析，个体原先硒水平越低，补硒效果越好。

膳食纤维可增加肠道内容物的体积，刺激胃肠蠕动，帮助排便，缩短肠壁与粪便中有害毒物的接触时间，改变肠道微生物的种类及数目，减少致癌物，预防肠癌发生。

2. 食品

十字花科蔬菜，如芥蓝、油菜、菜花、莴苣、白菜、萝卜等，除了含有丰富的维生素 C 及胡萝卜素外，还含有吲哚和含硫有机化合物，前者可预防乳腺癌，后者则能产生许多分解毒素的酶，因此可消除致癌物的危害。卷心菜被胃酸分解后产生 3，3，- 二吲哚甲烷，它可抑制癌细胞的分裂生长，并且促进其他具有杀灭癌细胞作用的蛋白质的分泌，因此具有抑制癌细胞的效果。

黄豆中含"异黄酮类物质"，是一类类激素化合物，可取代乳腺癌细胞生长所需的激素，如睾丸酮和雌激素，达到缓和、抑制癌细胞生长的目的。另外，黄豆中还含有丰富的膳食纤维，有助于多余的脂肪排泄，间接地减少因脂肪摄取过多引发乳腺癌的概率。

葱蒜类中含有一种有机硫化物——硫化丙烯，这种成分可以促使体内排除致癌物质的酶增加，相对减少了身体罹患癌症的危险性，而且还可抑制肠道细菌将硝酸盐转变为亚硝酸盐，阻断了后续的致癌过程。另外，葱蒜类含有丰富的硫、硒及磺烯丙基牛胱氨酸，能帮助肝脏解毒及防止肝癌的发生。葱叶中还含有多糖体，可与癌细胞凝集，抑制癌细胞的生长，预防癌症的发生。

柑橘类水果除了富含 β - 胡萝卜素、维生素 C、膳食纤维等抗癌营养素外，还含有黄酮成分，具有抵抗肺癌与黑色素瘤的功效。

红黄色蔬菜、水果，如番茄、木瓜、香瓜、甘薯等都富含胡萝卜素，能在体内转化成维生素 A。番茄中所含的番茄红素是一种强有力的抗氧化剂，能够抑制某些致癌的氧游离基，对抗癌症的发生。甘薯中含有一种化学物质称为氢表雄酮，可预防结肠癌和乳腺癌。大枣中含有环磷酸腺苷，是存在于细胞膜上的一种重要物质，广泛参与调节细胞生长代谢，维持人体正常的生理状态，对癌症的发生发展有一定的抑制作用。而且，大枣维生素 C 的含量比柑橘多 7～10 倍，维生素 PP 的含量也很高。

红葡萄酒或红葡萄中含有大量的白藜芦醇，是一种抗氧化物质，它除可有降低血脂含量、防止低密度脂蛋白氧化、抗血小板凝集及减少冠心病突发作用外，还可以抑制由环氧化酶及过氧化酶催化合成产物所诱发的癌症。

🔍 思考题

1. 蛋白质–热能营养缺乏的分类、特征及膳食防治方法有哪些？
2. 典型的维生素缺乏病的特征是什么，如何进行膳食调理？
3. 糖尿病患者如何进行饮食辅助治疗？
4. 痛风病的诱发原因及饮食防治措施是怎样的？
5. 膳食中有哪些致癌物质及抑癌物质？

第十一章

食品的营养强化与营养标签

[学习指导]

  本章要求学生理解食品营养强化及营养强化剂的概念，熟悉食品营养强化的目的、原则、方法，掌握常用的食品营养强化剂及强化食品品类，了解特殊膳食用食品；学习预包装食品标签基本要求，掌握食品营养标签的主要内容、要求及编制方法。

第一节 食品的营养强化

一、 食品营养强化概述

1. 食品营养强化与营养强化剂

  食品应有良好的色、香、味、形态和质地等感官性状，更应有一定的营养价值。人类的营养需要是多方面的。然而，几乎没有一种天然食品能提供人体所需的全部营养素。特别是在食品的烹调、加工、贮存等过程中往往还要造成部分营养素的损失，因此，许多国家政府和营养学家提倡国民在平衡膳食及膳食多样化基础上，在现代营养科学的指导下，根据不同地区、不同人群的营养缺乏状况和营养需要，以及为弥补食品在正常加工、贮存时造成的营养素损失，通过在部分食品中强化其缺乏的营养素，开发和生产居民需要的营养强化食品。食品营养强化不需要改变人们的饮食习惯就可以增加人群对某些营养素的摄入量，从而达到纠正或预防人群微量营养素缺乏的目的。

  因此，食品营养强化的主要目的为：

  （1）弥补食品在正常加工、贮存时造成的营养素损失，如向出粉率低的面粉中添加维生素等。

  （2）在一定的地域范围内，有相当规模的人群出现某些营养摄入水平低或缺乏，通过强化可以改善其摄入水平低或缺乏导致的健康影响，如向谷类食品中添加赖氨酸等。

（3）某些人群由于饮食习惯和（或）其他原因可能出现某些营养素摄入水平低或缺乏，通过强化可以改善其摄入水平低或缺乏导致的健康影响，如婴儿配方奶粉中添加维生素，向孕妇、乳母食品中添加叶酸等。

（4）补充和调整特殊膳食用食品中营养素和（或）其他营养成分的含量。特殊膳食用食品是为满足特殊的身体或生理状况和（或）满足疾病、紊乱等状态下的特殊膳食需求，专门加工或配方的食品。这类食品的营养素和（或）其他营养成分的含量与可类比的普通食品有显著不同。

食品营养强化的优点在于，既能覆盖较大范围的人群，又能在短时间内收效，而且花费不多，是经济、便捷的营养改善方式，在世界范围内广泛应用。

GB 14880—2012《食品安全国家标准　食品营养强化剂使用标准》规定，营养强化剂是指"为了增加食品的营养成分（价值）而加入食品中的天然或人工合成的营养素和其他营养成分"。营养素是食物中具有特定生理作用，能维持机体生长、发育、活动、繁殖以及正常代谢所需的物质，包括蛋白质、脂肪、碳水化合物、矿物质、维生素等。其他营养成分则指除营养素以外的具有营养和（或）生理功能的其他食物成分。

营养强化剂主要包括必需氨基酸、维生素和矿物质三类。此外，近年又发展将某些脂肪酸作为食品营养强化用。作为食品营养强化用的食品营养强化剂既可以是天然提取物及其制品，也可以是化学合成制剂。我国规定用于食品营养强化的品种、使用范围和使用量如附录二所示。

对于食品的营养强化各国大都有一定的管理，而对于营养强化的食品，则因其所受营养素添加的限制以及食品消费者摄入量的限制也是自我限量的。因此，对于营养强化食品的应用是安全的。

2. 食品营养强化发展及其管理概况

食品的营养强化可能起始于1833年（Leveille, G. A, Food Technol. 38：1, 58, 1984.），当时法国化学家Boussingault提出向食盐中加碘防止南美的甲状腺肿。1900年食盐加碘在欧洲实现。第一次世界大战期间丹麦明显缺乏维生素A，1918年曾用维生素A浓缩物强化人造黄油。美国大约在1931年用维生素D强化鲜乳。

但是，食品的营养强化真正得到应用大概是在第二次世界大战之前。当时美国的营养缺乏病在增长。1941年底美国FDA提出了一个强化面粉的标准，并从1942年1月生效，与此同时对食品强化的定义、范围等都作了明确的规定。此后，对其他谷类制品的强化标准随之而起，如1943年对玉米粉的强化，1946年对稀粥（paste）的强化，1952年对面包的强化，1958年对大米的强化等。1955年食品生产者还开始用微量元素和蛋白质强化谷类食物。到1969年在准备食用的谷类食物中已经有约11%进行了强化。1992年经美国FDA批准许可添加的营养素达22种。今天，美国几乎全部即食早餐谷类食品都进行了营养强化。而且，据报告，美国有25%的食品强化了铁，25%的乳制品强化了维生素A，面包则几乎全部强化了B族维生素。

日本在1949年设立关于食品强化的研究委员会。1952年在其国民经济趋于稳定时即建议食品要强化，并制订了食品强化标准，颁布了"营养改善法"。1983年根据其修订的营养改善法规定有两类不同的强化食品：一类供普通人食用，有大米、面粉、麦片、面包、面条、挂面、速煮面、大酱、人造奶油，以及鱼肉制火腿与香肠共10种；另一类供特殊人群及病人食用，有调制奶粉、低钠食品、低谷蛋白食品、低热能食品、高热能食品、低脂肪食品、低糖食品、低蛋白食品、高蛋白食品、降低过敏原食品、特定氨基酸（苯丙氨酸）含量低的食品共 11 种。上述各种强化食品均有各自的强化标准。

欧洲各国在 20 世纪 50 年代即先后对食品强化建立了政府的监督、管理体制，现已有许多国家对食品进行了强化。有些国家还法定对某些主食品强制添加一定的营养素。瑞典政府食品管理局在 1982 年即允许强化的营养素为 24 种，联合国粮农组织及世界卫生组织在 1982 年公布可以在婴幼儿食品中添加的矿物质有 11 种，维生素有 16 种。

国际社会十分重视食品营养强化工作。国际食品法典委员会（CAC）1987 年制定了《食品中必需营养素添加通则》，为各国的营养强化政策提供指导。在 CAC 原则的指导下，各国通过相关法规来规范本国的食品强化。美国制定了一系列食品营养强化标准，实施联邦法规第 21 卷 104 部分（21 CFR Part 104）中"营养强化政策"，对食品生产单位进行指导。欧盟 2006 年 12 月发布了《食品中维生素、矿物质及其他特定物质的添加法令》，旨在避免由于各成员国对于食品中营养素强化量不一致而造成的贸易影响。其他国家也通过标准或管理规范等途径对食品营养强化进行管理。

我国的食品营养强化工作起步较晚，1954 年开始以大豆、大米为主要原料，同时强化动物骨粉、维生素 A、维生素 D 等营养素制成婴儿代乳粉开创了我国食品营养强化的先例。1986 年卫生部颁发了我国第一部有关食品营养强化方面的法规《食品营养强化剂使用卫生标准》（试行）和《食品营养强化剂卫生管理办法》。当时，可作为食品营养强化用的营养强化剂仅 11 种。此后，为了赶上世界先进国家的发展水平，以及有关法规标准的国际化和标准化，在 1994 年正式颁布实施《食品营养强化剂使用卫生标准》的基础上又进行了一定的补充。2012 年又将对此标准修订为《食品安全国家标准 食品营养强化剂使用标准》（GB 14880—2012），明确规定了可供食品营养强化的营养素有氨基酸及含氮化合物、维生素、矿物质、脂肪酸等 110 多种不同的天然或人工合成的营养强化剂，广泛应用于各种不同食品之中（附录二）。尽管由国家强制实行的食盐加碘工作作为 20 世纪末消灭地方性碘缺乏病已取得显著成效，但营养调查结果显示，我国居民食盐摄入量过高，同时我国高血压等慢性病的发病率也有升高趋势。为了配合国家的减盐行动，避免居民过多摄入食盐，本标准取消了食盐作为营养强化剂载体。

二、 食品营养强化的意义和作用

1. 弥补天然食物的营养缺陷

人们由于饮食习惯和居住地区条件等的不同，往往可以出现某些营养成分的不足，造成营养失衡。如前所述，完整的天然食品几乎没有一种是营养俱全的，即几乎没有一种完整的天然食品能满足人体的全部营养需要。例如，以米、面为主食的地区，除了可有多种维生素含量缺乏外，人们对其蛋白质的质和量均感不足，特别是赖氨酸等必需氨基酸的不足更严重影响其营养价值。新鲜果蔬含有丰富的维生素 C，但其蛋白质和能源物质欠缺。至于那些含有丰富优质蛋白质的乳、肉、禽、蛋等食物，其维生素含量则多不能满足人类的需要，特别是它们缺乏维生素 C。

对于居住地区不同的人，由于地球化学的关系，内地及山区的食物易缺碘，有的地区缺锌，还有的地区缺硒。这些地区的居民常可因此患有不同的营养缺乏病。为此，有必要根据当地的营养调查，有针对性地进行食品强化，增补所缺少的营养素。这将大大提高其食品的营养价值，增进人民的身体健康。

2. 补充食品在加工、贮存等过程中营养素的损失

食品在消费之前往往需要加工。在食品加工、贮存等过程中，可有部分营养素的损失，有时甚至造成某种或某些营养素的大量损失。例如在碾米和小麦磨粉时可有多种维生素的损失。而且加工精度越高，这种损失越大，甚至造成大部分维生素的大量损失。又如新鲜果蔬含有丰富的维生素，由于其本身存在的氧化酶系统的作用，如抗坏血酸氧化酶、过氧化物酶、多酚氧化酶、细胞色素氧化酶等可使这些果蔬中的维生素 C 有不同程度的破坏。蔬菜，特别是黄瓜、白菜的氧化酶比柑橘类水果含量多，其维生素 C 的破坏更多。在果蔬的加工过程中，如制造水果、蔬菜罐头时，很多水溶性和热敏性维生素均有损失（参见第七章）。此外，如前所述，赖氨酸是小麦等谷类食物的第一限制氨基酸，严重影响其营养价值，然而在用小麦面粉烤制面包时还要损失约 10% 的赖氨酸。当用小麦粉烤制饼干时，其赖氨酸的损失更大，甚至可高达 50% 以上。与此同时，甲硫氨酸和色氨酸也有重大损失。

关于贮存的影响：如果汁饮料，除了所强化的维生素 C 在加工时有一定损失外，若将其存放在冰箱中，7d 后维生素 C 可减少 10% ~ 20%，能渗透氧的容器也可促进饮料中维生素 C 的降解。据报告，将橘汁饮料装在聚乙烯容器中，于室温下存放 1 年，其维生素 C 可全部损失，若用纸质容器盛装，2 个月后便可全部损失。因此，为了弥补营养素在食品加工、贮存等过程中的损失，满足人体的营养需要，在上述各食品中适当增补一些营养素是很有意义的。

3. 适应不同人群生理及职业的需要

对于不同年龄、性别、工作性质，以及处于不同生理、病理状况的人来说，他们所需营养的情况可有所不同，对食品进行不同的营养强化可分别满足他们的营养需要。

婴儿是人一生中生长、发育最快的时期，1 岁婴儿的体重为出生时的 3 倍，这就需要有充分的营养素供应。婴儿以母乳喂养最好，一旦母乳喂养有问题，则需要有适当的"代乳食品"。此外，随着孩子的长大，不论是以人乳或牛奶喂养都不能完全满足孩子生长、发育的需要，这就有必要对其食品进行营养强化或给以辅助食品。例如婴儿配方奶粉就是以牛奶为主要原料，以类似人乳的营养素组成为目标，通过添加和提取出某些成分，使其组成成分不仅在数量上，而且在质量上都接近母乳，更适合于婴儿的喂养。这除了需要改变乳清蛋白和酪蛋白的比例，降低矿物质含量外，还需增加不饱和脂肪酸、乳糖或可溶性多糖的含量。与此同时还应适当增加维生素、矿物质等微量营养成分。至于孕妇、乳母，由于其特殊的营养需要，除应全面增加高质量膳食的供应外，还需注意对她们最易缺乏的钙、铁和叶酸等的强化。

不同职业的人群对营养素的需要可有不同。例如，对钢铁厂高温作业的人，在增补维生素 A 2000IU、维生素 B_2 0.5mg、维生素 C 50mg 后，其血清中维生素 A、维生素 B_2 和维生素 C 的含量增加，营养情况大为改善，从而减轻疲劳，增加工作能力。对于接触铅的作业人员，由于铅可由消化道和呼吸道进入体内引起慢性或急性铅中毒，如果给以大量维生素 C 强化的食品，可显著减少铅中毒的情况。对于接触苯的作业人员则应供给用维生素 C 和铁强化的食品，以减轻苯中毒和防止贫血。

4. 简化膳食处理、方便摄食

由于天然的单一食物仅含有人体所需部分营养素，人们为了获得全面的营养需要就必须同

时进食多种食物。例如，我们的谷类主食主要提供能量，它虽含有蛋白质，但量少质低，必须和其他食物蛋白质混食才能获得氨基酸平衡和提高生物价，与此同时，还得进食新鲜的水果、蔬菜等以获得各种维生素和矿物质等。这在膳食的处理上是比较繁琐的。如果还采取一家一户的家庭烹饪，不但浪费时间，而且还消耗精力。为了适应现代化生活的变化，满足人们的营养和嗜好要求，现已涌现许多方便食品与快餐食品。其中有的快餐食品从营养需要出发，将不同的食物予以搭配，供人们进食，非常方便。

婴儿的膳食处理更加繁杂。即使母乳喂养的婴儿，在 6 个月以后也应按各月龄增加辅助食品，如肝酱、蛋黄、肉末、米粥或面片、菜泥、菜汤和果泥等，用于补充其维生素等的不足。对于上述辅助食品，无论是原料购买及制作均很烦琐，且易疏忽，从而影响婴儿的生长、发育和身体健康。若采用强化食品，例如在婴幼儿食品中强化维生素 A，维生素 D、维生素 E、维生素 K、维生素 C、维生素 B_1、维生素 B_2、维生素 B_6、维生素 B_{12}、烟酸、叶酸、泛酸、生物素、胆碱和矿物质钙、磷、镁、铁、锌等，以及牛磺酸供广大消费者购买，满足婴儿的营养需要，则可大大简化手续，方便摄食。

此外，对于某些特殊人群，例如对行军作战的军事人员，既要求进食快速简便，又要求膳食味美和营养全面。因而各国的军粮采用强化食品的比例很高，特别是在战时，大多是强化食品。对于从事地质勘探和极地探险等的人们也大多应用强化食品。

5. 防病、保健及其他

从预防医学的角度看，食品强化对预防和减少营养缺乏病，特别是某些地方性营养缺乏病具有很重要的意义。例如，对缺碘地区的人采取食盐加碘可降低当地甲状腺肿发病率40% ~ 95% 。目前，食盐加碘已是世界范围内用于消灭地方性甲状腺肿的重要措施。对于用维生素 B_1 防治食米地区的脚气病，用维生素 C 防治坏血病和用维生素 D 防治小儿佝偻病等早已人所共知。

近年来，人们对某些维生素如维生素 A 和维生素 E 的防癌和抗癌作用非常关注。例如，动物试验表明，当缺乏维生素 A 时，可使动物对某些化学致癌物的敏感性增加，而一旦维生素 A 的营养状况改善，则可抑制细胞癌变和癌细胞增生，并且认为这可能与维生素 A （或胡萝卜素）清除氧自由基的抗氧化作用有关。维生素 E 的抗癌作用也被认为与其清除氧自由基的抗氧化作用有关。有调查显示，低水平血维生素 E 的人群发生肿瘤的危险性较高。在美国进行的一项病例对照研究中，每日补充维生素 E >100IU 持续 1 ~ 2 年，发生口腔和咽部肿瘤的危险降低50% 。而在中国林县进行的 5 年大人群干预研究中，每日补充 15mg β – 胡萝卜素，30IU 维生素 E 和 50μg 硒使胃癌为主要死因的总死亡率明显降低。

此外，某些食品营养强化剂还可提高食品的感官质量和改善食品的保藏性能。例如，β – 胡萝卜素和核黄素既具有维生素的作用，又可作为食品着色剂使用，达到改善食品色泽的目的。维生素 C 和维生素 E 在食品中还具有良好的抗氧化性能，在食品加工中可作为抗氧化剂使用。此外，当它们在肉制品中和亚硝酸盐并用时还具有阻止亚硝胺生成的作用。

三、 食品营养强化的基本要求

食品的营养强化虽有许多优点，但也必须从营养、卫生以及经济效果等方面全面考虑，并需适合各国自己的具体情况。通常在食品强化时应注意以下几点。

1. 有明确的针对性

进行食品营养强化前必须对本国（本地区）的食物种类及人们的营养状况作全面细致的调查研究，从中分析缺少哪种营养成分，然后根据本国、本地区人民摄食的食物种类和数量选择需要进行强化的食品（载体）以及强化剂的种类和数量。例如，日本人多以大米为主食，其膳食中缺少维生素 B_1，他们根据其所缺少的数量在大米中增补。我国南方也多以大米为主食，而且由于生活水平的提高，人们多喜食精米，致使有的地区脚气病流行。这除了提倡食用标准米以防止脚气病外，在有条件的地方也可考虑对精米进行适当的维生素强化。

对于地区性营养缺乏症和职业病等患者的强化食品更应仔细调查，针对所需的营养素选择适当的载体进行强化。例如，我国是地方性碘缺乏病较严重的国家，政府决定进行碘的营养强化，并选择与人们生活密切相关的食盐作为载体在全国范围内实行加碘盐的统一销售，现已取得巨大成效。

又如美国在早先一段时间曾花费了很多人力和物力对面包进行赖氨酸强化。对动物实验和人体研究的很多数据表明，用赖氨酸强化的面包可大大提高小麦蛋白质的生物价。但是，这对一个已经能够供给大量优质蛋白质的国家，而且从人们的膳食中并不缺乏赖氨酸的情况来说，这种强化就大可不必了。不过这一研究对其他国家和地区，尤其是发展中国家颇为有益。

2. 易被机体吸收利用

食品强化用的营养素应尽量选取那些易于吸收、利用的强化剂。例如，可作为铁强化用的食品营养强化剂品种很多，通常机体对二价铁的吸收利用比三价铁好。某些铁强化剂生物有效性的比较如表 11 – 1 所示，这是以硫酸亚铁作为标准，将其他的铁强化剂与之比较的结果。

表 11 – 1　　　　　　　　　不同铁的生物有效性

名称	相对生物有效性/%	名称	相对生物有效性/%
硫酸亚铁	100	柠檬酸铁	73
富马酸亚铁	100	焦磷酸铁	45
柠檬酸铁铵	107	还原铁	37
硫酸铁铵	99	氧化侠	4
葡萄糖酸亚铁	97	碳酸亚铁	2
琥珀酸亚铁	92		

此外，由于机体对血红素铁的吸收利用远比非血红素铁好，我国近年来研制并已获批准许可使用的氯化高铁血红素和铁卟啉即可供选用。

为了进一步提高机体对某些强化剂的吸收、利用，还可将其与吸收促进剂并用。例如维生素 D 可促进钙的吸收，而维生素 C 既可促进钙，也可促进铁的吸收，酪蛋白磷酸肽同样也可促进钙和铁的吸收。

值得注意的是食品加工工艺条件可能会影响某些强化剂的吸收，例如，铁强化剂在食品加工时可与食品的其他成分起反应而发生变化，从而影响其生物有效性。例如前述对添加不同铁剂后烤制的饼干进行研究，发现原来以不同化学形式存在的铁强化剂，在焙烤后变成大量不溶性铁。这与所添加的铁强化剂种类毫无关系；焙烤前各种铁强化剂之间的差异在焙烤后因形成不溶性铁而消失。因此，在实际应用铁强化剂时还应注意食品加工的影响。

3. 符合营养学原理

人体所需各种营养素在数量之间有大致一定的比例关系。因此，所强化的营养素除了考虑其生物利用率之外，还应注意保持各营养素之间的平衡。食品强化的目的主要是改善天然食物存在的营养素不平衡关系，即通过加入其所缺少的营养素，使之达到平衡，适应人体需要。强化的剂量应适当。如若不当，不但无益，甚至反而会造成某些新的不平衡，产生某些不良影响。这些平衡关系大致有：必需氨基酸之间的平衡、生热营养素之间的平衡，维生素 B_1、维生素 B_2、烟酸与热能之间的平衡，以及钙、磷平衡等。

许多谷类蛋白质营养价值低的原因有可能是其某种氨基酸含量过高，从而导致机体氨基酸平衡失调所致。此外，也有可能是由于氨基酸之间的相互拮抗作用，降低了那些结构与之相似的氨基酸在体内的利用。例如玉米、高粱中亮氨酸含量过高，使异亮氨酸的利用率降低。

4. 稳定性高

食品营养强化剂如多种维生素和氨基酸均易因光、热和氧化等作用而破坏。在食品的加工、贮存等过程中遭受损失。这除了可考虑适当增加强化剂用量外，更重要的是应努力提高它们的稳定性。这通常有以下几个方面。

（1）改变强化剂的结构　维生素类强化剂最易破坏损失。在提高它们的稳定性时，很重要的一个方法就是在保证安全和不影响生理活性的情况下改变其化学结构。例如维生素 B_1，过去均用其盐酸盐进行强化。尽管它易溶于水，但是易因加热而破坏，而且对碱也不稳定。为了克服这些缺点，人们现已合成 10 多种具有一定生理活性，而又各具特点的维生素 B_1 的衍生物，如硫胺素硝酸盐、硫胺素硫代氰酸盐、二苯酰硫胺素、硫胺素三十二烷酸盐、硫胺素二月桂基硫酸盐及二苄基硫胺素等。目前，用于面粉强化的维生素 B_1 多已改用这些新的衍生物。其中用二苄基硫胺素强化的面粉经贮存 11 个月后的保存率为原来的 97%。用其烤制面包后尚保存 80% 左右。若用硫胺素盐酸盐，贮存 2 个月后即降至原来的 60% 以下，烤制面包后也仅存留 75%。

维生素 C 是热敏性最强、最易破坏的维生素。应用维生素 C 磷酸酯镁或维生素 C 磷酸酯钙具有与维生素 C 同样的生理功能，并且比较稳定，即使在金属离子（Cu^{2+}、Fe^{2+}）存在下煮沸 30min 基本无变化，而维生素 C 在同样条件下可损失 70% ～80%。此外，用它们强化食品，无论是在加工还是在保藏过程中都很少损失。当用维生素 C 磷酸酯镁或钙强化压缩饼干，置于马口铁罐内（充氮），在 40℃、相对湿度 85% 条件下贮存 6 个月，其保存率为 80% ～100%，而普通维生素 C 在同样条件下的保存率仅 4%。

在用维生素 A 强化食品时，以前多用维生素 A 乙酸酯，现在则大多改用维生素 A 棕榈酸酯，因为后者稳定性较高。

（2）添加稳定剂　某些维生素对氧化极为敏感，如维生素 C 在空气中极易被破坏。对于易氧化破坏的维生素强化剂在应用时可适当添加抗氧化剂和螯合剂等作为其稳定剂。

在强化乳儿粉的研究中，有人曾用丁基羟基茴香醚（BHA）、没食子酸丙酯（PG）、卵磷脂及乙二胺四乙酸（EDTA）对维生素 C 的保护作用进行了试验研究。首先制备含 2mg/mL 的维生素 C 水溶液，取 10mL 上述溶液分别添加不同的稳定剂。然后分别添加 3mL40% 的双氧水，放置 1.5h 后测定各溶液中维生素 C 的残留率，并计算其保护系数。结果表明 EDTA 的保护作用最好（表 11 – 2）。

表 11 – 2　　　　　　　　　　几种稳定剂对维生素 C 的保护作用

	对照	BHA	PG	卵磷脂	EDTA
稳定剂添加量/mg	0	0.22	0.21	7.2	0.25
维生素 C 残留率/%	5.5	7.1	6.4	40.2	71.5
保护系数	1.00	1.25	1.54	8.93	12.97

$$保护系数 = \frac{加入稳定剂后残留的维生素 C 量}{未加稳定剂时残留的维生素 C 量}$$

进一步研究表明，EDTA 的保护作用是螯合体系中的微量金属离子，阻止这些离子催化维生素 C 的氧化作用。这通过用去除痕量金属离子的重蒸水配制维生素 C 溶液可大大减少维生素 C 的热降解损失而得到证明。

此外，有些天然食物对维生素 C 也有保护作用。有人认为，黄豆、豌豆、扁豆、荞麦、燕麦粉等以及牛肝对军粮中的维生素 C 有保护作用。这有可能是该食物蛋白质中所含硫氢基化合物或谷胱甘肽先被氧化，因而减少了维生素 C 的破坏。其次，这些蛋白质能与水中的金属离子结合使之不易分解，从而失去其催化作用。

（3）改进加工工艺　要提高强化剂在食品中的稳定性，以改进食品加工工艺为最好。前述改变强化剂本身的结构，除了生物活性外，还需考虑的一个很重要的问题就是安全性。实际上，当人们充分认识了强化剂的特性以后，便可在食品加工过程中避免那些不利因素，从而达到提高其稳定性的目的。不过目前单靠改进加工工艺还有一定局限，有待进一步提高。具体方法很多，现简要介绍如下。

①烫漂　食品中含有多种酶，其中氧化酶类可促进果蔬中维生素 C 的降解。烫漂可钝化酶，保护食品中原有的和添加进去的营养素免遭破坏。例如过去制造辣椒酱采用冷法加工，维生素 C 损失 25% ~40%，将原料烫漂后，维生素 C 的保存率为 94% ~95%。此外，采用蒸汽烫漂比沸水烫漂对食品原料维生素的保存更有利（参见第七章）。

②水的预处理　由于水中所含微量金属离子（Cu^{2+}、Fe^{2+}）可大大促进维生素 C 的氧化破坏，因而，一些食品企业对水进行预处理。例如，在果汁生产时用离子交换树脂去除水中所含金属离子，尽量减少维生素的氧化催化作用，从而提高其稳定性。

③改进热加工　很多维生素都具有热敏性，它们在热加工时损失的多少依热加工的温度与时间关系而有所不同。在果汁生产、乳品消毒等方面现多采用缩短加热时间的新工艺和新设备，减少维生素 C 的损失。

④强化米的涂膜　大米，特别是精白米需要用维生素等营养素进行强化。但是，一般用浸吸后淀粉涂层的强化方法，强化剂易因水洗而损失。经研究，除将普通的浸吸改为真空浸吸外，还进一步在干燥的米粒外用胶质涂膜包裹。这可将强化剂的水洗损失减少一半以上（表 11 – 3）。

表 11 – 3　　　　　　　　　　　不同强化米水洗时维生素 B₁ 的损失

	贮存时间/d	维生素 B₁ 含量/mg	损失率/%	
			加水静置 [1]	加水搅拌 [2]
普通法				
	1	1.55	14	19.6
	2	1.58	11.6	15.8
涂膜法	1	1.59	5.7	6.8
	7	1.58	6.1	7.0
	10	1.55	6.4	7.0

注：①强化米 5g 加 50mL 蒸馏水，静置浸渍 10min 后测水中维生素 B₁ 总量。

②强化米 5g 加 50mL 蒸馏水，以 150r/min 振荡搅拌 5min 后测水中维生素 B₁ 总量。

⑤面条的夹心强化　用强化面粉制造的面条，水煮时营养素损失颇大。特别是维生素 B₁ 的盐酸盐，因易溶于水，在水煮 5min 时，由汤汁损失的量即达 33%，若煮 15min 则损失 45%。为了减少强化面条中营养素在水煮时的损失，先将强化剂（如维生素、氨基酸等）添加在部分面粉中作成面带。然后将此面带夹在中间制成面条，此面条中的强化剂就像铅笔芯一样裹在中间，因而可大大降低水煮时的损失。

强化面粉的制造通常是先用强化剂与少量面粉或淀粉制成含量极高的基料，再将基料按要求与数百倍的普通面粉混合均匀制成。现在也可通过采用先进的配粉技术和设备来生产，优点是添加量准确，分布均匀，但设备费用高。

（4）改善包装、贮存条件　食品营养强化剂可随食品贮存时间的延长而逐渐降低，其损失程度往往依食品的包装和贮存条件而异。通常在密封包装和低温贮存时营养素损失较小。这主要是防止空气中氧的作用和避免光、热等对它们的破坏作用所致。

很多强化食品都用马口铁罐包装，罐内大多抽空，以保存各营养成分和延长食品保存期。由于抽空包装时罐内外有较大的压力差，易吸入外界空气而失效，故目前多采用抽空充氮包装。据报告，充氮包装的强化奶粉与普通密封包装的强化奶粉相比，在相同的实验条件下贮存 10d 后，前者维生素 A、维生素 B 和维生素 C 的损失都比后者少 10% 以上。无疑，尽量降低罐内氧的含量对营养素的保存更为有利。第 16 届国际乳业会议认为罐内氧含量高于 4% 时失去保藏内容物的意义；当罐内含氧量 1% 时可认为满意；若能将氧含量降至 0.1% 则效果更佳。

降低贮存温度有利于维生素等的保存。通常，贮存温度越高，维生素等的分解作用越快。维生素 C 的分解速度在 20℃ 时比 6 ~ 8℃ 快 2 倍。

5. 保证安全、卫生

食品营养强化剂应有自己的卫生和质量标准，也应严格进行卫生管理，切忌滥用。特别是对于那些人工合成的衍生物更应通过一定的卫生评价，方可使用。

人们在食品中使用的营养强化剂品种很多（附录二）。其强化剂量各国多根据本国人民摄食情况以及每日膳食中营养素供给量标准确定。由于营养素为人体所必需，往往易于注意到如维生素不足或缺乏的危害，而忽视过多时对机体产生的不良作用。水溶性维生素因易溶于水，且有一定的肾阈，通常，过多的量可随尿排出，难以在组织中大量积累。但是，脂溶性维生素则不同。它们可在体内积累，若用量过大则可使机体发生中毒性反应。关于几种维生素的不同剂量效用如表 11 - 4 所示。生理剂量为健康人所需剂量，或者用于预防缺乏症的剂量；药理剂量是用于治疗缺乏症的剂量，一般约为生理剂量的 10 倍；中毒剂量则是可引起不良反应或中毒症状的剂量，它通常为生理剂量的 100 倍。但是，对儿童引起血钙过高时维生素 D 的剂量仅比生理剂量高约 3 倍。

表 11 - 4   几种维生素的不同剂量效用

名称	生理剂量	药理剂量	中毒剂量及中毒表现
维生素 A	5000IU	50000 ~ 100000IU 治粉刺、毛囊角化症	100000 ~ 500000IU 头痛、恶心、呕吐、假性脑瘤
维生素 B_6	2.0mg	50mg 治口服避孕药中毒症	10000mg 肝酶异常
烟酸	20mg	2000 ~ 6000mg 治高胆固醇血症	100mg，皮肤潮红 1000mg，不耐受糖类 2000 ~ 6000mg，胃炎，情绪不安 1000mg/kg（实验动物）
α - 生育酚	15mg	300 ~ 1200mg 治心血管疾病	主动脉胆固醇沉积增加，肝不耐受酒精
维生素 D	400IU	50000 ~ 100000IU 治低磷酸盐血性佝偻病	1000 ~ 3000IU（儿童） 高血钙症 150000IU（成人）肾衰竭
维生素 C	45mg	100 ~ 2000mg 治感冒	2000 ~ 4000mg 生殖衰竭 干扰糖尿测定 反转抗凝固剂的功效 可能诱发肾石症 钝化维生素 B_{12} 的作用 诱发依赖维生素 C 的综合征

对于用某些微量元素（例如硒）进行食品的营养强化时，由于所需强化剂量很小，且更易因摄食过量而引起中毒，故我国特别规定"用硒源作为营养强化剂必须在省级部门指导下使用"。食品营养强化剂的生产和应用同样应严格遵照国家有关规定进行。

6. 不影响食品原有的色、香、味等感官性状

食品大多有其美好的色、香、味等感官性状。而食品营养强化剂也多有其色、香、味等特点。在强化食品时不应损害食品的原有感官性状而致使消费者不能接受。例如，用甲硫氨酸强化食品时很容易产生异味，各国实际应用甚少。当用大豆粉强化食品时易产生豆腥味，故多采用大豆浓缩蛋白或分离蛋白。此外，维生素 B_2 和 β - 胡萝卜素色黄、铁剂色黑、维生素 C 味酸、维生素 B_1 即使有少量破坏也可产生异味，至于鱼肝油则更有一股令人难以耐受的腥臭味。上述这些物质如若强化不当则可使人不悦。

然而，如果根据不同强化剂的特点，选择好强化对象（载体食品）使之配合，则不但无不

良影响，而且还可提高食品的感官质量和商品价值。例如，人们可用 β - 胡萝卜素对奶油、人造奶油、干酪、冰淇淋、糖果、饮料等进行着色。这既有营养强化作用，又可改善食品色泽，提高感官质量。铁盐色黑，若用于酱或酱油的强化时，因这些食品本身就有一定的颜色和味道，在一定的强化剂量范围内，可以完全不致使人们产生不快的感觉。至于将维生素 C 强化果汁饮料可无不良影响，而将其用于肉制品的生产，还可作为发色助剂，即帮助肉制品发色的作用。

7. 经济合理，有利推广

食品营养强化的目的主要是提高人民的营养和健康水平。通常，食品的营养强化需要增加一定的经济成本，但应注意价格不能过高，否则不易推广，起不到应有的作用。

四、 食品营养强化剂

食品营养强化剂主要是氨基酸及含氮化合物、维生素、矿物质三类。此外，近些年来又增加了某些脂肪酸和低聚糖对食品的营养强化，现扼要介绍如下。

1. 氨基酸及含氮化合物

氨基酸是蛋白质的基本组成单位，尤其是必需氨基酸则更应是食品营养强化剂的重要组成部分。氨基酸以外的含氮化合物还有很多，例如核苷酸和一些维生素均含氮，此处主要介绍牛磺酸。

（1）氨基酸　食品营养强化用的氨基酸，实际应用最多的是人们食物最易缺乏的一些限制性氨基酸，如赖氨酸、甲硫氨酸、苏氨酸、色氨酸等。由于食品营养强化剂中有不少是人工化学合成品，对于这些人工化学合成的氨基酸制剂，则多为 DL - 型氨基酸。

赖氨酸是应用最多的氨基酸强化剂。这不仅因为它是人体必需氨基酸，而且还是谷物食品如大米、小麦、玉米等中的第一限制氨基酸。其含量仅为肉、鱼等动物蛋白质含量的1/3。这对广大以谷物为主食，且动物性蛋白质食品尚不富裕的人们来说，确有进行营养强化的必要。但是，赖氨酸很不稳定，因而作为食品营养强化用的多是赖氨酸的衍生物，例如 L - 赖氨酸盐、L - 赖氨酸 - L - 天冬氨酸盐和 L - 赖氨酸 - L - 谷氨酸盐等，它们主要用于谷物食品的营养强化。

甲硫氨酸是花生、大豆等的第一限制氨基酸，它多用于这类食品加工时的营养强化。组氨酸则多用于婴幼儿食品的营养强化。至于某些非必需氨基酸也可用于食品的营养强化。例如，L - 丙氨酸除可作食品强化用外，还可作为增味剂应用。

（2）牛磺酸　牛磺酸又称牛胆酸，因首先从牛胆中提取而得名。其化学名为 α - 氨基乙磺酸。它既可从外界摄取，也可在体内由甲硫氨酸或半胱氨酸的中间代谢产物磺基丙氨酸脱羧形成，并在体内游离存在。其作用主要是促进大脑生长发育，维护视觉功能，有利于脂肪消化吸收等，尤其对婴幼儿的正常生长发育，特别是智力发育有益。

$$\begin{array}{c} CH_2\!-\!CH_2\!-\!SO_3H \\ | \\ NH_2 \end{array}$$

牛磺酸

人乳可保证婴儿对牛磺酸的需要，但它在人乳中的含量随婴儿出生后的天数下降。此外，尽管它可在人体内合成，但婴儿体内磺基丙氨酸脱羧酶活性低，合成速度受限，而牛奶中的牛磺酸含量又很低（用牛奶制成的婴幼儿配方食品中几乎不含牛磺酸），故很有必要进行营养强化。作为食品营养强化剂的牛磺酸是由人工合成，主要用于婴幼儿食品，特别是乳制品之中。

2. 维生素

作为食品营养强化用的维生素种类繁多，不仅每一种维生素均有其用于食品营养强化的品种，而且即使对一种维生素来说还可有不同的制剂。这主要是在具体进行食品的营养强化时，为了提高其稳定性和适应食品加工工艺的需要。对于所使用的维生素衍生物则应按使用卫生标准进行一定的折算，现将常用品种简介如下。

（1）水溶性维生素

①维生素 C：维生素 C 即抗坏血酸，是最不稳定的维生素之一，在食品加工过程中极易破坏而失去活性。实际应用时多使用其衍生物如 L – 抗坏血酸钠、L – 抗坏血酸钾、L – 抗坏血酸钙等，而所使用的维生素 C 磷酸酯镁和抗坏血酸棕榈酸酯等的稳定性更可大大提高，有的甚至还可作为高温加工食品的营养强化剂。例如，抗坏血酸磷酸酯镁经 200℃ 15min 处理后的存留率为 90%，生物效应基本不变，而普通维生素 C 可完全丧失活性。

②硫胺素：硫胺素也不稳定。用于食品营养强化的品种多是其衍生物如盐酸硫胺素和硝酸硫胺素等，日本还许可使用硫胺素鲸蜡硫酸盐、硫胺素硫氰酸盐、硫胺素萘 – 1,5 – 二磺酸盐、硫胺素月桂基磺酸盐等。上述硫胺素衍生物的水溶性比硫胺素小，不易流失，且更稳定。它们主要用于谷类食品尤其是婴幼儿食品的营养强化。

③核黄素：用于食品营养强化的核黄素品种，既可用发酵法生产，也可由化学合成，或进一步生产核黄素 – 5′ – 磷酸钠应用。1998 年 FAO/WHO 食品添加剂专家委员会（JECFA）对来自遗传上改性枯草芽孢杆菌生产的核黄素进行评价后，认为也可应用于食品营养强化，其每日最大容许摄入量（ADI）与核黄素和核黄素 – 5′ – 磷酸钠同为 $0 \sim 5mg/kg$。本品同样主要应用于谷类食品和婴幼儿食品。此外，本品也可作为着色剂应用。

④烟酸：烟酸稳定性好，通常用于食品营养强化的品种即为人工合成的烟酸和烟酰胺，美国还许可使用烟酰胺抗坏血酸酯。本品也主要用于谷物食品和婴幼儿食品的营养强化。此外，因其具有促进亚硝酸盐对肉制品的发色作用，故也可作为发色助剂使用。

⑤维生素 B_6 和维生素 B_{12}：用于维生素 B_6 营养强化的品种主要是人工合成的盐酸吡哆醇或 5′ – 磷酸吡哆醇。而作为维生素 B_{12} 营养强化用的则通常是氰钴胺或羟钴胺。它们主要用于婴幼儿食品的营养强化。

⑥其他：叶酸在食物中含量甚微，且生物利用率低，易于缺乏，尤其是对于孕妇、乳母和婴幼儿更易缺乏，故对孕妇、乳母专用食品和婴幼儿食品等有必要进行一定的营养强化。此外，对于泛酸、生物素、胆碱、肌醇及 L – 肉碱等也常用于婴幼儿食品等的营养强化。

（2）脂溶性维生素

①维生素 A：用于营养强化的维生素 A，既可以将天然物中高单位维生素 A 油皂化后经分子蒸馏、浓缩、精制而成，也可以用化学法合成。常用的品种多为维生素 A 油。这多是将鱼肝油经真空蒸馏等精制而成。也可将视黄醇与乙酸或棕榈酸制成醋酸维生素 A，或棕榈酸维生素 A 后再添加入精制植物油予以应用。它们主要用于油脂如植物油、人造奶油及其类似制品、调制奶和调制奶粉等的营养强化。此外，维生素 A 的营养强化尚可将兼具着色作用的 β – 胡萝卜素应用，其强化量则按 $1\mu g \beta$ – 胡萝卜素 $= 0.167\mu g$ 视黄醇计算。

②维生素 D：利用维生素 D 来防治儿童佝偻病的发生具有很重要的作用。我国即曾以此取得明显成效。1987 年 7 月 1 日起北京市供应维生素 A、维生素 D 强化奶，10 年间使北京市儿童佝偻病的发病率从过去的 25.1% 降到 2.3%。作为维生素 D 强化剂应用的主要是维生素 D_2 和维

生素 D_3。前者由麦角固醇经紫外线照射转化制得；后者则是由 7 - 脱氢胆固醇经紫外线照射制得。后者的活性比前者稍大。

③维生素 E：用于维生素 E 的强化剂品种有多种，既有人工合成的 $dl - \alpha -$ 生育酚，也由食用植物油制品经真空蒸馏所得 $d - \alpha -$ 生育酚浓缩物，以及由上述制品进一步乙酰化制成的 $dl - \alpha -$ 醋酸生育酚和 $d - \alpha -$ 醋酸生育酚等应用。其强化量以 $d - \alpha -$ 生育酚计，且通常以毫克数表示。1mg 维生素 E＝1IU（国际单位）维生素 E。但不同维生素 E 强化剂品种的生物活性不同，应予以换算。

$$1\ mg\ dl - \alpha - 醋酸生育酚 = 1\ IU$$
$$1\ mg\ dl - \alpha - 生育酚 = 1.1\ IU$$
$$1\ mg\ d - \alpha - 醋酸生育酚 = 1.36\ IU$$
$$1\ mg\ d - \alpha - 生育酚 = 1.49\ IU$$

此外，还可使用 $d - \alpha -$ 琥珀酸生育酚等进行维生素 E 强化，$1mg\ d - \alpha -$ 琥珀酸生育酚 = 1.21 IU。

维生素 E 具有很好的抗氧化作用，故本品也可作抗氧化剂应用。

④维生素 K：维生素 K 通常很少缺乏。但人奶中维生素 K 含量偏低（约 $2\mu g/L$），且哺乳婴儿胃肠功能不全，故可应用植物甲萘醌对婴幼儿食品进行适当的营养强化。

3. 矿物质

矿物质强化剂品种很多，这既包括含不同矿物元素强化剂的品种，也包括含相同矿物元素的不同矿物质强化剂品种。尤其是后者的品种数更多。例如仅我国批准许可使用的钙和铁强化剂品种就超过 30 种之多。

对于不同矿物质强化剂，一方面应根据实际需要予以应用。另一方面则应根据所需强化的矿物元素选取一定的强化剂品种应用。这既要考虑所用强化剂品种有较高的矿物元素含量，还应考虑其生物有效性，即可被机体吸收、利用的比例较高。例如，血红素铁比非血红素铁的吸收率高 2~3 倍。此外，作为食品添加剂来说还应注意选择好其载体食品且不影响食品的色、香、味，经济合理。

（1）钙　钙强化剂品种既有无机钙盐，也有有机钙化合物。我国许可使用的一些钙强化剂品种及其元素钙含量如表 11 - 5 所示。此外，还可使用骨粉（超细鲜骨粉）对食品进行一定的钙强化。

表 11 - 5　　　　　　　　　　　　部分钙强化剂品种及含钙量

名称	元素钙含量/%	名称	元素钙含量/%
碳酸钙	40	葡萄糖酸钙	8.9
氯化钙	36	苏糖酸钙	13
磷酸氢钙	15.9	甘氨酸钙	21
醋酸钙	22.7	天冬氨酸钙	23
乳酸钙	13	柠檬酸苹果酸钙	19~26
柠檬酸钙	21.08		

通常认为无机物钙含量较高，而有机钙如氨基酸钙等的钙吸收利用率较高。近年根据用同位素钙标记的研究表明，不同离子化程度的钙盐，其吸收率差异不大。例如，有人用醋酸钙、乳酸钙、葡萄糖酸钙、柠檬酸钙、碳酸钙等按元素钙 500mg/d 分别给健康男性成人服用，结果表明吸收程度相似。然而，维生素 D 等可提高钙的吸收利用率，酪蛋白磷酸肽等亦可促进钙的吸收。钙强化剂主要应用于谷类食品及婴幼儿食品等。

（2）铁 铁强化剂的品种，除了通常的硫酸亚铁和乳酸亚铁等无机和有机铁强化剂外，也可使用还原铁和电解铁等元素铁（表 11 - 6，详见附录二）。

表 11 - 6　　　　　　　　　　　我国许可使用的铁强化剂

硫酸亚铁	富马酸亚铁	柠檬酸亚铁	铁卟啉
碳酸亚铁	葡萄精酸亚铁	柠檬酸铁铵	乙二胺四乙酸铁钠
焦磷酸铁	琥珀酸亚铁	乳酸亚铁	还原铁
柠檬酸铁	氯化高铁血红素		电解铁

通常，二价铁比三价铁易于吸收，故铁强化剂多使用亚铁盐。又由于机体对血红素铁的吸收远比非血红素铁好，故我国近年来已研制并批准许可使用氯化高铁血红素和铁卟啉等品种以供食品的铁营养强化。

实际应用时应注意对铁强化剂的选择，这除了考虑铁含量高、吸收利用好以外，还应注意其对食品感官质量有无影响，这通常应选择一定的载体食品与之配合。

（3）锌 锌强化剂的品种也很多。我国现已批准许可使用的品种有硫酸锌、氯化锌、氧化锌、乙酸锌、乳酸锌、柠檬酸锌、葡萄糖酸锌、甘氨酸锌及碳酸锌 9 种，它们主要应用于婴幼儿食品及乳制品等。

（4）碘和硒 利用食盐加碘来防治我国乃至全球缺碘性地方性甲状腺肿确已收到显著成效。作为碘强化剂的品种主要是用人工化学合成的碘化钾与碘酸钾。但鉴于我国为避免居民过多摄入食盐而采取的减盐行动，目前，我国仅允许将碘酸钾、碘化钾与碘化钠用于特殊膳食用食品。

硒强化剂除化学合成的亚硒酸钠和硒酸钠外，我国还许可使用富硒酵母（仅限用于含乳饮料）、硒化卡拉胶（仅限用于含乳饮料）、富硒食用菌粉、L - 硒 - 甲基硒代半胱氨酸和硒蛋白。这主要是将无机硒化物通过一定的方法将其与有机物结合，用以获取有机硒化物。例如富硒酵母即是以添加亚硒酸钠的糖蜜等为原料经啤酒酵母发酵后制成。通常，有机硒化物的毒性比无机硒化物低，且有更好的生物有效性和生理增益作用。硒强化剂主要在缺硒地区使用，且多应用于谷类及其制品、乳制品等。

（5）其他 我国还许可使用硫酸铜、硫酸镁、硫酸锰以及葡萄糖酸钾等营养强化剂，多应用于婴幼儿配方食品中。

4. 脂肪酸

用于食品营养强化的脂肪酸为多不饱和脂肪酸。它们主要是亚油酸、γ - 亚麻酸和花生四烯酸等。亚油酸是机体必需脂肪酸，而 γ - 亚麻酸、花生四烯酸并非机体必需脂肪酸。它们可由亚油酸在体内转化而成。但是，将其对食品进行营养强化可减少机体对亚油酸的需要，尤其是对婴幼儿来说，其生理功能不全，转化不足，故有必要进行一定的营养强化。

（1）γ-亚麻酸（$C_{18:2}n-6$） γ-亚麻酸在体内可由亚油酸去饱和转化而来。某些含油的植物种子如月见草和黑加仑种子中可有一定量存在。但作为食品营养强化剂用的 γ-亚麻酸则多由微生物发酵制成。我国已批准许可使用 γ-亚麻酸作为食品营养强化剂应用于植物油、调制乳粉及饮料类（包装饮用水，固体饮料涉及品种除外）（附录二）。

（2）花生四烯酸（$C_{20:4}n-6$） 花生四烯酸在体内可由 γ-亚麻酸在羧基端延长，并进一步去饱和转化而来。在许多植物种子如花生等中多有存在。作为食品营养强化用的亦可由微生物发酵制得。我国现已允许将花生四烯酸用于特殊膳食用食品的营养强化剂。

此外，近年来由于人们对二十二碳六烯酸（DHA，$C_{22:6}n-3$）重要生物学作用的认识，也进一步允许其为用于特殊膳食用食品的营养强化剂。DHA（$C_{22:6}n-3$）可由机体的另一种必需脂肪酸亚麻酸（α-亚麻酸 $C_{18:3}n-3$）转化而来。它在海产鱼油中含量丰富，作为食品营养强化剂用的 DHA 多以海产鱼油中浓缩、精制而成。

5. 低聚糖

低聚糖又称寡糖（oligosaccharide；oligase），是一种具有广泛适用范围和应用前景的新型功能性糖源，近年来国际上颇为流行。美国、日本、欧洲等地均有规模化生产，我国低聚糖的开发和应用起于 20 世纪 90 年代中期，近几年发展迅猛。我国现已允许作为食品强化剂使用的低聚糖为低聚果糖，另外低聚半乳糖（乳糖来源）、低聚果糖（菊苣来源）、多聚果糖（菊苣来源）、棉子糖（甜菜来源）和聚葡萄糖仅允许用于部分特殊膳食用食品。

五、 强化食品的种类

强化食品种类繁多，而且根据不同情况可有不同的划分。日本按其营养改善法的规定，将强化食品分为两大类：一类是以普通人为对象的强化食品；另一类是供特殊人群及病人用的食品。但也可进一步按食用对象、食用情况、强化剂种类以及富含营养素的天然食物不同等来分类。

（1）按食用对象分类 普通食品，儿童食品，孕妇、乳母食品，老人食品，以及其他各种特殊需要的食品等。

（2）按食用情况分类 主食品和副食品等。

（3）按强化剂种类分类 维生素强化食品、矿物质强化食品、蛋白质和氨基酸强化食品等。

（4）按富含营养素的天然食物分类 酵母（富含 B 族维生素）、脱脂奶粉和大豆粉（富含蛋白质）等。

通常，应用较多的是作为强化主食用的强化谷类及其制品，如即食早餐谷类食品、婴幼儿食品、婴幼儿配方食品、乳制品、饮液及乳饮料等。

1. 强化谷类食品

谷类包括的品种很多，但人们主要食用的则是小麦和大米。谷类籽粒中营养素的分布很不均匀，在碾磨过程中，特别是在精制时很多营养素易被损失（参见第七章），图 11-1 所示为谷粒切面示意。表 11-7 和表 11-8 所示为小麦籽粒（风干、含水 13%）各部位的营养素分布。值得注意的是维生素 B_1 集中在盾片中，维生素 B_6 和烟酸则多集中在糊粉层，维生素 B_2 和泛酸则以糊粉层和胚乳中较多，矿物质也多集中在糊粉层中。从营养的角度看，糊粉层非常重要，但它却易在碾磨加工时受到损失。碾磨越精，损失越多。其他谷类的情况也大致如此。

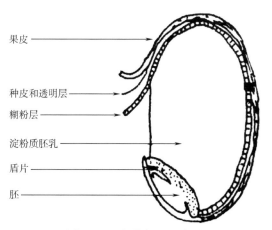

果皮

种皮和透明层

糊粉层

淀粉质胚乳

盾片

胚

图 11 - 1 谷粒切面示意图

表 11 - 7 小麦籽粒营养素的分布

名称	维生素 B_1 /（μg/g）	维生素 B_2 /（μg/g）	维生素 B_6 /（μg/g）	烟酸 /（μg/g）	泛酸 /（μg/g）	蛋白质 /%	灰分 /%
果皮、种皮和透明层	0.6	1.0	6.0	20.0 ~ 25.7	7.8	4.0	1.7 ~ 2.0
糊粉层	16.5	10.0	36.0	613 ~ 714	45.1	18.0	14.4 ~ 17.2
胚乳	0.13	0.7	0.33	6.8 ~ 8.5	3.9	7.1	0.43 ~ 0.57
胚	8.4	13.8	21.2	38.5 ~ 52.0	17.1	30.4	3.5 ~ 5.3
盾片	156.0	12.7	23.2	23.2 ~ 38.2	14.1	24.4	5.9 ~ 8.2

表 11 - 8 小麦籽粒各部位营养素分布比例 单位：%

名称	维生素 B_1	维生素 B_2	维生素 B_6	烟酸	泛酸	蛋白质	灰分
果皮、种皮和透明层	1.0	5.0	12.0	4.0	8.0	4.0	7.3 ~ 9.8
糊粉层	31.0	37.0	61.0	82.5	39.0	15.0	56.4 ~ 60.2
胚乳	3.0	32.0	6.0	11.5	41.0	72.0	20.3 ~ 25.9
胚	2.0	12.0	9.0	1.0	3.5	3.5	2.9 - 4.0
盾片	62.5	14.0	12.0	1.0	4.0	4.5	5.5 ~ 8.2

由于谷类籽粒中很多营养素，特别是维生素多分布在外层（小麦籽粒的蛋白质亦多在外层，且自外向内含量逐渐下降），而人们又多喜爱食用精制米、面，这就容易造成某些营养素的摄食不足，特别是大米，经过淘洗、烹饪做成米饭以后，其水溶性维生素还会进一步损失。例如，我国稻米维生素 B_1 和维生素 B_2 的含量分别为 1.8mg/kg 和 0.6mg/kg。做成米饭后均仅含有 0.3mg/kg。中国营养学会对上述两种营养素提出的每日膳食营养素推荐摄入量（RNI），对于成人来说，男子二者均为 1.4mg，女子维生素 B_1 为 1.3mg，维生素 B_2 为 1.2mg，因而，确有

必要对谷类食品进行适当的营养强化。

目前，许多国家对面粉、面包、大米等都进行人工强化。有的国家是自由添加，有的国家则是在法令中强制添加。我国规定在谷类及其制品中可强化维生素 B_1（盐酸硫胺素）、维生素 B_2（核黄素）3~5mg/kg，烟酸或烟酰胺 40~50mg/kg，L-盐酸赖氨酸 1~2g/kg，以及一定量的钙、铁、锌等（在婴幼儿食品中也可有类似的强化，但强化量不同）。最近（2012 年）我国又规定在即食早餐谷类食品中可强化一定量的维生素 A、维生素 D、维生素 E、维生素 B_1、维生素 B_2、维生素 B_6、维生素 B_{12}、叶酸、泛酸、维生素 C 和还原铁、氧化锌和碳酸钙（附录二）。

2. 婴幼儿食品及婴儿配方奶粉

牛奶在古代就作为一种营养品被人食用，特别是用来代替母乳喂养婴儿。但是，尽管牛奶营养丰富，但并不能完全满足人体的营养需要。例如，牛奶中的维生素 C、维生素 D、烟酸和铁等均不足，而在牛奶的加工、贮存等过程中还会损失一部分营养素。因此，许多国家在生产奶粉时常常添加一些维生素和矿物质等以满足人体的营养需要。

在生产强化奶粉时，除了在生产过程中直接添加某些维生素和矿物质如维生素 A、维生素 D 和钙、铁、锌等以外，有的产品则是先将牛奶脱脂，然后向脱脂奶中添加乳糖（或糊精、麦芽糖、葡萄糖）、植物油（椰子油或花生油、玉米油等），以及维生素和矿物质等制成。为了适合婴儿的喂养，人们更进一步在普通强化奶粉的基础上，以牛奶和脱盐乳清粉（或脱盐乳清）为主要原料，以类似人乳的组成为目标，通过提出牛奶中的某些成分和添加某些营养素，使其组成成分在数量上和质量上都接近母乳，并进一步按一定的配方制成婴儿配方奶粉，用以满足婴儿全面的营养需要。此外，在儿童用乳粉中允许使用肌醇和二十二碳六烯酸（DHA）进行一定的营养强化。

3. 强化副食品

在以面包为主食的国家，奶油及人造奶油的消费量很大。实际上目前国外的人造奶油中几乎都进行了营养强化，主要添加维生素 A 和维生素 D。也有的以 β-胡萝卜素代替部分维生素 A 进行强化。我国规定在芝麻油、色拉油、人造奶油中可强化维生素 A 4000~8000μg/kg，维生素 E100~180μg/kg，而在人造奶油中可强化维生素 D125~156μg/kg，对于乳制品亦可进行维生素 A、维生素 D、维生素 E，以及某些矿物质如铁、锌、铜、镁、锰等的营养强化（附录二）。

饮料和固体饮料在人们的日常生活中有一定的重要性，也是进行食品营养强化很好的载体食品。通常，人们对一般的果汁和蔬菜汁等饮料都进行了一定的营养强化。我国规定在固体饮料中可强化一定量的维生素 A、维生素 D、维生素 C，以及维生素 B_1、维生素 B_2、维生素 B_6 等多种维生素。此外，还可根据不同的需要进行不同矿物质的强化，如加硫酸镁的矿物质饮料、加锌的强化锌饮料、强化钾饮料、强化铁饮料以及强化 γ-亚麻酸饮料等。在配制酒中还可以添加 L-盐酸赖氨酸、牛磺酸、维生素 B_1、维生素 B_2、维生素 B_6、烟酰胺等进行一定的营养强化。此外，在夹心糖中还可进行维生素 C 和矿物质铁的营养强化等。

4. 混合型强化食品

这是将具有不同营养特点的天然食物混合配成的一类食品，也可视为一种强化食品。

混合型强化食品的营养学意义在于各种食物中营养素的互补作用。这大多是在主食品中混入一定量的其他食品以弥补主食品中营养素的不足。其中主要的是补充蛋白质的不足，或增补主食品中的某种限制氨基酸。其他则有维生素、矿物质等。

主要作为增补蛋白质、氨基酸用的天然食物有奶粉、鱼粉、大豆浓缩蛋白、分离蛋白、各种豆类，以及可可、芝麻、花生、向日葵等榨油后富含蛋白质的副产品等。我国在利用天然食物及其制品进行食品强化方面有悠久历史。例如，我国北方某些地区的"杂合面"，以及各地的谷豆混食等早已应用。由果汁和牛奶配制成果奶以及由牛奶和豆乳等配成复合奶也有一定的应用。

主要作为维生素增补用的有酵母、谷胚、胡萝卜干以及各种富含维生素的果蔬和山区野果等。海带、骨粉等则可作为矿物质增补用。

5. 其他强化食品

为了防治职业病以及对于一些非传染性、慢性病的预防的需要，人们可根据其特点配制成一定的强化食品，如高维生素食品、高蛋白食品、高纤维食品等。对高寒地区工作人员供给高热能食品，以及对从事其他特殊工作的人员、孕妇、老人，甚至长期慢性病患者等均可根据其各自的特点配制各种不同的强化食品。例如，在我国除前述婴儿配方奶粉等以外，尚可有根据孕妇、乳母对叶酸的特殊需要而用叶酸强化的孕妇乳母专用食品等。

六、　特殊膳食用食品

特殊膳食用食品是为满足特殊的身体或生理状况和（或）满足疾病、紊乱等状态下的特殊膳食需求，专门加工或配方的食品。这类食品的营养素和（或）其他成分的含量与可类比普通食品有显著不同。

特殊膳食用食品的类别主要包括：

（1）婴幼儿配方食品

①婴儿配方食品；

②较大婴儿和幼儿配方食品；

③特殊医学用途婴儿配方食品；

（2）婴幼儿辅助食品

①婴幼儿谷类辅助食品；

②婴幼儿罐装辅助食品；

（3）特殊医学用途配方食品（特殊医学用途婴儿配方食品涉及的品种除外）；

（4）除上述类别外的其他特殊膳食用食品（包括辅食营养补充品、运动营养食品，以及其他具有相应国家标准的特殊膳食用食品）。

第二节　营养标签

一、　食品标签

1. 食品标签的定义

食品标签指食品包装上的文字、图形、符号及一切说明物。食品标签的内容包括食品名称、配料表、净含量和规格、生产者和（或）经销者的名称、地址和联系方式、生产日期和保持期、贮存条件、食品生产许可证编号、产品标准代号及其他需要标示的内容。

食品标签作为沟通食品生产者、销售者、消费者的一种信息传播手段，使消费者通过食品标签标注的内容进行识别、自我安全卫生保护和指导消费，根据食品标签上提供的专门信息，有关行政管理部门可以据此确认该食品是否符合有关法律、法规的要求，保护广大消费者的健康和利益，维护食品生产者、经销者的合法权益，提供正当竞争的促销手段。

2. 预包装食品标签基本要求

（1）预包装食品标签的所有内容，应符合国家法律、法规的规定，并符合相应食品安全标准的规定。

（2）预包装食品标签的所有内容应清晰、醒目、持久，应使消费者购买时易于辨认和识读。

（3）预包装食品标签的所有内容，应通俗易懂、有科学依据，不得标示封建迷信、色情、贬低其他食品或违背营养科学常识的内容。

（4）预包装食品标签的所有内容应真实、准确，不得以虚假、夸大、使消费者误解或欺骗性的文字、图形等方式介绍食品，也不得利用字号大小或色差误导消费者。

（5）预包装食品标签的所有内容，不应直接或以暗示性的语言、图形、符号，误导消费者将购买的食品或食品的某一性质与另一产品混淆。

（6）预包装食品的标签不应标注或者暗示具有预防、治疗疾病作用的内容，非保健食品不得明示或者暗示具有保健作用。

（7）预包装食品的标签不应与食品或者包装物（容器）分离。

（8）预包装食品的标签内容应使用规范的汉字（商标除外）。具有装饰作用的各种艺术字，应书写正确，易于辨认。

可以同时使用拼音或少数民族文字，拼音不得大于相应的汉字。

可以同时使用外文，但应与中文有对应关系（商标、进口食品的制造者和地址，国外经销者的名称和地址、网址除外）。所有外文不得大于相应的汉字（商标除外）。

（9）预包装食品包装物或包装容器最大表面面积大于$35cm^2$时（最大表面面积计算方法见附录4），强制标示内容的文字、符号、数字的高度不得小于1.8mm。

（10）一个销售单元的包装中含有不同品种、多个独立包装可单独销售的食品，每件独立包装的食品标识应当分别标注。

（11）若外包装易于开启识别或透过外包装物能清晰地识别内包装物（容器）上的所有强制标示内容或部分强制标示内容，可不在外包装物上重复标示相应的内容；否则应在外包装物上按要求标示所有强制标示内容。

3. 预包装食品标签标示内容

（1）直接向消费者提供的预包装食品标签标示内容

①食品名称：应在食品标签的醒目位置，清晰地标示反映食品真实属性的专用名称。

②配料表：预包装食品的标签上应标示配料表，配料表中的各种配料应按 GB 7718—2011 的要求标示具体名称，食品添加剂按照该标准的要求标示名称。

下列食品配料，可以选择按表11-9的方式标示。

表 11 - 9 配料标示方式

配料类别	标示方式
各种植物油或精炼植物油，不包括橄榄油	"植物油"或"精炼植物油"；如经过氢化处理，应标示为"氢化"或"部分氢化"
各种淀粉，不包括化学改性淀粉	"淀粉"
加入量不超过 2% 的各种香辛料或香辛料浸出物（单一的或合计的）	"香辛料""香辛料类"或"复合香辛料"
胶基糖果的各种胶基物质制剂	"胶姆糖基础剂""胶基"
添加量不超过 10% 的各种果脯蜜饯水果	"蜜饯""果脯"
食用香精、香料	"食用香精""食用香料""食用香精香料"

③配料的定量标示：如果在食品标签或食品说明书上特别强调添加了或含有一种或多种有价值、有特性的配料或成分，应标示所强调配料或成分的添加量或在成品中的含量。

如果在食品的标签上特别强调一种或多种配料或成分的含量较低或无时，应标示所强调配料或成分在成品中的含量。

食品名称中提及的某种配料或成分而未在标签上特别强调，不需要标示该种配料或成分的添加量或在成品中的含量。

④净含量和规格：净含量的标示应由净含量、数字和法定计量单位组成。

应依据法定计量单位，按以下形式标示包装物（容器）中食品的净含量：

a. 液态食品，用体积升（L）（l）、毫升（mL）（ml），或用质量克（g）、千克（kg）；

b. 固态食品，用质量克（g）、千克（kg）；

c. 半固态或黏性食品，用质量克（g）、千克（kg）或体积升（L）（l）、毫升（mL）（ml）。

净含量的计量单位应按表 11 - 10 标示。

表 11 - 10 净含量计量单位的标示方式

计量方式	净含量（Q）的范围	计量单位
体积	$Q < 1000mL$	毫升（mL）
	$Q \geqslant 1000mL$	升（L）
质量	$Q < 1000g$	克（g）
	$Q \geqslant 1000g$	千克（kg）

净含量字符的最小高度应符合表 11 - 11 的规定。

表 11 - 11 净含量字符的最小高度

净含量（Q）的范围	字符的最小高度/mm
$Q \leqslant 50mL$；$Q \leqslant 50g$	2
$50mL < Q \leqslant 200mL$；$50g < Q \leqslant 200g$	3
$200mL < Q \leqslant 1L$；$200g < Q \leqslant 1kg$	4
$Q > 1kg$；$Q > 1L$	6

净含量应与食品名称在包装物或容器的同一展示版面标示。

容器中含有固、液两相物质的食品，且固相物质为主要食品配料时，除标示净含量外，还应以质量或质量分数的形式标示沥干物（固形物）的含量。

同一预包装内含有多个单件预包装食品时，大包装在标示净含量的同时还应标示规格。

规格的标示应由单件预包装食品净含量和件数组成，或只标示件数，可不标示"规格"二字。单件预包装食品的规格即指净含量。

⑤生产者、经销者的名称、地址和联系方式：应当标注生产者的名称、地址和联系方式。生产者名称和地址应当是依法登记注册、能够承担产品安全质量责任的生产者的名称、地址。有下列情形之一的，应按下列要求予以标示。

依法独立承担法律责任的集团公司、集团公司的子公司，应标示各自的名称和地址。不能依法独立承担法律责任的集团公司的分公司或集团公司的生产基地，应标示集团公司和分公司（生产基地）的名称、地址；或仅标示集团公司的名称、地址及产地，产地应当按照行政区划标注到地市级地域。受其他单位委托加工预包装食品的，应标示委托单位和受委托单位的名称和地址；或仅标示委托单位的名称和地址及产地，产地应当按照行政区划标注到地市级地域。

依法承担法律责任的生产者或经销者的联系方式应标示以下至少一项内容：电话、传真、网络联系方式等，或与地址一并标示的邮政地址。

进口预包装食品应标示原产国国名或地区区名（如香港、澳门、台湾地区），以及在中国依法登记注册的代理商、进口商或经销者的名称、地址和联系方式，可不标示生产者的名称、地址和联系方式。

⑥日期标示：应清晰标示预包装食品的生产日期和保质期。如日期标示采用"见包装物某部位"的形式，应标示所在包装物的具体部位。日期标示不得另外加贴、补印或篡改。

当同一预包装内含有多个标示了生产日期及保质期的单件预包装食品时，外包装上标示的保质期应按最早到期的单件食品的保质期计算。外包装上标示的生产日期应为最早生产的单件食品的生产日期，或外包装形成销售单元的日期；也可在外包装上分别标示各单件装食品的生产日期和保质期。

应按年、月、日的顺序标示日期，如果不按此顺序标示，应注明日期标示顺序。

⑦贮存条件：预包装食品标签应标示贮存条件。

⑧食品生产许可证编号：预包装食品标签应标示食品生产许可证编号的，标示形式按照相关规定执行。

⑨产品标准代号：在国内生产并在国内销售的预包装食品（不包括进口预包装食品）应标示产品所执行的标准代号和顺序号。

⑩其他标示内容：

a. 辐照食品：经电离辐射线或电离能量处理过的食品，应在食品名称附近标示"辐照食品"。经电离辐射线或电离能量处理过的任何配料，应在配料表中标明。

b. 转基因食品：转基因食品的标示应符合相关法律、法规的规定。

c. 营养标签：特殊膳食类食品和专供婴幼儿的主辅类食品，应当标示主要营养成分及其含量，标示方式按照 GB 13432—2013 执行。其他预包装食品如需标示营养标签，标示方式参照相关法规标准执行。

d. 质量（品质）等级：食品所执行的相应产品标准已明确规定质量（品质）等级的，应标示质量（品质）等级。

（2）非直接提供给消费者的预包装食品标签标示内容　非直接提供给消费者的预包装食品标签应按照"（1）直接向消费者提供的预包装食品标签标示内容"项下的相应要求标示食品名称、规格、净含量、生产日期、保质期和贮存条件，其他内容如未在标签上标注，则应在说明书或合同中注明。

（3）标示内容的豁免　下列预包装食品可以免除标示保质期：酒精度大于等于 10% 的饮料酒；食醋；食用盐；固态食糖类；味精。

当预包装食品包装物或包装容器的最大表面面积小于 $10cm^2$ 时，可以只标示产品名称、净含量、生产者（或经销商）的名称和地址。

（4）推荐标示内容

①批号：根据产品需要，可以标示产品的批号。

②食用方法：根据产品需要，可以标示容器的开启方法、食用方法、烹调方法、复水再制方法等对消费者有帮助的说明。

③致敏物质：以下食品及其制品可能导致过敏反应，如果用作配料，宜在配料表中使用易辨识的名称，或在配料表邻近位置加以提示：

a. 含有麸质的谷物及其制品（如小麦、黑麦、大麦、燕麦、斯佩耳特小麦或它们的杂交品系）；

b. 甲壳纲类动物及其制品（如虾、龙虾、蟹等）；

c. 鱼类及其制品；

d. 蛋类及其制品；

e. 花生及其制品；

f. 大豆及其制品；

g. 乳及乳制品（包括乳糖）；

h. 坚果及其果仁类制品。

如加工过程中可能带入上述食品或其制品，宜在配料表临近位置加以提示。

（5）其他　按国家相关规定需要特殊审批的食品，其标签标识按照相关规定执行。

二、食品营养标签

1. 食品营养标签的意义

食品营养标签是向消费者提供食品营养信息和特性的说明，也是消费者直观了解食品营养组分、特征的有效方式。根据《食品安全法》有关规定，为指导和规范我国食品营养标签标示，引导消费者合理选择预包装食品，促进公众膳食营养平衡和身体健康，保护消费者知情权、选择权和监督权，卫生部在参考国际食品法典委员会和国内外管理经验的基础上，组织制定了《预包装食品营养标签通则》（GB 28050—2011，以下简称"营养标签标准"），于 2013 年 1 月 1 日起正式实施。

根据国家营养调查结果，我国居民既有营养不足，也有营养过剩的问题，特别是脂肪、钠（食盐）、胆固醇的摄入较高，是引发慢性病的主要因素。通过实施营养标签标准，要求预包装食品必须标示营养标签内容，一是有利于宣传普及食品营养知识，指导公众科学选择膳食；二是有利于促进消费者合理平衡膳食和身体健康；三是有利于规范企业正确标示营养标签，科学宣传有关营养知识，促进食品产业健康发展。

国际组织和许多国家都非常重视食品营养标签，国际食品法典委员会（CAC）先后制定了多个营养标签相关标准和技术文件，大多数国家制定了有关法规和标准。特别是世界卫生组织/联合国粮农组织（WHO/FAO）的《膳食、营养与慢性病》报告发布后，各国在推行食品营养标签制度和指导健康膳食方面出台了更多举措。世界卫生组织（WHO）调查显示，74.3%的国家有食品营养标签管理法规。美国早在1994年就开始强制实施营养标签法规，我国台湾地区和香港特别行政区也已对预包装食品采取强制性营养标签管理制度。

营养标签标准是食品安全国家标准，属于强制执行的标准。标准实施后，其他相关规定与本标准不一致的，应当按照本标准执行。自营养标签标准实施之日，卫生部2007年公布的《食品营养标签管理规范》即行废止。

2. 食品营养标签的主要内容和要求

食品营养标签是指向消费者提供食品营养信息和特性的说明，包括营养成分表、营养声称和营养成分功能声称。营养标签是预包装食品标签的一部分。

（1）营养成分表　营养成分表是标有食品营养成分名称、含量和占营养素参考值（nutrient reference values，NRV）百分比的规范性表格。表格中强制标示的内容包括能量、核心营养素的含量值及其占营养素参考值（NRV）的百分比，此外，还应标示出对除能量和核心营养素外，将进行营养声称或营养成分功能声称的营养成分的含量及其占营养素参考值（NRV）的百分比。能量和营养成分的含量应以每100克（g）和（或）每100毫升（mL）和（或）每份食品可食部中的具体数值来标示。当用份标示时，应标明每份食品的量。份的大小可根据食品的特点或推荐量规定。

（2）营养声称　营养声称是指对食物营养特性的描述和声明，如能量水平、蛋白质含量水平。营养声称包括含量声称和比较声称。

①含量声称：含量声称是指描述食物中能量或营养含量水平的声称。声称用语包括"含有""高""低"或"无"等。如当固体食品的蛋白质含量≥20% NRV，液体食品≥10% NRV时候就可以说高蛋白，即≥12g/100g（固体）或≥6g/100mL（液体）时，均可以声称"高蛋白质"或"富含蛋白质"。"低糖"食品要求每100g或100mL的食品中糖含量≤5g。"脱脂"乳制品是指100mL液态奶和酸奶的脂肪含量≤0.5g，或100g奶粉的脂肪含量≤1.5g，这时可以标示"脱脂"。

②比较声称：比较声称是指与消费者熟知的同类食品的营养成分含量或能量值进行比较后的声称。声称用语包括"增加"和"减少"等。使用比较声称的条件是其能量值或营养成分含量差异必须≥25%。

（3）能量与营养成分功能声称　营养成分功能声称是指某营养成分可以维持人体正常生长、发育和正常生理功能等作用的声称。应使用GB 28050—2011中能量和营养成分功能声称标准用语。

食品营养标签的标示应当真实、客观，不得虚假，不得夸大产品的营养作用。任何产品标签标示和宣传等不得对营养声称方式和用语进行删改和添加，也不得明示或暗示治疗疾病的作用。营养成分中能量和核心营养成分的标示顺序为：能量、蛋白质、脂肪、碳水化合物、钠。

3. 食品营养标签格式

食品营养标签格式应当符合下列基本要求：

（1）预包装食品营养标签标示的任何营养信息，应真实、客观，不得标示虚假信息，不得夸大产品的营养作用或其他作用。

（2）预包装食品营养标签应使用中文。如同时使用外文标示的，其内容应当与中文相对应，外文字号不得大于中文字号。

（3）营养成分表应以一个"方框表"的形式表示（特殊情况除外），方框可为任意尺寸，并与包装的基线垂直，表题为"营养成分表"。

（4）食品营养成分含量应以具体数值标示，数值可通过原料计算或产品检测获得。

（5）营养标签的格式见《预包装食品营养标签通则》，食品企业可根据食品的营养特性、包装面积的大小和形状等因素选择使用其中的一种格式。

（6）营养标签应标在向消费者提供的最小销售单元的包装上。

三、 食品营养标签编制实例

以某切片面包营养标签实例，说明食品面包营养标签编制过程。

经测定或计算得知100g某切片面包中含有：

能量　1065kJ　　　蛋白质　　9.9g

脂肪　4.4g　　　　碳水化合物　42.1g

膳食纤维　3.0g　　钠　　495mg

1. 该切片面包营养素参考值计算

能量（kcal）=4×蛋白质（g）+4×碳水化合物（g）+9×脂肪（g）+3×有机酸（g）+7×乙醇（g）+2×膳食纤维（g）

能量（kJ）=能量（kcal）×4.2

营养成分含量占营养素参考值（NRV）的百分数计算公式如下：

$$NRV\% = X \times 100\% / NRV$$

式中　X——面包中某营养素含量；

　　　NRV——该营养素的营养素参考值。

其中：NRV 如下：

能量　　　　8400kJ

蛋白质　　　60g

脂肪　　　　≤60g

膳食纤维　　25g

碳水化合物　300g

钠　　　　　2000mg

则：

能量% = 能量×100/8400 = 1065×100/8400 ≈ 13%

蛋白质% = 蛋白质含量×100/60 = 9.9×100/60 ≈ 16%

脂肪% = 脂肪含量×100/60 = 4.4×100/60 ≈ 7%

碳水化合物% = 碳水化合物含量×100/300 = 42.1×100/300 ≈ 14%

膳食纤维% = 膳食纤维×100/25 = 3×100/25 = 12%

钠% ＝钠含量 $\times 100/2000 = 495 \times 100/2000 \approx 25\%$

2. 该切片面包营养标签制定

根据测定及计算结果，制定该切片面包营养标签即营养成分表见，表 11 – 12。

表 11 – 12　　　　　　　　　　　某切片面包营养成分表

项目	每 100g/mL	营养素参考值%/NRV%
能量	1065kJ	13%
蛋白质	9.9g	16%
脂肪	4.4g	7%
碳水化合物	42.1g	14%
膳食纤维	3.0g	12%
钠	495mg	25%

Q 思考题

1. 食品营养强化的作用是什么？
2. 常用的强化食品种类有哪些？
3. 什么是特殊膳食用食品，主要类别有哪些？
4. 收集市售食品标签，并审核其是否符合预包装食品标签基本要求。
5. 学习营养标签编制过程，并试着编制一个食品营养标签。

第十二章

食品的功能性与功能食品

[学习指导]

　　本章要求学生明确功能食品和保健食品的概念，了解保健食品的分类及使用原则，掌握功能食品中生物活性物质的概念、分类及其功能作用及功能原理；把握开发与生产功能食品的原则和要求，对比了解天然食品中的几种功能性成分以及作用。

　　现代营养学已经阐述了日常膳食中的营养物质及其与人类生命过程的关系。随着社会进步、经济与科学技术的不断发展及人们生活水平的逐步提高，人们越来越清楚地意识到许多危及生命的慢性疾病多与饮食的选择与搭配、食品的质量与摄入量有关。食物除了已知的营养素之外，还含有一些能够调节人体生理机能，具有防病治病作用的其他成分。这些成分被总称为生物活性物质，随之便形成了功能食品或称保健食品。本章将概括性地介绍功能食品的有关内容。

第一节　功能食品的发展

一、　功能食品发展概况

　　世界上率先提出"功能食品"的是日本。20 世纪 80 年代，日本掀起了关注食品功能性的科技热潮。有关人士提出饮食对人体具有三种基本作用：

　　（1）食物中的各种营养素对人体正常生理功能具有支持作用，即传统意义上的营养作用；

　　（2）某些食物本身具有的特殊口感或味觉效应，对人体感官甚至大脑具有刺激性作用；

　　（3）食品固有的非营养素成分，具有调节生理机能、直接或间接防病保健的作用。

　　食品的功能性强调的则是第三种作用。

　　1987 年，日本文部省在《食品功能的系统性解释与展开》这份报告中首次运用了"功能食品"这一措辞。1989 年 4 月厚生省又提出了相关的定义：功能食品是指那些具有明显防病功效的、能调节生理节律、促进健康的工程化食品。同时规定功能食品应符合三个方面的要求：

（1）食品的构成原料必须是天然成分；食品的形态与摄入方法必须与普通食品相同。

（2）应属于日常食品的范畴，具有安全性。

（3）应明确标记有关的调节功能。

随着"功能食品"这一名词的出现，许多国家对食品的功能性开展了深入研究。基于保持和提高人类的健康这一明确的主题，欧美国家率先提出了"健康食品（health food）"，和"营养食品（nutrition food）"概念。1990 年日本也将"功能食品"改称为"特定保健食品"。

中国俗称的"保健食品"其实与"功能食品"有着相同或相似的含义和内容。我国古代食疗学对许多天然食物的防病治病功效有过明确的阐述。从 20 世纪 70 年代开始，我国对"保健食品"有了初步的认识，80 年代末随着生活水平的提高，人们对保健食品的消费欲望也越来越高。1996 年国家卫生部颁布了有关保健食品管理条例，正式确立了这一行业在我国的合法地位。1997 年在我国正式颁布的《保健（功能）食品通用标准》中给保健食品下了十分明确的定义："保健（功能）食品是食品的一个种类，具有一般食品的共性，能调节人体的机能，适于特定人群食用，但不以治疗疾病为目的。"

纵观全球，随着对食品功能性研究的不断深入，功能食品经历了三个发展阶段，形成了三代功能食品：

第一代功能食品为初级保健产品，包括各类强化食品及滋补食品。该类食品的功能作用仅根据食品的营养成分或所强化的营养素来推断，未经严格的试验证明或严格的科学论证。目前，欧美各国已将这类产品列入一般食品管理，我国也不允许此类产品再以功能食品的形式上市。

第二代功能食品是指经过动物或人体试验，证明其具有某种生理调节功能的食品。食品特定的功能作用均有科学依据。

第三代功能食品不仅要通过动物实验或人体资料证明其特定的生理调节功能，还需要确定功能性成分的化学结构及含量。

目前，能够被认可的只有第三代功能食品。

二、 功能食品的概念

迄今为止，饮食的第三作用已被全世界所共识，也出现了"Functional Food"这一新名词。目前关于功能食品较为明确的概念是：在已有的营养作用以外，凡对人体还具有康复、保健和降低某种疾病发生的作用，并通过科技手段证实了其功效的食品，可认为是功能食品。简而言之，功能食品是那些既具有营养和感官功能，又具有调节生理机能、防病保健功能的食品。

研究功能食品与研究食品营养素的不同之处，在于它更注重功能成分及其物理或化学性质对机体各种调节机制的影响。研究食品的功能性并不意味着要寻找一种评价未来食品的方法，促进营养学领域的更广泛发展才是其真正目的。因此，功能食品的研究与开发仍属于营养学范畴。

三、 健康、 亚健康与疾病

功能食品的作用在于促使人体达到健康的稳态平衡。健康是指人的身体、心理和社会适应性等方面处于完满状态。全世界比较公认的健康指标有：生气勃勃富有进取心；性格开朗充满活力；身高体重、体温、脉搏、呼吸均正常；食欲旺盛，食量适中；面色红润，眼睛明亮；不易生病，充满活力；大小便正常；唇色淡红，齿龈微红不出血，牙齿坚固；皮肤光滑而有弹性；

头发有光泽，不蓬松；指甲坚固，呈微红色。

当健康状况透支，身体处于有不适的感觉却又未发现器质性病变的状况时，称为亚健康。造成亚健康的原因主要有：过度疲劳，体力透支；自然衰老，机体组织器官出现不同程度的老化；人体生物钟处于低潮时期；某种疾病的患病前期或恢复期。目前我国约有 6 亿的人群处于亚健康状态，并且这一数字还在逐年增加。

亚健康多表现为疲劳困乏、注意力分散、记忆力减退、情绪低落、反应迟钝、社会适应能力差，有的还表现出睡眠障碍、性机能障碍、内分泌失调、抑郁惊恐、无名疼痛、浮肿、脱发等症状。

当亚健康继续发展，造成人体正常生理机能失调，难以抵抗传染性病原体、毒物以及不良环境的严重刺激，就会导致体内一个或多个组织出现机能紊乱、结构异常甚至创伤而发生疾病。

疾病是亚健康状态的延续，严重的亚健康状况实际就是疾病的初始症状。某种疾病的发生有时还会诱发另一种疾病，比如过度脑力劳动会激发内分泌系统的应激作用，使肾上腺素、甲状腺素等刺激血压上升的激素过量分泌。人体若长期处于这种紧张状态，就可能引发高血压。如果得不到及时休息或疗养，进一步促使血管壁迅速硬化，必将导致冠心病、脑梗死等心脑血管疾病的发生。

然而，从亚健康到患病这一过程常常容易被忽略，这是因为人体代偿机制的作用使人体感受器官对不适症状的感觉因适应而逐渐迟钝，造成"不治自愈"的错觉，"顺理成章"地从亚健康阶段过渡到疾病阶段。

可见，与其努力治病，不如积极预防。在亚健康状态采取相应的防治措施，才是治病的首要环节，正如中医学所谓的"治未病"学说所指。功能食品对疾病的防治作用正体现于此。

第二节　保健食品的发展

一、保健食品概述

人们的生活水平提高了，但是世界范围内环境污染加剧，市场竞争日趋激烈，生活节奏加快，工作负担加重，精神压力不易排解，在现代文明病高发的当今健康投资已成为消费热点，人们期望补充保健食品来提高工作效率和生活质量。科学技术的飞速发展，探明了食物成分与人体健康的关系，使保健食品的开发成为现实。

1. 保健食品的概念

GB 16740—2014《食品安全国家标准　保健食品》给出的保健（功能）食品的定义是："保健食品是指声称并具有特定保健功能或者以补充维生素、矿物质为目的的食品。即适宜于特定人群食用，具有调节机体功能，不以治疗疾病为目的，并且对人体不会产生任何急性、亚急性或者慢性危害的食品"。

保健食品是食品的一个特殊种类，界于其他食品和药品之间。

（1）保健食品强调具有特定保健功能，而其他食品强调提供营养成分。

（2）保健食品具有规定的食用量，而其他食品一般没有服用量的要求。

（3）保健食品根据其保健功能的不同，具有特定适宜人群和不适宜人群，而其他食品一般不进行区分。

保健食品不同于药品，主要区别在于：

（1）使用目的不同 保健食品是用于调节机体机能，提高人体抵御疾病的能力，改善亚健康状态，降低疾病发生的风险，不以预防、治疗疾病为目的。药品是指用于预防、治疗、诊断人的疾病，有目的地调节人的生理机能并规定有适应症或者功能主治、用法和用量的物质。

（2）保健食品按照规定的食用量食用，不能给人体带来任何急性、亚急性和慢性危害。药品可以有毒副作用。

（3）使用方法不同 保健食品仅口服使用，药品可以注射、涂抹等。

（4）可以使用的原料种类不同 有毒有害物质不得作为保健食品原料。

2. 保健食品的特征与分类

（1）保健食品应具有的条件 保健食品应具备下列条件：

①必须是食品。

②与通常食品有一定区别，具有明确的生理功能调节目标，含有功能因子成分。

③人体摄食保健食品后，体现具体的功能调节作用，但与药品有本质的区别，它不以追求短期的临床疗效为目的。

④具有特定的质量检测指标与方法。保健食品不仅要验证其所具有的特定功能，并且要验证在正常食用量下能保证食用安全。

（2）保健食品的分类 保健食品的原料和功能因子多种多样，对人体生理机能的调节作用以及产品的生产工艺和产品形态也各不相同，因此，市场上保健食品琳琅满目，种类繁多。保健食品可从不同角度对其进行分类。

①按所选用的原料分类：保健食品在宏观上可分为植物类、动物类和微生物（益生菌）类。目前可选用的原料主要是原卫生部先后公布的"既是食品又是药品""允许在保健食品添加的物品"和"益生菌保健食品用菌"。

②按功能性因子的种类分类：保健食品可分为多糖类、功能性甜味剂类、功能性低聚糖、功能性油脂、自由基清除剂类、功能性肽和蛋白质类、益生菌类、维生素类、微量元素类以及其他（如二十八烷醇、植物甾醇、皂苷等）类。

③按调节人体机能的作用分类：保健食品按调节人体机能的作用可分为以下27种类型：增强免疫力功能、辅助降血脂功能、辅助降血糖功能、抗氧化功能、辅助改善记忆功能、缓解视疲劳功能、促进排铅功能、清咽功能、辅助降血压功能、改善睡眠功能、促进泌乳功能、缓解体力疲劳、提高缺氧耐受力功能、增加骨密度功能、减肥功能、对辐射危害有辅助保护功能、改善生长发育功能、祛痤疮功能、改善营养性贫血、祛黄褐斑功能、通便功熊、对化学肝损伤有辅助保护功能、改善皮肤水分功能、改善皮肤油分功能、调节肠道菌群功能、促进消化功能、对胃黏膜损伤有辅助保护功能。

④按产品的形态分类：保健食品可分为饮料类、口服液类、酒类、冲剂类、片剂类、胶囊类和微胶囊类。

3. 保健食品使用原则

为了有效地发挥保健食品的作用，保健食品使用中应遵守以下原则：

（1）饮食为主原则　正常情况下，人们应该遵从平衡膳食的理论，科学地安排自己的饮食生活，这是维持人们良好营养水平和健康状态的基础。做到这一点的人，就不需要摄入保健食品。

（2）有的放矢原则　保健食品并不是针对全民使用的，而是针对某些特殊的人群而采取的保健措施。不同的保健食品有不同的适应对象，决不能不管对象，一概服用。这样不仅造成浪费，也会给机体带来一定的损害。

（3）预防为主原则　保健食品是针对某些营养问题所采取的措施，更多情况下是为预防某些疾病发生所采取的对策。

（4）经济允许原则　保健食品一般价格比较昂贵，对一些收入较低的人群来讲，应该考虑经济的承受能力，不能一概地追求高消费，应根据自己的条件选择不同的保健食品。

（5）长期服用原则　某些功能保健食品的保健功能食用效果是很难短期直接看出来的，因为保健食品不是药品，保健食品的效果，有时要长期服用才能体现出来。

（6）区别药物原则　保健食品维持人体的某些生理功能正常，对人体的健康有促进作用。但保健食品不是药品，不能当成药物或宣传成药物或代替药物。

4. 正确选择和食用保健食品

（1）检查保健食品包装上是否有保健食品标志及保健食品批准文号。

（2）检查保健食品包装上是否注明生产企业名称及其生产许可证号，生产许可证号可到企业所在地省级主管部门网站查询确认其合法性。

（3）食用保健食品要依据其功能有针对性地选择，切忌盲目使用。

（4）保健食品不能代替药品，不能将保健食品作为灵丹妙药。

（5）保健食品应按标签说明书的要求食用。

（6）保健食品不含全面的营养素，不能代替其他食品，要坚持正常饮食。

（7）不能食用超过所标示有效期和变质的保健食品。

二、 保健食品的原料与辅料

1. 保健食品的原料

保健食品原料是指与保健食品功能相关的初始物料，国家标准要求保健食品的原料和辅料要符合相应食品标准和有关规定。目前，国家公布的可作为保健食品的原料有：

（1）普通食品的原料　普通食品的原料食用安全，可以作为保健食品的原料。

（2）既是食品又是药品的物品　这主要是中国传统上有食用习惯、民间广泛食用，但又在中医临床中使用的物品，如丁香、八角茴香、刀豆、小茴香等。

（3）可用于保健食品的物品　这些品种是指经国家食品药品监督管理总局（CFDA，China Food and Drug Administration）批准可以在保健食品中使用，但不能在普通食品中使用，如人参、人参叶、人参果、三七、土茯苓等。

（4）列入《食品安全国家标准　食品添加剂使用标准》和《食品安全国家标准　食品营养强化剂使用标准》中的食品添加剂和营养强化剂。

（5）不在上述范围内的品种也可作为保健食品的原料，但是需按照有关规定提供该原料相应的安全性毒理学评价实验报告及相关的使用安全资料。

国家公布的不可作为或者限制作为保健食品的原料有：

（1）保健食品禁用物品　物品名单如下（59 个）：八角莲、八里麻、千金子、土青木香、山莨菪、川乌、广防己、马桑叶、马钱子、六角莲、天仙子、巴豆、水银、长春花、甘遂、生天南星、生半夏、生白附子、生狼毒、白降丹、石蒜、关木通、农吉利、夹竹桃、朱砂、米壳（罂粟壳）、红升丹、红豆杉、红茴香、红粉、羊角拗、羊踯躅、丽江山慈姑、京大戟、昆明山海棠、河豚、闹羊花、青娘虫、鱼藤、洋地黄、洋金花、牵牛子、砒石（白砒、红砒、砒霜）、草乌、香加皮（杠柳皮）、骆驼蓬、鬼臼、莽草、铁棒槌、铃兰、雪上一枝蒿、黄花夹竹桃、斑蝥、硫黄、雄黄、雷公藤、颠茄、藜芦、蟾酥。

（2）限制以下野生动植物及其产品作为原料生产保健食品

其一，禁止使用国家一级和二级保护野生动植物及其产品作为原料生产保健食品。

其二，禁止使用人工驯养繁殖或人工栽培的国家一级保护野生动植物及其产品作为原料生产保健食品。

其三，使用人工驯养繁殖或人工栽培的国家二级保护野生动植物及其产品作为原料生产保健食品，应提交农业、林业部门的批准文件。

其四，使用国家保护的有益或者有重要经济、科学研究价值的陆生野生动物及其产品生产保健食品，应提交农业、林业部门的允许开发利用证明。

其五，在保健食品中常用的野生动植物主要为鹿、林蛙及蛇，马鹿为二级保护动物，林蛙和部分蛇为国家保护的有益或者有重要经济、科学研究价值的陆生野生动物。

其六，从保护生态环境出发，不提倡使用麻雀、青蛙等作为保健食品原料。

（3）限制以甘草、苁蓉及其产品为原料生产保健食品。

其一，为防止草地退化，政府规定，采集甘草、苁蓉和雪莲需经政府有关部门批准，并限制使用。

其二，甘草要提供甘草供应方由省级经贸部门颁发的甘草经营许可证和与甘草供应方签订的甘草供应合同。

其三，苁蓉和雪莲未列入可用于保健食品的原料名单。

（4）不审批金属硫蛋白、熊胆粉和肌酸为原料生产的保健食品。

2. 保健食品的辅料

保健食品的辅料指生产保健食品时所用的赋形剂及其他附加物料。按照辅料在制剂中的作用分类有：pH调节剂、保湿剂、崩解剂、成膜材料、调香剂、赋形剂、干燥剂、固化剂、缓冲剂、缓控释材料等，应符合相应食品标准和有关规定。

3. 保健食品的主要功能因子

保健食品的功能因子主要包括功能性低聚糖（水苏糖、棉籽糖、乳酮糖，低聚糖，低聚木糖、低聚半乳糖、低聚果糖、低聚异麦芽糖等）、功能性多糖、膳食纤维，动能性油脂、$n-6$ 系列多不饱和脂肪酸（二十碳五烯酸、二十二碳六烯酸等）、磷脂类（大豆磷脂、脑磷脂、蛋黄磷脂等）、特殊氨基酸（牛磺酸、精氨酸、谷氨酰胺等）、黄酮类、花色苷、益生菌类以及一些维生素和矿物质等。

三、 保健食品的开发

保健食品的开发，首先是采用现代分离技术将功能因子从保健食品原料中提取出来，并进行纯化与鉴定；其次是应用现代食品加工技术将主要成分与辅料加工成一定形态，包括饮料类、口服液类、酒类、冲剂类、片剂类、胶囊类和微胶囊类；第三是根据保健食品种类和我国保健食品管理办法要求进行卫生学、毒理学和功能学评价；第四是向省级以上食品药品监督管理局申报、审批，只有获得国家食品药品监督管理局批准，获得保健食品批准文号的才能称为保健食品和使用保健食品标志。

第三节 生物活性物质及功能作用

一、生物活性物质

不同功能食品的功能作用是各不相同的，这是因为组成功能食品的物质不同。我们把功能食品中发挥功能作用的物质称作生物活性物质，也称功能食品基料。每种生物活性物质均包括一些结构和功能相关的成分，称作生物活性成分。生物活性成分有的可从天然食物中直接分离提取而获得，有的则需将天然成分进行加工方可获得。化学合成品不属于此范畴。

目前已被确认的生物活性物质有下列 11 类：

（1）活性多糖类 根据结构和功能的不同，活性多糖可包括膳食纤维、香菇多糖等功能性成分。

（2）功能性甜味料（剂）类 包括功能性单糖、功能性低聚糖及多元醇。

（3）功能性油脂类 包括 $n-3$ 多不饱和脂肪酸、磷脂及其他复合脂质等。

（4）氨基酸、肽与蛋白质 包括牛磺酸、谷胱甘肽、金属硫蛋白及免疫球蛋白等。

（5）维生素类 包括各种水溶性和脂溶性维生素。

（6）矿物元素 包括各种常量和微量元素。

（7）微生态调节剂 主要是指乳酸菌类，尤其是双歧杆菌。

（8）自由基清除剂 包括酶类（超氧化物歧化酶、谷胱甘肽过氧化物酶）和非酶类（维生素 E、维生素 C、$\beta-$ 胡萝卜素）等。

（9）醇、酮、醛与酸类包括黄酮类化合物、廿八醇、谷维素、茶多酚、L－肉碱等。

（10）低能量或无能量物质 包括油脂替代品与强力甜味剂。

（11）其他生理活性物质 如退黑素、皂苷、叶绿素等。

二、功能作用

不同的成分具有不同功能作用和作用机制，已明确的并完全通过人体证实的并不多，大部分功能作用是通过动物实验进行推测的。如前所述，功能食品更注重运用科技手段去证实其功能成分的作用。所谓功能作用一般是以亚健康症状为研究对象，寻找或证实某种生物活性成分具有改善症状的依据而得出的结论，具有严谨的科学性。切不可错误地理解为某成分仅具有一种功能，只能说该成分可能还具有其他尚未被研究证实的功能作用。

亚健康症状的出现不是单一的，甚至有的是互为因果的。同样功能作用对于改善身体状况的效果也不是孤立的，比如某成分的功能是提高机体免疫力，其实作用效果并不仅限于此，因为免疫力的提高本身就可能起到抗癌作用或者改善胃肠功能；降低胆固醇的功能，也可能起到调节血脂的作用。

下面将重点介绍几种已被研究证实了的功能成分的作用及作用机理。

1. 延缓衰老

1956 年英国的 Harman 提出了自由基学说，他认为由于自由基攻击生命大分子，会造成组织细胞损伤，因此是引起机体衰老的根本原因。自由基作用于脂质生成过氧化物，过氧化物发生裂解形成丙二醛。丙二醛与蛋白质交联聚合成非水溶性物质——脂褐质，其颗粒的大小随年龄的增加而增大。脂褐质堆积在皮肤细胞中，则形成老年斑；堆积在脑细胞中，可导致记忆力减退或智力障碍甚至老年痴呆。

通过实验证实，功能性成分银耳多糖能明显降低小鼠心肌组织脂褐质含量，增加小鼠脑和肝脏组织中的 SOD 酶（超氧化物歧化酶，人体内天然存在的抗氧化酶）的活力，可有效地清除体内自由基，起到抗衰老的作用。

造成记忆力减退和智力衰退的另一种原因是随着年龄的增加，血液中胆碱含量下降，乙酰胆碱的合成随之减少，致使神经细胞间信息传递速度减慢。食物中的磷脂被机体消化后可以释放出胆碱，与酸结合后便可生成乙酰胆碱，当大脑中的乙酰胆碱含量增加，就可以加速神经细胞间的信息传递速度，使记忆力和大脑的活动能力明显增加。磷脂还能通过重新修复损伤的生物膜显示出延缓机体衰老的作用。

此外，金属硫蛋白是目前发现的人体内清除氧自由基最强的生物活性物质；维生素 A 能调节细胞的分裂，帮助提高肌肤表皮的延展性，强化真皮组织；维生素 E 能保护生物膜，有助于维护细胞结构的完整和稳定，防止大脑衰老，而且它在清除自由基的过程中，还能够保护人的生育能力。这些不同成分的不同作用途径都能引发抗衰老、抗肿瘤的有效连锁反应。

2. 提高机体免疫力

免疫功能下降是亚健康的重要标志之一，也是功能食品的功能体现的重要指标之一。各种成分都有各自的作用机制，植物多糖中的香菇多糖是通过刺激 T 细胞产生抗体而起到提高机体免疫功能作用的。裂褶多糖是通过促进抗体形成细胞数量的增多，和消除抗胸腺球蛋白对机体免疫功能的抑制，来实现这一作用的。另外，SOD 能清除致病的氧化自由基，提高人体免疫力，并增强对疾病的抵抗力。

3. 抗疲劳

在高强度的体能消耗过程中，机体部分细胞，尤其是肌肉细胞会出现暂时性缺血，细胞 ATP（三磷酸腺苷）生成量将因此减少，造成细胞内的能量缺乏、AMP（腺苷酸）增多、不能维持正常离子浓度等负面作用，使得脱氢酶"不可逆"地转化成氧化酶，减少了细胞内的电子接受体，过多地产生自由电子（这也是自由基的形成原因之一）。所产生的 AMP 将逐步分解成次黄嘌呤。当供血恢复时，氧分子重新进入组织，与所积累的次黄嘌呤和氧化酶发生反应，生成大量活性氧自由基，导致细胞膜脂质过氧化、透明质酸和胶原蛋白降解，改变了细胞的结构与功能，造成组织的不可逆损伤，这种现象称为重灌流损伤。由于缺血，组织合成抗氧化酶类（自由基清除剂）的能力发生障碍，从而加重重灌流损伤的程度。由于缺血缺氧细胞内有大量乳酸生成，加上严重的重灌流损伤，就会引起肌肉组织疲劳和劳损。

SOD 能有效地清除自由基，因而也具有抗疲劳作用。

美国加利福尼亚大学的研究人员最近就乙酰肉碱（acetyl－L－carnitine）和硫辛酸（α－li-poic acid）做了三项研究，结果发现乙酰肉碱能增强人体能量，而硫辛酸则是一种抗氧化剂，这两种物质混合使用对动物细胞里的线粒体有益，具有抗衰老作用。研究人员还发现，随着年龄的增长，人类及其他一些动物的肉碱不如年轻时活跃。服用这两种混合物后，年老实验鼠细胞内的肉碱便会活跃起来，记忆力得到改善。

4. 抗辐射

某些多糖（银耳多糖）具有促进因射线而受损伤的造血细胞修复的作用，可以加速造血功能的恢复，对磷环酰胺引起的白细胞数目下降有明显抑制效果，可作为临床放化疗的辅助治疗物质。SOD 能够抑制放射线对机体组织的损伤，可有效地防治放射病。化疗可诱发产生大量的自由基，引起骨髓损伤、白血球减少。SOD 通过催化自由基的破坏，有利于损伤的恢复和提高白血球数量。

5. 抗肿瘤

香菇多糖能够刺激 T 细胞产生大量抗体，从而具有抗肿瘤的作用；银耳多糖可明显地抑制癌细胞 DNA 合成的速率，提高癌细胞中 AMP 含量，以此影响核酸和蛋白质代谢，改变癌细胞的特点，使其往正常方向转化，实现抗癌作用。

6. 耐缺氧

一般情况下，心肌细胞靠有氧代谢来提供能量。在缺氧的情况下，正常的心肌细胞就要靠糖酵解来解决能量提供的问题。对于一个冠状动脉出现硬化的有病心脏来说，心肌缺血，造成了细胞内 H^+ 浓度过高，抑制了磷酸果糖激酶的活性，一旦缺氧发生，葡萄糖的有氧氧化将无法进行，因而出现细胞坏死的危重现象。1，6 - 二磷酸果糖，可以避开无氧氧化起始两步的耗能磷酸化过程，直接刺激丙酮酸激酶产生大量 ATP，恢复心肌缺氧时的能量代谢。同时还能够稳定细胞膜和溶酶体膜，抑制氧自由基的产生，保护组织不受损伤。

7. 降低胆固醇

某些功能因子如壳聚糖，在消化道内能与胆酸结合，使之随粪便排出，阻碍了胆酸在肠内的循环，从而减少血液胆固醇含量。$n-3$ 脂肪酸能使 HDL - C（高密度脂蛋白，有将胆固醇带出机体细胞的功能）水平升高，控制或降低血胆固醇水平。大豆蛋白也有明显的降低胆固醇的作用。

8. 调节血压

有些功能食品起直接调节作用，而有的则起的是间接作用。血管紧张素系统是体内血压调节机制之一。在肝脏合成的血管紧张素原随血液循环到肾脏，并与肾素结合形成血管紧张素 Ⅱ，具有收缩血管升高血压的作用。体内的另一种激素——血管紧张素转换酶是导致血管紧张素Ⅱ分泌增多的主要因子，而 Cl^- 则是血管紧张素转换酶的活化剂。某些功能成分就是通过与 Cl 结合，使血管紧张素转换酶活化程度降低，从而抑制血管紧张素Ⅱ分泌，达到调节血压的目的。

9. 调节血脂

磷脂具有乳化性，因而可以降低血液黏度，促进血液循环，改善血液供氧环境。

10. 调节血糖

糖尿病是由于体内胰岛素的相对或绝对缺乏，导致葡萄糖不能进入肝脏发生磷酸化作用，因而出现高血糖。果糖的代谢特点是从进入肝脏到随之发生的氧化磷酸化释放能量，这两个过程均与胰岛素无关。而且由果糖转化成葡萄糖的过程缓慢，往往转化的葡萄糖尚未参与代谢，体内已达到了所需的能量水准，因此只能转化成肝糖原，待人体处于低血糖时才会变成葡萄糖进入血液来满足人体对能量的所需。这样就避免了餐后血糖的迅速上升。对于糖尿病患者来说无疑是一种赖以生存的摄生办法。

11. 改善贫血症状

银耳多糖能兴奋骨髓造血功能；磷脂可增加血色素含量，延长红细胞生存时间，并增强造血功能，缓和贫血症状。

此外，还有许多成分目前正处在探索或证实其功效的过程中。

第四节 功能食品的原则要求

食品不同于药品，药食同源这一古老的传说实际说的是中医药学发源于日常生活中的经验积累，并不意味着食品与药品可以共用，更不可错误地理解为药可以代替食品任意服食。

作为食品应符合食品的各项标准；既然具有功能性，就应明确其功能特性。根据我国保健食品法的规定，功能食品的开发与生产应遵循如下原则和要求：

（1）安全无害 原料和产品必须符合法定的食品卫生要求，必须保证对人体不产生任何急性、亚急性或慢性危害。

（2）有科学性 必须通过科学实验，包括有效成分的定性、定量分析；动物或人群的功能性实验，证实其功能特性明显、作用稳定。

（3）产品的配方及生产工艺均有科学依据，具有调节人体机能作用的某一种功能。

（4）生产企业应符合有关规定，有健全的质量保证体系。

（5）不得描述、介绍或暗示产品有"治疗"疾病的作用。

（6）产品应有类属食品应该有的基本形态、色泽、气味、滋味、质地。不能有令人厌恶的气味和滋味。

（7）标签说明符合规定 必须标明功效成分的名称及含量。一般应有与功能相对应的功效及食用对象；标明成分的最低有效含量，必要时控制其最高含量。

目前国家卫生部允许报检的功能学检验项目共有 27 种：增强免疫力；辅助降血脂；辅助降血糖；抗氧化；辅助改善记忆；缓解视疲劳；清咽；辅助降血压；促进排铅；改善睡眠；促进泌乳；缓解体力疲劳；提高缺氧耐受力；对辐射危害有辅助保护功能；减肥；改善生长发育；增加骨密度；改善营养性贫血；对化学性肝损伤的辅助保护作用；祛痤疮；祛黄褐斑；改善皮肤水分；改善皮肤油分；调节肠道菌群；促进消化；通便；对胃黏膜损伤有辅助保护功能。

其中辅助降血脂，辅助降血糖，抗氧化，辅助改善记忆力，缓解视疲劳，促进排铅，清咽功能，辅助降血压，促进泌乳，减肥，改善生长发育，增加骨密度，改善营养性贫血，对化学性肝损伤的辅助保护作用，祛痤疮，祛黄褐斑，改善皮肤水分，改善皮肤油分，通便功能，对胃黏膜损伤有辅助保护功能，调节肠道菌群，促进消化，这几项功能必须通过人体试验。

第五节 天然食品中的某些功能性成分

一、 蛋白质、 多肽和氨基酸

1. 牛磺酸

牛磺酸（taurine）又称β-氨基乙磺酸，最早由牛黄中分离出来，它是一种含硫的非蛋白氨基酸，在体内以游离状态存在，不参与体内蛋白的生物合成。其化学结构式如下：

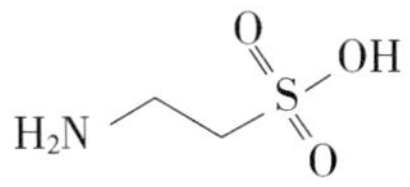

牛磺酸

牛磺酸的功能体现在以下几个方面：

（1）促进视神经功能 牛磺酸是视网膜组织中含量较高的一种含硫氨基酸。牛磺酸在视网膜具有多种复杂的生物学效应，与视网膜神经组织的发育、分化、正常结构、功能的维持、移植后的再生，及一些视网膜疾病的发病机制都有密切的联系。

（2）对中枢神经系统的作用 在脑内含量丰富，分布广泛，尤其是新生动物；促进神经系统生长发育，增殖分化；神经抑制作用：抗癫痫、解热镇痛等；增强动物的学习记忆能力。

（3）抗氧化 减少自由基生成，延缓衰老。

（4）改善心血管功能 保护心肌细胞，调节血压；调节脂质代谢；改善糖代谢。

2. 谷胱甘肽

谷胱甘肽（glutathione，GSH）是一种含γ-酰胺键和巯基的三肽，由谷氨酸、半胱氨酸及甘氨酸组成。其化学结构式如下：

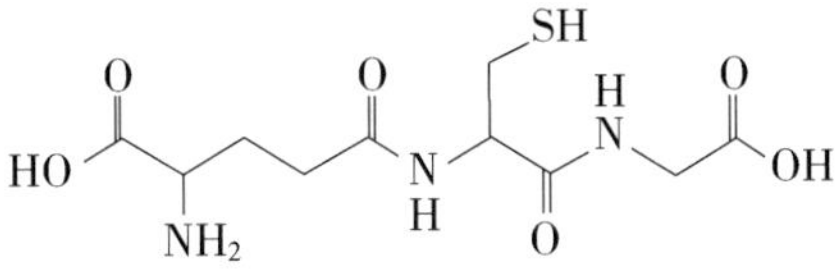

谷胱甘肽

谷胱甘肽广泛存在于动、植物中，在面包酵母、小麦胚芽和动物肝脏中含量极高。谷胱甘肽可消除机体内过氧化反应生成的自由基，与过氧化物酶共同作用能将体内过氧化氢或过氧化脂质还原，保护生物膜，延缓机体衰老、预防动脉硬化；同时具解毒作用，可与体内有害物质形成共轭化合物，将毒物解毒并排出，对酒精性脂肪肝也有抑制作用。

3. 降血压肽

降血压肽是一类特殊的短肽（聚合度3~12），经蛋白质分解酶的作用而产生，其具有一定的抑制血管紧张素转化酶的活性作用，从而抑制高血压的发生。这种作用仅发生在血压偏高的动物身上，对血压正常者无效，也无副作用。

降血压肽大多为食物蛋白质经蛋白酶水解而得，如来自乳酪蛋白的肽（C12、C6、C7 肽），来自鱼虾的（C2、C8、C11 肽）、以及来自玉米和大豆蛋白的肽。其主要通过抑制血管紧张素转化酶的活性而使血压降低，适合于高血压患者食用。

4. 酪蛋白磷酸肽

酪蛋白磷酸肽（CPP）是以牛乳酪蛋白为原料，通过生物技术制得的具有生物活性的多肽。酪蛋白磷酸肽在结构上可以分为 α 型（37 个不同氨基酸组成的磷肽）和 β 型（25 个不同氨基酸组成的磷肽），其均含有相同的核心部位—Ser（P）—Ser（P）—Ser（P）—Glu—Glu—，这一结构中的磷酸丝氨酸残基—Ser（P）—成簇存在，在肠道 pH 弱碱性环境下带负电荷，可阻止消化酶的进一步作用，使 CPP 不会被进一步水解而在肠中稳定存在。

酪蛋白磷酸肽的生理功能主要表现在：

（1）促进儿童骨骼和牙齿的发育。

（2）预防和改善骨质疏松症。

（3）促进骨折患者的康复。

（4）预防和改善缺铁性贫血。

（5）抗龋齿。

5. 超氧化物歧化酶

超氧化物歧化酶（superoxide dismutase，SOD）是目前研究得最深入、应用得最广泛的一种蛋白酶类自由基清除剂。按其所含金属辅基不同可分为含铜锌 SOD（Cu·Zn–SOD）、含锰 SOD（Mn–SOD）和含铁 SOD（Fe–SOD）3 种。

超氧化物歧化酶具有的生理功能包括：清除体内产生的过量的超氧阴离子自由基；提高人体对自由基外界诱发因子的抵抗力；增强人体自身的免疫力；清除放疗所诱发的大量自由基，减少正常组织的损伤；消除疲劳，增强对剧烈运动的适应力。

二、 碳水化合物

1. 功能性低聚糖

功能性低聚糖是由 2~10 个相同或不相同的单糖以糖苷键结合而成的。它不被人类胃肠道消化，故属于一类不消化性糖类。

低聚糖产品中有的以原料冠其首命名，如大豆低聚糖，其中主要含的是水苏糖，少量棉籽糖，还有蔗糖；有的则以单糖或二糖基命名，如低聚异麦芽糖、低聚果糖、低聚半乳糖、低聚木糖、异麦芽酮糖、海藻糖等。

已知的功能性低聚糖有 1000 多种，自然界中只有少数食品中含有天然的功能性低聚糖，例如洋葱、大蒜、天门冬、菊苣根和伊斯兰洋蓟块茎等，大豆中含有大豆低聚糖。

低聚糖的生理功能包括：①很难或不被人体消化吸收，作为低热量或减肥食品的功能性基料，或供糖尿病人食用。②具有润肠通便和改善肠道菌群作用（作为双歧杆菌的增殖因子）。③预防牙齿龋变。④具有降低血清胆固醇，调节血脂的功能。⑤增强机体免疫功能。

2. 功能性多糖

多糖是由糖苷键连接起来的醛糖或酮糖组成的天然大分子，是所有生命有机体的重要组成成分，并与维持生命所必需的多种功能有关，大量存在于藻类、真菌、高等陆生植物中。

具有生物学功能的多糖又称"生物应答效应物"（biological response modifier，BRM）或活性多糖（active polysaccharides）。很多多糖都具有抗肿瘤、免疫、抗补体、降血脂、降血糖、通便等活性。

常见的功能性多糖包括膳食纤维、真菌多糖、植物多糖、壳聚糖等。

（1）膳食纤维　膳食纤维（dietary fiber）即食物中不被消化吸收的植物成分，即不能被人体内源酶消化吸收的可食用植物细胞、多糖、木质素以及相关物质的总和。主要是指那些不被人体消化吸收的多糖类碳水化合物与木质素，以及植物体内含量较少的成分如糖蛋白、角质、蜡等。

膳食纤维的化学组成包括三大类：①纤维状碳水化合物（纤维素）。②基质碳水化合物（果胶类物质等）。③填充类化合物（木质素）。膳食纤维具有调整肠胃功能、调节血糖值、调节血脂、控制肥胖、改善口腔及牙齿功能、防治胆结石、消除外源有害物质等作用。

（2）真菌多糖　真菌多糖是从真菌子实体、菌丝体、发酵液中分离出的，可以控制细胞分裂分化，调节细胞生长衰老的一类活性多糖。

真菌多糖主要有香菇多糖、灵芝多糖、云芝多糖、银耳多糖、冬虫夏草多糖、茯苓多糖、金针菇多糖、黑木耳多糖等。

研究表明香菇多糖、银耳多糖、灵芝多糖、茯苓多糖等食药性真菌多糖具有抗肿瘤、免疫调节、抗突变、抗病毒、降血脂、降血糖等方面功能。

（3）壳聚糖　壳聚糖（chitosan）是由自然界广泛存在的几丁质（chitin）经过脱乙酰作用得到的，化学名称为聚葡萄糖胺（1-4）-2-氨基-B-D-葡萄糖，其化学结构式如下：

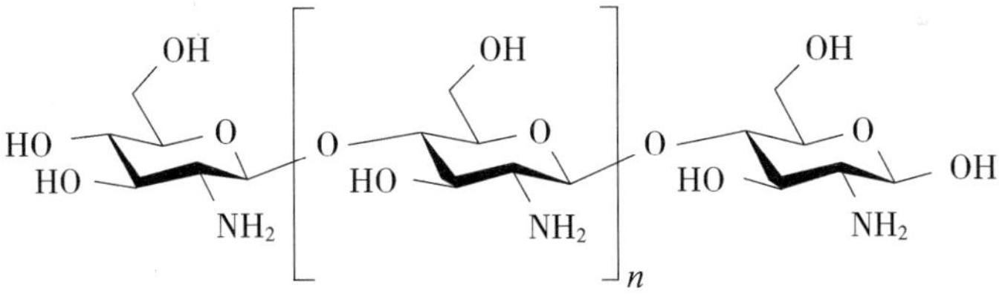

壳聚糖

壳聚糖具有的保健功能包括：降血脂、降血压、止血和促进伤口愈合、对消化道的保护作用、强化免疫功能对癌症有抑制作用、清除体内自由基、延缓衰老。这种天然高分子的生物官能性和相容性、血液相容性、安全性、微生物降解性等优良性能在医药、食品、化工领域被广泛应用。

三、功能性脂类成分

1. 多不饱和脂肪酸

多不饱和脂肪酸（polyunsaturated fatty acids，PUFA），是指含有两个或两个以上双键且碳链长为18~22个碳原子的直链脂肪酸。包括亚油酸（LA）、γ-亚麻酸（GLA）、花生四烯酸（AA）、二十碳五烯酸（EPA）、二十二碳六烯酸（DHA）等。其中亚油酸及亚麻酸被公认为人体必需的脂肪酸，在人体内可进一步衍化成具有不同功能作用的高度不饱和脂肪酸，如AA、

EPA、DHA 等。

多不饱和脂肪酸因其结构特点及在人体内代谢的相互转化方式不同，主要可分成 $n-3$、$n-6$ 两个系列。其中 $n-3$ 系列包括：十八碳三烯酸（俗称 α - 亚麻酸）（ALA）、二十碳五烯酸（EPA）；二十二碳六烯酸（DHA）。$n-6$ 系列包括：十八碳二烯酸（俗称亚油酸）（LA）、十八碳三烯酸（俗称 γ - 亚麻酸）（GLA）、二十碳四烯酸（俗称花生四烯酸）（AA）。

多不饱和脂肪酸在心血管疾病、细胞生长、抗癌作用、免疫调节作用方面具有独特的作用和广泛的应用。

2. 磷脂

磷脂是一类含有磷酸的脂类，机体中主要含有两大类磷脂，甘油醇磷脂和神经氨基醇磷脂。其中甘油醇磷脂是由甘油、脂肪酸、磷酸和其他基团（如胆碱、氨基乙醇、丝氨酸、脂性醛基、脂酰基或肌醇等的一或二种）所组成，是磷脂酸的衍生物，包括卵磷脂、脑磷脂（丝氨酸磷脂和氨基乙醇磷脂）、肌醇磷脂、缩醛磷脂和心肌磷脂。

神经氨基醇磷脂是由神经氨基醇（简称神经醇）、脂酸、磷酸与氮碱组成的脂质。

磷脂的生理功能主要体现在：

（1）调整生物膜的形态和功能。

（2）促进神经传导，提高大脑活力。

（3）促进脂肪代谢，防止脂肪肝。

（4）降低血清胆固醇、改善血液循环、预防心血管疾病。

四、 功能性植物化合物

1. 二烯丙基二硫化物和大蒜素

二烯丙基二硫化物和大蒜素是主要存在于大蒜中的功能性成分。二烯丙基二硫化物（diallyldisulfide，DADS），又称 4，5 - 二硫杂 - 1，7 - 辛二烯（4，5 - dithia - 1，7 - octadiene）。化学结构式如下：

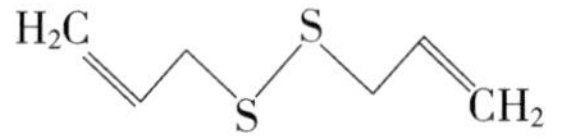

分子式 $C_4H_{10}S_2$，相对分子质量 146.28，为无色至淡黄色，带有特殊的大蒜样气味的液体。经 100℃ 蒸馏可获得，其含量占大蒜精油的 60%。具有抑制结肠癌、肺癌和皮肤癌癌细胞生长的作用。可制成调味品。

进入人体后迅速被肝脏摄取，部分代谢成烯丙基硫醇，其他随呼气排出。

大鼠的急性口服 LD_{50}（半数致死量）是 0.26g/kg；人的最大耐受剂量为 25mL 过滤液（100g 大蒜用 10mL 去离子水匀浆），人摄入这个剂量后，会出现口腔、食管及胃部烧灼感，并可持续 15min 左右，严重的会出现恶心、呕吐和轻度头痛。

大蒜素（allicin）是大蒜所含的另一种成分，为氧化型二烯丙基二硫化物，容易转化为挥发性更强的二烯丙基二硫化物。

2. 表没食子儿茶素没食子酸酯和没食子儿茶素

表没食子儿茶素没食子酸酯（epigallocatechin - 3 - gallate，EGCG），是绿茶含有的多酚化合物，化学结构式如下：

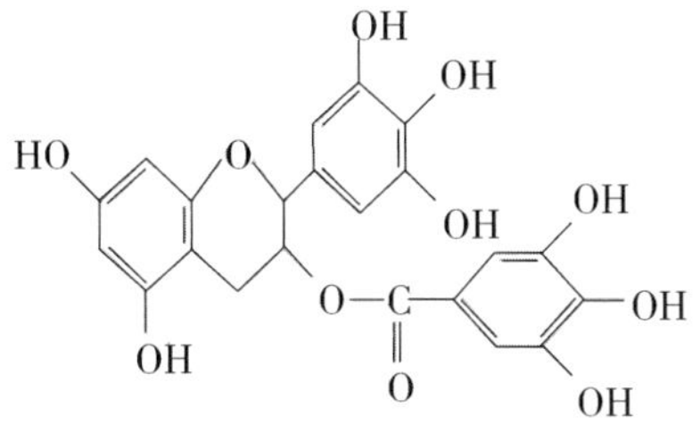

分子式 $C_{22}H_{18}O_{11}$，相对分子质量458.38，占固体茶的11.6%。

没食子儿茶素（epigallocatechin，EGC）的化学结构式如下：

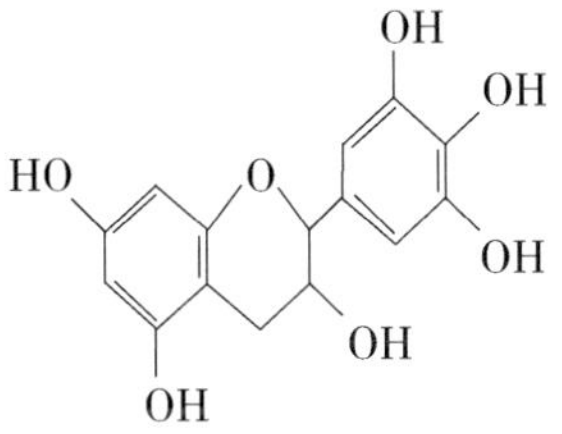

分子式 $C_{15}H_{14}O_7$，相对分子质量306.03，占固体茶的10.33%。热水提取即可获得，具有抗消化道和乳腺癌、降低血清胆固醇、预防冠心病及提高免疫力的功效。

人摄入绿茶后1h，血浆中的 EGCG 主要以其硫酸盐（58%～72%）、游离态（12%～28%）和糖苷（8%～19%）的形式存在；EGC 主要以糖苷（23%～36%）和游离态（3%～13%）的形式存在。EGCG 主要由胆汁排泄；EGC 主要由胆汁和尿排泄。

雄性大鼠绿茶提取物的 LD_{50} 是5g/kg，雌性大鼠是3.09g/kg。

3. 染料木苷元和染料木苷

在大豆和大豆制品中含有两种异黄酮类物质，一种是结构与雌激素相似的，被称为植物雌激素的杂环酚——染料木苷元（或金雀异黄素，genistein），化学名称为4′，5，7－三羟基异黄酮。化学结构式如下：

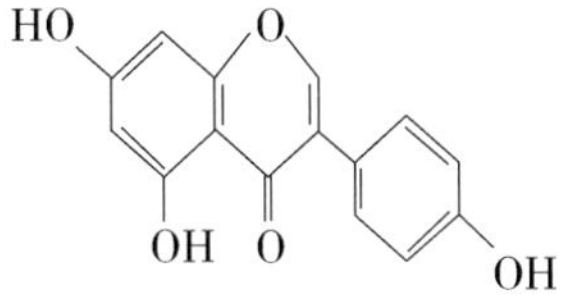

分子式 $C_{15}H_{10}O_5$，相对分子质量为270.24，其 β－糖苷结合物是染料木苷（genistin）；另一种是大豆苷元（daidzein），化学名为4，7—二羟基异黄酮。化学结构式如下：

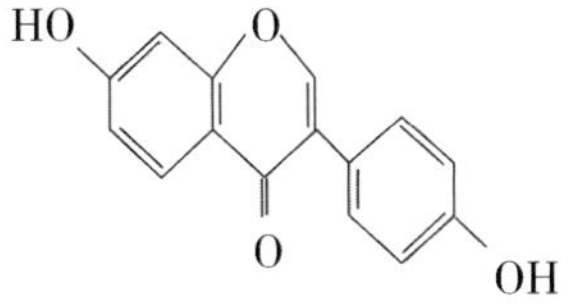

分子式 $C_{15}H_{10}O_4$，相对分子质量 254.24，其 β - 糖苷结合物是大豆苷（daidzin）。具有抗癌、降低血浆胆固醇、降低低密度脂蛋白（LDL）和极低密度脂蛋白（VLDL），升高高密度脂蛋白（HDL）的作用。

豆奶、豆腐、豆粉以及大豆中总黄酮含量为 $1.3 \sim 1.8 mg/g$ 干重，染料木苷元和大豆苷元一般均以糖苷的形式存在于这些食品中。由于大豆在发酵过程中染料木苷可转化为染料木苷元，所以发酵豆制品中的染料木苷元含量明显高于非发酵制品。

大豆中的染料木苷元和大豆苷元含量随大豆品种及收获年份的不同而各异，总异黄酮含量范围为 $200 \sim 4200 \mu g/g$。除用乙醇提取外，加工过程一般并不降低食物中的异黄酮含量，但发酵过程中的热处理和酶反应可以改变食品中异黄酮的存在形式。

4. 槲皮素

在许多水果蔬菜类食物中，如洋葱、芦笋、芥菜、青椒、生菜、萝卜、马铃薯、苹果、芒果、李子等中都含有一种称为槲皮素（quercetin）的功能性成分，其化学名是 3，3′，4′，5，7 - 五羟黄酮。化学结构式如下：

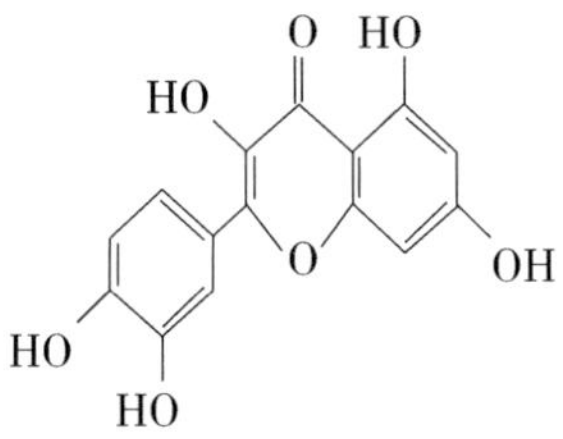

分子式 $C_{15}H_{14}O_9$，相对分子质量 302.24。以苹果和洋葱含量最为丰富。具有抑制黑色素瘤及其他癌细胞增殖的作用。

5. 异硫氰酸盐

异硫氰酸盐（isothiocyanates，ITC）存在于十字花科植物，如日常膳食中常见的卷心菜、西蓝花、菜花、萝卜等，它是由于植物细胞壁受到损伤后产生的黑芥子硫苷酶（myrosinase）引起葡糖异硫氰酸盐化合物水解后经分子重排（洛森重排）生成的。现已报告有 100 多种葡糖异硫氰酸盐分布于多种植物中。在异硫氰酸盐的结构中含有 R—N＝C＝S，最常见的 R 基团是烯丙基（如烯丙基异硫氰酸盐，AITC）；苯甲基（如甲苯基异硫氰酸盐，BITC）；苯乙基（如苯乙基异硫氰酸盐，PEITC）等。卷心菜含 AITC $4 \sim 146 mg/kg$；BITC $0 \sim 2.8 mg/kg$；成熟木瓜果实中含有 BITC $4 mg/kg$，种子中含有 BITC $2910 mg/kg$。异硫氰酸盐可有一定的抗癌作用，且与其化学结构有关。此外，异硫氰酸盐还曾被制成抗菌素用于呼吸道和尿路感染。

6. 柠檬烯

柠檬烯（limonene）是存在于以柑橘类水果为主的多种水果、蔬菜及香料中一种天然功能性成分，化学名为单环单萜，1 - 甲基 -4 - （1 - 甲基乙烯基）环己烯 [1 - methyl - 4 - （1 - methy - ethenyl）cyclohexene]。化学结构式如下：

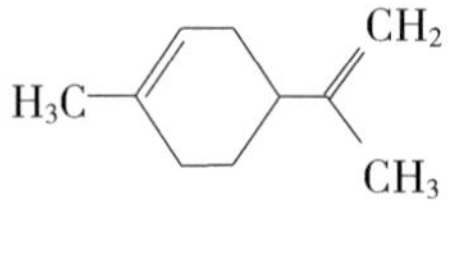

分子式 $C_{10}H_{16}$，相对分子质量 136.34。柠檬烯是全柠檬精油的主要成分，在提取的挥发油中占 42%。在橙皮精油中的含量可高达 90%～95%。在制作柑橘汁和油后，用碱处理和蒸馏柑橘皮果肉可得到柠檬烯。它可溶解胆固醇结石；在乳腺癌、肝癌、胃癌、肺癌等癌症的起始和促进阶段均具有化学预防作用。

柠檬烯是公认的安全性调味剂，被广泛用于食物、饮料和口香糖中。

7. 低聚果糖

低聚果糖（fructo - oligosaccharides）的主要食物来源是小麦、洋葱和香蕉。其他食物如菊苣、和大蒜、芦笋、豌豆等中也含有一定数量的低聚果糖。黑麦和大麦仅有少量存在。

低聚果糖是一种由短链和中长链的 β - D - 果聚糖（fructan）与果糖基（fructosyl）单位通过 β - 2，1 - 糖苷键连接而成的混合物。常见的低聚果糖为合成的短链低聚果糖（或称为新糖，neosugar）。商业生产的低聚果糖是从菊苣提取的菊糖（inulin）经内切糖苷酶部分水解产生，其聚合度小于 9，平均 4.5 左右，甜度为蔗糖的 3 倍。低聚果糖具有改变肠道菌群、促进双歧杆菌增殖、预防便秘、降低甘油三酯、降低血总胆固醇等作用。

低聚果糖在胃肠道几乎不被吸收，大部分由肠道细菌水解成短链羧酸（醋酸、丙酸、L - 乳酸和丁酸）后，通过肠壁吸收入体内。发达国家已将其列为公认的安全性食物组分，广泛应用于乳制品、焙烤食品、涂抹（酱类）食品、冰淇淋和控制饮食用的食品。

8. 植物固醇

植物油（食用油）所提供的天然功能性成分是植物固醇（phytosterols）。目前已从植物中鉴定出的植物固醇有 44 种，食用油中存在的功能性的成分主要有 β - 谷固醇（β - sitosterol；24β - 乙基胆固醇）、菜籽油醇（campesterol；24 亚甲基胆固醇）和豆固醇（stigmasterol；24β - 乙基 - 5，22 - 胆烷二烯 - 3β - 醇）（表 12 - 1）。其中以 β - 谷固醇为主，占总固醇的 60%～90%。

（1）β - 谷固醇化学结构式如下：

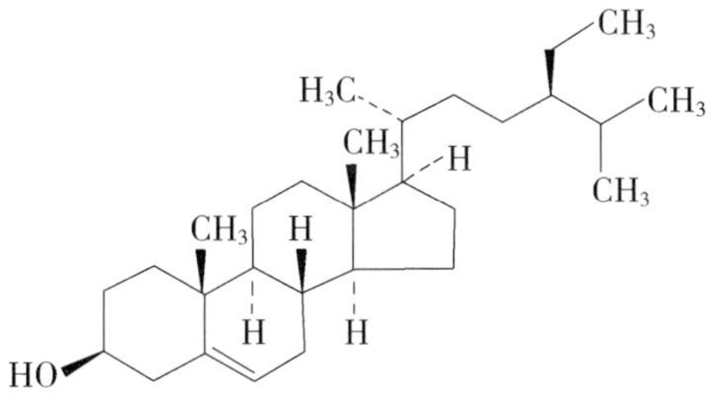

分子式 $C_{29}H_{50}O$，相对分子质量 414.72。

（2）菜籽固醇化学结构式如下：

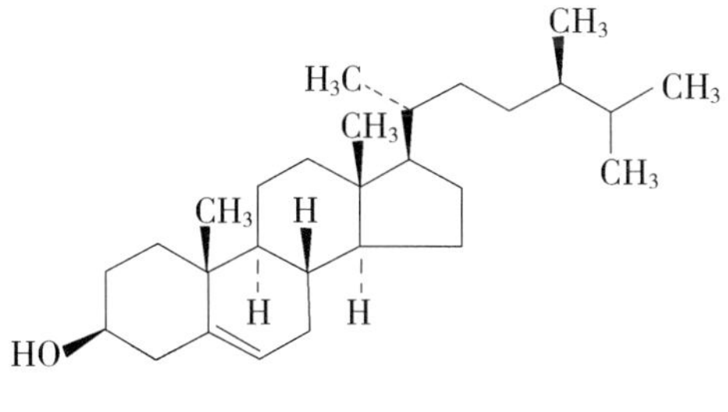

分子式 $C_{28}H_{46}O$，相对分子质量 398.66。

（3）豆固醇化学结构式如下：

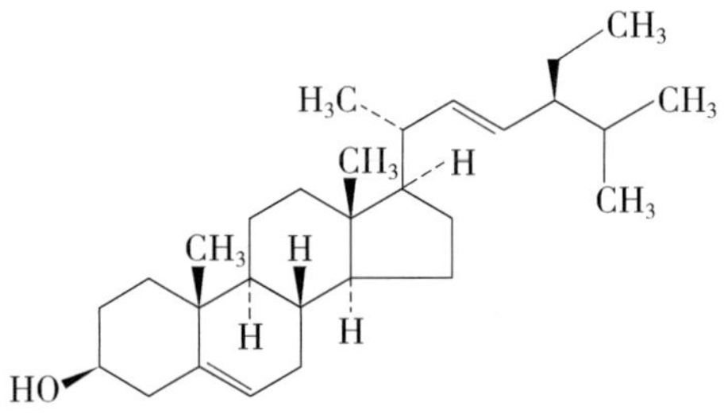

分子式 $C_{29}H_{48}O$，相对分子质量 412.69。它们具有降低胆固醇的吸收和血浆胆固醇水平，降低血清 VLDL 和 LDL，升高 HDL 的作用。它可作为生产人造黄油的原料。

表 12-1

来源	β-谷固醇	菜籽油固醇	豆固醇	来源	β-谷固醇	菜籽油固醇	豆固醇
小麦胚芽油	1320	433	微量	杏仁	122	5	3
玉米油	989	259	98	玉米	120	32	21
大米麸皮	735	257	289	豌豆	106	10	10
芝麻	443	91	78	高粱	97	35	36
红花油	257	55	45	菜豆	91	3	31
荞麦	164	20	8	可可脂	77	8	21
豆腐（均值）	18.35	7.41	4.87	大豆（均值）	64.98	20.95	16.30

引自：《中国居民膳食指南》（2016）。

9. 番茄红素

番茄红素（lycopene）是番茄中的功能成分，西瓜和番石榴中的含量也较丰富。其化学结构式如下：

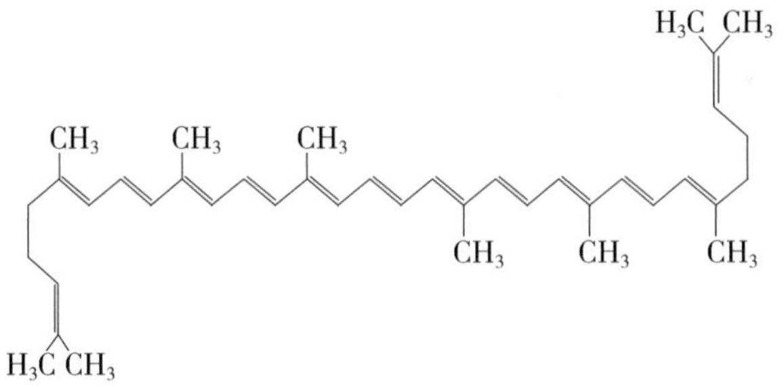

分子式 $C_{40}H_{56}$，相对分子质量 536.88。番茄红素属类胡萝卜素，在植物质体（plant plastids）中合成。在成熟的水果中以长型的和针状的晶体形式存在。它具有抗癌、预防冠心病、消除老年视网膜黄斑变性等作用。番茄红素可用作黄/红色食品色素。欧洲和日本早已将其批准为食用色素应用。

10. 角黄素

角黄素或斑蝥黄素（canthaxanthin）是人类食用的某些海鱼（如鳟鱼、大麻哈鱼等）、贝类和藻类以及食用菌类中含有的一种天然功能性成分，属类胡萝卜素，是 β - 胡萝卜素代谢的中间产物，化学名为 β，β - 胡萝卜素 -4，4' - 二酮，化学结构式如下：

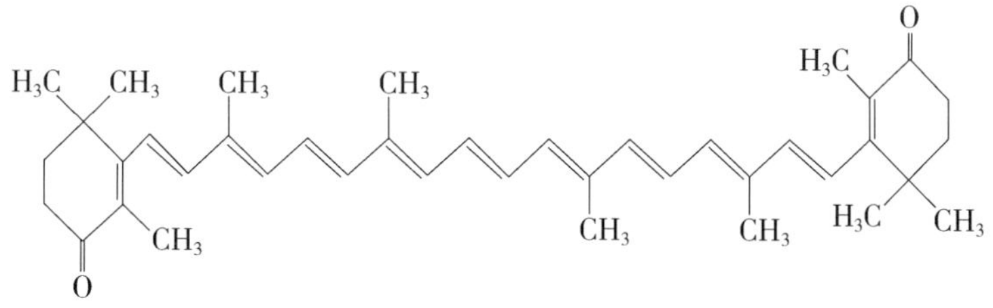

分子式 $C_{40}H_{52}O_2$，相对分子质量 564.9。具有增进免疫力、抑制肿瘤生长、预防脂质过氧化的作用。

目前，角黄素已用于医疗、美容、食品三个领域。临床上单独用角黄素或与 β - 胡萝卜素结合，治疗光照性皮肤病；美容方面主要用于制作使皮肤变为古铜色和不接触阳光使皮肤着色的化妆品；食品方面，角黄素作为直接和间接食品添加剂，在欧美市场已有 30 多年历史。目前是全世界广泛批准应用的食用色素，也作为间接着色剂被添加到动物饲料中。角黄素还作为红色色素用于饮料、乳制品、沙拉酱、肉代用品和糖果的生产。

功能食品的发展将为消费者提供一条选择健康食品的最佳途径。其发展的速度及对人类健康所达效果的理想程度，取决于科学而严谨的研究方法、先进的技术手段及随之而获得的精确结论。可以说，功能食品是人类饮食向最佳营养方向发展的一种进步。

五、 益生菌及其发酵产品

益生菌（probiotics）由 Lilly 和 Stillwell 于 1965 年在 *Science* 发表研究论文时提出。它是一类通过改善宿主肠道微生物菌群的平衡而发挥作用的活性微生物，即经适量服用后，有益于其宿主健康的活的微生物。概括地讲，益生菌的作用在于促进有益菌、抑制致病菌的生长，维持肠道菌群的平衡，有益人体健康。

具体来说，益生菌大体上包括：①双歧杆菌族（青春双歧杆菌、长双歧杆菌、婴儿双歧杆菌、两歧双歧杆菌）；②乳酸杆菌族（嗜酸乳杆菌、保加利亚乳杆菌、干酪乳杆菌、发酵乳杆菌、胚芽乳杆菌、短乳杆菌、纤维二糖乳杆菌、乳酸乳杆菌）；③链球菌族（粪链球菌、嗜热唾液链球菌、乙酸乳酸双链球菌、乳链球菌）；④其他（明串珠菌属、足球菌属、丙酸杆菌属、芽孢杆菌属）。

益生菌的保健功能包括：改善制品风味，提高蛋白质、脂类和维生素等的代谢；调节肠道功能；降胆固醇、抗高血压功能；增强免疫力；抗癌、抗肿瘤作用等。

益生菌在食品中的应用主要体现在其发酵产品上，如酸奶、豆乳、干酪、益生菌类功能产品、功能性食品添加剂等。

🔍 思考题

1. 简述健康、亚健康与疾病的关系。
2. 功能食品与药品的主要区别在哪里?
3. 使用功能食品的原则有哪些?
4. 试述功能食品中一种功能成分的作用及作用机理。
5. 列举几种品牌的保健品并说明其中的功能成分。

CHAPTER

第十三章
未来的食品营养问题

13

[学习指导]

　　本章要求学生了解新型食物资源的概念及主要类型，熟悉食品加工应用的新技术以及技术应用对食品的影响，整体了解食品资源的形势并熟知几种食品原料营养素强化的手段；了解食品生物工艺学的概念、作用以及对食品生产的重要意义。

　　由于科学技术的发展，食物综合生产能力增强，居民食物消费水平明显提高，使得消费者的食物结构和营养状况发生较大改善，食物消费也随即进入新的调整时期，但同时食物与营养也出现了一些潜在问题。尤其是食物生产、消费、营养不协调，优质食物资源短缺等，严重影响人们的营养健康状况。此外，如何加速食品工业的发展使之进一步促进食品的生产、加工、流通和消费，有利于营养、健康，也是人们颇为关注的问题。

第一节　新型食物资源的开发与利用

　　现有的食物资源一般包括谷物、果蔬、水产品、畜、禽、蛋、乳制品等，以它们为原料已开发了多种多样的产品，极大地丰富了食品市场，改善了人们的营养状况。但是，充分利用高新科学技术开发新型的食物资源是21世纪食品工业发展的主要课题，特别是那些不受或少受污染的海洋生物、植物、昆虫等绿色资源，以及新型的转基因生物资源均将成为未来主要的食物资源和营养来源。

一、海洋资源的开发与利用

　　海洋生物资源十分丰富，且具有极大的生物多样性，是陆地生物难以比拟的。在许多种海洋生物的生长和代谢过程中，会产生多种具有特殊生物学功能的活性物质。与陆地来源的活性物质相比，它们具有化学结构新颖、作用浓度甚微而毒副作用较低等特点。海洋生物活性物质主要包括生物信息物质、生理活性物质、海洋生物毒素及生物功能材料等，已发现的 3 万多种海洋活性化合物的结构新颖，并具多样性，其中有萜类、聚醚类、皂苷类、生物碱、多糖、小分子多肽、核酸及蛋白质等，主要功能作用包括抗菌、抗肿瘤、抗艾滋病、抗病毒、防治心血管疾病、延缓衰老及免疫调节作用等，因此在未来的食品资源开发中，利用海洋开发新的食物资源已成为一种趋势。

1. 海洋资源的营养价值

作为食物资源利用的水产品主要包括两大部分内容：一是鱼贝类的综合利用；二是食用藻类的综合利用。鱼贝类的范围较广，除海藻外，其他基本都可划分到此范围。据报告鱼贝类占人类饮食 16% 以上，水产养殖在过去 20 年是世界增长最快的时期。我国海洋渔业产量由 1990 年的 713.5 万 t，增加到了 1996 年的 1430 万 t，平均年增长率为 11.9%。由于我国适合于海水养殖的浅海滩涂利用率还不到 1/4，因此海洋水产养殖还有广阔的发展空间和前景。

海洋鱼类中有重要食用价值的有几百种之多，目前开发利用的还不足 50%。海洋鱼类一般都含有丰富的蛋白质和脂肪，而且还含有一般淡水鱼和陆生动物中缺乏的牛磺酸，而牛磺酸能促进儿童大脑发育，抑制和治疗老年性痴呆，改善脑功能和视网膜组织以及利胆护肝等；海洋鱼类脂肪含量一般在 5% ~ 15%，且富含多不饱和脂肪酸，尤其是二十二碳六烯酸（DHA）和二十碳五烯酸（EPA）；除此之外还含有大量的磷脂、活性多糖、维生素、矿物元素、活性多肽等多种活性成分，生理功能独特。因此海洋鱼类除了可作为美味的食品和重要的蛋白质来源外，对人体保健，特别是降血脂、预防心血管疾病和老年痴呆症等具有重要的生理调节功能。

海藻资源是一类重要的海洋资源，目前仅有 1/4 左右被利用，直接或间接地为人类创造超过 100 亿美元的财富。我国蕴藏着极其丰富的海藻资源，生长着近千种海藻，其中被认为有经济价值的就有 100 多种，分属于褐藻、红藻和绿藻三大类。我国在褐藻和红藻的人工养殖方面已达到了世界先进水平，特别是在海带、紫菜、江蓠等海藻养殖方面取得了显著的成就。褐藻产量已跃居世界首位，江蓠的产量居世界第四位。但我国在海藻资源的开发和利用方面还远落后于一些发达国家，资源有效利用率还不到 1/5，是我国海洋资源开发利用的一个薄弱环节，因此加快我国海藻资源的深加工和综合利用具有极为重要的意义。

藻类的营养成分随种类、生长海区、季节变化及环境因素（如生长基质、水温、光照、盐度、海流、潮汐、污染等条件）的不同而有很大变化。

现将部分藻类的主要营养成分列于表 13 - 1 和表 13 - 2 中。

表 13 - 1　　　　　　　　　我国沿海主要经济褐藻的组成成分

海藻名称	采集地点	组成/%（对烘干海藻）						
		灰分	钾	碘	甘露醇	褐藻酸	粗蛋白	粗纤维
海带	山东	35.73	10.45	0.450	17.67	20.8	7.00	—
裙带菜	青岛	37.76	7.93	0.017	10.73	28.0	2.91	1.55
昆布	福建	26.03	4.92	0.281	7.21	25.6	9.98	5.86
海蒿子	青岛	26.74	5.66	0.682	12.21	22.8	12.34	—

表 13－2　　　　　　　　　　我国沿海主要经济红藻的组成成分

海藻名称	采集地点	组成/%（对烘干海藻）					
		糖类	粗纤维	粗蛋白	粗脂肪	灰分	碘
石花菜	青岛	56.57	8.90	19.85	0.49	16.17	0.064
海萝	福建	59.20	1.08	14.39	0.048	25.63	0.015
江蓠	广东	60.92	6.44	19.50	0.12	12.99	0.026
紫菜	市场	31.00	3.4	24.50	0.90	30.30	0.002
胶麒麟	海南岛	66.40	3.70	3.96	0.003	25.04	0.002

　　食用海藻一般蛋白质含量为15%～30%，远远高于一般的果蔬，且必需氨基酸含量高；多糖类占50%～70%，且多为不能消化的多糖类；脂肪的含量在5%以下。因此，食用海藻是一类典型的富含膳食纤维、高蛋白质、低脂肪的保健型食物原料，而且食用海藻的纤维素和矿物质含量丰富，远高于一般蔬菜和食用菌类，特别富含人类易缺乏的Fe、Zn、Cu、I和Se等人体必需微量元素；此外，海藻中还含有许多生理活性物质，如硫酰多糖、凝集素、江蓠等，它们具有降血脂和降血压，提高人体免疫作用、抗肿瘤、抗辐射和排除体内重金属离子等功效。据报告，紫菜多糖和褐藻中的一种水溶性杂聚多糖（FPS），具有抗凝血、降血脂、改善微循环、解毒和抗人免疫缺陷病毒（HIV）等作用，临床上对改善肾功能，提高肾脏对肌酐清除率尤为明显。

　　海藻胶是一类重要的食用胶，在食品加工中广泛应用，是目前海藻产业的一个重要组成部分。我国的海藻胶年产量分别为：褐藻胶约为3500t，卡拉胶约为2000t，琼胶约为1000t，占世界海藻产量的10%左右，除满足本国需要外，还有部分出口。如褐藻胶是各种褐藻所共有的一种细胞间质，主要是褐藻酸钠。褐藻酸钠是 $\beta-1,4$ 结合的D-甘露醇糖醛酸聚合物。对治疗急性脑梗塞的临床和实验对比研究，证明其疗效高，副作用小，为防治心脑血管疾病的新药。此外，碘和甘露醇也是褐藻胶加工过程中的重要副产物，是重要的日化和食品添加剂。此外，利用一些低值海藻和廉价巨藻资源加工成海藻粉用作动物饲料、饲料添加剂或加工成海藻肥料，也是海藻工业发展的重要方向之一。

　　2. 海洋资源的开发前景

　　科学技术的进步和发展，使得综合利用和深度开发海洋资源成为现实。高新技术特别是海洋生物技术、新型分离纯化技术和食品加工新技术，以及现代检测仪器技术手段广泛应用于海洋资源的开发利用，将使海洋产业结构发生根本的变化。一方面传统产业得到改造，开发出新的经济增长点，促进海洋可持续利用；另一方面高新海洋技术产业，特别是海洋生物技术产业，如海洋生物药业和功能食品、海洋生物养殖业等得到迅速发展，使海洋产业向高附加值、低成本的方面发展。

　　海洋生物技术是现代生物技术与海洋生物科学相结合的产物，主要包括海洋生物的基因工程、细胞工程、蛋白质（包括酶）工程、发酵工程、生化工程、单克隆抗体和分子快速筛选技术，以及生物活性物质的分离纯化技术等方面的技术。海洋生物技术在利用开发海洋资源方面具有极为广泛的前途，具体可概括以下两个方面：

　　（1）利用海洋生物技术发展养殖业　采用基因工程技术培育各种海洋鱼类、贝类、虾类、蟹类和海藻类等达到优质、高产、增加海产食品资源的有效供给，降低成本，提高海水养殖效益。

（2）利用海洋生物技术发展保健品业　用分离纯化技术从海洋生物中分离纯化功能保健因子，加工成功效明显的海洋保健品，使海洋资源向高附加值、低资源成本方向发展。

二、 昆虫资源的开发与利用

中国早有药食同源、寓医于食的传统，在我国、亚洲和非洲等国家都有食用昆虫的习惯。在自然界中，食用昆虫是种类最多的种群，已知超过 100 万种，可食用的有 3650 余种。食用昆虫具有繁殖速度快，低脂肪、低胆固醇，肉质纤维少，营养结构合理，味道鲜美，易于吸收，优于植物蛋白，富含各种氨基酸、不饱和脂肪酸、维生素和矿物元素等优点，为世界各国所关注。但目前被人们利用的昆虫资源却很少，只占其种类的万分之一左右，因此可以认为昆虫是当今地球上未被利用的最大生物资源。现代科学的进步，特别是昆虫学、生物化学、营养学、药剂学、生物技术等领域的进步，为人类向广度及深度开发昆虫资源提供了条件，近几十年对昆虫利用和产业化生产已成为各国学者关注的热点之一。

1. 昆虫资源的营养价值

当前，蝎子、肉芽、蚕蛹、菜青虫等已被端上了餐桌，作为美味的、野味的佳肴被人们品尝。这些昆虫以其独有的高蛋白、低脂肪、纯天然的绿色食品特性，已越来越受人们的关注。这些资源中含有很多天然活性物质，并且远离各种有害的污染。近年来，对各种可食昆虫的营养成分、微量元素和维生素等进行了较为系统的分析，为开发昆虫食品提供了科学的依据。

昆虫的蛋白质含量是人们最常食用的鱼、牛肉、猪肉、蛋等的数倍或数 10 倍。以人们最常食用的食品中蛋白质含量最高的鸡肉作比较，柞蚕幼虫的蛋白质含量是其 1.37 倍，柞蚕蛹的蛋白质含量是其 2.31 倍，胡蜂蛹的蛋白质含量是其 2.94 ~ 3.47 倍。

多数食用昆虫含有人体必需的 8 种氨基酸，并且大多数种类所含的人体必需氨基酸含量超过 FAO 规定的食品含量标准的多倍，且含量均衡。

昆虫体内富含多种不饱和脂肪酸（人体必需脂肪酸），不饱和脂肪酸是人体生长和代谢所必需的要素之一，是肌体能量的主要来源，又是细胞的组成部分。

大多数昆虫体内还富含维生素 A、维生素 D、维生素 E、维生素 B_1、维生素 B_2、维生素 B_{12} 等和钙、钾、磷、锌、铁、镁、锰、硒等多种微量元素。柞蚕和雄蛾所含的维生素 E 及有机硒含量是其他食品所无法相比的。

昆虫食品的功能性因子与安全性均需通过动物的毒理学实验和功能检测验证，如柞蚕、雄蛾的营养提取液，经毒理学和人体老化细胞等试验，证明其无毒且对提高人体免疫力功效显著。

2. 昆虫资源的开发前景

首先，随着人们生活水平的提高及对昆虫食品营养价值的认识，昆虫食品将很快被人们接受，尤其是经过科研人员的努力，许多食用昆虫营养成分含量、功效已被搞清，这些将有助于人们对昆虫食品的认识和接受。其次，部分原料昆虫的饲料生产及饲养已初具规模，为昆虫食品的开发提供了一定的基础保证。

另外由于世界人口的急剧增长，人类可能面临着食物缺乏的危机。能否在有限的土地上生产出更多的蛋白质，世界各国提出了许多解决措施，发展昆虫食品是其中的重要措施之一。有专家预测，21 世纪昆虫将成为仅次于微生物、细胞生物的第三大类蛋白质来源，这为昆虫食品提供了广阔的发展空间。

总之，昆虫食品作为典型的功能性食品具有高蛋白、低脂肪、低胆固醇、易被人体吸收的特点，是未来的理想食品。只要我们把握机遇、顺应市场的需求，必将使昆虫食品为人类创造更大的经济和社会效益。

三、　植物资源的开发与利用

我国由于地理位置、气候条件有较大差异，故各种植物资源也十分丰富，各种植物的营养成分各不相同，其功能特性各异。在分类学上，将植物资源分为食用植物资源、药用植物资源、工业用植物资源、保护和改造环境资源等。以下主要介绍食用植物资源。

1. 植物资源的营养价值

凡能直接被人类食用或作为食品、饮料、调味品和食用色素的加工原料而使用的植物均属于食用植物资源。在食用植物资源中分为粮食和非粮食食用资源。粮食食用资源还可分为两种，一种是以水稻和小麦为主的粮食资源，另一种是除水稻和小麦以外的粮食作物，也称杂粮和小杂粮。杂粮包括大豆、玉米、高粱、豆类等，而小杂粮是指谷子、荞麦、莜麦和杂豆类等。在中国传统的饮食习惯中一般以水稻和小麦为主要的粮食食用资源，人们往往忽视杂粮食用资源，特别是小杂粮资源的利用。由于杂粮和小杂粮在平衡膳食、促进人体健康方面具有独特的作用，所以对杂粮和小杂粮食品的研究与开发是今后的发展方向。

伴随着我国消费者生活水平的提高，在发达国家出现的"富裕型疾病"，在我国也呈上升的趋势，这些疾病的发生与膳食结构中高脂肪、高胆固醇、高热量有关，同时也与缺少某些维生素、无机盐及膳食纤维等有密切的关系，而杂粮和小杂粮恰好弥补了这些营养素的缺乏。

（1）杂粮的营养价值　以大豆为例，大豆食品是中国人最喜爱的传统食品之一，经常食用大豆食品是保证人体健康最经济的手段。大豆食品是植物蛋白质的主要补充来源，并且含有许多人体必需的营养素及生物活性物质，保证人体的新陈代谢，是 21 世纪较有前景的食品之一。我国是发展中国家，人均蛋白质摄入量低于世界人均水平，特别是农村，大豆制品以其低廉的价格和丰富的蛋白质含量成为最为适合中国国情的蛋白质供应源。增加大豆食品的摄入，有利于优化食物结构，促进人体健康。大豆油脂中含有 60% 以上的不饱和脂肪酸，特别是含有人体不能合成的必需脂肪酸。世界范围的研究证明大豆具有降低胆固醇的作用，经常食用能有效地降低人体胆固醇的平均水平。大豆中含有多种有效抗癌物质，如异黄酮、染料木苷元等。试验和临床表明，大豆具有良好的抗癌功能，能阻止癌细胞的生长。由于大豆中富含钙元素和异黄酮，它们对预防骨质疏松，提高骨质密度，防止钙质流失，强壮人体骨骼的生长都有着很好的促进作用。大豆肽能提高免疫系统功能，帮助机体抵御各种疾病。

（2）小杂粮的营养价值　小杂粮具有独特的营养价值和保健功能，由表 13 - 3 和表 13 - 4 可见，小杂粮与小麦粉和大米比较在营养成分上有较大的区别：①小杂粮的蛋白质含量均高于大米的蛋白质含量，其中杂豆类的蛋白质含量显著高于谷类小杂粮和小麦粉；②小杂粮的膳食纤维含量除小米略低于小麦粉而高于大米外，其他小杂粮都显著高于大米和小麦粉；③维生素 E 的含量除糜子和扁豆与小麦粉相近外，其他小杂粮都显著高于大米和小麦粉；④谷类的蛋白质中，赖氨酸含量较少，小米和糜子中甲硫氨酸含量丰富，莜麦、荞麦和燕麦中赖氨酸较多，杂豆类的各种必需氨基酸含量均较高。将杂豆类和谷物类混合可提高食物的蛋白质营养价值；⑤杂豆类和燕麦的钙含量显著高于大米和小麦粉。小杂粮的镁、铁、锌和铜元素的含量高于大米和小麦粉。

表 13 - 3　　　　　　　　小杂粮的主要营养成分（100g 可食用部分）

种类	水分/g	蛋白质/g	脂肪/g	碳水化合物/g	膳食纤维/g	胡萝卜素/μg	硫胺素/mg	核黄素/mg	烟酸/mg	维生素E/mg	Ca/mg	Mg/mg	Zn/mg	Cu/mg	Se/mg
小米	11.6	9.0	3.1	73.5	1.6	100	0.33	0.1	1.5	3.63	41	107	1.87	0.54	4.74
莜麦面	11.0	12.2	7.2	67.8	—	20	0.39	0.04	3.9	7.69	27	146	2.21	0.89	0.50
荞面	13.0	9.3	2.3	66.5	6.5	20	0.28	0.16	2.2	4.40	47	258	3.62	0.56	2.45
燕麦片	9.2	15.0	6.7	61.6	5.3	—	0.30	0.13	1.2	3.07	186	177	2.59	0.45	4.31
黑豆	9.9	36.1	15.9	23.3	10.2	30	0.20	0.33	2.0	17.4	224	243	4.18	1.56	6.79
红小豆	12.6	20.6	0.6	55.7	7.7	80	0.16	0.11	2.0	14.36	74	138	2.20	0.64	3.80
绿豆	12.3	21.6	0.8	55.6	6.4	130	0.25	0.11	2.0	10.95	81	125	2.18	1.08	4.28
大米	13.3	7.4	0.8	77.2	0.7		0.11	0.05	1.9	0.46	13	34	1.70	0.30	2.23
小麦粉	12.7	11.2	1.5	71.5	2.1		0.28	0.08	2.0	1.80	31	50	1.64	0.42	5.36

引自：中国预防医学科学营养与卫生研究所编著，食物成分表，人民卫生出版社，1991。

表 13 - 4　　　　　　　　小杂粮的主要氨基酸含量　　　　　　单位：mg/100g 可食部分

种类	水分/%	蛋白质/%	异亮氨酸	亮氨酸	赖氨酸	甲硫氨酸	胱氨酸	苯丙氨酸	酪氨酸	色氨酸	缬氨酸	组氨酸	苏氨酸
小米	12.0	9.3	405	1205	182	301	228	510	268	184	499	174	338
莜麦	—	1.5	520	705	370	150	—	530	—	130	600	—	—
荞麦	13.6	9.5	437	701	606	140	346	546	320	174	678	240	413
燕麦	9.3	15.8	592	1128	551	311	374	813	522	266	745	309	508
糜子	11.0	10.4	436	1330	304	299	319	592	363	198	581	228	366
黑豆	11.9	38.8	1577	2889	2107	429	—	1821	1287	399	1836	905	1469
红小豆	12.7	21.0	874	1590	1466	321	196	1127	560	179	960	592	670
绿豆	12.0	22.8	1030	1859	1716	284	232	1490	728	260	1255	683	822
扁豆	12.4	24.9	1022	2026	1443	—	188	1212	762	259	1222	647	787
大米	10.8	7.6	278	549	239	181	166	357	307	128	394	141	241
小麦粉	12.8	10.9	403	768	280	140	254	514	340	135	514	227	309

2. 植物资源的开发利用

20 世纪 80 年代以来，我国食用植物资源的开发，特别是利用小杂粮食品资源的研究快速发展，使我国成为国际上小杂粮研究领先的国家之一。目前，国家加强了小杂粮新品种选育，适度发展小杂粮生产，积极选育营养品质和加工优良，并具有保健功能的新品种，为小杂粮食品加工提供优质原料。

荞麦是所有粮食作物中营养价值和药用价值最好的食品资源，特别是苦荞是最具有开发价值的功能食品资源，它对糖尿病、高血脂、高胆固醇等疾病的防治作用已得到普遍证实，苦荞食品今后将成为最受人们欢迎的保健食品，积极研究开发苦荞食品将是今后小杂粮食品资源开发的重点。

糜子是仅次于水稻的制米作物，其黄米的营养价值优于大米。由于糜子产于北方偏远山区，以至于许多人并不认识，更不了解。黄米与大米相比较，蒸煮性能、食用方法基本与大米相同，只是黄米的适口性略差于大米。如果按营养成分，并按一定比例配制成一种混合米，这样既不改变原来的传统制作方法，也不改变人们原来的食用习惯，又能提高营养价值。

燕麦是人们喜爱的保健食品，各地市场有各式各样的燕麦片。燕麦与其他麦类相似，也是制粉作物，但是也可以加工成燕麦米，制成混合粉或混合米。满足不同层次消费者的需求，或者制成各种熟食品供人们食用。

绿豆等食用豆类除直接食用或生豆芽菜之外，还可以制成各种豆粉。用豆粉与小麦、玉米粉混合，通过蛋白质互补，不仅可以提高植物蛋白质的营养价值，而且可以弥补必需氨基酸含量不足与比例不均衡的缺点，同时可以增加食物的花色品种。

小杂粮种类繁多，营养丰富，并有很好的保健功能和医用价值，随着人民生活水平的提高和健康需要，越来越受到人们的重视，将成为 21 世纪最具有开发价值的食品资源，并将在改善人们的膳食结构，促进人们的食品多样化，提高人们的营养水平等方面发挥重要作用。

第二节　食品加工新技术的应用

伴随着社会的进步，人们在对食品提出方便性、功能性、消遣性等诸多要求的同时，还越来越强调其营养、保健功能和安全性，也希望能用先进的科学技术得到高质量的、满足各种需求的食品。值得特别提出的是这些新技术的应用正在对一些食品的营养成分或功能性成分等进行分离纯化，这对进一步发展营养、保健事业具有重要意义。

一、　基因工程技术

21 世纪被誉为"生物技术世纪"，以基因工程技术为核心的生物技术将给农业、食品工业及医药工业带来深刻的变革。基因工程技术是现代生物技术的核心内容，主要包括重组 DNA、基因缺失、基因加倍、导入外源基因以及改变基因位置等分子生物学技术手段，它为定向改变生物性状提供了理论和技术基础。目前，基因工程技术已应用于食品工业，转基因食品的诞生便是其产物。

1. 转基因植物源食品

世界上最早的转基因作物诞生于 1983 年，是一种含有抗生素药类抗体的烟草。10 年后，第一种市场化的基因植物在美国出现，它是一种可以延迟成熟的番茄；3 年后由其制造的番茄酱开始在超市上出售。我国在 20 世纪 80 年代末开始发展农业的基因工程研究，转基因食品的研究开发、推广应用处于中等水平。但是有些科技攻关项目已取得了突破性的进展，如中国农业大学的耐贮藏基因番茄，中国水稻所的转基因杂交水稻，北京大学的抗病虫害番茄、甜椒等。据报告，我国已有番茄、甜椒、大豆等 6 个品种获准推广投入商业化生产。1999 年我国种植了 30 万 hm^2 的转基因农作物，品种以蔬菜和棉花为主，转基因农产品的种植面积仅次于美国、加拿大、阿根廷，居世界第四位。此外，我国还有 15 种农产品的近百个品种正处于实验阶段。以这些为原料生产加工的转基因食品将大量进入中国的食品消费市场。

2. 转基因动物源食品

20 世纪 80 年代发展较快的一种生物技术是用转基因手段培育新品种。其主要技术是从目的供体物种体内获得带有特定优良遗传性状的 DNA 片段直接或通过载体导入被改造物种即"受体物种"的胚胎内，培育出优良的新品种。目前，生长速度快、抗病力强、肉质好的转基因兔、猪、鸡已经问世，这将大力推动畜牧业的发展，为改善人们的膳食结构提供一条新的思路和方法。

3. 用于食品工业的基因工程菌

现在的基因工程技术已能将许多酶、蛋白质、氨基酸和香料以及其他多种物质的基因克隆到合适的微生物宿主细胞中，利用细菌的快速繁殖来大量生产。例如，将牛胃蛋白酶的基因克隆到微生物体内，由细菌生产这种动物来源的酶类，将解决奶酪工业受制于凝乳酶来源不足的问题；从西非发现的由植物果实中提取的甜味蛋白质索马甜的 DNA 编码序列已经被克隆到细菌中，以生产这种高效低热量的新型甜味剂等。

据报告，我国将加快转基因食品的研究开发和商品化应用的步伐，努力缩小与发达国家之间的差距。在食品工业中，目前转基因食品涉及的领域主要有改善粮油食品的产量、食品品质和加工功能特性，延长果蔬产品的贮藏期，提高农作物的抗病虫害性能，改善动物性食品的成分比例和食用品质，改善发酵食品的风味和品质，提高产量等。

二、 超微粉碎技术

超微粉碎是近 20 年迅速发展起来的一项高新技术，该技术能把原材料加工成微米甚至纳米级的微粉，已经在各行各业得到了广泛的应用。鉴于粉碎是中药生产及应用中的基本加工技术，超微粉碎越来越引起人们的关注，虽然起步较晚，开发研制的品种相对较少，但已显露出特有的优势和广阔的应用前景。

超微粉碎技术在食品加工中的应用具有两个方面的重要意义：一是提高食品的口感，并且有利于营养成分的吸收；二是原来不能吸收或利用的原料被重新利用，配制和深加工成各种功能食品，开发新食品材料，增加新的食品品种，提高了资源利用率。

在食品加工中的超微粉碎设备一般使用气流粉碎机和转子磨（胶体磨）。因不同的物料具有不同的粉碎特性，往往需要不同的粉碎方法。气流粉碎和转子磨适用范围窄，加之气流粉碎设备的造价与运行费用高，因此，超微粉碎技术在食品加工中应用不可能普遍。近年来三维振动研磨机的问世，其超细、高效、可靠、节能、体积小、适用性广，干、湿、物料均可微粒化，同时兼备"包覆""乳化""固体乳化""改性"等"物理化学"功能的特性，将会使超微粉碎技术在食品、医药、保健品的加工中，得以广泛地应用。

三、 膜技术

膜技术又称膜分离技术，其中包括微滤、超滤、纳滤、反渗透膜、蒸馏膜、萃取等以各种材料为介质的过滤分离技术。随着科研人员的不断研究开发，膜分离技术在现代食品工业中扮演着重要的角色。

1. 膜技术的发展

目前，膜分离技术中膜的组件已由最初使用的生物膜发展到高分子膜、金属膜、陶瓷膜等。由于金属膜和陶瓷膜的价格较昂贵，所以在食品工业中 90% 以上使用的是高分子膜。膜分离技术主要是利用膜组件和膜装置对食品原料进行分离加工。此项技术具有无变相、节能及在常温下分离等特点。膜分离技术简化了传统食品加工工艺；避免了食品加工中的热过程，高度保持了食品中的色、香、味及各种营养成分；降低和解决了污染物的排放，并使有效成分得以充分利用和回收；它既可以脱盐、排除有害物质和细菌，又可以防止沉淀物的产生。这些都是其他加工方式无法比拟的。

2. 膜技术的应用

国外的膜分离技术在食品中的应用始于 20 世纪 60 年代，首先是从乳品加工和啤酒无菌过滤开始的，随后逐渐用于果汁、饮料酒类等方面。目前已扩展到发酵和生物工程领域，各种动、植物蛋白质的加工，各种食用胶的加工以及氨基酸、多糖、咖啡、茶的加工等方面。

（1）乳品工业中的应用　20 世纪 60 年代末，国外开始了超滤法（UF）和反渗透法（RO）在乳品加工中的应用，主要是牛奶的浓缩和乳清蛋白的回收。目前，这种应用已很普遍，并开发了微孔陶瓷膜和巴氏灭菌相结合的技术，在保护了牛奶营养成分的同时，使屋型奶的保质期从 2 周延长至 1 个月。

（2）酒类生产中的应用　啤酒生产过程中使用微滤技术，目的是除去浑浊物和酵母等微生物，以提高啤酒透明度和保持原有风味。与传统的巴氏灭菌工艺相比，微滤澄清、除菌技术无须加热，对啤酒风味无损害，且澄清、除菌效果好，故在啤酒工业中广泛应用。近年来，我国啤酒行业已相继引进这一技术，用以生产扎啤、纯生啤酒等产品，由于产品质量高、口味佳，受到市场欢迎。

（3）果汁生产中的应用　浓缩是果汁加工中的一道重要工序，一般采用真空浓缩法，以减少对果汁中热敏感性成分的损害。反渗透浓缩具有低温浓缩的优点，可使维生素、色素和芳香成分得到较好的保护。

我国食品工业中膜技术的应用只是刚刚起步，在功能活性物质的分离与纯化、发酵产物的分离提纯等方面广泛应用。例如，在各种生物体中富含着许多具有特殊功能的营养素，为了开发新食物资源，利用膜分离技术可将这些活性物质从中分离纯化，得到新的营养素，如鸡卵黄中免疫球蛋白的提取等。发酵产品的传统分离方法大大影响了得率，如酱油发酵的关键有两点：①工程菌的分解蛋白质水平；②高得率的分离提取技术。利用膜技术可提高酱油中的氨基酸得率。

四、　微胶囊技术

胶囊技术在食品工业上的应用始于 20 世纪 80 年代中期，由于其生产成本较高，加工方法复杂，在食品中的应用远不及药品工业，但最近 10 多年以来，这一技术在食品工业中得到迅速推广应用，成为食品工业中高科技发展方向之一。

用壁材包芯材形成微胶囊，这一技术称为微胶囊技术。根据物质的不同物理和化学性能，用一种性能较稳定的物质作为壁材，将性能不稳定的物质（芯材）在一定的条件下包埋起来，当壁材溶解、熔化或破裂时，芯材便从壁材中释放出来。根据不同的用途，选择与其相应壁材及其恰当的释放方式。

具体方法很多，大致可分为化学法、物理法和二者都有的物理化学法。其中应用最为广泛的是喷雾干燥法，该法操作简便、生产经济、安全、无废物产生。

1. 微胶囊技术的现状

目前，微胶囊技术真正应用于食品工业上的不多。因为这需具备很多条件：①能批量化连续生产；②生产成本低，能被食品工业接受；③有成套相应设备，操作简单；④生产中不产生大量污染物，符合环保要求；⑤壁材要可食用，符合食品卫生法和食品添加剂使用标准；⑥能提高食品质量（外观、口感和延长货架期），得到消费者认可和喜爱；⑦产品经济效益好，推动食品企业技术更新。据分析，目前影响微胶囊技术在食品工业中推广的障碍主要是生产成本较高；其次是没有良好性能的食品壁材；再者没有工业或生产设备。因此，要不断开发经济的食品微胶囊技术的新材料、新设备、新工艺。

2. 微胶囊技术的应用

微胶囊技术在食品中的应用主要是调香、调味及食品的营养强化，我国作为食品营养强化剂应用的稳定型维生素 C 即是经过微胶囊化处理的肠溶性维生素 C 制品，其稳定性比一般维生素 C 大为增强。此外还有乳制品如姜汁奶粉、膨化乳制品、啤酒奶粉及粉末乳酒、果味奶粉等；在烘焙食品、茶饮料护色护香、保健食品上的应用；此外，可用于饮料、果糖、果脯、醇饮料等，最近还出现糖玻璃胶囊化香精、脂质酶、改性环状糊精胶囊壁材等。食品工业中用量最大的为粉末香精、粉末油脂等。

五、 二氧化碳超临界流体萃取技术

二氧化碳超临界流体萃取技术是以超临界二氧化碳的流体为溶剂，利用该状态下的流体具有高渗透能力和高溶出能力，萃取分离混合物的一项新技术。

二氧化碳超临界流体萃取技术在食品工业中的应用虽然仅有 20~30 年的历史，但其发展速度十分迅速，目前，该技术主要应用于多种风味物质的提取，如香辛料、鲜花的芳香物质、啤酒中的呈味物质、果皮中的精油等，以及食品中某些特定物质的萃取，如沙棘果中的沙棘油、月见草中的 γ - 亚麻酸、牛奶中的胆固醇、咖啡豆中的咖啡碱、茶叶中的儿茶酚、辣椒中辣椒红色素的提取等。尤其是此法在用于分离精制某些风味物质、热敏物质和生理活性物质等具有十分重要的意义和作用，例如用本法从番茄中萃取番茄红素，其萃取率可大大高出一般有机溶剂的固液萃取，而番茄红素的含量也大大提高（番茄红素可占类胡萝卜素的90%）。番茄红素具有很强的抗氧化作用，可淬灭机体内的单线态氧和自由基，对机体有抗衰老和抗癌、抑癌等作用。

六、 分子蒸馏技术

分子蒸馏是一种特殊的液体分离技术，它与传统蒸馏依靠沸点差分离原理不同，而是靠不同物质分子运动平均自由程的差别实现分离。分子蒸馏是一种在高真空下操作的蒸馏方法，蒸气分子的平均自由程大于蒸发表面与冷凝表面之间的距离，从而可利用料液中各组分蒸发速率的差异，对液体混合物进行分离。

作为一种新型、特殊的用于分离或精制的技术，分子蒸馏技术不同于一般蒸馏技术，主要是运用不同物质分子运动自由程的差别而实现物质的分离，因而能够实现远离沸点下的操作。它具备蒸馏温度低、受热时间短、分离程度高、应用范围广和环境友好等特点，能大大降低高沸点物料的分离成本，极好地保护热敏性物质的品质，因而能成功地解决高沸点、热敏性物料的分离提纯问题。特别是对于一些高难度物质的分离方面，分子蒸馏技术显示了十分理想的效果。目前，分子蒸馏技术已被广泛应用于石油化工、食品、塑料、农药、香料和医药等行业等行业中，用于浓缩或纯化低挥发度、高相对分子质量、高沸点、高黏度、热敏性、具有生物活性的物料。

七、 现代物理杀菌技术

杀菌根据温度不同可分为热杀菌和冷杀菌，其中冷杀菌又可分为物理杀菌和化学杀菌。传统食品加工主要采用热杀菌，因而食品中热敏成分和营养物质被破坏，褐变反应加剧，挥发性成分损失等。对于热杀菌的不足之处，近年来随着科技进步，国内外研制开发了一系列冷杀菌技术。据报道，目前先进杀菌技术包括超高压杀菌、生物杀菌、静电杀菌、电子射线杀菌、磁场杀菌、强光脉冲杀菌、容器杀菌等。由此可见，冷杀菌中物理杀菌是目前杀菌技术发展的趋势。在物理杀菌技术方面，日本、美国、德国等已研制了多种装置，如日本三井造船公司的磁线杀菌用于酒类；美国的高压静电电晕杀菌比氯气快 15~30 倍；德国贝斯托夫机械制造公司的微波混合室系统已投入生产实践中。因此，大力发展我国的物理杀菌技术并加快其在食品工业中的应用步伐，其中包括防止营养素的损失尤其是对某些生理活性物质的破坏具有重要意义和作用。

物理杀菌是一类崭新的冷杀菌技术，它在克服热杀菌不足之处的基础上，运用物理杀菌手段，如场（包括电场、磁场）、高压、电子、光等单一作用或者 2 种以上的共同作用，在低温或常温下达到杀菌目的的方法，因而，具有许多优点和广阔的发展前景，使得物理杀菌技术的应用受到科学界的密切关注，为食品工业的杀菌开辟了新途径。

八、 超高压食品灭菌技术

超高温技术是 20 世纪 90 年代日本明治屋食品公司使用的杀菌方法，它是将食品密封于弹性容器或置于无菌压力系统中，经超高温处理一段时间，从而达到加工保藏食品的目的的。

超高压处理食品的特点是它不会使温度升高，而只是作用于非共价键，共价键基本不被破坏，所以食品原有的色、香、味及营养价值影响较小。在加工过程中，新鲜食品或发酵食品由于自身酶的存在，发生变色、变味、变质，使其品质受到很大影响，这些酶如过氧化氢酶、多酚氧化酶、果胶甲基酯酶、脂肪氧化酶、纤维素酶等，通过高压处理能够激活或灭活，有利于食品的品质提高。通过超高压处理可防止微生物对食品的污染，延长食品的保藏时间和保持食品味道鲜美的时间。

自 1991 年 4 月日本首次将超高压产品果酱投放市场，其独到风味立即引起了发达国家政府、科研机构及企业高度重视。食品超高压处理技术被称为"食品工业的一场革命""当今世界十大尖端科技"等，可被应用于所有含液体成分的固态和液态食物，如水果、蔬菜、乳制品、鸡蛋、鱼、肉、禽、酱油、果汁、醋、酒类等。超高压处理技术涉及食品工艺学、微生物学、物理学、传感器、自动化技术等学科，由于设备成本高、投资巨大，目前国内的食品超高压处理技术还处于研究阶段，还没有成熟的超高压灭菌技术投入食品工业生产，但超高压食品极符合 21 世纪新型食品的简便、安全、天然、营养的消费需求，相信它有巨大的潜在市场和广阔的发展前景。

九、 超声波技术

超声波是频率在 20kHz 以上的声波，它不能引起人的听觉，是一种机械振动在媒质中的传播过程，具有聚束、定向、反射、透射等特性。超声波在媒质中传播时产生力学效应、空化效应和热效应，并由此增强质量传输和热传递，对介质产生强的切向力。

超声波在食品工业中的应用主要包括以下几个方面：

（1）超声波检测　超声波检测具有无损害、非侵入式、无须准备样品、快速检测等优点。超声波能检测混合体系中的各组分含量，能迅速定量检测充气食品中气泡的大小和气体含量，超声波还能反映不断变化的介质性质。

（2）超声波加速反应　超声波的空化效应能起到强烈的搅拌作用，加快物质传递的速度，促进反应的进行。超声波也能加快生物的生化过程，适度的超声波能够改变其通透性，提高酶的产率。

（3）超声波萃取　超声波可以用于中草药有效成分的提取，还适用于香料及油、速溶茶、动物组织中的物质如鱼肝油等及污染物如农药残留的提取。与传统提取方法相比，能显著提高萃取效率。

（4）探测食品中的杂质异物　测定原理是超声波脉冲被导入检样中时脉冲将从所遇到的所有介质表面反射回来，由于杂质和产品成分的声学阻抗存在明显差异，表现出来的超声波性质也明显不同，所以能将杂质检测出来。

（5）食品组分的测定　食品品质的高低一定程度上取决于食品的组成和成分的搭配。超声波技术测量食品组成的原理是各不同成分的超声波性质存在差异，如声速、衰减系数和声学阻抗。差别越大，越易鉴别食品的组成状况。

第三节　新食品加工技术对食品营养的影响

各种加工技术对食品的营养和风味均有不同程度的影响，但是，伴随着科学技术的不断发展，出现了许多新的加工技术。这些新技术的出现正在逐渐减小对食品的营养和风味的影响，以保证开发食品的质量，满足消费者的需要。

一、 辐射杀菌技术的影响

1. 对食品成分及感官的影响

（1）对蛋白质和酶的影响　吸收剂量小于 1Mrad［1rad 表示 1g 特质吸收 100 尔格的能量的剂量单位。100rad＝1Gy（戈瑞）］时，蛋白质几乎不受影响；大于 1Mrad 时，酶首先被钝化；如果剂量再高时，蛋白质长链将发生分解。

（2）对碳水化合物的影响　1Mrad 以下时不发生可测性变化，高剂量时会使多聚糖分解成低聚糖，再分解成单糖。

（3）对脂肪的影响　常规剂量下无显著变化。5~10Mrad 时引起脂肪的酸败变性，使消化率降低。

（4）对维生素的影响　对水溶性维生素的影响不大，脂溶性维生素受到损伤的顺序是维生素 E、维生素 A、维生素 D、维生素 K。

（5）对色泽与风味的影响　植物性色素在生物体内受辐射时较稳定，动物性色素则较敏感。辐射后大多数食品原有的香味都消失，同时产生了令人不愉快的"辐照臭气味"，好似肉类食品。辐射后各种味道有不同程度的下降，辐射剂量越大，降低的幅度越大。

（6）对质地的影响　在低剂量辐照后，食品质地无明显变化，相反还会抑制软化，延缓一些水果的后熟，高剂量辐射食品时，会引起不同程度的软化，这是由大分子降解引起的。

2. 防止方法

在低温下（-80~-20℃）辐照，可大大减少"辐照臭"，对水产品 -3℃辐照就效果显著。对食品抽真空处理，在无氧下辐照或添加"自由基捕捉剂"也可以降低臭味。最近有研究报道，辐照前添加"增效剂"可有效地提高辐照效果。

二、　高压杀菌技术的影响

1. 对食品成分的影响

（1）蛋白质　高压使蛋白质变性，这是由于压力使蛋白质原始结构伸展，导致蛋白质体积的改变。如把鲜鸡蛋加压后，蛋白质凝固，同加热凝固相同的是消化性很好，不同的是有生鸡蛋味，且维生素几乎无损失。高压对酶也有影响。高压处理虾蟹可不发黑，因为钝化了酪氨酸酶和蛋白酶。高压处理切开的大豆、苹果，可不褐变，是因为钝化了多酚氧化酶。

（2）淀粉、糖　高压可使淀粉改性。常温下加压到 400~600MPa，可使淀粉糊化而不呈透明的黏稠状物，且吸水量也发生改变。高压对蔗糖、麦芽糖、葡萄糖均无影响。

（3）油脂　油脂类耐压程度低，常温下加压到 100~200MPa，基本上变成固体，但解除压力后固体仍能恢复到原状。这与常压下温度对其影响相似。

（4）其他成分　高压对食品中的风味物质、维生素、色素及各种小分子物质的天然结构几乎没有影响。例如，在生产草莓等果酱时，可保持原果的特有风味、色泽及营养。在柑橘类果汁的生产中，加压处理不仅不影响营养价值和感官质量，而且可以避免加热异味的产生，同时可抑制榨汁后果汁中苦味物质的生成，使果汁具有原果风味。

2. 影响因素

（1）pH　改变 pH，使微生物生长环境劣化，加速其死亡速率，使高压杀菌时间缩短或降低所需压力。

（2）温度　低温或高温都会使高压对微生物作用加剧。这主要是由于微生物对温度具有敏感性。

（3）其他　微生物对数生长早期对压力最敏感。介质中糖浓度越高，微生物的致死率越低。介质中盐浓度越高，微生物的致死率越低。介质中蛋白质、油脂浓度越高，微生物的致死率越高。

三、　紫外线杀菌技术的影响

紫外线杀菌技术对食品成分及风味均有不同程度的影响。由于紫外线照射可以引起被照射物分子发生变化，因此也会给某些食品的加工带来不利影响。例如，含脂肪和蛋白质丰富的食品经紫外线照射会促使脂肪的氧化、产生臭味，蛋白质也容易变性，产生变色等不良影响。一些食品的有益成分如维生素、叶绿素等也都容易受紫外线照射而分解，这些原因都使紫外线杀菌的应用受到限制。

四、 转基因食品的安全性

目前，转基因食品的安全问题在国际上已引起了广泛的争论。其中争论的最激烈的是美国和欧洲等国家，双方意见不一，各持己见。欧洲人说："只要不能否定其危险性，就应该限制。"美国人说："只要在科学上无法证明它有危险性，就不应该限制。"一些科学家说："只要是批准上市的转基因食品，安全性就有保障，但吃无妨。"而消费者说："应该让我们知道吃进嘴里的东西是什么，我们有权自己决定吃还是不吃。"

通常认为，转基因食品应用于生产和消费的时间尚短，食品的安全性和可靠性都有待于进一步的研究和证明，转基因食品可能会导致一些遗传学或营养成分的非预期改变，可能会对人类健康产生危害。转基因食品对人类健康和环境的影响要经长期考察，有的甚至要在几十年之后才会显现出来。农药 DDT 在研制生产的初期是经过安全性试验证明对人类无害的，但经过几十年之后才发现 DDT 残留的危害，并且由于残留时间较长，很难在短时间内解决。所以可以想象，转基因食品一旦对人类健康与环境平衡造成了破坏，恢复起来将非常困难，因此有必要采取慎重的态度。

第四节　食品原料生产技术的现状与发展

一、 食物资源及其加工利用现状

经济发展以后，人们的营养状况有很大改善，但食物资源的形势仍十分严峻。其原因大致来自如下两个方面：一方面是人为的因素。生态破坏和不合理的规划使得可耕地面积逐年减少，环境污染及不科学的田间施肥和动物喂养等造成食物资源品质不断恶化，农产品加工投入不足和加工技术落后造成食物资源严重浪费等。另一方面是自然的因素。由于季节、气候和地球化学的原因，在某些地区的食物中存在严重的营养要素缺乏现象，导致各种地方病的发生。我国人多地少，人均资源相对稀缺，在占世界 9% 的土地上要养活占世界 21% 的人口，食物供给任重道远，但目前在农产品资源上却存在着很大的浪费。贮存于作物籽实中的蛋白质、脂肪、碳水化合物、维生素及微量元素等营养物质，同样存在于茎叶和秸秆中。然而多少世纪以来，人类只食用占农作物生物量 1/4 的籽实，茎叶、秸秆大部分被废弃。我国每年秸秆产量 5 亿多吨，高于全国粮食总产量，是全国草原牧区贮草总量的 50 倍。

大量的工业有毒废水的排放，使农业用水和饮食用水被严重污染，农产品品质受到影响，饮水中毒死亡的恶性事件时有发生。不负责任的滥施农药和盲目催肥，导致农作物农药残留和畜产品毒素残留十分严重。

据最近的研究报道表明：①由于缺钙，我国 5 岁以下儿童佝偻病的发生率很高，1 岁以内婴幼儿总发病率达 62%，总趋势是农村大于城市，北方大于南方。我国中老年人骨质疏松症很普遍。据 1992 年全国营养调查资料表明，我国各种人群每日钙的摄入量仅占需要量的 50%；②由于铁摄入不足，导致我国 0~4 岁的婴幼儿贫血发病率很高，在长江流域的个别农村高达 82.7%；③因土壤地理的原因，我国有 16 个省处于低硒状态，因而由于低硒的食物摄入造成危害人类生命的克山病和大关节病在这些地区普遍流行。除上海外，全国各地均处于缺碘的地区，我国是世界上防治碘缺乏的重点国家。此外，我国锌缺乏的面积也很大。

基于食物资源形势十分严峻的现状，近几十年来，以环境、高产、资源等为主题的生态农业、高效农业、无污染农业和可持续农业备受关注。我国还需要不断增加食物总量，但单纯追求提高农业单产的传统发展模式，已不再代表现代农业的发展方向。如何在增加农业单产的同时，又能得到高品质的农产品并使食物有可靠的安全性，如何合理利用、保护、改善自然资源和生态环境，这将是 21 世纪世界农业及现代生物技术发展面临的严峻挑战，也是解决 21 世纪甚至更长时期人类生存与发展所需食物供给所面临的重大问题。

另外，食品加工业的发展对食品原料的生产也提出了更严更高的要求。随着社会的发展及人们生活水平的提高，传统意义上的食品加工业的概念越来越难以满足食品工业优质、天然、无害、健康的发展趋势。我国早曾提出"大食品业"的概念，主张从食品原料的生产、加工和食品的消化吸收三方面来通盘考虑食品的制造活动。大食品业涉及食品科学与农业科学、食品科学与人体科学的交叉，强调食品制造活动的系统性和整体性，更加注重优质食品原料和食品的消化吸收对优质食品的生产及人类健康所起的不容忽视的促进作用。大食品业的概念高度概括了优质食品原料对食品加工业发展的重要意义。

食品原料的生产包括农业生产和相关的生物处理过程。现代农业及生物处理技术逐渐在向着改善食品原料营养功能特性的方向发展。近些年来，已在营养强化、品种遗传改良、减少毒害及植物细胞培养等方面获得了可喜的进展。

二、　食品原料营养素的强化

1. 植物性食品原料中营养素的强化

植物性食品原料中营养素强化的手段主要是依靠科学施肥的办法在植物体中补给一些营养成分。目前补给的成分绝大多数属于矿物质。一种方法是直接通过施用富含某种矿物质的肥料，使这种矿物质在植物体内转化为有机态而富集下来，另一种方法是间接地通过施用某种特殊肥料的方法来提高植物对目标矿物质的吸收转化率。这些方法的优点是：①通过研究植物对人体缺乏元素的吸附富集，在食物链中补充。选用这种方式代替药物补给量大面广，可以使被改良地区的人们普遍得到营养强化，而且吸收率得到提高；②某些元素对人体而言缺乏与中毒之间的适应含量范围很窄（例如硒），并且也不易做到各地人与畜禽持久定期稳妥地补给（如注射等），所以在缺乏地区培养富含这种元素的作物品种或通过施肥的方式提高其含量，是相对安全的补给缺乏元素的稳妥途径。

微量元素与人体健康有密切的关系，一些是人体必需的营养元素。缺乏某些微量元素人体会患特殊的疾病，不过有些常量元素也存在地区性缺乏。目前通过施肥补给的元素主要有硒、锌、镁、钙、钾等，试验研究的植物有玉米、水稻、大豆、麦子、山芋、油菜、芹菜、榨菜、黄瓜、大白菜、青菜、乌塔菜、莴苣、萝卜、胡萝卜、青椒、番茄、菠菜、马铃薯、甘蓝、菜花、芸豆等，其中关于植物中锌营养及调控的研究为最多。

植物中锌营养的强化研究表明，施锌能显著提高粮食和蔬菜可食部分的含锌量。不同蔬菜富锌效果状况甚至可改善其他营养品质，例如提高番茄的维生素 C 及可溶性固形物含量，降低草莓的游离酸含量，提高芹菜总糖和维生素 C 含量，降低纤维素含量。对动物的研究表明，含锌量高的蔬菜补锌效果显著，并且优于无机盐补锌。

2. 动物性食品原料中营养素的强化

动物性食品原料中营养素强化的手段主要是依靠科学喂养的办法在动物体中补给一些营养成分。目前这方面的研究不算太多，比较成功的产品集中在禽蛋的开发上。众所周知维生素 C 主要被用作天然抗衰老营养保健食品。但在欧洲，维生素 C 更多地被用于家禽饲养。饲料中添加维生素 C，肉牛的肉质变得鲜嫩，而不易氧化。

另外，畜产品还可以成为保存天然活性物质的"仓库"，如二十二碳六烯酸（DHA）有很高的生物活性，极易氧化变质。在对比多种抗氧化方法之后，日本备前化学（株）的研究者把希望寄托于生物方法：即将富含 DHA 的金枪鱼鱼油加入蛋鸡饲料中，结果可使每个鸡蛋含 DHA250～400mg，从而使 DHA 不再会变质，实现了 DHA 的稳定化构想。

不过目前有关动植物食用营养特性改良的研究在深度和广度上还有待发展，例如营养强化不当后，对人体健康及生态环境造成不良影响的量化研究；关于动植物对强化养分吸收与流失的研究；关于养分强化与人体营养丰缺的定量化和区域化的研究及实验研究有计划的大面积推广。

三、 食品生物工艺学的发展

食品生物工艺学是生物工艺学在食品工业中的应用。食品生物工艺学的产生为优质食品原料的生产提供了一条重要的途径。涉及的研究领域大致可以分为动物食品生物工艺学和植物食品生物工艺学，进一步可以分为遗传工程、植物组织培养工艺学、食品酶学、发酵工艺学等。生物工艺学在食品原料生产中的主要作用有以下几个方面：

（1）通过提高营养利用和转化效率来提高生产率；

（2）通过改良植物抗逆性提高生产率；

（3）鉴定具有理想特性的新的食品资源。

因此，食品生物工艺学的研究大大增加了食物的营养功能和食用生物量，对优质食品的生产有特别的意义。

1. 农产品食用功能特性的遗传改良

利用遗传工程可以进行原料组分的特定设计，使农产品的食用功能得到改善。例如可以特定设计氨基酸含量高的玉米、饱和脂肪酸含量少的油菜、胆固醇少的鸡蛋、改进钙生物效能的牛奶，以及防治人类疾病的特种组分的粮食谷物。第三代食物原料大豆品系就没有诱发肠胃胀气的糖化物、胰蛋白酶抑制素及脂肪氧化酶——绿色蔬菜异味的主要"起因酶"。

2. 植物细胞的组织培养

传统中草药和香料的有效成分大多数是植物次生代谢物，在人类防病治病历史上曾起过主导作用。但是，一方面在自然界中很多有重要价值的次生代谢产物往往含量很低；另一方面由于生态破坏，对野生植物盲目采集，加上许多野生植物引种栽培困难，因此不少具有重要应用价值的次生代谢产物资源日益匮乏。不过自然界中其前体却很丰富，将这些前体转变为目的产物具有实用价值。随着研究的深入，利用植物细胞大量培养的技术生产这些有药用和食用价值的化学物质越来越受关注。

在我国，人参、紫草、三七等药用植物的细胞大规模培养已获得成功。人参细胞培养已进入商业化生产。紫草细胞的发酵培养规模已达百升，其有效成分紫草素的含量可达细胞干重的10%以上。利用细胞工程已成功地培养出100种以上的植物发根。利用这一技术除了可以生产各种疗效的药物外，还可以生产色素、调味剂、维生素、酶制剂、抗氧化剂等应用价值很高的产物，如用毛根培养法制备的色素有甜菜红、菠菜绿等。能产生生育酚的蓝绿藻早已分离出来。在不同种属的细菌和酵母中已发现有潜在的维生素C前体，可进一步开发发酵工艺以满足生产维生素C的要求。

由于植物有效成分化学合成的工艺流程复杂，成本高，而且人们对化工产品毒副作用的恐惧，使得通过化学合成途径解决植物次生代谢产物缺乏的努力也很难奏效，因此植物细胞大量培养技术的引用表现出明显的工业化应用潜力。不过目前形成产业的例子仍然不多，其原因主要在于仍然缺乏植物次生代谢产物的分子生物学知识，受培养技术、成本、规模生产的产量等因素的制约。对于这些问题的进一步解决，无疑会为工业化利用生物技术生产优质的药用和食用植物次生代谢产物开创新的局面。

3. 新的优质食物资源的开发

生物工程技术的发展为新的优质食物资源的开发提供了重要手段，近年来风行世界的螺旋藻就是最好的例证。在环境被严重污染，优质蛋白质食物资源日渐匮乏的今天，螺旋藻将会成为人类新的蛋白质资源重要的来源。螺旋藻中蛋白质含量高达60%～70%，而且绝大多数以游离态氨基酸和短肽链的形式存在，易被人体吸收，消化率高达78%左右。螺旋藻还含有丰富的维生素、矿物质、叶绿素、γ-亚麻酸等不饱和脂肪酸和β-胡萝卜素。1973年在美国召开的微生物蛋白质国际会议正式提出螺旋藻为新的蛋白源。1974年联合国世界粮农组织会议确认螺旋藻为重要的蛋白源。

绿色细胞的人工培养对新的优质食物资源的开发有重要的意义。粮食作物、果树和蔬菜等绿色细胞生产的食物具有各自作物的原有风味，比再生资源经微生物加工所提供的食品更受欢迎。培养绿色细胞在阳光下直接生产有机物物质提供人类食物最终实现农业生产的工厂化，这是支撑人类社会生存与发展的更长远的途径，同样对进一步提高人类的营养健康水平具有重要的意义和作用。

🔍 思考题

1. 试述开发新型食物资源的必要性。
2. 新型食物资源的开发面临的困难有哪些？
3. 简述新食品加工技术对食品营养的影响。
4. 针对当地的食物资源形势做一个研究报告。
5. 列举一种食品生物工艺学在食品工业中应用的实例。

附录一 中国居民膳食营养素参考摄入量（DRIs）

表1

中国居民膳食能量需要量（EER）

年龄（岁）/生理状况	男性 PAL						女性 PAL					
	轻（I）		中（II）		重（III）		轻（I）		中（II）		重（III）	
	MJ/d	Kcal/d	MJ/d	kcal/d	MJ/d	kcal/d	MJ/d	kcal/d	MJ/d	kcal/d	MJ/d	kcal/d
0 ~	—	—	0.38[①]	90[②]	—	—	—	—	0.38[a]	90[b]	—	—
0.5 ~	—	—	0.33[①]	80[②]	—	—	—	—	0.33[a]	80[b]	—	—
1 ~	—	—	3.77	900	—	—	—	—	3.35	800	—	—
2 ~	—	—	4.60	1100	—	—	—	—	4.18	1000	—	—
3 ~	—	—	5.23	1250	—	—	—	—	5.02	1200	—	—
4 ~	—	—	5.44	1300	—	—	—	—	5.23	1250	—	—
5 ~	—	—	5.86	1400	—	—	—	—	5.44	1300	—	—
6 ~	5.86	1400	6.69	1600	7.53	1800	5.23	1250	6.07	1450	6.90	1650
7 ~	6.28	1500	7.11	1700	7.95	1900	5.65	1350	6.49	1550	7.32	1750
8 ~	6.90	1650	7.74	1850	8.79	2100	6.07	1450	7.11	1700	7.95	1900
9 ~	7.32	1750	8.37	2000	9.41	2250	6.49	1550	7.53	1800	8.37	2000
10 ~	7.53	1800	8.58	2050	9.62	2300	6.90	1650	7.95	1900	9.00	2150
11 ~	8.58	2050	9.83	2350	10.88	2600	7.53	1800	8.58	2050	9.62	2300
14 ~	10.46	2500	11.92	2850	13.39	3200	8.37	2000	9.62	2300	10.67	2550
18 ~	9.41	2250	10.88	2600	12.55	3000	7.53	1800	8.79	2100	10.04	2400

	①	②	①	②	①	②	①	②	①	②	①	②
50 ~	8.79	2100	10.25	2450	11.72	2800	7.32	1750	8.58	2050	9.83	2350
65 ~	8.58	2050	9.83	2350	—	—	7.11	1700	8.16	1950	—	—
80 ~	7.95	1900	9.20	2200	—	—	6.28	1500	7.32	1750	—	—
孕妇（1 ~12 周）	—	—	—	—	—	—	7.53	1800	8.79	2100	10.04	2400
孕妇（13 ~27 周）	—	—	—	—	—	—	8.79	2100	10.04	2400	11.29	2700
孕妇（≥28 周）	—	—	—	—	—	—	9.41	2250	10.67	2550	11.92	2850
乳母	—	—	—	—	—	—	9.62	2300	10.88	2600	12.13	2900

注："—"表示未制定；①单位为 MJ/（kg 体重·d），②单位为 kcal/（kg 体重·d）。

表2　　　　　　　　　　　中国居民膳食蛋白质参考摄入量　　　　　　　　单位：g/d

年龄（岁）/生理状况	男性		女性	
	EAR	RNI	EAR	RNI
0 ~	—	9ᵃ	—	9*
0.5 ~	15	20	15	20
1 ~	20	25	20	25
2 ~	20	25	20	25
3 ~	25	30	25	30
4 ~	25	30	25	30
5 ~	25	30	25	30
6 ~	25	35	25	35
7 ~	30	40	30	40
8 ~	30	40	30	40
9 ~	40	45	40	45
10 ~	40	50	40	50
11 ~	50	60	45	55
14 ~	60	75	50	60
18 ~	60	65	50	55
孕妇（1~12 周）	—	—	50	55
孕妇（13~27 周）	—	—	60	70
孕妇（≥28 周）	—	—	75	85
乳母	—	—	70	80

注："—"表示未制定；"*"表示 AI 值。

表3　　　　　　中国居民膳食脂肪、脂肪酸参考摄入量和可接受范围

单位：%（能量百分比）

年龄（岁）/生理状况	脂肪	饱和脂肪酸	$n-6$ 多不饱和脂肪酸[1]		$n-3$ 多不饱和脂肪酸	
	AMDR	U－AMDR	AI	AMDR	AI[2]	AMDR
0 ~	48[3]	—	7.3	—	0.87	—
0.5 ~	40[3]	—	6.0	—	0.66	—
1 ~	35[3]	—	4.0	—	0.60	—
4 ~	20 ~ 30	< 8	4.0	—	0.60	—
7 ~	20 ~ 30	< 8	4.0	—	0.60	—
18 ~	20 ~ 30	< 10	4.0	2.5 ~ 9.0	0.60	0.5 ~ 2.0
60 ~	20 ~ 30	< 10	4.0	2.5 ~ 9.0	0.60	0.5 ~ 2.0
孕妇和乳母	20 ~ 30	< 10	4.0	2.5 ~ 9.0	0.60	0.5 ~ 2.0

注：①亚油酸的数值；

②α-亚麻酸的数值；

③AI 值。

表4　　　　　　　　　　　中国居民膳食碳水化合物参考摄入量和可接受范围

年龄（岁）/生理状况	碳水化合物		添加糖
	EAR/（g/d）	AMDR/%	AMDR/%
0 ~	—	60*	—
0.5 ~	—	85*	—
1 ~	120	50 ~ 65	—
4 ~	120	50 ~ 65	< 10
7 ~	120	50 ~ 65	< 10
11 ~	150	50 ~ 65	< 10
14 ~	150	50 ~ 65	< 10
18 ~ 65	120	50 ~ 65	< 10
孕妇	130	50 ~ 65	< 10
乳母	160	50 ~ 65	< 10

注：＊AI 值，单位为 g。

表5　　　　　　　　　　中国居民膳食常量元素参考摄入量　　　　　　单位：mg/d

年龄（岁）/生理状况	钙			磷			镁		钾	钠	氯
	EAR	RNI	UL	EAR	RNI	UL	EAR	RNI	AI	AI	AI
0 ~	—	200*	1000	—	100*	—	—	20*	350	170	260
0.5 ~	—	250*	1500	—	180*	—	—	65*	550	350	550
1 ~	500	600	1500	250	300	—	110	140	900	700	1100
4 ~	650	800	2000	290	350	—	130	160	1200	900	1400
7 ~	800	1000	2000	400	470	—	180	220	1500	1200	1900
11 ~	1000	1200	2000	540	640	—	250	300	1900	1400	2200
14 ~	800	1000	2000	590	710	—	270	320	2200	1600	2500
18 ~	650	800	2000	600	720	3500	280	330	2000	1500	2300
50 ~	800	1000	2000	600	720	3500	280	330	2000	1400	2200
65 ~	800	1000	2000	590	700	3000	270	320	2000	1400	2200
80 ~	800	1000	2000	560	670	3000	260	310	2000	1300	2000
孕妇（1 ~ 12 周）	650	800	2000	600	720	3500	310	370	2000	1500	2300
孕妇（13 ~ 27 周）	810	1000	2000	600	720	3500	310	370	2000	1500	2300
孕妇（≥28 周）	810	1000	2000	600	720	3500	310	370	2000	1500	2300
乳母	810	1000	2000	600	720	3500	280	330	2400	1500	2300

注："—"表示未制定，＊AI 值。

表6 中国居民膳食微量元素参考摄入量

年龄（岁）/生理状况	铁/(mg/d) EAR	RNI	UL	碘/(μg/d) EAR	RNI	UL	锌/(mg/d) EAR	RNI	UL	硒/(μg/d) EAR	RNI	UL	铜/(mg/d) EAR	RNI	UL	钼/(μg/d) EAR	RNI	UL	铬/(μg/d) AI
0 ~	—	0.3a	—	—	85①	—	—	2a	—	—	15①	55	—	0.3a	—	—	2a	—	0.2
0.5 ~	7	10	—	—	115①	—	2.8	3.5	—	—	20a	80	—	0.3a	—	—	15a	—	4.0
1 ~	6	9	25	65	90	—	3.2	4.0	8	20	25	100	0.25	0.3	2.0	35	40	200	15
4 ~	7	10	30	65	90	200	4.6	5.5	12	25	30	150	0.30	0.4	3.0	40	50	300	20
7 ~	10	13	35	65	90	300	5.9	7.0	19	35	40	200	0.40	0.5	4.0	55	65	450	25
11 ~（男）	11	15	40	75	110	400	8.2	10.0	28	45	55	300	0.55	0.7	6.0	75	90	650	30
11 ~（女）	14	18	40	75	110	400	7.6	9.0	28	45	55	300	0.55	0.7	6.0	75	90	650	30
14 ~（男）	12	16	40	85	120	500	9.7	12.0	35	50	60	350	0.60	0.8	7.0	85	100	800	35
14 ~（女）	14	18	40	85	120	500	6.9	8.5	35	50	60	350	0.60	0.8	7.0	85	100	800	35
18 ~（男）	9	12	42	85	120	600	10.4	12.5	40	50	60	400	0.60	0.8	8.0	85	100	900	30
18 ~（女）	15	20	42	85	120	600	6.1	7.5	40	50	60	400	0.60	0.8	8.0	85	100	900	30
50 ~（男）	9	12	42	85	120	600	10.4	12.5	40	50	60	400	0.60	0.8	8.0	85	100	900	30
50 ~（女）	9	12	42	85	120	600	6.1	7.5	40	50	60	400	0.60	0.8	8.0	85	100	900	30
孕妇（1 ~12 周）	15	20	42	160	230	600	7.8	9.5	40	54	65	400	0.7	0.9	8.0	92	110	900	31
孕妇（13 ~27 周）	19	24	42	160	230	600	7.8	9.5	40	54	65	400	0.7	0.9	8.0	92	110	900	34
孕妇（≥28 周）	22	29	42	170	240	600	7.8	9.5	40	54	65	400	0.7	0.9	8.0	92	110	900	36
乳母	18	24	42	170	240	600	9.9	12	40	65	78	400	1.1	1.4	8.0	88	103	900	37

注："—" 表示未制定；* AI 值。

表 7　　　　　　　　　　　　中国居民膳食脂溶性维生素参考摄入量

年龄（岁）/生理状况	维生素 A/（μgRAE/d）					维生素 D/（μg/d）			维生素 E/（mgα-TE/d）		维生素 K/（μg/d）
	EAR		RNI		UL	EAR	RNI	UL	AI	UL	AI
	男	女	男	女							
0 ~	—		300*		600	—	10*	20	3	—	2
0.5 ~	—		350*		600	—	10*	20	4	—	10
1 ~	220		310		700	8	10	20	6	150	30
4 ~	260		360		900	8	10	30	7	200	40
7 ~	360		500		1500	8	10	45	9	350	50
11 ~	480	450	670	630	2100	8	10	50	13	500	70
14 ~	590	450	820	630	2700	8	10	50	14	600	75
18 ~	560	480	800	700	3000	8	10	50	14	700	80
50 ~	560	480	800	700	3000	8	10	50	14	700	80
65 ~	560	480	800	700	3000	8	15	50	14	700	80
80 ~	560	480	800	700	3000	8	15	50	14	700	80
孕妇（1~12周）		480		700	3000	8	10	50	14	700	80
孕妇（13~27周）		530		770	3000	8	10	50	14	700	80
孕妇（≥28周）		530		770	3000	8	10	50	14	700	80
乳母		880		1300	3000	8	10	50	17	700	85

注："—"表示未制定；* AI 值。

表8

中国居民膳食水溶性维生素参考摄入量

年龄（岁）/生理状况	维生素 B₁					维生素 B₂					维生素 B₆			
	EAR/(mg/d) 男	EAR/(mg/d) 女	AI/(mg/d)	RNI/(mg/d) 男	RNI/(mg/d) 女	EAR/(mg/d) 男	EAR/(mg/d) 女	AI/(mg/d)	RNI/(mg/d) 男	RNI/(mg/d) 女	EAR/(mg/d)	AI/(mg/d)	RNI/(mg/d)	UL/(mg/d)
0 ~	—	—	0.1	—	—	—	—	0.4	—	—	—	0.2	—	—
0.5 ~	—	—	0.3	—	—	—	—	0.5	—	—	—	0.4	—	—
1 ~	0.5	0.5	—	0.6	0.6	0.5	0.5	—	0.6	0.6	0.5	—	0.6	20
4 ~	0.6	0.6	—	0.8	0.8	0.6	0.6	—	0.7	0.7	0.6	—	0.7	25
7 ~	0.8	0.8	—	1.0	1.0	0.8	0.8	—	1.0	1.0	0.8	—	1.0	35
11 ~	1.1	1.0	—	1.3	1.1	1.1	0.9	—	1.3	1.1	1.1	—	1.3	45
14 ~	1.3	1.1	—	1.6	1.3	1.3	1.0	—	1.5	1.2	1.2	—	1.4	55
18 ~	1.2	1.0	—	1.4	1.2	1.2	1.0	—	1.4	1.2	1.2	—	1.4	60
50 ~	1.2	1.0	—	1.4	1.2	1.2	1.0	—	1.4	1.2	1.3	—	1.6	60
65 ~	1.2	1.0	—	1.4	1.2	1.2	1.0	—	1.4	1.2	1.3	—	1.6	60
80 ~	1.2	1.0	—	1.4	1.2	1.2	1.0	—	1.4	1.2	1.3	—	1.6	60
孕妇（1~12 周）		1.0	—		1.2		1.0	—		1.2	1.9	—	2.2	60
孕妇（13~27 周）		1.1	—		1.4		1.1	—		1.4	1.9	—	2.2	60
孕妇（≥28 周）		1.2	—		1.5		1.2	—		1.5	1.9	—	2.2	60
乳母		1.2	—		1.5		1.2	—		1.5	1.4	—	1.7	60

年龄（岁）/生理状况	维生素 B₁₂ EAR/(μg/d)	维生素 B₁₂ AI/(μg/d)	维生素 B₁₂ RNI/(μg/d)	泛酸 AI/(mg/d)	叶酸 EAR/(μgDFE/d)	叶酸 AI/(μgDFE/d)	叶酸 RNI/(μgDFE/d)	叶酸 UL/(μg/d)	烟酸 EAR/(mgNE/d) 男	烟酸 EAR/(mgNE/d) 女	烟酸 AI/(mgNE/d)	烟酸 RNI/(mgNE/d) 男	烟酸 RNI/(mgNE/d) 女	烟酸 UL/(mgNE/d)	烟酰胺 UL/(mg/d)
0~	—	0.3	—	1.7	—	65	—	—	—	—	2	—	—	—	—
0.5~	—	0.6	—	1.9	—	100	—	—	—	—	3	—	—	—	—
1~	0.8	—	1.0	2.1	130	—	160	300	5	5	—	6	6	10	100
4~	1.0	—	1.2	2.5	150	—	190	400	7	6	—	8	8	15	130
7~	1.3	—	1.6	3.5	210	—	250	600	9	8	—	11	10	20	180
11~	1.8	—	2.1	4.5	290	—	350	800	11	10	—	14	12	25	240
14~	2.0	—	2.4	5.0	320	—	400	900	14	11	—	16	13	30	280
18~	2.0	—	2.4	5.0	320	—	400	1000	12	10	—	15	12	35	310
50~	2.0	—	2.4	5.0	320	—	400	1000	12	10	—	14	12	35	310
65~	2.0	—	2.4	5.0	320	—	400	1000	11	9	—	14	11	35	300
80~	2.0	—	2.4	5.0	320	—	400	1000	11	8	—	13	10	30	280
孕妇（1~12 周）	2.4	—	2.9	6.0	520	—	600	1000		10	—		12	35	310
孕妇（13~27 周）	2.4	—	2.9	6.0	520	—	600	1000		10	—		12	35	310
孕妇（≥28 周）	2.4	—	2.9	6.0	520	—	600	1000		10	—		12	35	310
乳母	2.6	—	3.2	7.0	450	—	550	1000		12	—		15	35	310

年龄（岁）/生理状况	胆碱 AI/(mg/d) 男	胆碱 AI/(mg/d) 女	胆碱 UL/(mg/d)	生物素 AI/(mg/d)	维生素 C EAR/(mg/d)	维生素 C AI/(mg/d)	维生素 C RNI/(mg/d)	维生素 C UL/(mg/d)
0 ~	120	120	—	5	—	40	—	—
0.5 ~	150	150	—	9	—	40	—	—
1 ~	200	200	1000	17	35	—	40	400
4 ~	250	250	1000	20	40	—	50	600
7 ~	300	300	1500	25	55	—	65	1000
11 ~	400	400	2000	35	75	—	90	1400
14 ~	500	400	2500	40	85	—	100	1800
18 ~	500	400	3000	40	85	—	100	2000
50 ~	500	400	3000	40	85	—	100	2000
65 ~	500	400	3000	40	85	—	100	2000
80 ~	500	400	3000	40	85	—	100	2000
孕妇（1~12 周）		420	3000	40	85	—	100	2000
孕妇（13~27 周）		420	3000	40	95	—	115	2000
孕妇（≥28 周）		420	3000	40	95	—	115	2000
乳母		520	3000	50	125	—	150	2000

注："—" 表示未制定，有些维生素未制定 UL，主要原因是研究资料不充分，并不表示过量摄入没有健康风险。

附录二 我国食品营养强化剂使用规定

（参照 GB 14880—2012、GB 2760—2014 及其后的增补品种编制）

营养强化剂	食品分类号	食品类别（名称）	使用量
维生素类			
维生素 A	01.01.03	调制乳	600～1000μg/kg
	01.03.02	调制乳粉（儿童用乳粉和孕产妇用乳粉除外）	3000～9000μg/kg
		调制乳粉（仅限儿童用乳粉）	1200～7000μg/kg
		调制乳粉（仅限孕产妇用乳粉）	2000～10000μg/kg
	02.01.01.01	植物油	4000～8000μg/kg
	02.02.01.02	人造黄油及其类似制品	4000～8000μg/kg
	03.01	冰淇淋类、雪糕类	600～1200μg/kg
	04.04.01.07	豆粉、豆浆粉	3000～7000μg/kg
	04.04.01.08	豆浆	600～1400μg/kg
	06.02.01	大米	600～1200μg/kg
	06.03.01	小麦粉	600～1200μg/kg
	06.06	即食谷物，包括辗轧燕麦（片）	2000～6000μg/kg
	07.02.02	西式糕点	2330～4000μg/kg
	07.03	饼干	2330～4000μg/kg
	14.03.01	含乳饮料	300～1000μg/kg
	14.06	固体饮料类	4000～17000μg/kg
	16.01	果冻	600～1000μg/kg
	16.06	膨化食品	600～1500μg/kg
β-胡萝卜素	14.06	固体饮料类	3～6mg/kg
维生素 D	01.01.03	调制乳	10～40μg/kg
	01.03.02	调制乳粉（儿童用乳粉和孕产妇用乳粉除外）	63～125μg/kg
		调制乳粉（仅限儿童用乳粉）	20～112μg/kg
		调制乳粉（仅限孕产妇用乳粉）	23～112μg/kg
	02.02.01.02	人造黄油及其类似制品	125～156μg/kg
	03.01	冰淇淋类、雪糕类	10～20μg/kg
	04.04.01.07	豆粉、豆浆粉	15～60μg/kg
	04.04.01.08	豆浆	3～15μg/kg
	06.05.02.03	藕粉	50～100μg/kg
	06.06	即食谷物，包括辗轧燕麦（片）	12.5～37.5μg/kg

续表

营养强化剂	食品分类号	食品类别（名称）	使用量
		维生素类	
维生素 D	07.03	饼干	16.7～33.3μg/kg
	07.05	其他焙烤食品	10～70μg/kg
	14.02.03	果蔬汁（肉）饮料（包括发酵型产品等）	2～10μg/kg
	14.03.01	含乳饮料	10～40μg/kg
	14.04.02.02	风味饮料	2～10μg/kg
	14.06	固体饮料类	10～20μg/kg
	16.01	果冻	10～40μg/kg
	16.06	膨化食品	10～60μg/kg
维生素 E	01.01.03	调制乳	12～50mg/kg
	01.03.02	调制乳粉（儿童用乳粉和孕产妇用乳粉除外）	100～310mg/kg
		调制乳粉（仅限儿童用乳粉）	10～60mg/kg
		调制乳粉（仅限孕产妇用乳粉）	32～156mg/kg
	02.01.01.01	植物油	100～180mg/kg
	02.02.01.02	人造黄油及其类似制品	100～180mg/kg
	04.04.01.07	豆粉、豆浆粉	30～70mg/kg
	04.04.01.08	豆浆	5～15mg/kg
	05.02.01	胶基糖果	1050～1450mg/kg
	06.06	即食谷物，包括辗轧燕麦（片）	50～125mg/kg
	14.0	饮料类（14.01，14.06 涉及品种除外）	10～40mg/kg
	14.06	固体饮料	76～180mg/kg
	16.01	果冻	10～70mg/kg
维生素 K	01.03.02	调制乳粉（仅限儿童用乳粉）	420～750μg/kg
		调制乳粉（仅限孕产妇用乳粉）	340～680μg/kg
维生素 B₁	01.03.02	调制乳粉（仅限儿童用乳粉）	1.5～14mg/kg
		调制乳粉（仅限孕产妇用乳粉）	3～17mg/kg
	04.04.01.07	豆粉、豆浆粉	6～15mg/kg
	04.04.01.08	豆浆	1～3mg/kg
	05.02.01	胶基糖果	16～33mg/kg
	06.02	大米及其制品	3～5mg/kg
	06.03	小麦粉及其制品	3～5mg/kg
	06.04	杂粮粉及其制品	3～5mg/kg
	06.06	即食谷物，包括辗轧燕麦（片）	7.5～17.5mg/kg
	07.01	面包	3～5mg/kg

续表

营养强化剂	食品分类号	食品类别（名称）	使用量
维生素类			
维生素 B$_1$	07.02.02	西式糕点	3～6mg/kg
	07.03	饼干	3～6mg/kg
	14.03.01	含乳饮料	1～2mg/kg
	14.04.02.02	风味饮料	2～3mg/kg
	14.06	固体饮料类	9～22mg/kg
	16.01	果冻	1～7mg/kg
维生素 B$_2$	01.03.02	调制乳粉（仅限儿童用乳粉）	8～14mg/kg
	04.04.01.07	调制乳粉（仅限孕产妇用乳粉）	4～22mg/kg
		豆粉、豆浆粉	6～15mg/kg
	04.04.01.08	豆浆	1～3mg/kg
	05.02.01	胶基糖果	16～33mg/kg
	06.02	大米及其制品	3～5mg/kg
	06.03	小麦粉及其制品	3～5mg/kg
	06.04	杂粮粉及其制品	3～5mg/kg
	06.06	即食谷物，包括辗轧燕麦（片）	7.5～17.5mg/kg
	07.01	面包	3～5mg/kg
	07.02.02	西式糕点	3.3～7.0mg/kg
	07.03	饼干	3.3～7.0mg/kg
	14.03.01	含乳饮料	1～2mg/kg
	14.06	固体饮料类	9～22mg/kg
	16.01	果冻	1～7mg/kg
维生素 B$_6$	01.03.02	调制乳粉（儿童用乳粉和孕产妇用乳粉除外）	8～16mg/kg
		调制乳粉（仅限儿童用乳粉）	1～7mg/kg
		调制乳粉（仅限孕产妇用乳粉）	4～22mg/kg
	06.06	即食谷物，包括辗轧燕麦（片）	10～25mg/kg
	07.03	饼干	2～5mg/kg
	07.05	其他焙烤食品	3～15mg/kg
	14.0	饮料类（14.01、14.06涉及品种除外）	0.4～1.6mg/kg
	14.06	固体饮料类	7～22mg/kg
	16.01	果冻	1～7mg/kg
维生素 B$_{12}$	01.03.02	调制乳粉（仅限儿童用乳粉）	10～30μg/kg
		调制乳粉（仅限孕产妇用乳粉）	10～66μg/kg
	06.06	即食谷物，包括辗轧燕麦（片）	5～10μg/kg

续表

营养强化剂	食品分类号	食品类别（名称）	使用量
		维生素类	
维生素 B$_{12}$	07.05	其他焙烤食品	10~70μg/kg
	14.0	饮料类（14.01、14.06 涉及品种除外）	0.6~1.8μg/kg
	14.06	固体饮料类	10~66μg/kg
	16.01	果冻	2~6μg/kg
维生素 C	01.02.02	风味发酵乳	120~240mg/kg
	01.03.02	调制乳粉（儿童用乳粉和孕产妇用乳粉除外）	300~1000mg/kg
		调制乳粉（仅限儿童用乳粉）	140~800mg/kg
		调制乳粉（仅限孕产妇用乳粉）	1000~1600mg/kg
	04.01.02.01	水果罐头	200~400mg/kg
	04.01.02.02	果泥	50~100mg/kg
	04.04.01.07	豆粉、豆浆粉	400~700mg/kg
	05.02.01	胶基糖果	630~13000mg/kg
	05.02.02	除胶基糖果以外的其他糖果	1000~6000mg/kg
	06.06	即食谷物，包括辗轧燕麦（片）	300~750mg/kg
	14.02.03	果蔬汁（肉）饮料（包括发酵型产品等）	250~500mg/kg
	14.03.01	含乳饮料	120~240mg/kg
	14.04	水基调味饮料类	250~500mg/kg
	14.06	固体饮料类	1000~2250mg/kg
	16.01	果冻	120~240mg/kg
烟酸（尼克酸）	01.03.02	调制乳粉（仅限儿童用乳粉）	23~47mg/kg
		调制乳粉（仅限孕产妇用乳粉）	42~100mg/kg
	04.04.01.07	豆粉、豆浆粉	60~120mg/kg
	04.04.01.08	豆浆	10~30mg/kg
	06.02	大米及其制品	40~50mg/kg
	06.03	小麦粉及其制品	40~50mg/kg
	06.04	杂粮粉及其制品	40~50mg/kg
	06.06	即食谷物，包括辗轧燕麦（片）	75~218mg/kg
	07.01	面包	40~50mg/kg
	07.03	饼干	30~60mg/kg
	14.0	饮料类（14.01、14.06 涉及品种除外）	3~18mg/kg
	14.06	固体饮料类	110~330mg/kg

续表

营养强化剂	食品分类号	食品类别（名称）	使用量
维生素类			
叶酸	01.01.03	调制乳（仅限孕产妇用调制乳）	400～1200μg/kg
	01.03.02	调制乳粉（儿童用乳粉和孕产妇用乳粉除外）	2000～5000μg/kg
		调制乳粉（仅限儿童用乳粉）	420～3000μg/kg
		调制乳粉（仅限孕产妇用乳粉）	2000～8200μg/kg
	06.02.01	大米（仅限免淘洗大米）	1000～3000μg/kg
	06.03.01	小麦粉	1000～3000μg/kg
	06.06	即食谷物，包括辗轧燕麦（片）	1000～2500μg/kg
	07.03	饼干	390～780μg/kg
	07.05	其他焙烤食品	2000～7000μg/kg
	14.02.03	果蔬汁（肉）饮料（包括发酵型产品等）	157～313μg/kg
	14.06	固体饮料类	600～6000μg/kg
	16.01	果冻	50～100μg/kg
泛酸	01.03.02	调制乳粉（仅限儿童用乳粉）	6～60mg/kg
		调制乳粉（仅限孕产妇用乳粉）	20～80mg/kg
	06.06	即食谷物，包括辗轧燕麦（片）	30～50mg/kg
	14.04.01	碳酸饮料	1.1～2.2mg/kg
	14.04.02.02	风味饮料	1.1～2.2mg/kg
	14.05.01	茶饮料类	1.1～2.2mg/kg
	14.06	固体饮料类	22～80mg/kg
	16.01	果冻	2～5mg/kg
生物素	01.03.02	调制乳粉（仅限儿童用乳粉）	38～76μg/kg
胆碱	01.03.02	调制乳粉（仅限儿童用乳粉）	800～1500mg/kg
		调制乳粉（仅限孕产妇用乳粉）	1600～3400mg/kg
	16.01	果冻	50～100mg/kg
肌醇	01.03.02	调制乳粉（仅限儿童用乳粉）	210～250mg/kg
	14.02.03	果蔬汁（肉）饮料（包括发酵型产品等）	60～120mg/kg
	14.04.02.02	风味饮料	60～120mg/kg
矿物质类			
铁	01.01.03	调制乳	10～20mg/kg
	01.03.02	调制乳粉（儿童用乳粉和孕产妇用乳粉除外）	60～200mg/kg
		调制乳粉（仅限儿童用乳粉）	25～135mg/kg
		调制乳粉（仅限孕产妇用乳粉）	50～280mg/kg
	04.04.01.07	豆粉、豆浆粉	46～80mg/kg

续表

营养强化剂	食品分类号	食品类别（名称）	使用量
矿物质类			
铁	05.02.02	除胶基糖果以外的其他糖果	600～1200mg/kg
	06.02	大米及其制品	14～26mg/kg
	06.03	小麦粉及其制品	14～26mg/kg
	06.04	杂粮粉及其制品	14～26mg/kg
	06.06	即食谷物，包括辗轧燕麦（片）	35～80mg/kg
	07.01	面包	14～26mg/kg
	07.02.02	西式糕点	40～60mg/kg
	07.03	饼干	40～80mg/kg
	07.05	其他焙烤食品	50～200mg/kg
	12.04	酱油	180～260mg/kg
	14.0	饮料类（14.01及14.06涉及品种除外）	10～20mg/kg
	14.06	固体饮料类	95～220mg/kg
	16.01	果冻	10～20mg/kg
钙	01.01.03	调制乳	250～1000mg/kg
	01.03.02	调制乳粉（儿童用乳粉除外）	3000～7200mg/kg
		调制乳粉（仅限儿童用乳粉）	3000～6000mg/kg
	01.06	干酪和再制干酪	2500～10000mg/kg
	03.01	冰淇淋类、雪糕类	2400～3000mg/kg
	04.04.01.07	豆粉、豆浆粉	1600～8000mg/kg
	06.02	大米及其制品	1600～3200mg/kg
	06.03	小麦粉及其制品	1600～3200mg/kg
	06.04	杂粮粉及其制品	1600～3200mg/kg
	06.05.02.03	藕粉	2400～3200mg/kg
	06.06	即食谷物，包括辗轧燕麦（片）	2000～7000mg/kg
	07.01	面包	1600～3200mg/kg
	07.02.02	西式糕点	2670～5330mg/kg
	07.03	饼干	2670～5330mg/kg
	07.05	其他焙烤食品	3000～15000mg/kg
	08.03.05	肉灌肠类	850～1700mg/kg
	08.03.07.01	肉松类	2500～5000mg/kg
	08.03.07.02	肉干类	1700～2550mg/kg
	10.03.01	脱水蛋制品	190～650mg/kg
	12.03	醋	6000～8000mg/kg

续表

营养强化剂	食品分类号	食品类别（名称）	使用量
矿物质类			
钙	14.0	饮料类（14.01、14.02及14.06涉及品种除外）	160～1350mg/kg
	14.02.03	果蔬汁（肉）饮料（包括发酵型产品等）	1000～1800mg/kg
	14.06	固体饮料类	2500～10000mg/kg
	16.01	果冻	390～800mg/kg
锌	01.01.03	调制乳	5～10mg/kg
	01.03.02	调制乳粉（儿童用乳粉和孕产妇用乳粉除外）	30～60mg/kg
		调制乳粉（仅限儿童用乳粉）	50～175mg/kg
		调制乳粉（仅限孕产妇用乳粉）	30～140mg/kg
	04.04.01.07	豆粉、豆浆粉	29～55.5mg/kg
	06.02	大米及其制品	10～40mg/kg
	06.03	小麦粉及其制品	10～40mg/kg
	06.04	杂粮粉及其制品	10～40mg/kg
	06.06	即食谷物，包括辗轧燕麦（片）	37.5～112.5mg/kg
	07.01	面包	10～40mg/kg
	07.02.02	西式糕点	45～80mg/kg
	07.03	饼干	45～80mg/kg
	14.0	饮料类（14.01及14.06涉及品种除外）	3～20mg/kg
	14.06	固体饮料类	60～180mg/kg
	16.01	果冻	10～20mg/kg
硒	01.03.02	调制乳粉（儿童用乳粉除外）	140～280μg/kg
		调制乳粉（仅限儿童用乳粉）	60～130μg/kg
	06.02	大米及其制品	140～280μg/kg
	06.03	小麦粉及其制品	140～280μg/kg
	06.04	杂粮粉及其制品	140～280μg/kg
	07.01	面包	140～280μg/kg
	07.03	饼干	30～110μg/kg
	14.03.01	含乳饮料	50～200μg/kg
镁	01.03.02	调制乳粉（儿童用乳粉和孕产妇用乳粉除外）	300～1100mg/kg
	01.03.02	调制乳粉（仅限儿童用乳粉）	300～2800mg/kg
		调制乳粉（仅限孕产妇用乳粉）	300～2300mg/kg
	14.0	饮料类（14.01及14.06涉及品种除外）	30～60mg/kg
	14.06	固体饮料类	1300～2100mg/kg

续表

营养强化剂	食品分类号	食品类别（名称）	使用量
矿物质类			
铜	01.03.02	调制乳粉（儿童用乳粉和孕产妇用乳粉除外）	3~7.5mg/kg
		调制乳粉（仅限儿童用乳粉）	2~12mg/kg
		调制乳粉（仅限孕产妇用乳粉）	4~23mg/kg
锰	01.03.02	调制乳粉（儿童用乳粉和孕产妇用乳粉除外）	0.3~4.3mg/kg
		调制乳粉（仅限儿童用乳粉）	7~15mg/kg
		调制乳粉（仅限孕产妇用乳粉）	11~26mg/kg
钾	01.03.02	调制乳粉（仅限孕产妇用乳粉）	7000~14100mg/kg
磷	04.04.01.07	豆粉、豆浆粉	1600~3700mg/kg
	14.06	固体饮料类	1960~7040mg/kg
其他			
L-赖氨酸	06.02	大米及其制品	1~2g/kg
	06.03	小麦粉及其制品	1~2g/kg
	06.04	杂粮粉及其制品	1~2g/kg
	07.01	面包	1~2g/kg
牛磺酸	01.03.02	调制乳粉	0.3~0.5g/kg
	04.04.01.07	豆粉、豆浆粉	0.3~0.5g/kg
	04.04.01.08	豆浆	0.06~0.1g/kg
	14.03.01	含乳饮料	0.1~0.5g/kg
	14.04.02.01	特殊用途饮料	0.1~0.5g/kg
	14.04.02.02	风味饮料	0.4~0.6g/kg
	14.06	固体饮料类	1.1~1.4g/kg
	16.01	果冻	0.3~0.5g/kg
左旋肉碱（L-肉碱）	01.03.02	调制乳粉（儿童用乳粉除外）	300~400mg/kg
		调制乳粉（仅限儿童用乳粉）	50~150mg/kg
	14.02.03	果蔬汁（肉）饮料（包括发酵型产品等）	600~3000mg/kg
	14.03.01	含乳饮料	600~3000mg/kg
	14.04.02.01	特殊用途饮料（仅限运动饮料）	100~1000mg/kg
	14.04.02.02	风味饮料	600~3000mg/kg
	14.06	固体饮料类	6000~30000mg/kg
γ-亚麻酸	01.03.02	调制乳粉	20~50g/kg
	02.01.01.01	植物油	20~50g/kg
	14.0	饮料类（14.01，14.06涉及品种除外）	20~50g/kg
叶黄素	01.03.02	调制乳粉（仅限儿童用乳粉，液体按稀释倍数折算）	1620~2700μg/kg

续表

营养强化剂	食品分类号	食品类别（名称）	使用量
其他			
低聚果糖	01.03.02	调制乳粉（仅限儿童用乳粉和孕产妇用乳粉）	≤64.5g/kg
1，3-二油酸-2-棕榈酸甘油三酯	01.03.02	调制乳粉（仅限儿童用乳粉，液体按稀释倍数折算）	24～96g/kg
花生四烯酸（AA或ARA）	01.03.02	调制乳粉（仅限儿童用乳粉）	≤1%（占总脂肪酸的百分比）
二十二碳六烯酸（DHA）	01.03.02	调制乳粉（仅限儿童用乳粉）	≤0.5%（占总脂肪酸的百分比）
		调制乳粉（仅限孕产妇用乳粉）	300～1000mg/kg
乳铁蛋白	01.01.03	调制乳	≤1.0g/kg
	01.02.02	风味发酵乳	≤1.0g/kg
	14.03.01	含乳饮料	≤1.0g/kg
酪蛋白钙肽	06.0	粮食和粮食制品，包括大米、面粉、杂粮、淀粉等（06.01及07.0涉及品种除外）	≤1.6g/kg
	14.0	饮料类（14.01涉及品种除外）	≤1.6g/kg（固体饮料按冲调倍数增加使用量）
酪蛋白磷酸肽	01.01.03	调制乳	≤1.6g/kg
	01.02.02	风味发酵乳	≤1.6g/kg
	06.0	粮食和粮食制品，包括大米、面粉、杂粮、淀粉等（06.01及07.0涉及品种除外）	≤1.6g/kg
	14.0	饮料类（14.01涉及品种除外）	≤1.6g/kg（固体饮料按冲调倍数增加使用量）

注：表中使用范围以食品分类号和食品类别（名称）表示。

附录三　200 种食物

编码	食物名称	食部/%	水分/g	能量 kcal	能量 kJ	蛋白质/g	脂肪/g	碳水化合物/g	膳食纤维/g	胆固醇/mg	灰分/g	维生素A/μgRE	胡萝卜素/μg	视黄醇/μg
一、谷类及制品														
01-1-201	小麦粉（标准粉）	100	12.7	344	1439	11.2	1.5	73.6	2.1	—	1	—	—	—
01-1-202	小麦粉（富强粉、特一粉）	100	12.7	350	1464	10.3	1.1	75.2	0.6	—	0.7	—	—	—
01-1-302	挂面（标准粉）	100	12.4	344	1439	10.1	0.7	76	1.6	—	0.8	—	—	—
01-1-303	挂面（富强粉）	100	12.4	347	1452	9.6	0.6	76	0.3	—	1.1	—	—	—
01-1-403	烙饼（标准粉）	100	36.4	255	1067	7.5	2.3	52.9	1.9	—	0.9	—	—	—
01-1-405	馒头（标准粉）	100	40.5	233	975	7.8	1	49.8	1.5	—	0.9	—	—	—
01-1-407	烧饼（加糖）	100	25.9	293	1226	8	2.1	62.7	2.1	—	1.3	—	—	—
01-1-409	油条	100	21.8	386	1615	6.9	17.6	51	0.9	—	2.7	—	—	—
01-2-001	稻米（大米）	100	13.3	346	1448	7.4	0.8	77.9	0.7	—	0.6	—	—	—
01-2-202	籼米（标准）［机米］	100	12.6	347	1452	7.9	0.6	78.3	0.8	—	0.6	—	—	—
01-2-212	黑米	100	14.3	333	1393	9.4	2.5	72.2	3.9	—	1.6	—	—	—
01-2-301	糯米［江米］	100	12.6	348	1456	7.3	1	78.3	0.8	—	0.8	—	—	—
01-2-403	籼米饭（蒸）	100	71.1	114	477	2.5	0.2	26	0.4	—	0.2	—	—	—
01-3-103	玉米面（黄、干）	100	13.2	335	1402	8.7	3.8	73	6.4	—	1.3	17	100	—
01-5-101	小米	100	11.6	358	1498	9	3.1	75.1	1.6	—	1.2	17	100	—
01-9-007	莜麦面	100	11	366	1531	12.2	7.2	67.8	4.6	—	1.8	3	20	—

一般营养成分

硫胺素/mg	核黄素/mg	烟酸/mg	维生素C/mg	维生素E/mg	α-E/mg	(β+γ)-E/mg	α-E/mg	钙/mg	磷/mg	钾/mg	钠/mg	镁/mg	铁/mg	锌/mg	硒/mg	铜/mg	锰/mg	备注
0.28	0.08	2	—	1.8	1.59	⋯	0.21	31	188	190	3.1	50	3.5	1.64	5.36	0.42	1.56	
0.17	0.06	2	—	0.73	0.51	0.22	⋯	27	114	128	2.7	32	2.7	0.97	6.88	0.26	0.77	
0.19	0.04	2.5	—	1.11	0.21	0.9	⋯	14	153	157	150	51	3.5	1.22	9.9	0.44	1.28	
0.2	0.04	2.4	—	0.88	0.62	0.18	0.08	21	112	122	111	48	3.2	0.74	11.1	0.4	0.68	
0.02	0.04	—	—	1.03	0.3	0.73	⋯	20	146	141	149	51	2.4	0.94	7.5	0.15	1.15	北京
0.05	0.07	—	—	0.86	0.35	0.51	⋯	18	136	129	165	39	1.9	1.01	9.7	0.14	1.27	北京
Tr	0.01	1.1	—	0.39	0.21	0.18	⋯	51	105	122	62.5	26	1.6	0.36	12.2	0.15	—	武汉
0.01	0.07	—	—	13.7	12.2	1.38	0.13	46	124	106	573	13	2.3	0.97	10.6	0.27	0.71	北京
0.11	0.05	1.9	—	0.46	—	—	—	13	110	103	3.8	34	2.3	1.7	2.23	0.3	1.29	
0.09	0.04	1.4	—	0.54	0.43	0.11	⋯	12	112	109	1.7	28	1.6	1.47	1.99	0.29	1.27	
0.33	0.13	7.9	—	0.22	⋯	0.22	⋯	12	356	256	7.1	147	1.6	3.8	3.2	0.15	1.72	
0.11	0.04	2.3	—	1.29	0.87	0.42	⋯	26	113	137	1.5	49	1.4	1.54	2.71	0.25	1.54	
0.02	0.03	1.7	—	—	—	—	—	6	—	21	1.7	10	0.3	0.47	⋯	0.04	0.31	北京
0.21	0.13	2.5	—	3.89	0.77	3.03	0.09	14	218	300	3.3	96	2.4	1.7	3.52	0.25	0.48	
0.33	0.1	1.5	—	3.63	⋯	⋯	3.63	41	229	284	4.3	107	5.1	1.87	4.74	0.54	0.89	
0.39	0.04	3.9	—	7.96	—	—	—	27	35	319	2.2	146	13.6	2.21	0.5	0.89	3.86	河北

续表

编码	食物名称	食部/%	水分/g	能量 kcal	能量 kJ	蛋白质/g	脂肪/g	碳水化合物/g	膳食纤维/g	胆固醇/mg	灰分/g	维生素A/μgRE	胡萝卜素/μg	视黄醇/μg
二、薯类、淀粉及制品														
02-1-101	马铃薯（土豆、洋芋）	94	79.8	76	318	2	0.2	17.2	0.7	—	0.8	5	30	—
02-1-201	甘薯（白心）[红皮山芋]	86	72.6	104	435	1.4	0.2	25.2	1	—	0.6	37	220	—
02-2-105	藕粉	100	6.4	372	1556	0.2	…	93	0.1	—	0.4	—	—	—
02-201	粉丝	100	15	335	1402	0.8	0.2	83.7	1.1	—	0.3	—	—	—
三、干豆类及制品														
03-1-101	黄豆	100	10.2	359	1502	35	16	34.2	15.5	—	4.6	37	220	—
03-1-103	青豆（青大豆）	100	9.5	373	1561	34.5	16	35.4	12.6	—	4.6	132	132	—
03-1-301	豆腐	100	82.8	81	339	8.1	3.7	4.2	0.4	—	1.2	—	—	—
03-1-305	豆腐脑[老豆腐]	100	96.7	15	63	1.9	0.8	0	—	—	0.6	—	—	—
03-1-401	豆浆	100	96.4	14	59	1.8	0.7	1.1	1.1	—	0.2	15	90	—
03-1-509	千张（百页）	100	52	260	1088	24.5	16	5.5	1	—	2	5	30	—
03-1-510	豆腐干	100	65.2	140	586	16.2	3.6	11.5	0.8	—	3.5	—	—	—
03-2-101	绿豆	100	12.3	316	1322	21.6	0.8	62	6.4	—	3.3	22	130	—
03-3-101	小豆（红小豆、赤豆）	100	12.6	309	1293	20.2	0.6	63.4	7.7	—	3.2	13	80	—
03-5-102	蚕豆（带皮）	93	11.5	304	1272	24.6	1.1	59.9	10.9	—	2.9	8	50	—
03-9-202	豇豆	100	10.9	322	1347	19.3	1.2	65.6	7.1	—	3	10	60	—
03-9-301	豌豆	100	10.4	313	1310	20.3	1.1	65.8	10.4	—	2.4	42	250	—

硫胺素/mg	核黄素/mg	烟酸/mg	维生素C/mg	维生素E/mg	α-E/mg	(β+γ)-E/mg	α-E/mg	钙/mg	磷/mg	钾/mg	钠/mg	镁/mg	铁/mg	锌/mg	硒/mg	铜/mg	锰/mg	备注
0.08	0.04	1.1	27	0.34	0.08	0.1	0.16	8	40	342	2.7	23	0.8	0.37	0.78	0.12	0.14	
0.07	0.04	0.6	24	0.43	0.43	…	…	24	46	174	58.2	17	0.8	0.22	0.63	0.16	0.21	
…	0.01	0.4	—	—	—	—	—	8	9	35	10.8	2	17.9	0.15	2.1	0.22	0.28	杭州
0.03	0.02	0.4	—	—	—	—	—	31	16	18	9.3	11	6.4	0.27	3.39	0.05	0.15	
0.41	0.2	2.1	—	18.9	0.9	13.4	4.61	191	465	1503	2.2	199	8.2	3.34	6.16	1.35	2.26	
0.41	0.18	3	—	10.1	0.4	6.89	2.8	200	395	718	1.8	128	8.4	3.18	5.62	1.38	2.25	
0.04	0.03	0.2	—	2.71	…	1.02	1.69	164	119	125	7.2	27	1.9	1.11	2.3	0.27	0.47	
0.04	0.02	0.4	—	10.5	—	—	—	18	5	107	2.8	28	0.9	0.49	Tr	0.26	0.25	河北
0.02	0.02	0.1	—	0.8	…	0.48	0.32	10	30	48	3	9	0.5	0.24	0.14	0.07	0.09	
0.04	0.05	0.2	—	23.4	0.94	10.4	12	313	309	94	20.6	80	6.4	2.52	1.75	0.46	1.96	
0.03	0.07	0.3	—	—	—	—	—	308	273	140	76.5	64	4.9	1.76	0.02	0.77	1.31	
0.25	0.11	2	—	11	…	10.7	0.29	81	337	787	3.2	125	6.5	2.18	4.28	1.08	1.11	
0.16	0.11	2	—	14.4	…	6.01	8.35	74	305	860	2.2	138	7.4	2.2	3.8	0.64	1.33	
0.13	0.23	2.2	—	4.9	0.84	3.8	0.26	49	339	992	21.2	113	2.9	4.76	4.29	0.64	1	
0.16	0.08	1.9	—	8.61	5.34	3.27	…	40	344	737	6.8	36	7.1	3.04	5.74	2.1	1.07	
0.49	0.14	2.4	—	8.47	…	8.28	0.19	97	259	823	9.7	118	4.9	2.35	1.69	0.47	1.15	

续表

编码	食物名称	食部/%	水分/g	能量		蛋白质/g	脂肪/g	碳水化合物/g	膳食纤维/g	胆固醇/mg	灰分/g	维生素A/μgRE	胡萝卜素/μg	视黄醇/μg
				kcal	kJ									
四、蔬菜类及制品														
04-1-102	变萝卜（红皮萝卜）	94	91.6	27	113	1.2	0.1	6.4	1.2	—	0.7	3	20	—
04-1-107	萝卜（青萝卜）	95	91	31	130	1.3	0.2	6.8	0.8	—	0.7	10	60	—
04-1-201	胡萝卜（红）［金笋、丁香萝］	96	89.2	37	155	1	0.2	8.8	1.1	—	0.8	688	4130	—
04-2-101	扁豆（月亮菜）	91	88.3	37	155	2.7	0.2	8.2	2.1	—	0.6	25	150	—
04-2-102	蚕豆	31	70.2	104	435	8.8	0.4	19.5	3.1	—	1.1	52	310	—
04-2-104	豆角	92	89	36	151	3.1	0.3	7	1.8	—	0.6	37	220	—
04-2-110	四季豆（菜豆）	96	91.3	28	117	2	0.4	5.7	1.5	—	0.6	35	210	—
04-2-111	豌豆（带荚）［回回豆］	42	70.2	105	439	7.4	0.3	21.2	3	—	0.9	37	220	—
04-2-117	豇豆（长）	98	90.8	29	121	2.7	0.2	5.8	1.8	—	0.5	20	120	—
04-2-201	发芽豆	83	66.1	128	536	12.4	0.7	19.4	1.3	—	1.4	—	—	—
04-2-202	黄豆芽	100	88.8	44	184	4.5	1.6	4.5	1.5	—	0.6	5	30	—
04-2-203	绿豆芽	100	94.6	18	75	2.1	0.1	2.9	0.8	—	0.3	3	20	—
04-3-101	茄子	93	93.4	21	88	1.1	0.2	4.9	1.3	—	0.4	8	50	—
04-3-105	番茄（西红柿）	97	94.4	19	79	0.9	0.2	4	0.5	—	0.5	92	550	—
04-3-109	辣椒（红、小）	80	88.8	32	134	1.3	0.4	8.9	3.2	—	0.6	232	1390	—
04-3-110	辣椒（青、尖）	84	91.9	23	96	1.4	0.3	5.8	2.1	—	0.6	57	340	—
04-3-111	甜椒［灯笼椒、柿子椒］	82	93	22	92	1	0.2	5.4	1.4	—	0.4	57	340	—

硫胺素/mg	核黄素/mg	烟酸/mg	维生素C/mg	维生素E/mg	α-E/mg	(β+γ)-E/mg	α-E/mg	钙/mg	磷/mg	钾/mg	钠/mg	镁/mg	铁/mg	锌/mg	硒/mg	铜/mg	锰/mg	备注
0.03	0.04	0.6	24	1.8	1.8	…	…	45	33	167	68	22	0.6	0.29	1.07	0.04	0.1	
0.04	0.06	—	14	0.22	…	…	0.22	40	34	232	69.9	12	0.8	0.34	0.59	0.02	0.12	
0.04	0.03	0.6	13	0.41	0.36	0.05	…	32	27	190	71.4	14	1	0.23	0.63	0.08	0.24	
0.04	0.07	0.9	13	0.24	…	0.24	…	38	54	178	3.8	34	1.9	0.72	0.94	0.12	0.34	
0.37	0.1	1.5	16	0.83	0.03	0.75	0.05	16	200	391	4	46	3.5	1.37	2.02	0.39	0.55	
0.05	0.07	0.9	18	2.24	0.23	1.74	0.27	29	55	207	3.4	35	1.5	0.54	2.16	0.15	0.41	
0.04	0.07	0.4	6	1.24	0.42	0.64	0.18	42	51	123	8.6	27	1.5	0.23	0.43	0.11	0.18	
0.43	0.09	2.3	14	1.21	0.64	0.51	0.06	21	127	332	1.2	43	1.7	1.29	1.74	0.22	0.65	
0.07	0.07	0.8	18	0.65	…	0.13	0.52	42	50	145	4.6	43	1	0.94	1.4	0.11	0.39	
0.3	0.17	2.3	4	2.8	1.43	1.31	0.06	41	134	179	3.9	1	5	0.72	0.73	0.32	0.37	上海
0.04	0.07	0.6	8	0.8	…	0.4	0.4	21	74	160	7.2	21	0.9	0.54	0.96	0.14	0.34	
0.05	0.06	0.5	6	0.19	…	0.17	0.02	9	37	68	4.4	18	0.6	0.35	0.5	0.1	0.1	
0.02	0.04	0.6	5	1.13	1.13	…	…	24	23	142	5.4	13	0.5	0.23	0.48	0.1	0.13	
0.03	0.03	0.6	19	0.57	0.18	0.13	0.26	10	23	163	5	9	0.4	0.13	0.15	0.06	0.08	
0.03	0.06	0.8	144	0.44	0.37	0.07	…	37	95	222	2.6	16	1.4	0.3	1.9	0.11	0.18	
0.03	0.04	0.5	62	0.88	0.74	0.14	…	15	33	209	2.2	15	0.7	0.22	0.62	0.11	0.14	
0.03	0.03	0.9	72	0.59	0.49	0.05	0.05	14	20	142	3.3	12	0.8	0.19	0.38	0.09	0.12	

续表

编码	食物名称	食部/%	水分/g	能量		蛋白质/g	脂肪/g	碳水化合物/g	膳食纤维/g	胆固醇/mg	灰分/g	维生素A/μgRE	胡萝卜素/μg	视黄醇/μg
				kcal	kJ									
04-3-113	葫子	85	92.2	27	113	0.7	0.1	6.8	0.9	—	0.2	163	980	—
04-3-202	菜瓜［生瓜、白瓜］	88	95	18	75	0.6	0.2	3.9	0.4	—	0.3	3	20	—
04-3-204	冬瓜	80	96.6	11	46	0.4	0.2	2.6	0.7	—	0.2	13	80	—
04-3-212	苦瓜［凉瓜、赖瓜］	81	93.4	19	79	1	0.1	4.9	1.4	—	0.6	17	100	—
04-3-213	南瓜［倭瓜、番瓜］	85	93.5	22	92	0.7	0.1	5.3	0.8	—	0.4	148	890	—
04-3-216	丝瓜	83	94.3	20	84	1	0.2	4.2	0.6	—	0.3	15	90	—
04-3-218	西葫芦	73	94.9	18	75	0.8	0.2	3.8	0.6	—	0.3	5	30	—
04-4-101	大蒜［蒜头］	85	66.6	126	527	4.5	0.2	27.6	1.1	—	1.1	5	30	—
04-4-201	大葱	82	91	30	126	1.7	0.3	6.5	1.3	—	0.5	1	60	—
04-4-303	葱头［洋葱］	90	89.2	39	163	1.1	0.2	9	0.9	—	0.5	3	20	—
04-4-401	韭菜	90	91.8	26	109	2.4	0.4	4.6	1.4	—	0.8	235	1410	—
04-4-402	韭黄［韭芽］	88	93.2	22	92	2.3	0.2	3.9	1.2	—	0.4	43	260	—
04-5-103	大白菜（青口白）	83	95.1	15	63	1.4	0.1	3	0.9	—	0.4	13	80	—
04-4-104	青蒜	84	90.4	30	126	2.4	0.3	6.2	1.7	—	0.7	98	590	—
04-4-106	蒜苗	82	88.9	37	155	2.1	0.4	8	1.8	—	0.6	47	280	—
04-5-112	油菜	87	92.9	23	96	1.8	0.5	3.8	1.1	—	1	103	620	—
04-5-201	甘蓝［圆白菜、卷心菜］	86	93.2	22	92	1.5	0.2	4.6	1	—	0.5	12	70	—

硫胺素/mg	核黄素/mg	烟酸/mg	维生素 C/mg	维生素 E/mg	α-E/mg	(β+γ)-E/mg	α-E/mg	钙/mg	磷/mg	钾/mg	钠/mg	镁/mg	铁/mg	锌/mg	硒/mg	铜/mg	锰/mg	备注
0.01	0.06	0.7	29	1.14	—	—	—	49	27	73	1.2	10	…	0.56	4.4	0.87	…	甘肃
0.02	0.01	0.2	12	0.03	…	0.03	…	20	14	136	1.6	15	0.5	0.1	0.63	0.03	0.03	
0.01	0.01	0.3	18	0.08	0.03	0.01	0.04	19	12	78	1.8	8	0.2	0.07	0.22	0.07	0.03	
0.03	0.03	0.4	56	0.85	0.61	0.24	…	14	35	256	2.5	18	0.7	0.36	0.36	0.06	0.16	
0.03	0.04	0.4	8	0.36	0.29	0.07	…	16	24	145	0.8	8	0.4	0.14	0.46	0.03	0.08	
0.02	0.04	0.4	5	0.22	0.06	0.05	0.11	14	29	115	2.6	11	0.4	0.21	0.86	0.06	0.06	
0.01	0.03	0.2	6	0.34	0.34	…	…	15	17	92	5	9	0.3	0.12	0.28	0.03	0.04	
0.04	0.06	0.6	7	1.07	1.07	…	…	39	117	302	19.6	21	1.2	0.88	3.09	0.22	0.29	
0.03	0.05	0.5	17	0.3	0.27	…	0.03	29	38	144	4.8	19	0.7	0.4	0.67	0.08	0.28	
0.03	0.03	0.3	8	0.14	—	—	—	24	39	147	4.4	15	0.6	0.23	0.92	0.05	0.14	
0.02	0.09	0.8	24	0.96	0.8	0.16	…	42	38	247	8.1	25	1.6	0.43	1.38	0.08	0.43	
0.03	0.05	0.7	15	0.34	0.34	…	…	25	48	192	6.9	12	1.7	0.33	0.76	0.1	0.17	
0.03	0.04	0.8	47	0.92	0.52	0.2	0.2	69	30	130	89.3	12	0.5	0.21	0.33	0.03	0.21	
0.06	0.04	0.6	16	0.8	0.78	0.02	…	24	25	168	9.3	17	0.8	0.23	1.27	0.05	0.15	
0.11	0.08	0.6	18	0.52	0.41	0.1	0.01	24	58	168	7.8	16	1.3	0.33	0.79	0.09	0.25	
0.04	0.11	0.7	36	0.88	0.71	0.17	…	108	39	210	55.8	22	1.2	0.33	0.79	0.06	0.23	
0.03	0.03	0.4	40	0.5	0.21	0.21	0.08	49	26	124	27.2	12	0.6	0.25	0.96	0.04	0.18	

续表

编码	食物名称	食部/%	水分/g	能量		蛋白质/g	脂肪/g	碳水化合物/g	膳食纤维/g	胆固醇/mg	灰分/g	维生素A/μgRE	胡萝卜素/μg	视黄醇/μg
				kcal	kJ									
04-5-202	菜花［花椰菜］	82	92.4	24	100	2.1	0.2	4.6	1.2	—	0.7	5	30	—
04-5-301	菠菜［赤根菜］	89	91.2	24	100	2.6	0.3	4.5	1.7	—	1.4	487	2920	—
04-5-311	芹菜（白茎）［旱芹、药芹］	66	94.2	14	59	0.8	0.1	3.9	1.4	—	1	10	60	—
04-5-315	生菜（叶用莴苣）	94	95.8	13	54	1.3	0.3	2	0.7	—	0.6	298	1790	—
04-5-317	香菜［芫荽］	81	90.5	31	130	1.8	0.4	6.2	1.2	—	1.1	193	1160	—
04-5-320	苋菜（紫）［红菜］	73	88.8	31	130	2.8	0.4	5.9	1.8	—	2.1	248	1490	—
04-5-321	茼蒿［蓬蒿菜、艾菜］	82	93	21	88	1.9	0.3	3.9	1.2	—	0.9	252	1510	—
04-5-322	茴香菜［小茴香］	86	91.2	24	100	2.5	0.4	4.2	1.6	—	1.7	402	2410	—
04-5-324	莴笋［莴苣］	62	95.5	14	59	1	0.1	2.8	0.6	—	0.6	25	150	—
04-5-326	蕹菜［空心菜、藤藤菜］	76	92.9	20	84	2.2	0.3	3.6	1.4	—	1	253	1520	—
04-5-401	竹笋	63	92.8	19	79	2.6	0.2	3.6	1.8		0.8	—	—	—
04-6-004	藕［莲藕］	88	80.5	70	293	1.9	0.2	16.4	1.2	—	1	3	20	—
04-6-008	荸荠［马蹄、地栗］	78	83.6	59	247	1.2	0.2	14.2	1.1	—	0.8	3	20	—
04-7-102	豆薯［凉薯、地瓜、沙葛］	91	85.2	55	230	0.9	0.1	13.4	0.8	—	0.4	—	—	—
04-7-104	山药［薯蓣、粉葛］	83	84.8	56	234	1.9	0.2	12.4	0.8	—	0.7	3	20	—
04-7-201	芋头（芋艿、毛芋）	84	78.6	79	331	2.2	0.2	18.1	1	—	0.9	27	160	—
04-7-301	姜［黄姜］	95	87	41	172	1.3	0.6	10.3	2.7	—	0.8	28	170	—
04-8-073	荠菜（野荠）	65	95.6	11	46	0.7	0.2	2.7	1.2	—	0.8	48	290	—

硫胺素/mg	核黄素/mg	烟酸/mg	维生素C/mg	维生素E/mg	α-E/mg	(β+γ)-E/mg	α-E/mg	钙/mg	磷/mg	钾/mg	钠/mg	镁/mg	铁/mg	锌/mg	硒/mg	铜/mg	锰/mg	备注
0.03	0.08	0.6	61	0.43	0.19	0.19	0.05	23	47	200	31.6	18	1.1	0.38	0.73	0.05	0.17	
0.04	0.11	0.6	32	1.74	1.46	0.28	…	66	47	311	85.2	58	2.9	0.85	0.97	0.1	0.66	
0.01	0.08	0.4	12	2.21	1.27	0.41	0.53	48	50	154	73.8	10	0.8	0.46	0.47	0.09	0.17	
0.03	0.06	0.4	13	1.02	0.43	0.42	0.17	34	27	170	32.8	18	0.9	0.27	1.15	0.03	0.13	
0.04	0.14	2.2	48	0.8	0.68	0.12	…	101	49	272	48.5	33	2.9	0.45	0.53	0.21	0.28	
0.03	0.1	0.6	30	1.54	0.88	0.66	…	178	63	340	42.3	38	2.9	0.7	0.09	0.07	0.35	
0.04	0.09	0.6	18	0.92	0.46	0.33	0.13	73	36	220	161	20	2.5	0.35	0.6	0.06	0.28	
0.06	0.09	0.8	26	0.94	0.31	…	0.63	154	23	149	186	46	1.2	0.73	0.77	0.04	0.31	
0.02	0.02	0.5	4	0.19	0.08	0.08	0.03	23	48	212	36.5	19	0.9	0.33	0.54	0.07	0.19	
0.03	0.08	0.8	25	1.09	0.31	0.19	0.59	99	38	243	94.3	29	2.3	0.39	1.2	0.1	0.67	
0.08	0.08	0.6	5	0.05	0.03	0.02	…	9	64	389	0.4	1	0.5	0.33	0.04	0.09	1.14	上海
0.09	0.03	0.3	44	0.73	0.21	0.23	0.29	39	58	243	44.2	19	1.4	0.23	0.39	0.11	1.3	
0.02	0.02	0.7	7	0.65	0.15	0.28	0.22	4	44	306	15.7	12	0.6	0.34	0.7	0.07	0.11	
0.03	0.03	0.3	13	0.86	0.32	0.45	0.09	21	24	111	5.5	14	0.6	0.23	0.16	0.07	0.11	
0.05	0.02	0.3	5	0.24	0.24	…	…	16	34	213	18.6	20	0.3	0.27	0.55	0.24	0.12	
0.06	0.05	0.7	6	0.45	0.45	…	…	36	55	378	33.1	23	1	0.49	1.45	0.37	0.3	
0.02	0.03	0.8	4	—	—	—	—	27	25	295	14.9	44	1.4	0.34	0.56	0.14	3.2	
0.02	0.02	1.8	5	0.27	0.03	0.24	…	89	26	262	109	9	1.1	0.42	1.5	0.05	0.19	

续表

编码	食物名称	食部/%	水分/g	能量		蛋白质/g	脂肪/g	碳水化合物/g	膳食纤维/g	胆固醇/mg	灰分/g	维生素A/μgRE	胡萝卜素/μg	视黄醇/μg
				kcal	kJ									
五、菌藻类														
05-1-011	蘑菇（鲜蘑）	99	92.4	20	84	2.7	0.1	4.1	2.1	—	0.7	2	10	—
05-1-013	木耳（干）［黑木耳、云儿］	100	15.5	205	858	12.1	1.5	65.6	29.9	—	5.3	17	100	—
05-1-020	香菇（干）［香蕈、冬菇］	100	91.7	19	79	2.2	0.3	5.2	3.3	—	0.6	—	—	—
05-1-024	银耳（干）［白木耳］	96	14.6	200	837	10	1.4	67.3	30.4	—	6.7	8	50	—
05-2-002	海带［江白菜］	100	94.4	12	50	1.2	0.1	2.1	0.5	—	2.2	—	—	—
05-2-008	紫菜（干）	100	12.7	207	866	26.7	1.1	44.1	21.6	—	15.4	228	1370	—
六、水果类及制品														
06-1-101	苹果	76	85.9	52	218	0.2	0.2	13.5	1.2	—	0.2	3	20	—
06-1-103	国光苹果	78	85.9	54	226	0.3	0.3	13.3	0.8	—	0.2	10	60	—
06-1-110	黄香蕉苹果	88	85.6	49	205	0.3	0.2	13.7	2.2	—	0.2	3	20	—
06-1-201	梨	82	85.8	44	184	0.4	0.2	13.3	3.1	—	0.3	6	33	—
06-1-301	红果［山里红、大山楂］	76	73	95	397	0.5	0.6	25.1	3.1	—	0.8	17	100	—
06-2-101	桃	86	86.4	48	201	0.9	0.1	12.2	1.3	—	0.4	3	20	—
06-2-204	杏	91	89.4	36	151	0.9	0.1	9.1	1.3	—	0.5	75	450	—
06-2-301	枣（鲜）	87	67.4	122	510	1.1	0.3	30.5	1.9	—	0.7	40	240	—
06-3-101	葡萄	86	88.7	43	180	0.5	0.2	10.3	0.4	—	0.3	8	50	—
06-3-301	柿	87	80.6	71	297	0.4	0.1	18.5	1.4	—	0.4	20	120	—

硫胺素/mg	核黄素/mg	烟酸/mg	维生素C/mg	维生素E/mg	α-E/mg	(β+γ)-E/mg	α-E/mg	钙/mg	磷/mg	钾/mg	钠/mg	镁/mg	铁/mg	锌/mg	硒/mg	铜/mg	锰/mg	备注
0.08	0.35	4	2	0.56	0.27	0.29	…	6	94	312	8.3	11	1.2	0.92	0.55	0.49	0.11	
0.17	0.44	2.5	—	11.3	3.65	5.46	2.23	247	292	757	48.5	152	97.4	3.18	3.72	0.32	8.86	
Tr	0.08	2	1	—	—	—	—	2	53	20	1.4	11	0.3	0.66	2.58	0.12	0.25	上海
0.05	0.25	5.3	—	1.26	…	0.96	0.3	36	369	1588	82.1	54	4.1	3.03	2.95	0.08	0.17	
0.02	0.15	1.3	…	1.85	0.92	0.93	…	46	22	246	8.6	25	0.9	0.16	9.54	—	0.07	青岛
0.27	1.02	7.3	2	1.82	1.61	0.21	…	264	350	1769	711	105	54.9	2.47	7.22	1.68	4.32	
0.06	0.02	0.2	4	2.12	1.53	0.48	0.11	4	12	119	1.6	4	0.6	0.19	0.12	0.06	0.03	
0.02	0.03	0.2	4	0.11	…	0.11	…	8	14	83	1.3	7	0.3	0.14	0.1	0.07	0.03	
…	0.03	0.3	4	0.79	…	0.79	…	10	7	84	0.8	5	0.3	0.02	…	0.16	0.03	
0.03	0.06	0.3	6	1.34	0.44	0.54	0.36	9	14	92	2.1	8	0.5	0.46	1.14	0.62	0.07	
0.02	0.02	0.4	53	7.32	3.15	2.05	2.12	52	24	299	5.4	19	0.9	0.28	1.22	0.11	0.24	
0.01	0.03	0.7	7	1.54	…	1.32	0.22	6	20	166	5.7	7	0.8	0.34	0.24	0.05	0.07	
0.02	0.03	0.6	4	0.95	0.95	…	…	14	15	226	2.3	11	0.6	0.2	0.2	0.11	0.06	
0.06	0.09	0.9	243	0.78	0.42	0.26	0.1	22	23	375	1.2	25	1.2	1.52	0.8	0.06	0.32	
0.04	0.02	0.2	25	0.7	0.15	0.55	…	5	13	104	1.3	8	0.4	0.18	0.2	0.09	0.06	
0.02	0.02	0.3	30	1.12	1.03	0.09	…	9	23	151	0.8	19	0.2	0.08	0.24	0.06	0.5	

续表

编码	食物名称	食部/%	水分/g	能量		蛋白质/g	脂肪/g	碳水化合物/g	膳食纤维/g	胆固醇/mg	灰分/g	维生素A/μgRE	胡萝卜素/μg	视黄醇/μg
				kcal	kJ									
06-3-910	草莓［杨梅、凤阳草莓］	97	91.3	30	126	1	0.2	7.1	1.1	—	0.4	5	30	—
06-4-101	橙	74	87.4	47	197	0.8	0.2	11.1	0.6	—	0.5	27	160	—
06-4-203	甘橘子［宽皮桂］	78	88.6	43	180	0.8	0.1	10.2	0.5	—	0.3	82	490	—
06-4-204	柑橘	77	86.9	51	213	0.7	0.2	11.9	0.4	—	0.3	148	890	—
06-4-301	柚［文旦］	69	89	41	172	0.8	0.2	9.5	0.4	—	0.5	2	10	—
06-5-002	菠萝［凤梨、地菠萝］	68	88.4	41	172	0.5	0.1	10.8	1.3	—	0.2	3	20	—
06-5-014	香蕉［干蕉］	59	75.8	91	381	1.4	0.2	22	1.2	—	0.6	10	60	—
06-6-108	甜瓜［香瓜］	78	92.9	17	71	0.7	0.1	3.6	0.4	—	0.4	—	—	—
06-6-201	西瓜	56	93.3	25	105	0.6	0.1	5.8	0.3	—	0.2	75	450	—
七、坚果、种子类														
07-1-003	核桃（鲜）	43	49.8	328	1372	12.8	29.2	6.1	4.3	—	1.4	—	—	—
07-1-009	栗子（干）	73	13.4	345	1443	5.3	1.7	78.4	1.2	—	1.2	5	30	—
07-2-004	花生仁（生）	100	6.9	563	2356	24.8	44.3	21.7	5.5	—	2.3	5	30	—
07-2-006	葵花子（生）	50	2.4	597	2498	23.9	49.9	19.1	6.1	—	4.7	5	30	—
07-2-009	莲子（干）	100	9.5	344	1439	17.2	2	67.2	3	—	4.1	—	—	—
07-2-011	南瓜子（炒）［白瓜子］	68	4.1	574	2402	36	46.1	7.9	4.1	—	5.9	—	—	—
07-2-013	西瓜子（炒）	43	4.3	573	2397	32.7	44.8	14.2	4.5		4	—	—	—
07-2-016	芝麻（白）	100	5.3	517	2163	18.4	39.6	31.5	9.8	—	5.2			

硫胺素/mg	核黄素/mg	烟酸/mg	维生素C/mg	维生素E/mg	α-E/mg	(β+γ)-E/mg	α-E/mg	钙/mg	磷/mg	钾/mg	钠/mg	镁/mg	铁/mg	锌/mg	硒/mg	铜/mg	锰/mg	备注
0.02	0.03	0.3	47	0.71	0.54	0.71	…	18	27	131	4.2	12	1.8	0.14	0.7	0.04	0.49	
0.05	0.04	0.3	33	0.56	0.51	0.05	…	20	22	159	1.2	14	0.4	0.14	0.31	0.03	0.05	
0.04	0.03	0.2	35	1.22	0.74	0.32	0.16	24	18	128	0.8	14	0.2	0.13	0.7	0.11	0.03	
0.08	0.04	0.4	28	0.92	0.92	…	…	35	18	154	1.4	11	0.2	0.08	0.3	0.04	0.14	
—	0.03	0.3	23	—	—	—	—	4	24	119	3	4	0.3	0.4	0.7	0.18	0.08	
0.04	0.02	0.12	18	—	—	—	—	12	9	113	0.8	3	0.6	0.14	0.24	0.07	1.04	
0.02	0.04	0.7	8	0.24	0.24	…	…	7	28	256	0.8	43	0.4	0.18	0.87	0.14	0.65	
…	0.03	0.3	15	0.47	0.11	0.29	0.07	14	17	139	8.8	11	0.7	0.09	0.4	0.04	0.04	
0.02	0.03	0.2	6	0.1	0.06	0.01	0.03	8	9	87	3.2	8	0.3	0.1	0.17	0.05	0.05	
0.07	0.14	1.4	10	41.2	—	—	—	—	—	—	—	—	—	—	—	—	—	甘肃
0.08	0.15	0.8	25	11.5	—	—	—	—	—	—	8.5	56	1.2	1.32	—	1.34	1.14	河北
0.72	0.13	4.5	…	79.1	74.5	4.44	0.15	115	604	547	5	287	2.9	0.5	5.78	0.56	1.07	上海
0.36	0.2	4.8	…	34.5	31.5	2.93	0.13	72	238	562	5.5	264	5.7	6.03	1.21	2.51	1.95	甘肃
0.16	0.08	4.2	5	2.71	0.93	1.78	…	97	550	846	5.1	242	3.6	2.78	3.36	1.33	8.23	
0.08	0.16	3.3	—	27.3	1.1	9.75	16.4	37	—	672	15.8	376	6.5	7.12	27	1.44	3.85	
0.04	0.08	3.4	…	1.23	1.23	…	…	28	765	612	188	448	8.2	6.76	23.4	1.82	1.82	
0.36	0.26	3.8	—	38.3	…	37.2	1.06	620	513	266	32.2	202	14.1	4.21	4.06	1.41	1.17	

续表

编码	食物名称	食部/%	水分/g	能量		蛋白质/g	脂肪/g	碳水化合物/g	膳食纤维/g	胆固醇/mg	灰分/g	维生素A/μgRE	胡萝卜素/μg	视黄醇/μg
				kcal	kJ									
八、畜肉类及制品														
08-1-110	猪肉（瘦）	100	71	143	598	20.3	6.2	1.5	—	81	1	44	—	44
08-1-208	猪肾（猪腰子）	93	78.8	96	402	15.4	3.2	1.4	—	354	1.2	41	—	41
08-1-301	腊肉（生）	100	31.1	498	2084	11.8	48.8	2.9	—	123	5.4	96	—	96
08-1-314	猪肉松	100	9.4	369	1657	23.4	11.5	49.7	—	111	6	44	—	44
08-1-407	广东香肠	100	33.5	433	1812	18	37.3	6.4	—	94	4.8	…	—	…
08-1-409	火腿肠	100	57.4	212	887	14	10.4	15.6	—	57	2.6	5	—	5
08-1-413	香肠	100	19.2	508	2125	24.1	40.7	11.2	—	82	4.8	…	—	…
08-1-421	金华火腿	100	48.7	318	1331	16.4	28	0.1	—	98	6.8	20	—	20
08-2-108	牛肉（瘦）	100	75.2	106	444	20.2	2.3	1.2	—	58	1.1	6	—	6
08-2-109	牛蹄筋	100	62	151	632	34.1	0.5	2.6	—	—	0.8	…	—	…
08-2-301	酱牛肉	100	50.7	246	1029	31.4	11.9	3.2	—	76	2.8	11	—	11
08-2-303	牛肉干	100	9.3	550	2301	45.6	40	1.9	—	120	3.2	—	—	—
08-3-101	羊肉（肥瘦）	90	65.7	203	849	19	14.1	0	—	92	1.2	22	—	22
08-3-303	羊肉串（电烤）	100	52.8	234	979	26.4	11.6	6	—	93	3.2	42	—	42
08-4-301	驴肉（酱）	100	61.4	160	669	33.7	2.8	0	—	116	2.1	…	—	…
08-9-004	兔肉	100	76.2	102	427	19.7	2.2	0.9	—	59	1	26	—	26

硫胺素/mg	核黄素/mg	烟酸/mg	维生素C/mg	维生素E/mg	α-E/mg	(β+γ)-E/mg	α-E/mg	钙/mg	磷/mg	钾/mg	钠/mg	镁/mg	铁/mg	锌/mg	硒/mg	铜/mg	锰/mg	备注
0.54	0.1	5.3	—	0.34	0.29	0.05	…	6	189	305	57.7	25	3	2.99	9.5	0.11	0.03	
0.31	1.14	8	13	0.34	0.34	…	…	12	215	217	134	22	6.1	2.56	112	0.58	0.16	
—	—	—	—	6.23	—	—	—	22	249	416	764	35	7.5	3.49	23.5	0.08	0.05	甘肃
0.04	0.13	3.3	—	10	1.34	6.68	2	41	162	313	469	55	6.4	4.28	8.77	0.13	0.6	
0.42	0.07	5.7	—	—	—	—	—	5	173	356	1478	24	2.8	2.62	7.02	0.07	0.04	
0.26	0.43	2.3	—	0.71	0.71	…	…	9	187	217	771	22	4.5	3.22	9.2	0.36	0.14	
0.48	0.11	4.4	—	1.05	—	—	—	14	198	453	2309	52	5.8	7.61	8.77	0.31	0.36	
0.51	0.18	4.8	—	0.81	0.18	…	…	9	125	389	233	23	2.1	2.26	13	0.1	0.05	浙江
0.07	0.13	6.3	—	0.35	0.35	…	…	9	172	284	53.6	21	2.8	3.71	10.6	0.16	0.04	
0.07	0.13	0.7	—	—	—	—	—	5	150	23	154	10	3.2	0.81	1.7	…	…	北京
0.05	0.22	4.4	—	1.25	0.99	0.19	0.07	20	178	148	869	27	4	7.12	4.35	0.14	0.25	
0.06	0.26	15.2	—	—	—	—	—	43	464	510	412	107	15.6	7.26	9.8	0.29	0.19	内蒙古
0.05	0.14	4.5	—	0.26	0.05	0.09	0.12	6	146	232	80.6	20	2.3	3.22	32.2	0.75	0.02	
0.03	0.32	5.8	—	1.8	1.18	0.62	…	52	230	430	796	54	6.7	4.94	6.73	0.16	0.3	北京
0.02	0.11	1.4	—	—	—	—	—	8	197	185	229	9	4.2	4.63	3.4	0.19	0.01	北京
0.11	0.1	5.8	—	0.42	0.16	0.05	0.21	12	165	284	45.1	15	2	1.3	10.9	0.12	0.04	

续表

编码	食物名称	食部/%	水分/g	能量 kcal	能量 kJ	蛋白质/g	脂肪/g	碳水化合物/g	膳食纤维/g	胆固醇/mg	灰分/g	维生素A/μgRE	胡萝卜素/μg	视黄醇/μg
九、禽肉类														
09-1-101	鸡	66	69	167	699	19.3	9.4	1.3	—	106	1	48	—	48
09-1-108	鸡胸脯肉	100	72	133	556	19.4	5	2.5	—	82	1.1	16	—	16
09-1-109	鸡翅	69	65.4	194	812	17.4	11.8	4.6	—	113	0.8	68	—	68
09-1-110	鸡腿	69	70.2	181	757	16	13	0	—	162	0.8	44	—	44
09-1-302	烤鸡	73	59	240	1004	22.4	16.7	0.1	—	99	1.8	37	—	37
09-1-303	炸鸡（肯德基）	70	49.4	279	1167	20.3	17.3	10.5	—	198	2.5	23	—	23
09-2-101	鸭	68	63.9	240	1004	15.5	19.7	0.2	—	94	0.7	52	—	52
09-2-301	烤鸭	80	38.2	436	1824	16.6	38.4	6	—		0.8	36	—	36
09-2-306	盐水鸭（熟）	81	51.7	313	1310	16.6	26.1	2.8	—	81	2.8	35	—	35
09-3-101	鹅	63	61.4	251	1050	17.9	19.9	0	—	74	0.8	42	—	42
09-4-101	火鸡腿	100	77.8	91	381	20	1.2	0	—	58	1	…	—	…
09-9-001	鸽	42	66.6	201	841	16.5	14.2	1.7	—	99	1	53	—	53
十、乳类及制品														
10-1-101	牛乳	100	89.8	54	226	3	3.2	3.4	—	15	0.6	24	—	24
10-1-103	牛乳粉（强化维生素A，维生素D）	100	89	51	213	2.7	2	5.6	—	—	0.7	66	—	66
10-1-301	人乳	100	87.6	65	272	1.3	3.4	7.4	—	11	0.3	11	—	11
10-3-001	酸奶	100	84.7	72	301	2.5	2.7	9.3	—	15	0.8	26	—	26

硫胺素/mg	核黄素/mg	烟酸/mg	维生素C/mg	维生素E/mg	α-E/mg	(β+γ)-E/mg	α-E/mg	钙/mg	磷/mg	钾/mg	钠/mg	镁/mg	铁/mg	锌/mg	硒/mg	铜/mg	锰/mg	备注
0.05	0.09	5.6	—	0.67	0.57	0.05	0.05	9	156	251	63.3	19	1.4	1.09	11.8	0.07	0.03	
0.07	0.13	10.8	—	0.22	—	—	—	3	214	338	34.4	28	0.6	0.51	10.5	0.06	0.01	
0.01	0.11	5.3	—	0.25	0.25	…	…	8	161	205	50.8	17	1.3	1.12	11	0.05	0.03	
0.02	0.14	6	—	0.03	—		—	6	172	242	64.4	34	1.5	1.12	12.4	0.09	0.03	
0.05	0.19	3.5	—	0.22	…	0.12	0.1	25	136	142	472	14	1.7	1.38	3.84	0.1	0.11	
0.03	0.17	16.7	—	6.44	0.8	3.68	1.96	109	530	232	755	28	2.2	1.66	11.2	0.11	0.12	北京
0.08	0.22	4.2	—	0.27	0.17	0.1	…	6	122	191	69	14	2.2	1.33	12.3	0.21	0.06	
0.04	0.32	4.5	—	0.97	0.09	0.82	0.06	35	175	247	83	13	2.4	1.25	10.3	0.12	…	
0.07	0.21	2.5	—	0.42	0.22	0.14	0.06	10	112	218	1558	14	0.7	2.04	15.4	0.32	0.05	上海
0.07	0.23	4.9	—	0.22	0.22	…	…	4	144	232	58.8	18	3.8	1.36	17.7	0.43	0.04	
0.07	0.06	8.3	—	0.07	…	…	0.07	12	470	708	168	49	5.2	9.26	15.5	0.45	0.04	山东
0.06	0.2	6.7	—	0.99	0.7	0.29	…	30	136	334	63.6	27	3.8	0.82	11.1	0.24	0.05	
0.03	0.14	0.1	1	0.21	0.1	0.07	0.04	104	73	109	37.2	11	0.3	0.42	1.94	0.02	0.03	
0.02	0.08	0.1	3	—	—	—	—	140	60	130	42.6	14	0.2	0.38	1.36	0.04	0.03	
0.01	0.05	0.2	5	—	—	—	—	30	13	—	—	32	0.1	0.28	—	0.03	—	北京
0.03	0.15	0.2	1	0.12	0.12	…	…	118	85	150	39.8	12	0.4	0.52	1.71	0.03	0.02	

续表

编码	食物名称	食部/%	水分/g	能量		蛋白质/g	脂肪/g	碳水化合物/g	膳食纤维/g	胆固醇/mg	灰分/g	维生素A/μgRE	胡萝卜素/μg	视黄醇/μg
				kcal	kJ									
10-3-004	酸奶（中脂）	100	85.8	64	268	2.7	1.9	9	—	12	0.6	32	—	32
10-4-001	奶酪（干酪）	100	43.5	328	1372	25.7	23.5	3.5	—	11	3.8	152	—	152
十一、蛋类及制品														
11-1-102	鸡蛋（白皮）	87	75.8	138	577	12.7	9	1.5	—	585	1	310	—	310
11-2-101	鸭蛋	87	70.3	180	753	12.6	13	3.1	—	565	1	261	—	261
11-2-201	松花蛋（鸭）［皮蛋］	90	68.4	171	715	14.2	10.7	4.5	—	608	2.2	215	—	215
11-2-202	咸鸭蛋	88	61.3	190	795	12.7	12.7	6.3	—	647	7	134	—	134
11-4-101	鹌鹑蛋	86	73	160	669	12.8	11.1	2.1	—	515	1	337	—	337
十二、鱼虾蟹类														
12-1-107	黄鳝［鳝鱼］	67	78	89	372	18	1.4	1.2	—	126	1.4	50	—	50
12-1-111	鲤鱼［鲤拐子］	54	76.7	109	456	17.6	4.1	0.5	—	84	1.1	25	—	25
12-1-115	青鱼［青皮鱼、青鳞鱼、青混］	63	73.9	118	494	20.1	4.2	0	—	108	2.4	42	—	42
12-1-116	乌鳢［黑鱼、石斑鱼、生鱼］	57	78.7	85	356	18.5	1.2	0	—	91	1.6	26	—	26
12-1-122	鲢鱼［白鲢、胖子、连子鱼］	61	77.4	104	435	17.8	3.6	0	—	99	1.2	20	—	20
12-1-123	鲫鱼［喜头鱼、海鲋鱼］	54	75.4	108	452	17.1	2.7	3.8	—	130	1	17	—	17
12-1-124	鲮鱼［雪鲮］	57	77.7	95	397	18.4	2.1	0.7	—	86	1.1	125	—	125
12-1-128	鳙鱼［胖头鱼、摆佳鱼、花鲢］	61	76.5	100	418	15.3	2.2	4.7	—	112	1.3	34	—	34
12-1-203	带鱼［白带鱼、刀鱼］	76	73.3	127	531	17.7	4.9	3.1	—	76	1	29	—	29

硫胺素/mg	核黄素/mg	烟酸/mg	维生素C/mg	维生素E/mg	α-E/mg	(β+γ)-E/mg	α-E/mg	钙/mg	磷/mg	钾/mg	钠/mg	镁/mg	铁/mg	锌/mg	硒/mg	铜/mg	锰/mg	备注
0.02	0.13	0.1	1	0.13	0.13	…	…	81	59	130	13	10	Tr	0.68	0.74	0.01	0.01	上海
0.06	0.91	0.6	—	0.6	0.6	…	…	799	326	75	585	57	2.4	6.97	1.5	0.13	0.16	
0.09	0.31	0.2	—	1.23	0.9	0.33	…	48	176	98	94.7	14	2	1	16.6	0.06	0.03	
0.17	0.35	0.2	—	4.98	4.02	0.96	…	62	226	135	106	13	2.9	1.67	15.7	0.11	0.04	
0.06	0.18	0.1	—	3.05	2.8	0.25	…	63	165	152	525	13	3.3	1.48	25.2	0.12	0.06	
0.16	0.33	0.1	—	6.25	5.68	0.57	…	118	231	184	2706	30	3.6	1.74	24	0.14	0.1	
0.11	0.49	0.1	—	3.08	1.67	1.23	0.18	47	180	138	107	11	3.2	1.61	25.5	0.09	0.04	
0.06	0.98	3.7	—	1.34	1.34	…	…	42	206	263	70.2	18	2.5	1.97	34.6	0.05	2.22	
0.03	0.09	2.7	—	1.27	0.35	0.44	0.48	50	204	334	53.7	33	1	2.08	15.4	0.06	0.05	
0.03	0.07	2.9	—	0.81	0.67	0.06	0.08	31	184	325	47.4	32	0.9	0.96	37.7	0.06	0.04	
0.02	0.14	2.5	—	0.97	0.97	…	…	152	232	313	48.8	33	0.7	0.8	25.6	0.05	0.06	
0.03	0.07	2.5	—	1.23	0.75	…	0.48	53	190	277	57.5	23	1.4	1.17	15.7	0.06	0.09	
0.04	0.09	2.5	—	0.68	0.35	0.16	0.17	79	193	290	41.2	41	1.3	1.94	14.3	0.08	0.06	
0.01	0.04	3	—	1.54	1.33	0.21	…	31	176	317	40.1	22	0.9	0.83	48.1	0.04	0.02	
0.04	0.11	2.8	—	2.65	2.65	…	…	82	180	229	60.6	26	0.8	0.76	19.5	0.07	0.08	
0.02	0.06	2.8	—	0.82	0.82	…	…	28	191	280	150	43	1.2	0.7	36.6	0.08	0.17	

续表

编码	食物名称	食部/%	水分/g	能量		蛋白质/g	脂肪/g	碳水化合物/g	膳食纤维/g	胆固醇/mg	灰分/g	维生素A/μgRE	胡萝卜素/μg	视黄醇/μg
				kcal	kJ									
12-1-211	黄鱼（大黄花鱼）	66	77.7	97	406	17.7	2.5	0.8	—	86	1.3	10	—	10
12-1-215	绿鳍马面鲀［面包鱼、橡皮鱼］	52	78.9	83	347	18.1	0.6	1.2	—	45	1.2	15	—	15
12-1-225	鲆［片头鱼，比目鱼］	68	75.9	112	469	20.8	3.2	0	—	81	1.9	…	—	…
12-1-301	鱼片干	100	20.2	303	1268	46.1	3.4	22	—	307	8.3	—	—	Tr
12-1-107	海虾	51	79.3	79	331	16.8	0.6	1.5	—	117	1.8	…	—	Tr
12-2-109	基围虾	60	75.2	101	423	18.2	1.4	3.9	—	181	1.3	—	—	Tr
12-2-115	虾皮	100	42.4	153	640	30.7	2.2	2.5	—	428	22.2	19	—	19
12-2-201	虾米［海米、虾仁］	100	37.4	198	828	43.7	2.6	0	—	525	17	21	—	21
12-3-005	蟹肉	100	84.4	62	259	11.6	1.2	1.1	—	65	1.7	—	—	Tr
12-4-108	牡蛎	100	82	73	305	5.3	2.1	8.2	—	100	2.4	27	—	27
12-4-113	鲜贝	100	80.3	77	322	15.7	0.5	2.5	—	116	1	…	—	…
12-4-202	蛤蜊	39	84.1	62	259	10.1	1.1	2.8	—	156	1.9	21	—	21
12-9-003	海参（水浸）	100	93.5	25	105	6	0.1	0	—	50	0.5	11	—	11
12-9-004	海蜇皮	100	76.5	33	138	3.7	0.3	3.8	—	8	15.7	—	—	—
12-9-004	海蜇头	100	69	74	310	6	0.3	11.8	—	10	12.9	14	—	14
12-9-006	墨鱼［曼氏无针乌贼］	69	79.2	83	347	15.2	0.9	3.4	—	226	1.3	…	—	…
12-9-010	鱿鱼（水浸）	98	81.4	75	314	17	0.8	0	—	—	0.8	16	—	16

硫胺素/mg	核黄素/mg	烟酸/mg	维生素C/mg	维生素E/mg	α-E/mg	(β+γ)-E/mg	α-E/mg	钙/mg	磷/mg	钾/mg	钠/mg	镁/mg	铁/mg	锌/mg	硒/mg	铜/mg	锰/mg	备注
0.03	0.1	1.9	—	1.13	0.2	0.72	0.21	53	174	260	120	39	0.7	0.58	42.6	0.04	0.02	
0.02	0.05	3	—	1.03	0.25	0.78	…	54	185	291	80.5	27	0.9	1.44	38.2	0.07	0.1	
0.11	Tr	4.5	—	0.5	0.16	0.34	…	55	178	317	66.7	55	1	0.53	37	0.02	0.04	
0.11	0.39	5	—	0.88	0.88	…	…	106	308	251	2321	60	4.4	2.94	0.37	0.16	0.17	
0.01	0.05	1.9	—	2.97	0.33	2.38	0.08	146	196	228	302	46	3	1.44	56.4	0.44	0.11	
0.02	0.07	2.9	—	1.69	1.4	0.29	…	83	139	250	172	45	2	1.18	39.7	0.5	0.05	广东
0.02	0.14	3.1	—	0.92	0.42	0.5	…	991	582	617	5058	265	6.7	1.93	74.4	1.08	0.82	
0.01	0.12	5	—	1.46	1.46	…	…	555	666	550	4892	236	11	3.82	75.4	2.33	0.77	
0.03	0.09	4.3	—	2.91	2.91	…	…	231	159	214	270	41	1.8	2.15	33.3	1.33	0.31	
0.01	0.13	1.4	—	0.81	0.81	…	…	131	115	200	462	65	7.1	9.39	86.6	8.13	0.85	
Tr	0.21	2.5	—	1.46	1.46	…	…	28	166	226	120	31	0.7	2.08	53.4	…	0.33	
0.01	0.31	1.5	—	2.41	1.79	0.48	0.14	133	128	140	426	78	109	2.38	54.3	0.11	0.44	
…	0.03	0.3	—	—	—	—	—	240	10	41	80.9	31	0.6	0.27	5.79	…	0.04	
0.03	0.05	0.2	—	2.13	0.25	1.81	0.07	150	30	160	325	124	4.8	0.55	15.5	0.12	0.44	
0.07	0.04	0.3	—	2.82	2.17	0.65	…	120	22	331	468	114	5.1	0.42	16.6	0.21	1.76	
0.02	0.04	1.8	—	1.49	1.49	…	…	15	165	400	166	39	1	1.34	37.5	0.69	0.1	
…	0.03	…	—	0.94	0.94	…	…	43	60	16	135	61	0.5	1.36	13.7	0.2	0.06	

续表

编码	食物名称	食部/%	水分/g	能量		蛋白质/g	脂肪/g	碳水化合物/g	膳食纤维/g	胆固醇/mg	灰分/g	维生素A/μgRE	胡萝卜素/μg	视黄醇/μg
				kcal	kJ									
十三、婴幼儿食品														
13-1-001	母乳化奶粉	100	2.9	510	2134	14.5	27.1	51.9	—	—	3.6	303	—	303
13-3-005	乳儿糕	100	10.3	365	1527	11.7	2.7	74.1	0.6	—	1.2	—	—	—
13-3-007	婴儿营养粉［"婴宝"5410配方］	100	6	426	1782	17	12.8	60.8	—	—	3.4	540	—	540
十四、小吃、甜品														
14-1-005	春卷	100	23.5	463	1937	6.1	33.7	34.8	1	—	1.9	…	—	…
14-1-007	粉皮	100	84.3	61	255	0.2	0.3	15	0.6	—	0.2	—	—	—
14-1-013	凉粉	100	90.5	37	155	0.2	0.3	8.9	0.6	—	0.1	—	—	—
14-1-018	美味香酥卷	100	10.7	368	1540	7.5	3.6	76.7	0.4	—	1.5	18	—	18
14-1-022	年糕	100	60.9	154	644	3.3	0.6	34.7	0.8	—	0.5	…	—	…
14-2-106	奶油蛋糕	100	21.9	378	1582	7.2	13.9	56.5	0.6	161	0.5	175	370	113
14-2-202	月饼（豆沙）	100	11.7	405	1695	8.2	13.6	65.6	3.1	—	0.9	7	40	0
14-2-302	蛋黄酥	100	6.3	386	1615	11.7	3.9	76.9	0.8	—	1.2	33	200	…
14-2-324	起酥	100	12.9	499	2088	8.7	31.7	45.1	0.3	—	1.6	55	330	…
14-2-327	桃酥	100	5.4	481	2013	7.1	21.8	65.1	1.1	—	0.6			
十五、速食食品														
15-2-103	燕麦片	100	9.2	367	1536	15	6.7	66.9	5.3	—	2.2	—	—	—
15-2-201	方便面	100	3.6	472	1975	9.5	21.1	61.6	0.7	—	4.2	—	—	—
15-2-301	面包	100	27.4	312	1305	8.3	5.1	58.6	0.5	—	0.6	—	—	—

硫胺素/mg	核黄素/mg	烟酸/mg	维生素C/mg	维生素E/mg	α-E/mg	(β+γ)-E/mg	α-E/mg	钙/mg	磷/mg	钾/mg	钠/mg	镁/mg	铁/mg	锌/mg	硒/mg	铜/mg	锰/mg	备注
0.35	1.16	0.5	5	0.18	0.15	…	0.03	251	354	643	169	69	8.3	1.82	71.1	0.03	0.11	
0.27	0.07	2	1	—	—	—	—	143	272	232	123	66	3.4	1.5	3.2	0.18	0.97	
0.6	0.9	4	20	3.8	—	—	—	668	490	696	95	97	5.9	1.08	—	0.36	1.4	
0.01	0.01	3	—	3.89	0.71	1.86	1.32	10	94	89	486	36	1.9	0.83	6.4	0.07	0.33	北京
0.03	0.01	…	—	—	—	—	—	5	2	15	3.9	2	0.5	0.27	0.5	0.38	0.03	
0.02	0.01	0.2	—	—	—	—	—	9	1	5	2.8	3	1.3	0.24	0.73	0.06	0.01	
0.12	0.52	1.6	—	4.54	2.06	2.35	0.13	—	112	152	186	56	2.4	—	18.5	0.44	0.6	北京
0.03	—	1.9	—	1.15	…	0.32	0.83	31	52	81	56.4	43	1.6	1.36	2.3	1.14	0.38	北京
0.13	0.11	1.4	—	3.31	1.49	1.68	0.14	38	90	67	80.7	19	2.3	1.88	8.06	0.17	1.19	
0.05	0.05	1.9	—	8.06	2.57	4.64	0.85	64	95	211	82.4	43	3.1	0.64	7.1	0.21	0.47	北京
0.15	0.04	4.2	—	1.08	0.57	0.51	…	47	181	105	100	38	3	1.46	11.7	0.53	0.64	
0.07	0.05	1.8	—	5.73	1.26	4.28	0.19	—	68	73	494	24	2.5	0.46	6.63	0.08	0.31	北京
0.02	0.05	2.3	—	14.1	7.73	5.96	0.45	48	87	90	33.9	59	3.1	0.69	15.7	0.27	0.84	
0.3	0.13	1.2	—	3.07	2.54	…	0.53	186	291	214	3.7	177	7	2.59	4.31	0.45	3.36	
0.12	0.06	0.9	—	2.28	2.01	0.27	…	25	80	134	1144	38	4.1	1.06	10.5	0.29	0.79	
0.03	0.06	1.7	—	1.66	0.38	0.36	0.92	49	107	88	230	31	2	0.75	3.15	0.27	0.37	

续表

编码	食物名称	食部/%	水分/g	能量		蛋白质/g	脂肪/g	碳水化合物/g	膳食纤维/g	胆固醇/mg	灰分/g	维生素A/μgRE	胡萝卜素/μg	视黄醇/μg
				kcal	kJ									
15-2-402	维生素C饼干	100	5.5	572	2393	10.8	39.7	43.2	0.3	—	0.8	—	—	—
15-2-412	曲奇饼	100	1.9	546	2284	6.5	31.6	59.1	0.2	—	0.9	…	—	…
15-2-413	苏打饼干	100	5.7	408	1707	8.4	7.7	76.2	—	—	2	…	—	…
15-3-003	马铃薯片（油炸）[油炸土豆]	100	4.1	612	2561	4	48.4	41.9	1.9	—	1.6	8	50	—
十六、饮料类														
16-2-003	鲜橘汁（纸盒）	100	92.5	30	126	0.1	…	7.4	—	—	…	3	20	—
16-2-004	橘子汁	100	70.1	119	498	…	0.1	29.6	—	—	0.2	2	10	—
16-5-002	杏仁露	100	89.7	46	192	0.9	1.1	8.1	—	52	0.2	—	—	—
16-5-103	红茶	100	7.3	294	1230	26.7	1.1	59.2	14.8	—	5.7	645	3870	—
16-5-104	花茶	100	7.4	281	1176	27.1	1.2	58.1	17.7	—	6.2	885	5310	—
16-6-106	绿茶	100	7.5	296	1238	34.2	2.3	50.3	15.6	—	5.7	967	5800	—
16-7-004	可可粉	100	7.5	320	1339	20.9	8.4	54.5	14.3	—	8.7	22	—	22
16-8-001	冰棍	100	88.3	47	197	0.8	0.2	10.5	—	—	0.2	…	—	…
16-8-003	冰淇淋	100	74.4	127	531	2.4	5.3	17.3	—	—	0.6	48	—	48
十八、糖、蜜饯类														
18-1-002	绵白糖	100	0.9	396	1657	0.1	…	98.9	—	—	0.1	—	—	—
18-1-004	红糖	100	1.9	389	1628	0.7	…	96.9	—	—	0.8	—	—	—
18-1-006	蜂蜜	100	22	321	1343	0.4	1.9	75.6	—	—	0.1	—	—	—

硫胺素/mg	核黄素/mg	烟酸/mg	维生素C/mg	维生素E/mg	α-E/mg	(β+γ)-E/mg	α-E/mg	钙/mg	磷/mg	钾/mg	钠/mg	镁/mg	铁/mg	锌/mg	硒/mg	铜/mg	锰/mg	备注
0.08	0.04	1.6	5	4.27	1.79	1.91	0.57	···	95	99	114	54	1.9	0.73	22.7	0.23	0.71	北京
0.06	0.06	1.3	—	6.04	3.26	2.36	0.42	45	64	67	175	19	1.9	0.31	12.8	0.12	0.29	北京
0.03	0.01	0.4	—	1.01	0.63	0.38	···	···	69	82	312	20	1.6	0.35	39.3	0.18	—	武汉
0.09	0.05	6.4	···	5.22	4.9	0.35	···	11	88	620	60.9	34	1.2	1.42	0.4	0.28	0.18	
0.04	—	—	···	—	—	—	—	7	···	3	4.2	1	0.1	0.01	—	—	···	北京
—	···	···	2	—	—	—	—	4	···	6	18.6	2	0.1	0.03	···	—	···	北京
Tr	0.02	—	1	—	—	—	—	4	1	1	9.2	—	—	0.02	0.17	—	—	河北
···	0.17	6.2	8	5.47	2.8	2.67	···	378	390	1934	13.6	183	28.1	3.97	56	2.56	49.8	
0.06	0.17	···	26	12.7	10.6	2.14	···	454	338	1643	8	192	17.8	3.98	8.35	2.08	17	
0.02	0.35	8	19	9.57	5.41	3.91	0.25	325	191	1661	28.2	196	14.4	4.34	3.18	1.74	32.6	
0.05	0.16	1.4	—	6.33	3.72	2.61	···	74	623	360	23	5	1	1.12	3.98	1.45	0.15	上海
0.01	0.01	0.2	—	0.11	···	···	0.11	31	13	···	20.4	···	0.9	···	0.25	0.02	0.1	
0.01	0.03	0.2	—	0.24	0.24	···	—	126	67	125	54.2	12	0.5	0.37	1.73	0.02	0.05	
Tr	—	0.2	—	—	—	—	—	6	3	2	2	2	0.2	0.07	0.38	0.02	0.08	
0.01	—	0.3	—	—	—	—	—	157	11	240	18.3	54	2.2	0.35	4.2	0.15	0.27	
···	0.05	0.1	3	—	—	—	—	4	3	28	0.3	2	1	0.37	0.15	0.03	0.07	

续表

编码	食物名称	食部 /%	水分 /g	能量		蛋白 质/g	脂肪 /g	碳水 化合 物/g	膳食 纤维 /g	胆固 醇 /mg	灰分 /g	维生 素A/ μgRE	胡萝 卜素 /μg	视黄 醇/ μg
				kcal	kJ									
18-2-002	胶姆糖	69	7.7	368	1540	0.1	—	91.9	—	—	0.3	—	—	—
18-2-007	巧克力	100	1	586	2452	4.3	40.1	53.4	1.5	—	1.2	—	—	—
18-3-008	杏脯	100	15.3	329	1377	0.8	0.6	82	1.8	—	1.3	157	940	—
18-3-009	金糕	100	55	177	714	0.2	0.3	44	0.6	—	0.5	3	20	—
十九、油脂类														
19-1-001	牛油	100	6.2	853	3494	—	92	1.8	—	153	—	54	—	54
19-1-004	羊油	100	4	824	3448	—	88	8	—	110	—	33	—	33
19-1-006	猪油［板油］	100	4	827	3460	…	88.7	7.2	—	110	0.1	89	—	89
19-2-001	菜籽油［青油］	100	0.1	899	3761	…	99.9	0	—	—	…	—	—	—
19-2-004	豆油	100	0.1	889	3761	…	99.9	0	—	—	…	—	—	—
19-2-007	花生油	100	0.1	889	3761	…	99.9	0	—	—	0.1	—	—	—
19-2-013	棉籽油	100	0.1	889	3761	…	99.8	0.1	—	—	—	—	—	—
19-2-014	色拉油	100	0.2	898	3757	…	99.8	0	—	64	—	—	—	—
19-2-017	芝麻油［香油］	100	0.1	898	3757	…	99.7	0.2	—	—	…	—	—	—
二十、调味品类														
20-1-001	酱油	100	67.3	63	264	5.6	0.1	10.1	0.2	—	16.9	—	—	—
20-2-001	醋	100	90.6	31	130	2.1	0.3	4.9	…	—	2.1	—	—	—
20-3-102	豆瓣酱（辣油）	100	47.9	184	770	7.9	5.9	27	2.2	—	11.3	—	—	—

硫胺素/mg	核黄素/mg	烟酸/mg	维生素C/mg	维生素E/mg	α-E/mg	(β+γ)-E/mg	α-E/mg	钙/mg	磷/mg	钾/mg	钠/mg	镁/mg	铁/mg	锌/mg	硒/mg	铜/mg	锰/mg	备注
0.04	0.07	0.5	—	—	—	—	—	22	5	4	—	7	…	0.09	—	0.02	—	武汉
0.06	0.08	1.4	—	1.62	…	1.14	0.48	111	114	254	112	56	1.7	1.02	1.2	0.23	0.61	
0.02	0.09	0.6	6	0.61	0.61	…	…	68	22	266	213	12	4.8	0.56	1.69	0.26	0.13	
0.18	0.07	0.1	4	0.42	0.29	0.05	0.08	49	9	93	34.3	7	1.8	0.1	0.3	0.07	0.04	北京
—	—	—	—	—	—	—	—	9	9	3	9.4	1	3	0.79	—	0.01	…	北京
—	—	—	—	1.08	1.08	…	…	…	18	12	13.2	1	1	…	—	0.06	…	北京
—	—	—	—	21.8	0.63	15	6.2	…	10	14	139	1	2.1	0.8	—	0.05	0.63	
…	…	Tr	—	60.9	10.8	38.2	11.9	9	9	2	7	3	3.7	0.54	—	0.81	0.11	
…	Tr	Tr	—	93.1	…	57.6	35.5	13	7	3	4.9	3	2	1.09	—	0.16	0.43	
…	Tr	Tr	—	42.1	17.5	19.3	5.3	12	15	1	3.5	2	2.9	0.48	—	0.15	0.33	
…	…	Tr	—	86.5	19.3	67.1	…	17	16	1	4.5	1	2	0.74	—	0.08	…	
…	…	Tr	—	24	9.25	12.4	2.36	18	1	3	5.1	1	1.7	0.23	—	0.05	0.01	
…	…	Tr	—	68.5	1.77	64.5	2.11	9	4	…	1.1	3	2.2	0.17	—	0.05	0.76	
0.05	0.13	1.7	—	—	—	—	—	66	204	337	5757	156	8.6	1.17	1.39	0.06	1.11	
0.03	0.05	1.4	—	—	—	—	—	17	96	351	262	13	6	1.25	2.43	0.04	2.97	
0.04	0.26	1.3	—	18.2	7.31	8.85	2.04	66	104	549	2202	84	9.9	1.43	…	0.28	0.74	杭州

续表

编码	食物名称	食部/%	水分/g	能量		蛋白质/g	脂肪/g	碳水化合物/g	膳食纤维/g	胆固醇/mg	灰分/g	维生素A/μgRE	胡萝卜素/μg	视黄醇/μg
				kcal	kJ									
20-3-107	辣椒酱［辣椒糊］	100	71.2	31	130	0.8	2.8	3.2	2.6	—	22	132	790	—
20-3-111	甜面酱	100	53.9	136	569	5.5	0.6	28.5	1.4	—	11.5	5	30	—
20-3-114	芝麻酱	100	0.3	618	2586	19.2	52.7	22.7	5.9	—	5.1	17	100	—
20-3-201	草莓酱	100	32.5	269	1125	0.8	0.2	66.3	0.2	—	0.2	—	—	—
20-3-202	番茄酱	100	75.8	81	339	4.9	0.2	16.9	2.1	—	2.2	—	—	—
20-4-001	腐乳（白）［酱豆腐］	100	68.3	133	556	10.9	8.2	4.8	0.9	—	7.8	22	130	—
20-4-003	腐乳（红）［酱豆腐］	100	61.2	151	632	12	8.1	8.2	0.6	—	10.5	15	90	—
20-5-001	八宝菜	100	72.3	72	301	4.6	1.4	13.4	3.2	—	8.3	—	—	—
20-5-008	酱大头菜	100	74.8	36	151	2.4	0.3	8.4	2.4	—	14.1	—	—	—
20-5-029	榨菜	100	75	29	121	2.2	0.3	6.5	2.1	—	16	82	490	—
20-7-102	精盐	100	0.1	0	0	…	…	0	…	—	99.9	—	—	—
二十一、药食两用食物及其他														
21-1-015	菊花［怀菊花］	100	19.2	242	1013	6	3.3	63	15.9	—	8.5	—	—	—
21-1-023	桃仁	100	7.8	429	1795	0.1	37.6	51.4	28.9	—	3.1	—	—	—
21-1-033	枸杞子	98	16.7	258	1079	13.9	1.5	64.1	16.9	—	3.8	1625	9750	—
21-9-001	甲鱼［鳖］	70	75	118	494	17.8	4.3	2.1	—	101	0.8	139	—	139
21-9-002	田鸡（青蛙）	37	79.4	93	389	20.5	1.2	0	—	40	1	7	—	7
21-9-008	蛇	36	78.4	85	356	15.1	0.5	5	—	—	1	18	—	18
十七、含酒精饮料														

硫胺素 /mg	核黄素 /mg	烟酸 /mg	维生素 C/ mg	维生素 E/ mg	α－E /mg	(β＋ γ) －E /mg	α－ E/ mg	钙 /mg	磷 /mg	钾 /mg	钠 /mg	镁 /mg	铁 /mg	锌 /mg	硒 /mg	铜 /mg	锰 /mg	备注
0.01	0.09	1.1	—	2.87	2.18	0.27	0.42	117	30	222	8028	91	3.8	0.26	0.52	0.12	0.3	
0.03	0.14	2	—	2.16	2.03	0.13	…	29	46	189	2097	26	3.6	1.38	5.81	0.12	0.73	
0.16	0.22	5.8	—	35.1	93.6	23.2	2.31	1170	626	342	38.5	238	50.3	4.01	4.86	0.97	1.64	
0.15	0.1	0.2	1	0.49	0.49	…	…	44	8	52	8.7	4	2.1	0.5	1.1	0.09	0.13	北京
0.03	0.03	5.6	…	4.45	4.2	0.25	…	28	117	989	37.1	37	1.1	0.7	0.4	0.33	0.28	北京
0.03	0.04	1	—	8.4	0.06	5.47	2.87	61	74	84	2460	75	3.8	0.69	1.51	0.16	0.69	北京
0.02	0.21	0.5	—	7.24	0.72	3.68	2.84	87	171	81	3091	78	11.5	1.67	6.73	0.2	1.16	
0.17	0.03	0.2	…	1.11	—	—	—	100	77	109	2843	38	4.8	0.53	2.2	0.18	0.5	北京
0.03	0.08	0.8	5	0.16	0.15	0.01	…	77	41	268	4624	57	6.7	0.78	1.4	0.14	0.57	
0.03	0.06	0.5	2	—	—	—	—	155	41	363	4253	54	3.9	0.63	1.93	0.14	0.35	
—	—	—	—	—	—	—	—	22	—	14	####	2	1	0.24	1	0.14	0.29	
0.09	0.51	9.2	1	1.61	1.07	0.54	…	234	88	132	20.5	256	78	2.42	11.1	0.77	3.47	
—	—	—	—	—	—	—	—	—	63	—	—	—	—	—	—	—	—	河北
0.35	0.46	4	48	1.86	1.37	…	0.49	60	209	434	252	96	5.4	1.48	13.3	0.98	0.87	
0.07	0.14	3.3	—	1.88	1.88	…	…	70	114	196	96.9	15	2.8	2.31	15.2	0.12	0.05	
0.26	0.28	9	—	0.55	0.55	…	…	127	200	280	11.8	20	1.5	1.15	16.1	0.05	0.04	
0.06	0.15	5.4	—	0.49	—	—	—	29	82	248	90.8	25	3	3.21	13.1	0.12	0.04	

续表

编码	食物名称	酒精/%（体积）	酒精质量/g	能量		蛋白质/g	灰分/g	硫胺素/mg	核黄素/mg	烟酸/mg	钙/mg	磷/mg	钾/mg	钠/mg
				kcal	kJ									
17－1－101	啤酒	5.3	4.3	32	134	0.4	0.2	0.15	0.04	1.1	13	12	47	11.4
17－1－201	葡萄酒	12.9	10.2	72	301	0.1	0.1	0.02	0.03	—	21	3	33	1.6
17－1－202	白葡萄酒	11.9	9.4	66	275	0.1	0.1	0.01	0.04	—	18	2	35	1.6
17－1－203	红葡萄酒	13.2	10.5	74	310	0.1	0.1	0.04	0.01	—	20	4	27	1.7
17－1－301	黄酒	10	8.6	66	266	1.6	0.3	0.02	0.05	0.5	41	21	26	5.2
17－2－104	二锅头（58度）	58	50.1	351	1473	—	0.2	0.05	—	—	1	—		0.5

镁/mg	铁/mg	锌/mg	硒/mg	铜/mg	锰/mg	备注											
6	0.4	0.3	0.64	0.03	0.01												
5	0.6	0.08	0.12	0.05	0.04												
3	2	0.02	0.06	0.06	0.01												
8	0.2	0.08	0.11	0.02	0.04												
15	0.6	0.52	0.66	0.07	0.27												
1	0.1	0.04	—	0.02	—	北京											

参考文献

［1］陈辉. 现代营养学. 第一版. 北京：化学工业出版社，2005

［2］何志谦. 人类营养学. 第三版. 北京：人民卫生出版社，2008

［3］孙远明. 食品营养学. 第二版. 北京：中国农业大学出版社，2010

［4］程义勇.《中国居民膳食营养素参考摄入量》2013 修订版简介. 营养学报，2014，36（4）：313 － 317.

［5］中国营养学会编著. 营养学词典. 北京：中国轻工业出版社，2013

［6］刘定梅. 营养学基础. 北京：科学出版社，2016

［7］Ellie Whitney, Sharon Rady Rolfes. Understanding Nutrition. Eleventh Edition. Thomson Wadsworth，2007

［8］Elmadfa, I. And König, J.. Annals Of Nutrition & metabolism. 17th International Congress of Nutrition 〈Ab － stracts〉，Vienna，2001.

［9］Eckburg, P. B. Diversity of the Human Intestinal Microbial Flora. Science，2005，308（5728）：1635 － 1638.

［10］Hao W L, Lee Y K. Microflora of the gastrointestinal tract：a review. Methods Mol Biol，2004，268（268）：491 － 502.

［11］Adolfsson, Oskar, Meydani, Simin Nikbin, Russell, Robert M. Yogurt and gut function. American Journal of Clinical Nutrition，80（2）：245 － 256.

［12］Wong J M W, De Souza R, Kendall C W C, et al. Colonic Health：Fermentation and Short Chain Fatty Acids. Journal of Clinical Gastroenterology，2006，40（3）：235 － 243.

［13］S. Bengmark. Colonic food：Pre － and probiotics. American Journal of Gastroenterology，2000，95：S5 － S7

［14］Boden G. Fatty acid － induced inflammation and insulin resistance in skeletal muscle and liver. Current Diabetes Reports，2006，6（3）：177 － 181.

［15］Lau D C, Dhillon B, Yan H, et al. Szmitko PE, Verma S（2005）Adipokines：molecular links between obesity and atherosclerosis. 2005，288（5）：H2031.

［16］Berg, A. H. Adipose Tissue, Inflammation, and Cardiovascular Disease. Circulation Research，2005，96（9）：939 － 949.

［17］Hu F B, Willett W C, Li T, et al. Adiposity as Compared with Physical Activity in Predicting Mortality among Women. New England Journal of Medicine，2004，351（26）：2694 － 2703.

［18］Bray G A. The underlying basis for obesity：relationship to cancer. Journal of Nutrition，2002，132（11 Suppl）：3451S.

［19］Martin, C. A., Milinsk, M. C., Visentainer, J. V., et al. Trans fatty acid － forming processes in foods：A review. Anais da Academia Brasileira de Ciencias. 2007，79（2）：343 － 350.

［20］Brasky, T. M., Till, C., White, E., et al. Serum Phospholipid Fatty Acids and Prostate Cancer Risk：Results from the Prostate Cancer Prevention Trial. American Journal of Epidemiology，2011，173（12）：1429 － 1439

［21］ Bassett C, Edel AL, Patenaude AF, et al. Dietary Vaccenic Acid Has Antiatherogenic Effects in L Mice. The Journal of Nutrition, 2010, 140 (1): 18 – 24.

［22］ Brouwer IA, Wanders AJ, Katan MB. Effect of animal and industrial trans fatty acids on HDL and LDL cholesterol levels in humans – a quantitative review. PLoS ONE, 2010, 5 (3): e9434.

［23］ Tricon S, Burdge G C, Kew S, et al. Opposing effects of cis – 9, trans – 11 and trans – 10, cis – 12 conjugated linoleic acid on blood lipids in healthy humans. American Journal of Clinical Nutrition, 2004, 80 (3): 614.

［24］ Beck M, Schmidt A, Malmstroem J, et al. The quantitative proteome of a human cell line. Molecular Systems Biology, 2014, 7 (1): 549 – 549.

［25］ Wu L, Candille S I, Choi Y, et al. Variation and genetic control of protein abundance in humans. Nature, 2013, 499 (7456): 79 – 82.

［26］ Gonen T, Cheng Y, Sliz P, et al. Lipid – protein interactions in double – layered two – dimensional AQP0 crystals. Nature, 2005, 438 (7068): 633 – 638.

［27］ Sleator RD. . Prediction of protein functions. Methods in Molecular Biology, 2012, 815: 15 – 24

［28］ Pickrell J K, Marioni J C, Pai A A, et al. Understanding mechanisms underlying human gene expression variation with RNA sequencing. NATURE, 2010, 464 (7289): 768 – 772.